Academic Thoughts
and
Research Methods

学术思想
与研究方法

上海交通大学人文学院中文系 编

内容提要

本书以丰富的文学史文化史材料为支撑，个性化地阐发古今中外多种学术观念与研究方法，视野开阔，深入浅出，给人以启迪。书中所论，有“致广大而尽精微”的中国传统文化观念与方法，也有源自西方的原型批评理论与方法；有对文学研究方法的反思与基本原则的探究，有对资料实证性与思维超越性的阐发，也有从经济学的视角审视文学发展的尝试；有中国汉字文化的发展及其域外传播问题，也有中国当代文学发展中的文学遗产问题；有以《宋诗选注》与《管锥编》价值亲缘为桥梁对钱钟书学案之“暗思想”的探讨，也有对晚清民初文学与文化研究现状、传记研究之历史与现状的分析，对文学批评中的语文学方法的介绍与运用，也有对手稿文献与历史还原方法同现代文学研究关联的探讨，对民族主义文学思潮与现代文学的个案解析。

图书在版编目(CIP)数据

学术思想与研究方法/上海交通大学人文学院中文系编. —上海：上海交通大学出版社，2023. 1
ISBN 978-7-313-27909-5

Ⅰ. ①学… Ⅱ. ①上… Ⅲ. ①学术思想—文集②科学方法论—文集 Ⅳ. ①G30-53

中国版本图书馆 CIP 数据核字(2022)第 213178 号

学术思想与研究方法
XUE SHU SI XIANG YU YAN JIU FANG FA

编　　者：上海交通大学人文学院中文系
出版发行：上海交通大学出版社　　地　　址：上海市番禺路 951 号
邮政编码：200030　　电　　话：021-64071208
印　　制：上海万卷印刷股份有限公司　　经　　销：全国新华书店
开　　本：710mm×1000mm　1/16　　印　　张：24
字　　数：392 千字
版　　次：2023 年 1 月第 1 版　　印　　次：2023 年 1 月第 1 次印刷
书　　号：ISBN 978-7-313-27909-5
定　　价：88.00 元

目 录

致广大而尽精微

杨庆存

一、引言

《学术思想与研究方法》是上海交通大学人文学院专门为研究生开设的课程，旨在通过介绍相关思想理论、方法路途与典型案例，或讲述从事学术研究的经历、认识、体会与心得，交流思想、分享经验，了解并掌握学术研究的性质、特点、规律、方法与意义，启发学术研究的兴趣、潜力与激情。毫无疑问，对于研究生而言，这既有利于开阔学术视野和奠定扎实功底，又有利于尽快提高学术素养与研究能力。这的确是帮助研究生尽快转变学习理念、尽快进入专业角色的好办法、好思路、好方式，颇具创意。

（一）角色的转换与研究的特点

研究生阶段是人生知识认知和角色转换的重要关节点。研究生之前的所有学习几乎都是以知识的认知与积累为主，即便是大学本科，也不强调必须进入研究层面的深入思考，更不硬性规定掌握专业研究的具体方法。与此相反，研究生阶段的学习重心转移，具体知识的认知与积累退居其次，不再占据首要地位，而研究方法的掌握则显得格外重要。研究生不仅是一个学历概念，而且也是综合能力与思维训练进入新层次的重要标志。研究生的内涵重心在"研究"，即着眼于"研究"，立足于"研究"，而着力点在培养学生的学术能力。毫无疑问，思想方法正确，才能事半功倍。因此，深入了解并初步掌握科学的研究方法与基本路径，必然成为研究生学习阶段第一位的重要内容。

既然研究生的重心在"研究"，何谓"研究"呢？通俗简要地说，"研究"就是发现问题、分析问题、解决问题的过程，就是针对具体问题，有目的地进行专门、系统、科学而深入细致思考的过程。其中包括问题的发现、相关资料的搜集、表面现象的分析、深层原因的发掘、发展规律的总结、思想理论的提炼、成果内容的表达、现实实践的运用等等一系列重要环节。当然，我们也可以借用清代著名思想家章学诚《校雠通义·自序》"辨章学术，考镜源流"来解释，但这种说法本来是对目录学而发，专业性很强，偏重于学术现象，不能全面准确地概括"研究"之本质与特点。

从文字学角度观察，"研"为形声字（从石，幵（jiān）声），本义就是采用石制工具，细细研磨，由此引申为细致思考与探求，故《周易·系辞下》有"能研诸侯之虑"句。而"究"也是形声字（从穴、从九，"九"声。"九"是自然数的最后一个，表示"最高""最远""最深"之类的意思），"穴"与"九"上下组合表示"洞穴的终点"，引申为深入穷尽、追根求底，形象化地表示研究过程。总而言之，研究就是对具体问题进行专门、系统、深入、科学的思考。

（二）研究方法关乎成败

"工欲善其事，必先利其器"（《论语·卫灵公》），学术研究也是如此。学术与思想密切关联，共为一体；研究与方法相辅相成，不可分离。而方法的正确与否，不仅决定着研究的效率与成败，而且关系到学术思想的科学程度。创新强、水平高、意义大的学术思想，往往与选择的研究方法有直接关系。深入了解和深刻把握学术思想与研究方法的内在关系，并自觉运用于学术研究的实践，自然是研究生学习阶段的题内应有之义。方法选对，事半功倍；路径错误，浪费功夫。况且当前，学术研究采用的方法，也成为评价研究成果价值意义的重要方面。本次讲授以"致广大而尽精微"为题目，旨在结合历史典型案例和个人学术经历，侧重学术研究的方法与途径，谈谈个人的粗浅认识和体会。而如何"致广大"、怎样"尽精微"，这是下面与大家共同讨论的核心内容。因此展开主体内容前，说明一下题目出处与本义。

（三）题目语源本义

"致广大而尽精微"语出《中庸》第二十七章"修身"："君子尊德性而道问学，致广大而尽精微，极高明而道中庸，温故而知新，敦厚以崇礼。"据语境可知，这段话是讲君子"修身"的基本原则和方法要求，讲怎么样"做人、做事、做学问"。而"致广大而尽精微"一句，本意是说做人要有理想抱负，不能目光短浅，所谓"志存高远"，但又必须扎扎实实地从小事做起，从细微言行入手，不能好高骛远。

正如朱熹著名的"理一分殊"论指出的普遍规律一样，《中庸·修身》中"君子”的做人境界与方法，同做学问、从事学术研究有着诸多相近处。将“致广大而尽精微”移植来描述学术研究的理想境界和基本方法，很贴切。“致广大”，就要努力做到立意高、视野广、见解深刻、意义重大；“尽精微”，就要考虑周严缜密、系统全面、扎实有据、科学严谨、精细入微。这里的“广大”与“精微”，既相反相成，又相辅相成，其思想内容与研究方法有机地融合一体。“广”与“大”，既有思想内容的广博深刻，又有学术价值意义的厚重和学术眼界的开阔；“精”与“微”，既有理论见解的精辟和学术功底的扎实，又有治学态度的严谨和细致。可以说，这是学术研究的理想境界、最高境界、完美境界，也是学术研究必须遵循的重要方法和基本途径。

二、“致广大而尽精微”的经典案例

其实，“致广大而尽精微”既是从事研究工作必须秉持和遵循的理性原则，又是所有经典学术研究成果呈现的共同特点，不论是社会科学、人文科学，还是自然科学，无不如是。这里仅举大家耳熟能详的中国古代人文经典案例略予讨论。

（一）“群经之首”《周易》

被誉为“群经之首”的儒家经典《周易》，其实是一部综合研究宇宙自然、人类社会、物质精神等万事万物相互关联、发展变化的思想巨著，其博大精深在当时已经达到了登峰造极、无以复加的程度，故有“大道之源”的美誉，内容之“广”、意义之“大”，不言而喻。

当然，这是一部凝结着集体智慧的优秀文化成果，司马迁《史记》关于“伏羲画八卦”（《日者列传》）、“文王拘而演《周易》”（《报任少卿书》）、“孔子晚而喜《易》，序《彖》《系》《象》《说卦》《文言》”（《孔子世家》）的记载，班固《汉书·艺文志》“人更三圣，世历三古”的总结概括，都是明证。《周易·系辞下》说“古者包牺（即伏羲）氏之王天下也，仰则观象于天，俯则观法于地，观鸟兽之文与地之宜，近取诸身，远取诸物，于是始作八卦，以通神明之德，以类万物之情。”这里虽然是详细描述初创阶段的部分具体环节，而由此可以想见其“精微”之处。

《周易》这部博大精深的文化经典，共有两大部分构成：一是由六十四卦与三百八十四爻组成的《经》，二是由解释卦辞和爻辞的十篇文辞组成的《传》。《周易》思想内容极其丰富，自然宇宙、天文地理、人神万物，无所不包，蕴含着宇宙一体、天人合一、事物关联、发展变化的哲学理念，正如《系辞》所称“其道甚大，百物不废”。

与此同时，《周易》又含着玄奥的精微细密。《四库全书总目》曾将易学源渊流变分为两派：象数学派和义理学派。其中“象数学派”最能体现“精微”，而“象”与“数”又各有其用。《系辞》称“八卦以象告，爻象以情言”，“圣人设卦、观象、系辞焉而明吉凶”，“立象以尽意，设卦以尽情”。这些都说明了“象”的重要作用。“数”则主要用于占筮定卦，应用《周易》的相关理论通过数字计算来进行占卜和预测。《系辞》称“极数知来之谓占”，“极其数，遂定天下之象”。“象”与“数”的结合，就形成了内在的逻辑和推断。众所周知，六十四卦最初是没有文字说明的，文字发明之后，方可系之以简约占卜文辞。《易传》彖[tuàn]辞、象辞从象、数角度解释卦爻辞，赋予其哲理，《易传》的义理即是由象数变化而出。可以说，“象”和“数”是《易经》的基础，所有变化皆由此出，后发展为“象数之学”。汉代郑玄等人以“象、数”解易，创立卦气学说；宋代“象”、“数”含义不断扩展，形成了包含天文、历法，乐律、道教、养生在内的“象数学”体系，由此可窥见其内容之“广大”。

综观中华民族文化发展史，《周易》有如下突出特点：一是成书过程时间漫长。从伏羲画八卦，到孔子作《十翼》，前后长达数千年。二是代表作者地位崇高。伏羲为创世皇帝、周文王乃周朝一代明君，而孔子则是至圣先师、无冕之王。三是宇宙万物的整体观念与开阔的学术视野。这得益于作者的特殊地位与丰富阅历。四是孔子之前《经》属小众文化，只有为数不多的专业仕宦掌握。

数千年来，《周易》这部“致广大而尽精微”经典著作，不仅深刻影响着中华民族政治、经济、文化的发展，而且在世界范围内产生了广泛深远的影响，成为中华民族思想智慧的杰出代表。

（二）“万经之王”《道德经》

与“人更三圣，世历三古”的“群经之首”《周易》不同，被称为“万经之王”的《道德经》，则是由春秋时期老子（李耳）一人结撰。该书上篇《道经》（37 章）、下篇《德经》（44 章），两部分共 81 章。司马迁《史记·太史公自序》引司马谈《论六家之要旨》称，道家“因阴阳之顺，采儒墨之善，撮名法之要，与时迁移，应物变化，立俗施事，无所不宜，指约而易操，事少而功多。”即是高度评价其“广大”与“精微”融合一体的突出特点。

司马迁《史记》卷 63《老子韩非列传》载，《道德经》作者原为“周守藏室之史也”（国家历史档案馆史官），“老子修道德，其学以自隐无名为务。居周久之，见周之衰，乃遂去。至关，关令尹喜曰：'子将隐矣，强为我著书。'于是老子乃著书上下篇，言道德之意五千余言而去，莫知其所终。"此为成书经过大略。今观《道德经》以"尊道而贵德"为核心，全书虽然表面呈语录散论形态，但内在逻辑与针对性系统性很强，每章只讲结论性的观点、主张和见解，格言警句俯拾即是，而很少展开论据论证。由作者国家史官的特殊身份可知，这些观点都是历史经验的深刻总结和高度概括，既具有很强的理论性和指导性，又具有很强的实践性和操作性。

下面摘取《道德经》数章，具体感受其"广大"与"精微"：

"有物混成先天地生，寂兮寥兮独立而不改，周行而不殆，可以为天下母。吾不知其名，强字之曰道，强为之名曰大。大曰逝，逝曰远，远曰反。故道大、天大、地大、人亦大。域中有大，而人居其一焉。人法地，地法天，天法道，道法自然。"

"天下万物生于有，有生于无。""道生一，一生二，二生三，三生万物。万物负阴而抱阳，冲气以为和。"

"道生之，德畜之，物形之，势成之。是以万物莫不尊道而贵德。"

"以正治国，以奇用兵。""治大国若烹小鲜。"

"吾言甚易知、甚易行。天下莫能知、莫能行。"

"人之生也柔弱，其死也坚强。草木之生也柔脆，其死也枯槁。故坚强者死之徒，柔弱者生之徒。是以兵强则灭，木强则折。强大处下，柔弱处上。"

"天下莫柔弱于水，而攻坚强者，莫之能胜，以其无以易之。弱之胜强，柔之胜刚，天下莫不知莫能行。是以圣人云，受国之垢是谓社稷主，受国不祥是为天下王，正言若反。"

"信言不美，美言不信。善者不辩，辩者不善。知者不博，博者不知。圣人不积，既以为人己愈有，既以与人己愈多。天之道利而不害，圣人之道为而不争。"

由上可知，《道德经》从讨论"有物混成先天地生"的"道"、讨论"道生一，一生二，二生三，三生万物"、讨论"天下万物生于有，有生于无"，到讨论"道生之，德畜之，物形之……万物莫不尊道而贵德"、讨论"以正治国，以奇用兵"与"弱之胜强，柔之胜刚"、讨论"信言不美，美言不信。善者不辩，辩者不善。知者不博，博者不知"，诸如此类，都是在讲述宇宙自然、社会人生，讲述尊道、贵德、治国、用兵、修身、养性，内容涵盖哲学、物理、经济、政治、文化、伦理、军事等众多方面，故被誉为“内圣外王”之学。

唐玄宗李隆基说“《道德经》其要在乎理身、理国”；宋太宗赵光义称“治身治国，并在其中”；明太祖朱元璋盛赞“斯经乃万物之至根”。德国哲学家尼采称誉《道德经》“满载宝藏”，日本物理学家、诺贝尔奖得主汤川秀树则惊叹“老子是在两千多年前就预见并批判今天人类文明缺陷的先知，老子似乎用惊人的洞察力看透个体的人和整体人类的最终命运”。《道德经》博大深广、辩证精微，的确令人叹为观止！据联合国教科文组织统计，《道德经》是除《圣经》外被译成外国文字发行量最多的文化名著，可见全世界各民族对《道德经》的珍视和尊崇。

（三）“东方圣经”《论语》

在中华民族文化发展史上，与“万经之王”《道德经》内容博大精深、语言易知易行、影响极为深广之特点相似，且论述主旨又颇为相近的经典著作，便是被誉为“东方圣经”的《论语》。

《论语》是孔子及其弟子们的思想言行记录，由孔子门生及再传弟子整理编纂成书，班固《汉书・艺文志》称“《论语》者，孔子应答弟子、时人及弟子相与言而接闻于夫子之语也。当时弟子各有所记，夫子既卒，门人相与辑而论纂，故谓之《论语》。”通行本《论语》有 20 篇，其中以孔子为主讨论问题的占 90%以上，而弟子间讨论问题又“接闻于夫子之语”不足 10%。

《论语》并非规范的学术著作，但内容都是孔子关注思考的重要问题和提出的重要思想主张，而这些全以深刻的学术研究为支撑。孔子生活的时代，“世衰道微，邪说暴行有作”（《孟子・滕文公下》），诸侯征伐，社会动荡，人类相互残杀，道德沦丧，所谓“弑君三十六，亡国五十二，诸侯奔走不得保其社稷者，不可胜数。”（《史记・太史公自序》）前代创造的人类文明惨遭破坏，人们的生命和安全没了保障，人类生存受到严重威胁。孔子思考的重心和焦点，就是如何改变这种混乱状况，建立安定、和平、有序的社会。毫无疑问，这是一个关系人类生存和文明发展的根本问题、重大问题。孔子终生致力于此，无论是入仕为官还是“待价而沽”，无论是周游列国还是教书授徒，也无论是“序《书》传”“作《春秋》”还是“修《诗》、《书》、《礼》、《乐》”“序《彖》、《系》、《象》、《说卦》、《文言》”（《史记》卷 47《孔子世家第十七》）潜心于学术，都是围绕“秩序”全力建构儒家学说“崇文尚礼”的思想体系，其阶段性成果必然都反映在《论语》中，从而显示出高瞻远瞩的思想境界和开阔远大的视野。

孔子儒学思想体系中最为人称道且具人类普遍意义的就是其“和”文化思

想。孔子以“人”为根本、以现实生活为基础，创立了“仁”与“礼”为主体、“中庸之道”为实现方法的“和”文化思想体系，堪称“致广大而尽精微”的典范。孔子看到了“仁”与“和”的内在联系以及由此形成的巨大社会思想能量，认为“仁”既体现着一种社会公德，又承载着社会成员的责任感，是实现“和”的重要途径，因此提出“仁者爱人”(《论语·颜渊篇》)的著名论断。同时，孔子又认为，“礼者，君之大柄也”、“治上安民，莫善于礼”(《礼记·经解》)。“礼”作为引导人与社会达成和谐的重要手段，其精髓在于使国家政治和社会生活规范有序。由此，孔子将政治伦理秩序归纳概括为“君君、臣臣、父父、子子”，作为全体社会成员躬行实践社会责任与道德伦理的基准。

实践“仁”与“礼”，要防止“过犹不及”。于是，孔子把“中庸之道”作为恰当把握运用的重要方法，在“仁者爱人”方面规制和处理人的各种极端欲望和情感，在“礼”治方面设计和安排合理的制度以防止矛盾与冲突。这种以最高理念“和”为统领的思想架构，是孔子在浓缩中华文化精华的基础上，进行思想创新的伟大成果，其深厚的人性底蕴决定着旺盛长久的文化生命力。孔子还提出，“仁”的践行可以从对至亲的“孝悌”开始，“礼”的规制也要尊重源远流长的人类习俗。孔子创造的“和”文化思想博大精深而又平实可行，可以充分感受其思想境界的“广大”与具体实践的“精微”。

《论语》内容广博，涉及历史、政治、经济、礼仪、教育、哲学、文学、艺术等等，集中体现了孔子的政治主张、伦理思想、道德观念及教育原则等，在汉代就尊之为经，成为儒家经典，且为世界不同国家和民族所认同。法国的古典政治经济学奠基人弗朗斯瓦·魁奈认为，《论语》“满载原理及德行之言，胜过于希腊七圣之言”(转引自德国利奇温《十八世纪中国与欧洲文化的接触》)；而俄国著名文学家托尔斯泰在1900年的日记中写道：“了解了孔子的思想，其他一切都显得微不足道了。”美国1985年出版的《人民年鉴手册》中，孔子被列为世界十大思想家之首。

应当说明的是，将《论语》喻为“东方圣经”，实际上是取其影响深广和备受崇拜相似之意，而欧洲人信仰的经典《圣经》，其内容性质、风格特点与《论语》截然不同。另外，《论语》与《道德经》也有不同处，除《道德经》乃一人结撰、而《论语》属众手编纂外，另如《道德经》宇宙自然与社会人生融合一体的整体性观念突出，而《论语》更重视现实社会、个体修养与秩序建立；《道德经》纯粹是精辟深刻、严谨庄重的思想观点，虽然文采斐然，语言生动，却不采用记叙性对话与描述,《论语》则以记言记事和人物对话为主,既有丰富的情趣理趣和鲜活的人物形象,又有精警凝练的格言警句,“易知易行”的同时,还增强了自然平易的亲切感与亲近感。

(四)“兵学圣典”《孙子兵法》

《孙子兵法》是春秋战国时期由孙武个人撰写的专题性军事著作,素有“兵学圣典”之誉。这部大约在公元前515年即已结撰的专著,是中国乃至世界现存最早的军事学著作。全书十三篇,约六千字,与《道德经》字数相近。司马迁《史记》卷65《孙子吴起列传》有“孙子武者,齐人也,以兵法见吴王阖闾。阖闾曰:子之十三篇吾尽观之矣”的记载,由此可知,《孙子兵法》至少此前已成书。

《孙子兵法》是在军事领域思想理论和实践运用方面展现其“广大”与“精微”,切入点和聚焦点十分明确,针对性和目的性也很明确,具体表现在以下几方面:

一是立足于国家层面,着眼于“为国为民”。如《始计篇》“兵者,国之大事,死生之地,存亡之道,不可不察也”,《作战篇》“知兵之将,民之司命,国家安危之主也”,《谋攻篇》“将者,国之辅也。辅周则国必强,辅隙则国必弱”等,都是从国家的“存亡”、“安危”、“强弱”和“民之司命”的高度谈兵论战。而“用兵之法,全国为上,破国次之”、“百战百胜,非善之善者也;不战而屈人之兵,善之善者也”、“上兵伐谋,其次伐交,其次伐兵”(《谋攻篇》)无疑都是倡导避免战争、主张和平安定,使黎民百姓免遭战争苦难。

二是宏观把握的整体性、系统化。全书《始计篇》、《作战篇》、《谋攻篇》、《军形篇》、《兵势篇》、《虚实篇》、《军争篇》、《九变篇》、《行军篇》、《地形篇》、《九地篇》、《火攻篇》、《用间篇》十三篇,开篇总写军事的重要性、必要性和必须把握的五大方面、七种情况,其下分别从十二方面论述用兵原则,既系统深刻又具体全面,其中涉及各种情况的分析与形势的判断,具体战法的谋划和选择、天文气象与地形地貌的利用等等,极见视野、思路之开阔。

三是深刻的理论性和细节的周密性。诸如“攻其无备,出其不意”;“兵贵胜,不贵久”;“知彼知己者百战不殆”;“凡战者,以正合,以奇胜”;“兵无常势,水无常形”;“三军可夺气,将军可夺心”等都是大家耳熟能详的军事语言。再如《行军篇》“众树动者,来也;众草多障者,疑也;鸟起者,伏也;兽骇者,覆也;尘高而锐者,车来也;卑而广者,徒来也”,“辞卑而益备者,进也;辞强而近趋者,退也;轻车先出居其侧者,陈也;无约而请和者,谋也;奔走而陈兵车者,期也;半进半退者，诱也；杖而立者，饥也；汲而先饮者，渴也；见利而不进者，劳也；鸟集者，虚也”，观察之细致，令人拍案叫绝。

总之，《孙子兵法》博大精深，思想深刻，细致缜密。其蕴含的深厚军事哲学思想和变化无穷的战略战术，不仅赢得了世界军事领域的极高声誉，而且因其独特的思维模式和方法论模式受到广泛欢迎，对中国乃至世界众多军事家、政治家、思想家都产生了深远的影响，甚至成为美国西点军校和哈佛商学院高级人才培训的必读教材。唐太宗李世民说“观诸兵书，无出孙武”；孙中山称“十三篇兵书，便成立中国的军事哲学”；毛泽东谓“‘知彼知己，百战不殆’乃至今天仍是科学真理”。以色列当代战略学者 Martin van Creveld（克里费德）认为“所有战争研究著作中，《孙子》最好”。目前已翻译成日、英、法、德、俄等 30 多种语言。

当然，我们还可以举出很多类似的典型案例。但以上四例已经足可让大家领悟经典是如何“致广大而尽精微”。

三、“致广大而尽精微”的素质培养

其实，“致广大而尽精微”并非只有名家大家和经典著作才有的境界，任何从事研究的专家学者都会有自觉或不自觉的实践体验，任何优秀的研究成果都会有不同程度的呈现。

回忆自身治学经历，对于“致广大而尽精微”的学术研究方法有所认识和理解，并在治学实践中自觉而有意识地进行素质培养，其实经历了一个漫长的过程，基本上走着一条结合工作、以勤补拙并围绕教学开展科研、通过科研提升教学的路子，由此形成和积累了一批成果。就目前已经发表的一百多篇论文和二十多种著作看，从选题到角度，从思想内容到学术价值，呈现着由小而大、逐渐拓展的特点。从小题目、小视角、小文章做起，细大不捐，力求严谨，层层推进，逐步提升，其中也努力地向“至广大而尽精微”迈进。

（一）作品研究：读懂原典，夯实基础

众所周知，任何文学研究都必须以作品研究为前提、为基础，对作品的正确理解和科学诠释是第一步。可以说，作品研究是文学研究的基本功。20 世纪 80 年代留校任教后，我曾紧紧围绕承担的教学任务而致力于作品研究，那时发表的首批成果大多是对具体作品的分析解读。比如，在《齐鲁学刊》（1983 年《古典文学专号》）发表的《“小山重叠金明灭”释义》，实际上是围绕“小山”一词

的理解诠释而展开对全词的分析解读。

曾被尊为"花间词派"鼻祖的温庭筠，向来以辞藻华丽、秾艳精致著称。其著名代表作品《菩萨蛮》云："小山重叠金明灭，鬓云欲度香腮雪。懒起画蛾眉，弄妆梳洗迟。照花前后镜，花面交相映。新贴绣罗襦，双双金鹧鸪。"这是一首流传很广的"闺怨"词，上片描绘梳妆前的容貌，下片刻画梳洗后的情态。作者别具匠心地抓取"弄妆梳洗"前后的情景对比，通过主人公形象与心态的描述，表现其孤寂幽怨的心理情绪，栩栩如生地展现了一位笃情善感的女性形象。

当时我承担唐宋文学教学，准备教案时发现关于起句的解释众说纷纭。如著名学者刘永济《唐五代两宋词简析》、朱东润《中国历代文学作品选》、唐圭璋《唐宋词简释》等，分别认为是写"绣屏""画屏""枕屏"。而清代词学大家许昂霄《词综偶评》中有"小山，盖指屏山而言"的解释，可推知后来学者多本于此。然而细品全词，笔墨都集中于写"人"，唯此开头一句写"物"，不但与下句难以接续意脉，而且不符合开头笼罩全篇的创作模式。

夏承焘《唐宋词欣赏》另辟蹊径，认为"小山"是"指眉毛"："唐明皇造出十种女子画眉的式样，有远山眉、三峰眉等等。小山眉是十种眉样之一。"此解使起拍两句内容承接自然，"眉毛""鬓云""香腮"均写面部容貌，显得和谐统一。但夏老所释"'小山重叠'即指眉晕褪色"则又有让人难以理解之处。

古典诗词中的"山"未必实指。唐宋诗词中多用"山"来比喻妇女发髻：皮日休《缥缈峰》"似将青螺髻，撒在明月中"描绘月夜中的群山形象；苏轼不仅用"螺髻"写静态山峰"北固山前三面水，碧琼梳拥青螺髻"（《蝶恋花》），而且用"云鬟倾倒"（《减字木兰花》）写船行时看到的群山形态；周邦彦《西河・金陵怀古》以"山围故国绕青江，髻鬟对起"描述青山环绕、隔江对峙的情景；辛弃疾《水龙吟・登建康赏心亭》则有"遥岑远目，献愁供恨，玉簪螺髻"之句。类似的例子不胜枚举。

其实，温庭筠的这首词起拍也是以"小山"比喻"发髻"，而以"重叠"描述发髻盘缠隆起之状。唐苏鹗《杜阳杂编》"大中初，女蛮国入贡，危髻金冠，璎珞被体。号'菩萨蛮队'。当时倡优遂制《菩萨蛮曲》，文士亦往往声其词。"此记《菩萨蛮》创调，可以佐证。《菩萨蛮》又名《重叠金》，"金"指金属首饰，"金明灭"就是写没有佩戴首饰。由此可以断定，"小山重叠金明灭"乃写女子"懒起"后尚未梳洗的头发形状，与下句"鬓云欲度香腮雪"协调吻合，共同描述尚未梳洗打扮的女子脸部形象，突出其惺忪懒散的状态，与下片内容对比，使全篇意境得到统一。

诸如此类的作品分析如《李白〈梦游天姥吟留别〉的构思与创新》《〈西厢记〉艺术成就的多维审视》(《中国文化研究》2000年3期)《村桥原树似吾乡——读王禹偁〈村行〉诗》《欧阳修〈采桑子·轻舟短棹〉》《语新意隽 更有丰情——李清照〈如梦令〉》《巧笔绘夜景 妙境传佳情——辛弃疾〈西江月·夜行黄沙道中〉》《十一月四日风雨大作——陆游诗解析》《元曲三题》乃至《宋词鉴赏中的字句剖析》《宋词作品鉴赏的宏观把握》《唐宋词修辞模式试论》等等,都是我担任助教与讲师期间发表的作品研究成果。这些作品研究,重在发掘作品本义和艺术创新,不会有深刻的思想性,更谈不上学术价值,属于基础性的学术训练。但教学的需要,敦促我保持着这种细读原典和撰写讲稿的习惯,《诗词品鉴》(中国人民大学出版社2010年版)、《唐诗经典品读》(蓝天出版社2013年版,与唐雪凝合著)、《宋词经典品读》(蓝天出版社2013年版)、《北宋散文选注》(北京联合出版公司2013年版,与杨静合著)、《南宋散文选注》(北京联合出版公司2013年版,与张玉璞合著)等,都是以已有作品研究为主体的结集。即便是在刘乃昌先生指导下共同完成、由上海古籍出版社1991年出版的第一本专著《晁氏琴趣外篇·晁叔用词》校注(获山东省第七届哲学社会科学优秀成果二等奖),也是对每篇作品的字句和立意进行反复细致研究后形成文字。这种训练对于培养"尽精微"的素质无疑具有积极意义。

(二)作家研究:找准突破口,选好切入点

作家研究是文学研究的重点层面,也是文学发展史的支柱内容。《孟子·万章下》提出的"知人论世"说,固然是作家研究的经典理论和不二法门,但是通过作品来研究作家的思想主张、创新特色、艺术贡献等等,依然是最基本的内容和最重要的方式。当然,作家研究可以从不同侧面考察、从多种角度切入、从各个层面展开。如《张寿卿及其杂剧〈红梨花〉》(《齐鲁学刊》1989年4期)就是考证作者其人并分析作品艺术创造,从而弥补了教材上的空缺内容;《"易安体"新论》(《理论学刊》1990年6期)则是通过全面考察李清照的词作来研究作家文学创作的个性化特点。

迄今为止,我对中国古代作家的研究主要集中在宋代。这是重点讲授宋元文学的缘故使然。在准备教案过程中,我发现宋代文学大家、文化名家几乎都是全才、通才、天才,有着多方面的卓越建树,而文学史教材往往只讲某一方面,其他略而不论。这样不但不利于学生全面了解和准确把握作家的历史贡献,而且也不利于讨论文学的发展规律。比如被清代王士禛称为“济南二安”(《花草蒙拾》)的宋代词坛“婉约派”代表李清照与“豪放派”代表辛弃疾,诗、词、文皆为一代名家,而其散文向无专门研究,于是我撰写了《论辛稼轩散文》(《文学遗产》1992 年 4 期)与《易安散文的多维审视》(《文学评论》1994 年 1 期)两篇论文,作为授课内容的补充。

辛弃疾散文曾是南宋的教材范本,而历代未予深入研究。论文从“人格与文格的统一:稼轩散文的立意与境界”、“抗战实践的艺术结晶:稼轩散文的针对性现实性与社会性”、“兵法与文法的融合:稼轩散文的结构与层次”、“学养与笔力的造型:稼轩散文的语言与节奏”四方面进行了分析考察。论文指出,稼轩“有英雄之才,忠义之心,刚大之气”(谢枋得《祭稼轩先生墓记》),其散文呈现着四大特点:一是境界高,“立意宏伟,气势雄壮,高节操,高品格”;二是内容“率多抚时感事之作”(明·毛晋《跋稼轩词》),具有“鲜明的针对性、强烈的现实性和广泛的社会性”;三是艺术结构“法度谨严,节制有序,变化出奇,不主故常”;四是语言“雅健雄厚,凝炼精警,生动形象,文采斐然,具有优美的节奏和旋律”。论文认为,稼轩散文是南宋散文的杰出代表,在当时文坛上具有十分重要的典型性,其散文的总体成就虽然不能与韩愈、柳宗元、欧阳修、苏轼比并,但亦不在八家之亚,无论内容还是艺术,都足以代表时代水平。尽管流传于世的篇章不多,却足可窥见其为“散文高手”(四川大学中文系《宋文选·前言》)。我们应当改变长期以来只述其词、鲜论其文的局面,给予客观评介。论文以《稼轩散文艺术论》为题,参加了 1990 年 11 月上饶市《纪念爱国词人辛弃疾诞辰 850 周年学术讨论会》,得到前辈著名学者邓广铭、叶嘉莹、袁行霈、王水照、刘扬忠诸先生的指导和鼓励,《文学遗产》编辑部给予充分肯定并刊发拙作。

李清照与辛弃疾的情形十分相似。明代陈宏绪《寒夜录》称李清照“古文、诗歌、小词并擅胜场”,但历代研究其词者多而鲜见专门、系统、深入研究其散文者。论文在梳理易安传世散文及研究现状后,从四个方面分析其特色:一是“抒写性情,广寓识见”,指出其散文多是自我性情和个人识见的自然流泻,如《金石录后序》通过介绍成书经过,叙述婚后“三十四年之间”的“忧患得失”,倾吐了对丈夫刻骨铭心的深切怀念和国破家亡的悲愤沉痛之情。二是“含纳丰富,意蕴深厚”,如《词论》不足 570 字,却介绍了词在唐代的兴盛、发展、变化及流行曲牌、演唱情形、艺术感染效果;五代时期的政局及词在南唐的衍化;北宋的优越环境、填词名家的出现及诸家创作得失;歌词与诗文的区别及音律要求……俨然一部词学简史。三是"灵活变化，跌宕多姿"，肖汉中说《金石录后序》"叙次详曲"，朱赤玉称《打马图序》"曲谈工巧"（《古今女史》卷三），均就结构方法与布局安排有感而发。四是"典赡博雅，精秀清婉"，现存散文篇篇瑰丽，句句典雅，精秀通脱，文采焕然，且雅善用典，表达婉转，语态丰腴。明代毛晋称"易安居士文妙，非止雄于一代才媛，直脱南宋后诸儒腐气，上返魏晋矣"（《漱玉词跋》），并非虚美。论文寄投《文学评论》，很快得到采用并予刊发。

在作家研究层面，我用力较勤、持续较久、成果较多的是宋代文化巨擘黄庭坚的研究。1981 年我发表了学术生涯的第一篇论文《黄山谷的诗歌主张和艺术特色》（《齐鲁学刊》1981 年 6 期），以《豫章先生文集》（黄庭坚本集）中的大量第一手资料证明其终生倡导并努力实践文化创新，提出"文章最忌随人后，自成一家始逼真"，而非当时多种《中国文学史》教材所说"教人剽窃"。这篇"翻案"文章在学界引起强烈反响，也激发起我继续深入研究的浓厚兴趣（该文由著名学者刘乃昌先生指导共同完成）。其后十多年授课之余，都在围绕黄庭坚研究搜集资料和撰写论文，相继在中华书局《文史》、上海古籍出版社《中华文史论丛》、《齐鲁学刊》等刊物发表了《黄庭坚"点铁成金""夺胎换骨"说新论》（《齐鲁学刊》1990 年 4 期）、《"随俗"与"反俗"——论黄庭坚词的创作及特征》（《齐鲁学刊》1990 年 5 期、《黄庭坚宗族世系新考》（《中华文史论丛》第 56 辑）、《山谷始婚考辨》（中华书局《文史》1992 年第 35 辑）、《苏轼与黄庭坚行谊考》（《齐鲁学刊》1993 年 4 期）、《苏黄友谊与宋代文化建设》（《传统文化与现代化》1995 年 1 期）、《苏轼与黄庭坚交游考述》（《齐鲁学刊》1995 年 4 期）等十多篇系列论文，并完成了 30 多万字的学术专著《黄庭坚与宋代文化》（河南大学出版社 2002 年 8 月出版）。付梓之时，享誉中外的著名学者傅璇琮先生、山东大学刘乃昌教授欣然作序，称扬有加。

（三）专题研究：着眼散文，立足宋代

专题研究是针对确定的文学领域或设定的内容主题进行深入研究，包括目标设计、资料收集、问题整理、考察分析、深入思考、成果表达等等。文学的专题研究由于目标明确、问题集中，往往思考会更深入，专业方向更鲜明，规律探索更清晰，更能体现研究专长与学术优势。当然，专题研究也分不同规模、不同类型和不同层次，诸如《论宋元小说批评的开拓与发展》（《齐鲁学刊》1986 年 1 期）、《敦煌恋情词述论》（《文学前沿》2000 年 3 期）都是一次性专题研究。而在某领域持续长久地展开研究所形成的系列成果，往往更全面更系统更深入，具有规模效应。《道德经》以"知者不博，博者不知"倡导"专精"，"专而可精"，"博而难深"，毕竟研究者个体时间与精力有限。

我长期坚持的专题研究是宋代散文。20 世纪 80 年代讲授《中国古代散文发展史》，准备教案时，搜集了当时所有能够找到的相关教材与参考资料。但阅读后发现，这些著作对于思想性很强、艺术性很高、人文精神深厚、在中国古代主流文化中始终一统独尊的散文，有很多必须交代的基本问题，都模糊不清；甚至有一些明显错误的观点或结论，也被相互转述，以讹传讹的情形比比皆是，诸如"散文晚于诗歌"论、"散文概念源于西方"说等等。而学术界对什么是散文、中国古代散文的范畴、散文概念内涵与外延的界定、散文形态的时代特点与发展衍变，散文在中国文学、中国文化中的地位，中国散文对世界文化发展、人类文明进步的影响等等，很少涉及。特别是中国古代散文鼎盛时期的宋代，只停留在几位名家、名作的研究上，竟然没有较为系统的研究，更没有一本研究专著。"以其昏昏使人昭昭"必然贻误学生，而解决教材中的缺陷并纠正讹误，是当务之急。由此，我开始进行资料搜集和缜密思考。其后师从复旦大学王水照先生攻读博士，又将宋代散文研究作为学位论文题目，形成了一系列专题性、前沿性、原创性的研究成果。

散文研究必须首先解决"散文"概念与研究范围的问题。我撰写了《散文发生与散文概念新论》投寄《中国社会科学》，刊发于 1997 年第 1 期，并被译成英文，在英文版《中国社会科学》上（"The Appearance of Prose and a New Discussion of the Concept of Prose", *Social Sciences in China*, 1998, No. 4）刊出。这篇论文针对学界长期流行的"散文晚于诗歌"论、"散文概念源于西方"说，搜集了大量文献资料，以逻辑推理与历史实证的方法，重新考论，提出了一反旧说的新观点、新结论。

文章首先根据黑格尔"前艺术"说与文学发生学原理探讨散文的发生，论述散文的始源形态，在指出旧说不科学的同时，论证了散文的产生并不晚于诗；其次从语法学、辞源学、历史文献学等多种角度，考绎辨析并立体描述了散文概念的生成轨迹，进而指出，散文概念诞生于公元 12 世纪中叶的中国，是由南宋前期的著名学者和文章家周必大、朱熹、吕祖谦诸人率先提出的。新结论纠正了当时教材中的错误说法，对于散文发展史、文学史、文学理论以及文学批评史诸领域的研究，均有重要参考价值。

《古代散文的研究范围与音乐标界的分野模式》(《文学遗产》1997 年 6 期)

提出从中国古代文章的具体实际出发，兼顾文体的时代特点和变化性，确定古代散文研究范围和文本的基本原则，将中国古代除诗歌、戏剧、小说之外的一切可以单独成篇的文章（"文章"并非"文字"）都视为古典散文研究的对象，既不受现代散文概念的制约和限定，又可面对古代写作的实际，这样才能较为客观地描述古代散文发展的轨迹，科学地探寻其艺术规律，为当代散文的发展提供借鉴。论文从梳理散文范畴与文本确定的讨论情况开始，由诗、文的原生属性（即诗的音乐性、配乐性、歌唱性；散文的"不歌而颂"等）入手，提出音乐标界的分野模式，认为骈文与赋均可纳入散文研究范围。论文是该期第一篇，荣获1997年《文学遗产》优秀论文奖。

宋代散文的繁荣兴盛，与体裁样式的开拓创新密不可分。发表在《中国社会科学》1995年6期的《宋代散文体裁样式的开拓与创新》，通过多种数据统计和大量例证分析，论述了宋代散文中具有重要开拓性体式的发展创新、渊源流变，并分别揭示了其美学特征和文化意蕴。提出"记"体散文至宋而勃兴，"书序"入宋始得长足发展；宋人"题跋"蔚成景观；"文赋"是古文运动影响的结晶；"文艺散文"的虚拟性具有委婉深沉的美学效果；诗话、随笔和日记的创制，开启了文学大众化的新路子；体裁创新与时代精神、人文环境、作家体裁意识密切关联等一系列新观点。

《论北宋前期散文的流派与发展》（《文学遗产》1995年2期）首次从散文流派的角度展开梳理和研究。论文分为"宋初骈、散两派的并峙，时文、古文的对垒相埒，文风新变与'有愧于古'"三大部分，从流派与群体的角度，考察绎理北宋前期散文发展的状况和态势，探寻演进轨迹，纠正了诸多此前相关著述的讹误，对重新认识这一时期散文发展的特征及重要意义提出了独到看法。

对于中国古代散文专题研究的系列成果，形成了博士学位论文《宋代散文研究》，从文化史角度审视并考察宋文发展的实际情形，探讨宋文发展的艺术规律与时代特征，得到了通讯评审专家和答辩委员会的充分肯定与高度评价，填补了长期以来宋代文学研究方面的学术空白。2002年人民文学出版社出版、2011年再版。全书计十二章，开篇四章侧重于理论探讨和宏观审视，考源辨流，纵视今古，定位宋文，并概述繁盛景观。中间七章着眼于宋文创作群体与流派的生衍，绎理发展脉络及各时期、各体派的创作特征，勾勒宋文演进历程。结尾一章立足于横向层面审视，从散文样式开拓、作家主体意识、作品艺术风格、地域文化传统、散文理论发展、多种艺术的交融汇通诸方面，讨论宋文创作特点，而以宋代散文对后世之影响结束全文。该书得到学界前辈的积极鼓励，北京大学著名教授、中央文史研究馆馆长袁行霈认为，著者以历史的眼光把握史料，通过细密的考证与阐述，在解决具体学术问题的同时，也丰富了人们对宋代散文成就的整体认识，是重要的学术创作。复旦大学资深教授王水照指出，该书是一部填补长期学术空白的开拓性著作，表现了创新求真的理论探索勇气。2015 年荣获教育部第七届高等学校科学研究优秀成果奖（人文社会科学）一等奖、2017 年上海交通大学优秀科研成果一等奖。日文译本已于 2016 年出版，英译本、俄译本即将面世。最近几年为研究生开设古代文学专题课即以此书为基本内容。

以上所述部分治学经历，呈现着从细小的作品字句理解，到中观层面的作家研究，逐渐进入略带宏观色彩的专题研究。这样一个过程，实际上就是由小而大、由窄变宽、由浅入深的素质培养过程。

四、“致广大而尽精微”的认识体会

迄今为止的治学经历，让我逐渐对“致广大而尽精微”有了一些粗浅的认识和体会。

（一）学术的性质与特点

何谓学术？学术的性质是什么？学术有哪些特征？学术的思想内涵与发展规律有什么样的呈现？学术研究有无规律可以遵循？多年的学术研究经历让我深刻认识到，学术是人类社会实践的高端文化活动。学术以“学”为前提，以“术”为目的。“学”就是学习、学问、知识、理论，“术”就是技术、办法、操作、应用。《周易·系辞上》说：“形而上者谓之道，形而下者谓之器。”“学”属“形而上”层面的“道”，“术”即“形而下”层面的“器”。从学术研究层面讲，先有“学”而后有“术”，即重在应用的“术”产生于知识理论的“学”。学术既是发现问题、研究问题、解决问题的过程，又是总结规律、创新理论、指导实践的过程。一部中华文化发展史，从某种意义上说，就是一部中华学术发展史。学术不仅是文化的重要组成部分，更是文化的核心、重心、轴心和支撑。我们今天的“学术”概念，在中国古代又称“术学”。无论“学术”还是“术学”，都由“学”与“术”两方面的元素构成。

梁启超曾撰写了《学与术》（刘梦溪《中国现代文学经典·梁启超卷》，河北教育出版社 1996 年版）一文，对“学术”进行过明确的分析与定义：“学也者，观察事物而发明其真理者也；术也者，取所发明而至于用者也。例如以石投水则沉，观察此事物，以证明水之有浮力，此物理学也，应用此真理以驾驶船舶，则航海术也；研究人体之组织，辨别器官之机能，此生理学也，应用此真理以疗病，则医术也。学者术之体，术者学之用。”梁氏所言“学术”与当代对“学术”的理解基本一致。

（二）“学术思想”与“天下公器”

学术研究的最大特点在于其“思想性”。这体现在研究都有明确的目的，而且研究成果将运用到实践中，促进人类的文明发展，成为“天下公器”。不论自然科学、社会科学还是人文科学，无不如此，而人文研究尤其突出。

晚清著名学人黄节《李氏焚书跋》称“夫学术者，天下之公器”（也有学者称梁启超有“学术乃天下之公器”说），这是近代学人对“学术”属性、作用、意义的认识、定性与定位。所谓“天下之公器”，就是说具有世界性的普遍意义和人类意义，这种性质认识和评价定位体现着很高的思想境界和宽广的视野胸怀。

学术研究从最高层面看，其任务就是总结人类社会实践，创造指导人类文明发展的思想理论。由此，学术成果成为人类文化的珍贵载体和理性升华的智慧结晶。社会实践推动学术研究，学术研究产生思想理论，思想理论指导社会实践——这种螺旋式运动形式是人类发展不可移易的普遍规律。正因如此，学术是推进人类文明不断发展、持续发展的智力源泉和不竭动力。蔡元培有诗称赞培养学术人才说“弘奖学术启文明，栽桃种李最多情。”而俄国著名寓言作家伊万·安德列耶维奇·克雷洛夫则严厉批评不重视学术研究的人：“无知的人就跟猪一样的盲目，他们嘲笑知识，讥笑学问，鄙夷地把学术的成就一脚踢开，却不知道自己正享受着学术上的一切成果。”

中国传统文化强调“知行合一”“学以致用”“经世致用”，就是要求将“学”与“术”、理论与实践紧密结合。《尚书·夏小正》“万用入学”说、儒家“格物、致知、正心、诚意、修身、齐家、治国、平天下”的系统理论，都很典型。“不学无术”的说法更是耳熟能详，人人皆知。当然，“学”有深浅之分，而“术”有小大之别，不可一概而论。

学术研究要求有新思想、新方法、新发现、新观点、新材料，或者有新思路、新建议、新对策、新途径，而所有这些都属于思想性范畴。学术出思想，学术出理论，学术出成果，学术出人才，学术出效益。于是就有了使用频率很高的“学术思想”这样一个概念，将“学术”与“思想”联接在一起，我们这门研究生课程即是如此。

(三) 学术研究的基本要求

从事学术研究必须了解基本要求,努力培养专业素养,要有成长为优秀学者、杰出人才、领军精英的基础和自信。

一是关于研究者的素质。古今中外卓有建树的杰出思想家都是学术研究的高手,都以坚实的学术研究为支撑,其共同特点就是在“德、学、才、识、胆”五方面表现出异乎寻常的优秀,此无须举例。

中华民族有“尊道而贵德”的优秀文化传统,《大学》开篇即言“大学之道,在明明德,在亲民,在止于至善”,强调的就是培养人才以德为先;诸葛亮《诫子书》说“非学无以广才,非志无以成学”,就是强调“学”与“才”的关系和个体如何“成学”“成才”;明代著名思想家李贽《二十分识》认为“才、胆实由识而济,天下唯‘识’最难”,强调的就是独立见解、远见卓识之难得与可贵;而清代叶燮《原诗》“人无才则心思不出,无胆则笔墨畏缩,无识则不能取舍,无力则不能自持一家”,在强调“才、胆、识、力”重要性的同时,特别突出了“胆”即勇于表达、敢于发表的重要性。章学诚《文史通义·答沈凤墀[chí]》“记性积而成学,作性扩而成才,悟性达而为识”、“考订主于学,辞章主于才,义理主于识”提出“记性”“作性”“悟性”和“考订”“辞章”“义理”之于“学”“才”“识”的关系,也给人颇多启发。总之,立德以做人,广学以成才,多思以生识,创新以见胆,可以说是治学研究者必备的素养。

二是研究的目标境界与基本遵循:求真、求实、求新、求善、求美。此五者是辩证统一、不可分割的整体,真、实、新未必达到善、未必实现美。学术研究要做到五者统一,才能臻于完美,确保科学与严谨,确保正能量。

三是研究成果的表达:有物、有序、有理、有用、有效。此五者,实际上是中华民族文化的优良传统。《周易》之《家人》卦《象》“君子以言有物而行有恒”,《艮》卦爻辞六五“艮其辅,言有序”,“安邦治国”、“经世致用”一以贯之的思想观念更是人人皆知,而讲效果则是检验的重要方法与标准。

五、“致广大而尽精微”的基本原则

学术研究做到“致广大而尽精微”,应把握八条基本原则。

(一) 突出问题导向

问题导向是科学研究的基石。有问题才需要研究,找出深层的原因,提出解决的办法。而问题的重要程度直接决定研究的意义和价值。如果说解决问题不容易,那么,发现问题则更难。因为发现和预见真正有研究意义的问题,是学者具有深厚学术功底和敏锐学术眼光的重要体现。因此,从研究选题开始就要突出问题导向,力争把能体现国家意志或反映专业领域前沿的重大理论和实际问题作为首选的研究对象。

(二) 树立人类意识

具有人类普遍意义是学术研究的至高境界。学术研究的最大价值和最高境界,莫过于对推动人类文明发展具有重大理论意义、重大现实意义或重大长远意义。回顾人类历史上广泛传播的经典学术成果,均为世界人民普遍认同并具有典型人类意义。比如,上面讲到的《周易》的"厚德载物",老子的"尊道贵德",孔子的"仁者爱人"等等,都富有人类整体意识和普遍意义。马克思恩格斯的《资本论》,之所以在世界广泛传播,成为我们国家发展的指导思想,也是因为其研究具有指导人类文明发展的普遍意义,蕴藏着"致广大而尽精微"的科学方法,探索和揭示人类发展的根本规律。

最近盛行的"人类命运共同体"的概念,就是从人类整体高度来看问题,强调当今世界经济一体化、各国发展紧密相联的现实状态,体现着鲜明突出的人类意识和时代特点。学术研究必须有这样的意识和高度,经济学之类的社会科学如此,人文学科更应如此。对人类发展规律的探索研究,对人类亲情、爱情、友情之类的情感研究,"天人关系"的研究,社会道德与个人修养的研究,社会秩序的研究,国家、地区关系的研究,国际争端与地区矛盾及重大事件的处理,语言文字的交流创新研究,等等,都应当具有强烈鲜明的人类意识。

(三) 强化国家观念

强化国家观念就是从国家发展全局需要的角度,开展学术研究和理论探索,把个人的学术优势同国家的需要紧密结合起来,既要密切关注和深入研究国家发展中急需解决的重大现实问题,又要密切关注和深入研究学科建设中的重大理论问题,切实有利于综合国力的提升,切实有利于推动国家经济社会的发展。真正树立为推动国家发展着想的思想境界和高度。近些年学界为服务于国家发展战略而建立的知库,实际上就是国家观念的重要表现。"斯文自任"是中国历代学人的优秀传统,体现着强烈的历史使命感和社会责任感,在新的历史时期,我们应当继续发扬光大,树立"国家兴亡,匹夫有责"的国家意识、大局意识和责任意识。目前,关于全面建成小康社会、全面深化改革、全面依法治国、全面从严治党的“四个全面”战略布局，关于引领发展行动的创新、协调、绿色、开放、共享“五大理念”，关于建设创新型国家、人才培养、文化强国、教育强国、创新传统文化、一带一路等等，都体现国家观念的重要切入点。

（四）开阔世界视野

人类命运共同体，决定了学术研究不能局限在一国一地，而应当放眼世界。特别是随着经济全球化程度的日益提高，世界范围内经济、政治、文化的交流、交融与交锋更加频繁，因此，任何重大问题的研究都需要放在世界范围内来审视、来分析、来比较。充分借鉴和共享国外的文明成果，具备开阔宽广的学术视野，是体现研究广度和思考深度、避免片面性和局限性、发现规律性和增强科学性的重要途径。中国文化的世界传播研究，中国儒家学说在世界的传播，佛教在世界的传播，人文精神在世界不同国家、不同地区的表现形态，世界不同民族的思想观念和生活习俗，不同民族文化之间的区别与差异，诸如此类的研究，都必须放到世界层面来考察。

（五）具备前瞻眼光

前瞻眼光实质上是学术眼光和理论胆识的具体表现，反映着立足长远发展的战略性思维。因此，研究课题的选择必须全面了解和科学把握研究对象的当前态势及发展趋势，增强研究的超前性和预见性。即便是基础理论方面的研究，也必须判断其研究的潜在空间、潜在意义和发展趋势。北京大学人口所 20 世纪后期曾根据国家人口普查数据，专门研究中国人口老龄化问题，为国家制定和出台相关政策措施做准备，从人口资源、医疗保障等方面提出一系列建议对策，受到国家高层与决策部门的高度重视。20 世纪末部分学者关于弘扬中华民族优秀传统文化、关于人民币国际结算、关于反分裂法、关于南海问题等等方面的研究，都充分体现出前瞻眼光，为国家相关政策的制定提供了重要参考。人文的跨学科研究、人文与科技的结合研究，也都体现出前瞻性。

（六）重视规律探索

探索规律、认识规律、把握规律、运用规律是哲学社会科学研究的重要任务之一。越是接近事物发展的内在规律，越是能够有效地推动事物的健康发展，越能具有长久的学术生命力和文化影响力。也只有重视规律的探索，才能体现研究的深度，体现研究成果的科学性和可信性。

（七）升华理论层次

理论来源于实践又指导实践，哲学社会科学研究是丰富和发展理论的重要渠道。因此，学术研究应当避免就事论事、停留在现象分析层面，力求深入剖析、高度概括，进行总结和归纳。从更高层次上去认识研究的问题，从理论层面和文化层面去把握研究对象的性质和意义，从而增强科学性，显示研究的历史高度和思想深度。理论是文化的最高表现形式和核心内容，也是社会科学研究最终的归宿和体现，即便是应用研究也必须有理论的支撑。

（八）切实严谨学风

严谨学风是学术研究的必然要求，也是增强科学性，提高权威性的重要手段。以科学、认真、严肃、负责的治学态度来开展学术研究，做到观点鲜明、思考缜密、论据充分，言必有据、有征必引、无征不信，做到厚积薄发，重调查、重事实、重数据，增强科学性、可信性、严谨性，做到扎扎实实，戒浮戒躁，杜绝抄袭，应当是研究工作者的底线。

六、五个核心要点

学术研究特别学术成果的表达应当注意五个核心要点。

（1）“新”。“新”即创新。这是学术研究的生命和灵魂。学术研究没有创新就没有意义。国家一直强调创新意识，强调理论创新、制度创新、观念创新，提出了建设创新性国家，培养创新性人才，提出哲学社会科学研究要创新观点、创新体系、创新方法。学术研究尤其看重开创性、开拓性、原创性，看重填补空白。基础研究力求提出新学说、新理论，力求有重大推进、重大突破；应用研究力求在解决国家经济建设和社会发展重大现实问题方面，提出符合实际、富有创见、具备可操作性的新思路、新对策，为国家重大决策提供科学依据。

（2）“高”。“高”就是要有思想高度，有学术境界。学术研究要着眼于人类文明，立足于国家发展，体现全局性、战略性、前瞻性、前沿性。做到境界高，立意高，角度高，起点高，层次高，品位档次高。应当充分体现面向世界、面向未来、面向现代化的要求。北京师大俞敏先生的《汉藏语音同源字谱稿》仅有三万字，学术性、专业性极强。作者选择了600个汉字同藏语进行语音对比研究，得出汉、藏同源的结论，说明汉族和藏族在数千年前是一个老祖宗。这不仅具有重大学术意义，而且具有极其重要的政治意义和现实意义。数年后，美国科学试验室以最先进的技术手段进行测试研究，结果与俞敏先生的结论完全相同。

（3）“重”。“重”就是有厚重的分量，学术价值、理论意义、决策参考都很重要；或开辟新领域、提出新理论、构建新体系、建设新学科；或具有战略意义、普遍意义、典型意义或国家意义。比如黄楠森先生主编的《马克思主义哲学史》、苗力田先生主编的《亚里士多德全集》都是填补空白的学术巨著,《亚里士多德全集》是第一个中译本全集,在世界上来说,也是最全面的。白寿彝教授《中国通史》20卷,成果厚重,得到中央领导的高度赞扬。《中国人口史》梳理、挖掘了中国古代大量历史人口资料,好多都是鲜为人知。研究者探讨、归纳、提炼和概括了中国古代人口发展的特点和规律,并提出了中国当代人口发展应当采取的新对策,受到中央高层领导的高度关注。这些都是比较典型的例子。

(4)"广"。"广"就是学术视野广,知识面广。近些年倡导跨学科研究,提倡交叉学科研究和边缘学科研究。随着经济发展全球化的到来,文化发展和学术研究也向全球化迈进。广博的知识和广阔的视野,是增强创新、增强竞争力的前提和基础。中西对比、古今对比,吸收国内外优秀的研究成果,都是非常有效的方法。比如,关于"三星堆文化"研究,有学者从考古和历史角度进行研究,也有学者以此为基础,提高到中华文明起源的高度,放到世界文化、人类文明的层面上进行分析对比研究,提出长江文明和黄河文明多元发展、并行发展的观点,而且与神秘消失的玛雅文化进行对比研究,学术视野开阔。

(5)"深"。"深"就是思考深,挖掘深,见解深。应用研究上升到理论层面,基础研究探讨规律、总结规律、触及规律。1962年,美国杰出生物学家雷切尔·卡森出版的《寂静的春天》,通过描述使用农药给人类带来危害的严峻现实,预见可能出现的生态危机。1972年,英国经济学家巴巴拉·沃德在瑞典首都斯德哥尔摩第一次人类环境大会上,做了题为《我们只有一个地球》的报告,以经济学家的敏锐,深入研究经济发展过程中生态环境造成的巨大破坏,提出不能只顾局部的经济发展而破坏了地球。1987年,挪威前首相布伦特兰夫人在研究报告《我们共同的未来》里,率先提出"可持续发展"的概念,提出既要满足当代人的各项需要,又要保护生态环境,不对后代人的生存和发展构成危害的主张。以上三篇关注人类社会如何健康发展的社会科学文献,都充分体现出思考的深刻性和思想的深刻性,具有划时代的意义。

文学人类学的理论与方法

叶舒宪

文学人类学是20世纪后期的跨学科研究大潮中涌现的一门新兴交叉学科。孕育其生长的学术潮流可概括为两个学科领域的研究转向：一是文化人类学研究的文学转向，或称人文转向；二是文学研究的人类学转向，又称文化转向。自文学人类学诞生之日起，对后一个转向的探讨就成为研究者入门的"过关考验"，相关的探讨和争鸣一直不绝如缕。[①] 而对前一个转向，属于文化人类学学科史的范畴，目前国内关注得很少。即便是在文化人类学的学科内部，对此方面的探讨也显得凤毛麟角。造成这种不平衡局面的原因，主要是从业者在知识结构上的欠缺。比如国内的师资方面，文化人类学科班出身者较少，属于小众的学科。而文学人类学的研究队伍，基本上以高校和科研院所的中国语言文学专业人士为主。语言文学专业的限制，使得他们较少考虑另外的一门新学科即文化人类学的学科史情况。为此，本项目从一开始就致力于从学术史视角讨论人类学的文学转向问题，聚焦人类学为什么会从早期的"人的科学"变成20世纪后期的"文化阐释学"。这就带出了如下的研究主题：从文学批评家肯尼斯·伯克对人类学家格尔兹的决定性影响入手，找出文化"厚描"说的又一个学术渊源，重新梳理阐释人类学派背后发挥作用的文学批评的和修辞学的理

---

① [美]乔纳森·卡勒《文学理论》第三章"文学与文化研究"；第八章"属性、认同和主体"，李平译，沈阳：辽宁教育出版社，1998年，第45－57页，第113－125页。[美]理查德·比尔纳其等《超越文化转向》，方杰译，南京大学出版社，2008年。[美]詹姆逊《文化转向》，胡亚敏等译，中国社会科学出版社，2000年。萧俊明《文化转向的由来》，社会科学文献出版社，2004年。5.关于文化转向在亚洲研究中的表现，可参看余英时的文章：*Clio's New Cultural Turn and the Rediscovery of Tradition in Asia*，A Keynote Address to the 12th Conference，International Association of Historians of Asia. University of Hong Kong，1991，pp. 10－30.

论。[①] 笔者认为，只有充分从语言文学和文化人类学两个专业方面理解到学科发展的“转向”所具有的学术史意义，才能为文学人类学这门新兴的交叉学科找到立足和长远发展的理论基础。

图 1　中国社会科学院研究生院教材《文学人类学教程》，2010 年版

图 2　文学人类学的新理论建构：《文化符号学——大小传统新视野》，2013 年版

---

① 叶舒宪、孙梦迪：《人类学的文学转向：从肯尼思·伯克到格尔兹》，《中南民族大学学报》2016 年第 3 期。

20世纪德语世界中最有影响力的思想家兼神学家潘能伯格(Wolfhart Pannengberg)在其《人是什么——从神学看人类学》中开篇就说:"我们生活在一个人类学时代。一门关于人的广泛的科学是当代思想追求的主要目标。一大批科学研究部门为此联合起来。"[①]既然生活在一个人类学时代,那么人类学所要追求的问题"人是什么",就同时成为所有人文学科的共同问题。作为人学的文学,当然不会例外。"但事实上,人是什么这个问题,今天再也不能从世界出发得到回答,而是回到人自身。因此,关于人的科学获得了史无前例的重要性。"[②]面对诸如政治人类学、法律人类学、艺术人类学、历史人类学、宗教人类学、医学人类学、教育人类学之类的新兴交叉学科如雨后春笋般出现的当代现状,我们不得不承认,是文化人类学这一门学科获得了超越所有其他学科的重要性。文化人类学是一门孕育于19世纪,并且只有在20世纪才获得长足发展的新学科。没有它的成熟和发展,有关人的知识或学科,就不能像有关自然的科学那样成为人类知识园地中一个不可或缺的组成部分。

人类学作为学科园地中一朵晚开的花,具有后来居上的优势。这种优势不仅体现在它要解决的问题——人类作为文化动物的复杂性,是古往今来最难解决的问题之一,而且也体现在跨学科影响力方面,它提供的文化整体观确实能引领人文社会科学的各个其他学科,使之获得创新发展的方向。

与上述这些与文化人类学相结合的人文学科相比,文学人类学作为一种有组织的持续发展的学术潮流,似乎仅仅在中国大陆获得了一定的学科合法化身份。在中国以外的地方,文学人类学似乎不如历史人类学和艺术人类学那样兴旺发达,只是散见于个别的和零星的研究著述之中,[③]没有相应的学术机构或学术组织,也没有在高等教育的专业科目中有所体现。自我国进入新时期以来,文学人类学不仅在高校的研究生招生方向上得到官方认可,在中国社会科学院研究生院的重点教材中,也列入《文学人类学教程》这样属于新潮和小众的专业教科书。2012年还通过教育部举办了"全国高校文学人类学骨干教师讲

① [德]潘能伯格:《人是什么——从神学看人类学》,李秋零等译,上海:上海三联书店,第1页。

② [德]潘能伯格:《人是什么——从神学看人类学》,李秋零等译,上海:上海三联书店,第2-3页。

③ 1. [美]伊万·布莱迪《人类学诗学》,徐鲁亚等译,北京:中国人民大学出版社,2010年。
2. K.A. Ashley. *Victor Turner and the Construction of Cultural Criticism: Between Anthropology and Literature*. Bloomington: Indiana University Press, 1990. 3. P. Benson, ed. *Anthropology and Literature*. Urbane: University of Illinois Press, 1993. 4. Rose De Angelis, ed. *Between Anthropology and Literature*. London: Routledge, 2002.

习班"(重庆文理学院),一门跨学科的新知识通过师资培训的方式,开始向全国的相关专业进行推广。基于这种"风景这边独好"的新学科发展态势,开创并逐步完善新学科理论的任务也就责无旁贷地落在这一批走出单一学科界限的先行者肩上。"中国文学人类学理论与方法研究",能够在国家社科基金重大招标项目首次从对策研究转向基础理论研究之际获准立项,显示出本土学者建构本土化的理论形态的大胆尝试。

为什么传统的文学研究在近半个世纪以来明显走向文化研究呢?马克·史密斯认为文化人类学的核心概念"文化"能够溢出本学科,成为再造整个人文社会科学的工具利器,主要在于当代学界对文化的思考确实提供了以往的单一学科视野所没有的东西——"一个打破学科思维模式、熔铸一个后学科取向的新机会。"[①]在2003年的《文学与人类学——知识全球化时代的文学研究》一书中,笔者就试图对20世纪后期日益明显的重要学术趋势——从学科界限分明的文学研究拓展为打破学科的文化研究,做出学理性阐释。从知识全球化的背景上说明:文化研究是适应知识重新整合的时代需求的必然现象,它对于解决长期困扰学界的争议,以及针对各种"文学危机论"和"比较文学学科危机论",做出直接的理论回应。[②] 随后,在编撰第一部文学人类学专业的研究生教材的过程中,又对20世纪以来的人文社会科学的人类学转向问题,提供学术系谱学的描述,撰写成近五万字的专章。[③] 而对人类学学科的文学转向问题,却几乎没有给予足够的关注。

有鉴于此,本书的主要目标是,从学术史的脉络上梳理清楚两大学术转向及其相互关联,突出论述人类学的文学转向及其方法论意义,尤其注重将文化视为一种符号文本的阐释人类学范式,能给文学与文化的关联性带来怎样的启示。除了这种学科性质和研究范式意义上的转向,即从科学实验和实证,转向人文阐释,文化人类学家采用文学化的方式写作民族志,也属于另种一意义上的文学转向。在《民族志小说:发现内部之音》(*The Ethnographic Novel: Finding the Insider's Voice*)中,人类学家珍妮特·塔曼(Janet Tallman)用多年时间研究民族学与文学的关联。为探索和表现不同的文化,她学习过世界文学、儿童文学和神秘小说,最后形成了自己的人类学审美观。她认为,小说家和

---

① [英]马克·史密斯:《文化——再造社会科学》,张美川译,长春:吉林人民出版社,2005年,第3页。
② 叶舒宪《文学与人类学——知识全球化时代的文学研究》,北京:社会科学文献出版社,2003年。
③ 叶舒宪《文学人类学教程》,北京:中国社会科学出版社,2010年,第39-83页。

民族学家在许多方面都很相似。二者在各自的领域中通过疏远自我来描述文化,并试图把对观察对象的意见和感想用文学形式表述出来。但二者也有区别:民族学家的任务是用一种方式描述文化,而小说家则试图用清新独特的方式来描述人的生活和命运;民族学家侧重概括,而小说家则愿意具体说明时间、地点或人物。然而在最近逐渐流行的民族志小说中,民族学家和小说家的关系变得模糊起来。

伊丽莎白·费尼雅(Elizabeth Fernea)提到民族志小说的两种形式:一种是局外人(outsider)对他者的描写 ,另一种是局内人(insider)的自我描写。[①] 这两种写作的出现,如同一个隧道挖掘工程从两边挖通的效果那样,会给文学和人类学都带来新变化。文学的作者们开始通过人类学知识的自觉而主动追求对文化他者的认识和审美的再建构。民族志作者们则借助文学表现手法实现民族志文本的创新。

回顾文学人类学在中国产生的条件和新世纪以来的研究拓展情况,总结其理论建构的方向和基本内容——围绕文化文本、大、小传统再划分,文化的符号编码程序,神话历史,四重证据法等学术关键命题,还需要继续展开更加深入的探讨。在继往开来的意义上,也需要对文学人类学今后的研究方向和学术前景做出某种规划预期和展望。

就文学人类学理论建构的意向而言,中国的人文学界在西学东渐以来的知识背景下,其理论建树方面一直处于非常尴尬的境地。一般而言,对内介绍和接受的西方理论多种多样,而本土一方的原创性理论建构却显得寥寥。除了教科书类型的高头讲章式"准理论"以外,确实拿不出什么像模像样的理论体系。这种学术现状极大挫伤着从业者的理论雄心。有人会这样思考:既然理论思维不是国人的强项,又何必以己之短去竞争他人之长呢?文学人类学一派对此的回应是:如果没有先进理论的聚焦和引领作用,我们的文学和文化研究又怎么能跟上这个时代的变迁,拿出有厚重底蕴和学术分量的研究成果呢?难道中国方面只能提供素材和资料,不能提供成熟的理论和方法吗?

后殖民主义理论家阿吉兹·阿罕默德认为当今时代就是理论发达的时代,理论性成果的层出不穷,成为学术思想进步的助推器。他写道:在过去的四分之一世纪里,一项几乎涵盖所有英语国家文学研究领域的显著发展成果,便是

---

① Rose De Angelis, ed. *Between Anthropology and Literature*. London: Routledge, 2002, p.57.

理论生产的高度繁荣。“理论的爆炸作为一种对话和重构，其主要方面已经成为一种融入了欧陆思想成果的杂糅：本雅明、法兰克福学派、语言学、阐释学、现象学、结构主义、后结构主义、沃罗西洛夫/巴赫金学派、葛兰西、弗洛伊德，以及拉康式的弗洛伊德，等等。”[①]如果聚焦一下当代的理论生产所围绕的新关键词，文化人类学的重要影响力是不言而喻的。昔日流行的关键词，如审美、文学性、修辞术、风格、趣味等，已经被“反经典”、“文化民族主义”、“文化认同”、“少数族裔话语”、“多元文化主义”、“跨文化认知”、“离散”等一系列新名目替换，它们大都是直接来自文化人类学的术语。由此可知，在这种后现代、后结构主义和后殖民主义的现实语境中，没有相关的人类学的基础知识，是无法理解和应对当代的理论生产新浪潮的。用乔纳森·卡勒的说法，我们必须面对1960年以来发生的事实：

> 从事文学研究的人已经开始研究文学研究领域以外的著作，因为那些著作在语言思想、历史或文化各方面所作的分析都为文本和文化问题提供了更新、更有说服力的解释。这种意义上的理论已经不是一套为文学研究而设的方法，而是一系列没有界限的、评说天下万物的各种著作……“理论”的种类包括人类学、艺术史、电影研究、性研究、语言学、哲学、政治理论、心理分析、科学研究、社会和思想史，以及社会学等各方面的著作。[②]

卡勒还认为：“成为‘理论’的著作为别人在解释意义、本质、文化、精神的作用、公众经验与个人经验的关系，以及大的历史力量与个人经验的关系时提供借鉴。”本项目也希望在这一意义上陈述文学人类学的理论，即能够实际地为他人的研究提供解释问题的借鉴。而不希望做成一套高头讲章式的空疏无用的“准理论”游戏。

概括地讲，近三十年来，从文学理论方面的神话原型批评起家，中国文学人类学一派的理论关注随着跨学科研究的深入而逐渐形成，集中体现在如下两方面：

一是关于文化文本的符号编码论——大传统的非文字符号解读，和小传统

---

① [印度]阿吉兹·阿罕默德：《在理论内部》，易晖译，北京：北京大学出版社，2014年，第2页。

② [美]乔纳森·卡勒：《文学理论》，李平译，沈阳：辽宁教育出版社，1998年，第4页。

的文字文本解读的相关性、因果关系、神话历史等。希望通过这样的文化文本符号的历史分析视角，厘清口传文学与书面文学、民间文学与作家文学的母子关系，同时厘清文化文本与文学文本的母子关系。二是立足于国学传统传承创新立场的、关于当代跨学科研究方法论的，称为四重证据法。在这方面，"中国文学人类学理论与方法研究"重大项目有子课题《四重证据法研究》，对方法论给予专门的论述和演示。而《文学人类学新论——学科交叉的两大转向》一书，则在理论分工的意义上，侧重承接几年前完成并已出版的《文化符号学——大小传统新视野》一书的理论思路，集中关注文化文本和符号编码方面的梳理和建构。至于与"神话历史"主题相关的著述，则以系列个案研究，较大规模地汇聚在南方日报出版社 2011 年以来陆续推出的"神话历史丛书"[①]中。

在现有的文艺理论和美学理论范式之外，寻求一套文化文本导向的新理论与新研究范式，这可称得上当代文学人类学需要处理的首要理论难题。文学人类学的批评实践侧重于以人类学、历史学和符号研究的方式研究各种文化书写的形态，在研究动态文化的过程中提炼出"文化文本"这一新概念。从中国文学人类学研究会首届年会的论文集题为《文化与文本》，[②]就可以看出国内的文学人类学一派所关注的核心问题所在：即如何找到文学文本与文化文本的理论关联。二者之间的关系不是并列的，而是从属性的。换言之，文化文本是整体，文学文本是部分。文化文本是原生性和支配性的，文学文本则是派生性的和被支配的。前者为因，后者为果。是大象无形的文化文本，决定着有形的、具体的文学文本。

由此可知，为什么文化文本这个术语，能够成为当代文学人类学最为核心的关键词。它最大的特点在于其非实体特征，在内涵上囊括各种类型的活态文化与物质文化，如民俗礼仪、节日庆典、口传史诗、传世文物、出土文物、建筑、遗址和墓葬的形制，等等；除此之外，生成这一符号综合体的特定社会历史情境也是文化文本的组成部分。如何通过文学文本去探讨文化文本呢？淮北师范大学的王政教授团队最近出版的《欧阳修陆游诗歌民俗祭典述论》一书，对两位著名的宋代诗人作品中的民间岁时习俗和祭祀仪式内容做出了系统梳理，带来很好的启示。例如，该书第四章"陆游祭典诗的种类与功用"，一共归纳出十三种

① 叶舒宪、谭佳：《比较神话学在中国》，北京：社会科学文献出版社，2016 年，第 253－286 页。
② 叶舒宪主编《文化与文本》，北京：中央编译出版社，1998 年。

民间祭祀仪式的情况：

第一节　社祭
第二节　傩祭
第三节　腊祭
第四节　祭灶
第五节　祭蚕神
第六节　祭紫姑
第七节　禹祠祭
第八节　祭柳姑
第九节　祭水神
第十节　祭龙湫(湫神)
第十一节　祭先师先圣(孔子)
第十二节　墓祭
第十三节　献俘祭

在论述陆游这些祭典诗歌的文化功能时，该书认为有祈福、弥灾、报谢三方面的作用。[①] 这就使得古代诗歌研究的文学范式与文化范式的关联得到凸显，从而引发出从文学人类学意义上反思"文学何为"这样根本性问题的机缘。该书第五章"陆游祭典的具体事象"，分别探讨诗歌中描述的仪式母题和仪式细节，更具有"诗歌民族志"分析的性质。如对"椎牛祭神""社钱""分胙""饮福酒""刍狗""踏歌""巫舞""人神对话"的"巫致辞"与"神降语"等逐一分析，让读者通过陆游的诗歌看到宋代民间社会之精神生活的方方面面，这不仅有助于对文学文本背后的文化文本获得领悟，而且能够体会到仪式文化作为大传统的遗留，其古今一以贯之的传承原理，对今日民间的类似礼俗现象的源流有一个真切的历史体认过程。就此而言，陆游诗歌不光是个人性的情感和意志的表达，同时也是社会生活和礼俗传统的结晶。这就是透过有形的文学文本，去洞见和体察无形的文化文本的研究方式，王政团队为此提供出古典文学创新性研究的生动

① 王政、王娟、王维娜：《欧阳修陆游诗歌民俗祭典述论》，北京：中国书籍出版社，2015 年，第 176－177 页。

案例。

反过来看，重构出无形的大传统的文化文本，对于重解文字书写小传统又有怎样的启示呢？笔者在《文学人类学新论——学科交叉的两大转向》中举出的研究案例是白玉和白璧两种华夏文明特有的神话化崇拜物在历史中的作用。该书认为，中国历史书写特征为"神话历史"，驱动其神话想象的终极原型是源于八千年前的玉石神话信仰（简称"玉教"），玉教神话发展了约5000年，几乎统一和覆盖了中国大部分地区，才迎来甲骨文的出现，由此带来文字小传统。汉字在《说文解字》的时代保留着124个从玉旁的字，这是一个惊人的数量。认知人类学认为语言文字是最能体现特定文化价值的符号系统。汉字书写小传统围绕玉教神话，形成一种后来居上的核心崇拜，即是以和田玉进入中原国家为物质前提的白玉崇拜。[①] 其中最具代表性的两个历史事件当为秦始皇制作传国白玉玺与鸿门宴上白玉璧保全刘邦性命，由此可以透析玉石神话信仰对整个华夏文明的历史构成与历史书写所起的支配性作用。

古代帝王皆称"天命不可违"，以受命于天来强化自身统治的合法性，如此头等大事事关统治者登基或继位的权威性，必须用一种至高无上的物质符号予以证明，而在秦始皇嬴政看来，他舍弃了贵重的金属，"收天下兵器，聚之咸阳，以为金人十二"，而选择用顶级白玉制成传国玉玺，足见其对特定的玉石资源的重视程度。传国玉玺代表最高权力，一旦将白玉神话与白玉玺的最高王权象征意义结合起来，就为后代史家的史书撰写提供了无尽的想象空间，传国玉玺失而复得、得而复失近千年的传奇故事，足以成就华夏文明中文学创作者们乐此不疲的最佳写作题材（以《三国演义》为代表）。

刘邦利用先入关中占据咸阳之机，成功获取秦始皇特制的象征最高权力的唯一符号物——传国玉玺，但项羽并不愿与刘邦长久分据称王，面对一山不容二虎的相持境地，才有了"鸿门宴"事件。《史记·项羽本纪》中记载，当鸿门宴上刘邦见情况对自己不利时，欲求借故脱逃，故而派张良"奉白璧一双，再拜献大王足下；玉斗一双，再拜奉大将军足下"。项羽的反应也给故事的结局提前做好了铺垫——"受璧，置之坐上"，刘邦因此免于一死。范增拔剑撞破玉斗，为什么项羽却愿意"受璧"呢？答案是：白璧，玉璧象征着天和天门，白璧自然也成为统治和王权的最高象征符号，刘、项二人都深知白璧至高无上的价值，刘邦

---

① 叶舒宪：《白玉崇拜及其神话历史初探》，《安徽大学学报》（哲学社会科学版），2015年第2期。

自知唯有献出白璧方能保命，而对于刘邦这种特殊的示好、示弱与妥协方式，将天子至宝留给项羽，项羽当然心领神会。透过这些代表性历史事件不难得知，中原王朝统治者都极为崇奉神圣的白玉，如若我们以中原王朝的白玉崇拜为标志，将西王母来中原献白环神话的起源大致追溯到距今3000多年的商周时代，是可以提供第四重证据即出土玉器文物的证明的。现代以来，有关西王母和昆仑神话的来源问题，苏雪林、丁山、凌纯声等部分学者受国外学者的阐释误导效应，一度考证西王母形象实为西亚两河流域美索不达米亚文明中的月神，后经辗转传到中国，而被汉译为“西王母”。除此之外，西王母的具体神格还存在死神、吉神、月神、保护神、生育神、创世神等不同说法，[①]因此形成各种神格相纠结的芜杂局面。如果结合四重证据法来探讨西王母的原初神格，以此来重新认识西王母神话的物质原型及其象征系统，将获得超越前人的突破性认识。

《尔雅·释地》曰：“觚竹、北户、西王母、日下，谓之四荒。”郭璞注曰：“觚竹在北，北户在南，西王母在西，日下在东，皆四方昏荒之国，次四极者。”可见西王母居于环境险恶的西方日落之地，而这往往与“死亡”意象联系起来：

> 在神话思维中，日出与日落并不是纯客观的自然现象，它必然同时代表着某一神或英雄的命运。因此，太阳的上升阶段就和英雄的出生、成长、建功立业等喜剧性情节相对应，而太阳的西落和隐没也就和英雄的失败、死亡等悲剧性情节相对应。[②]

此外，《山海经·西次三经》曰：“又西三百五十里，曰玉山，是西王母所居也。”玉山，即今日所指昆仑山，久居于此的西王母既掌管白玉，又掌管长生不死秘药，再生神职自然也得到确认。其实在中国传统文化中，“昆仑”既是圣山实体，又隐喻生命之孕育与再造。它其实就是玉教神话建构出的宇宙山，因为昆仑山为和田玉的主产地，特别是白玉。将昆仑本身视作生命孕育的象征，西王母又居于其上，故西王母最初的神格应该是一位掌握着死亡与再生之权的大母神。因此，西王母所处的昆仑神山，既是生命最后归宿的坟墓，也是孕育新一轮

---

① 关于西王母神格的讨论，参见赵宗福：《西王母的神格功能》，《寻根》，1999年第5期。

② 郭璞注《尔雅》，北京：中华书局，1985年，第337－338页。

生命的母体和子宫，随着父权制的兴起，西王母的神格渐渐被男权话语所遮蔽，最终成为屈居次要地位的配偶神。[①] 如今越来越多的考古出土文物表明，商周以来的用玉制度离不开白玉和青白玉资源，这些资源恰是中原地区匮乏的，这才有了商周以后愈演愈烈的"西玉东输"运动，新疆昆仑山和田玉才得以服务于王权统治者。西王母献白环、穆天子会见西王母等神话叙事是有现实物质基础的，而白玉崇拜这种特有现象是包括两河流域文明在内的其他古代文明所无法凭空臆造虚构的，唯有意识到西王母是本土白玉崇拜催生出的死亡再生女神形象，西王母源于外来文化的说法才能彻底得到消解。

从理论建构方面看，有2013年出版的《文化符号学——大小传统新视野》一书。编撰者希望为文学人类学的学术同仁们展开文化研究和文化阐释，提供一个可操作的理论视野——"文化符号学"的视野。其在理论上的推陈出新之处在于，以文字的有无作为最重要的媒介变革基准，重新划分文化的"大、小传统"。[②] 在论者看来，文字之前和文字以外的传统才是真正的大传统，以实物、口传和图像为载体，那显然是属于非文字符号的信息世界；而后起的文字以及用汉字书写的典籍，则开启文化传承的小传统。从大传统到小传统的关系，是原生与派生、孕育与被孕育、包含与被包含的关系。[③] 在此基础上，再标榜出一个颇具分析性的概念"N级编码"，将一万年以来的文化文本乃至当代作家原创的文学文本尽数囊括其中。

简要来说，大传统以器物与图像为符号载体，这些产生于无文字时代的元素有着文化意义上的原型编码作用，可称为一级编码，主宰着这一编码的基本原则是神话思维，由此类一级编码驱动的观念历程可视为神话历史展开的过程；以甲骨文为初形的汉字系统，则开启二级编码的过程。用文字记录的早期经典，是文化传承中的三级编码。三级编码在各大文明的古典时代完成，基本上包括我国的先秦典籍等史籍；在希腊则是荷马史诗和赫西俄德的《神谱》、希罗多德的《历史》；在印度是四部"吠陀"和两大史诗；在古埃及是《亡灵书》，在苏美尔和巴比伦是号称"世界第一部史诗"的《吉尔伽美什》。在各大古文明中，此

---

① 叶舒宪：《探索非理性的世界：原型批评的理论与方法》，成都：四川人民出版社，1988年，第229-230页。

② 叶舒宪：《河西走廊——西部神话与华夏源流》，云南教育出版社，2008年。叶舒宪：《西王母神话：女神文明的中国遗产》，《金枝玉叶——比较神话学的中国视角》，复旦大学出版社，2012年，第79-89页。苏永前：《西王母神格探原——比较神话学的视角》，《民族文学研究》，2014年第6期。

③ 叶舒宪：《探寻中国文化的大传统》，《社会科学家》2011年第11期。

后的一切写作实践都是由此类的三级编码衍生出来的，是为 N 级编码。《文化符号学》从大传统的原发性角度重新解读小传统的“所以然”，通过文化符号学的多层编码透视，层层还原出文化生成符号的历时性叠加过程，不仅阐述驱动华夏文明的文化文本符号编码之核心动力，还严格按照年代顺序梳理出中华核心价值观的形成轨迹，探究视觉文本和物象文本的符号体系、表意功能与叙事特征，在当代民族国家的语境下重新讲述“中国故事”。

在此试用一个结构图来表示本书的内容与文学人类学理论与方法的总体关联：

以下再用“要目”方式呈现本项目的结项著述情况，包括已经出版的阶段成果，和未出版的最终成果（用黑体字标明）。结项成果总规模为 300 万字，分为三个系列 12 部书稿：

中国文学人类学理论与方法研究成果目录

一、理论与方法创新系列

《文化符号学—大小传统新视野》（阶段成果，陕西师范大学出版社 2013 年版）

《文学人类学新论》（最终成果，复旦大学出版社 2018 年版）

《玉石神话信仰与华夏精神》（最终成果，复旦大学出版社 2018 年版）

《四重证据法研究》（最终成果，复旦大学出版社 2018 年版）

二、“神话历史”跨学科研究系列

《苏美尔神话历史》（阶段成果，南方日报出版社 2014 年版）

《图说中华文明发生史》（阶段成果，南方日报出版社 2015 年版）

《韩国神话历史》（阶段成果，南方日报出版社 2012 年版）

《希腊神话历史初探》（最终成果，复旦大学出版社 2018 年版）

三、田野考察及个案研究系列

《玉成中国：玉石之路与玉兵文化探源》（阶段成果，中华书局 2015 年版）

《玉石之路踏查记》(阶段成果,甘肃人民出版社 2015 年版)

《玉石之路踏查续记》(最终成果,上海科学技术文献出版社,2017 年版)

《欧阳修陆游诗歌中的民俗祭典研究》(阶段成果,中国书籍出版社 2015 年版)

需要对第三系列略加说明的是,文学人类学研究团队在项目进展过程中,呼应国家"一带一路"战略的现实需要,新增一个理论研究的典型个案,即把华夏文明当做一个文本或作品来解读,试图从神话信仰驱动的特殊资源依赖现象入手,阐明华夏文明发生的独特性。解释为什么国家政权在中原,理想化的物质"白璧无瑕"和理想化的精神"君子温润如玉",却都取法于远在数千公里以外的新疆和田玉。从本土视角重新审视丝路形成史,从纷繁的西方话语表象背后,揭示玉石之路为丝路前身和原型,并发挥人类学研究的特长,通过在中国西部七省区举行 9 次田野考察,行程 2 万多公里,依据调查标本采样和考古新发现的古代玉矿,重建出一个总面积达 200 万平方公里的西部玉矿资源区轮廓,以及四千年来西玉东输运动的路网。

如今,面对中国文学的第一原典《山海经》讲述的 140 座产玉之山,我们再也不会像以往那样困惑不解了。虽然说瑶池西王母是神话建构,但是西王母背后的昆仑玉山却不是虚构,而是现实的存在。而且并不像汉武帝认定的那样只是一座山,而是近似《穆天子传》所述的"群玉之山",应当包括今日的喀喇昆仑山、昆仑山、天山、祁连山和阿尔金山。这就是通过广泛的田野考察,调研得来的西部各地出产的玉石原料作为第四重证据,给中国文学和中国文化研究带来"再解码"效应。[①] 离开这种原型性的认知,从战国时代的西王母神话建构,到东汉以后道教的玉皇大帝崇拜,再到《西游记》将西王母与玉皇大帝再编码为天神夫妇的整个文化文本衍生过程,就无法得到溯源求本的透彻把握。我们一旦还原性地认识到华夏文明历史不足四千年,而其背后的东亚玉文化历史则有八千年之久,甚至中国信仰中的最高主神为什么叫"玉皇"的符号编码原理,也会有"一切尽在不言中"的深切体会。

---

① 叶舒宪:《玉石之路踏查记》,兰州:甘肃人民出版社,2015 年。叶舒宪《玉石之路踏查续记》,上海:上海科学技术出版社,2016 年。

文学研究为什么不能仅着眼于看得见的文本，还需要诉诸看不见的文化文本的探究，道理就在于此。至于丝路上的主要关口为什么没有按照西方近代话语，称为“丝门”或“帛门”，只能按照本土话语称为“玉门”或“玉门关”，则唯有真正实现对本土文化的重新自觉以后，方能悟出此中奥妙。

图 3　玉帛之路田野考察丛书第二辑，上海科学技术文献出版社，2017 年

论中国古代文学研究的新视角

许建平

作为适应人的需求而生成的文学如同人的需求一样是多元而复杂的有机体，故而文学的研究也自应是多视角多层次的研究。文学是人的情感需求、精神需求的产物，这是毫无异议的，然而我们不禁追问：这种情感和精神需求从何而来？它与人的生理需求、生存需求毫无关系吗？在情感需求、精神需求之中是否隐藏着更深的生存-利益需求？就文学生成而言，质料因、形式因、动力因、目的因中有无物质-经济的因素参与其中？这些参与其中的物质-经济因素与道义-精神因素之间的关系如何？文学研究的多元视角中，应不应该有物质-经济的视角，这应是一个怎样的视角，怎样的研究方法，本文试就此问题作一分析和探讨，以求说明中国古代文学研究的"新经济视角"的理论内涵与实践方法，拓展文学研究的视域。而新经济视角对于打通古今文学、研究市场经济下的当下文学也当不无裨益。

一、传统儒学对于"君子"的理解

人总是不断地追求物质与精神欲望的满足。作为生命个体，要生存自然需要生存下去的物质条件（衣、食、性、住、行及钱财等），并为之奔波操劳。作为社会中的人，在获取物质需求满足的过程中，必然涉及与他人的关系，自然思考如何智慧地处理这些关系的原则、方法，并做出价值判断，精神的需求也由此而生。由此可见道义精神需求是生理（物质-经济）需求实现并放大过程（使放大成为合理、久远）的必然产物。然而，古代中国人却将道义精神放在食利富贵之上，形成重道义、轻食利的价值观。孔子云："君子喻于义，小人喻于利"；[①]"君

① 《论语》卷五、"里仁"第四。见《诸子集成》第一集、《论语正义》，上海：上海书店，1991年，第82页。

子谋道不谋食”。[1] 于是后代的儒学愈来愈强调人的本性的道德内涵，将仁义礼智和忠孝节义视为人性的本体而将人们追求物质钱财的欲望——人欲——视为遮蔽、侵蚀道义的恶源。人成为超越乃到排斥物质利益的道义人。这种对人本性的理解抽取人性根本内涵，显然是片面且不合乎人性实际的。在古人的观念中，重道轻利不假，但道与利没有一致性与共同性吗？君子从来不谋食不谋利吗？联系孔子汲汲于仕途的一生和他的其他言语考察，我们发现上述孔子的两句经典语录所言之本义并非传统理解的那样君子轻视乃至排斥利益，倒是主张君子比小人能谋取更大的利益。在孔子看来，君子与小人的根本区别在于胸襟、眼界的大小，眼光的高低远近。“君子上达，小人下达”，[2]君子胸怀天下，眼光高远，他看到的不是直接的个人的“食”、眼前的“食”，而是天下人的“食”，一生的“食”，即君子并非不谋“食”，而是通过谋“道”(天地之道、治世之道、人生之道)最终谋取更大更长远的“食”——富贵名利。正因如此，对只看到眼前个人利益的小人(地位低下衣食不周的人)，孔子就以“利”晓喻他；对于胸怀天下的君子(地位高贵丰衣足食的人)则要将“义”晓喻他。所以孔子轻视问稼穑的学生樊迟，是因为这位学生不懂得谋道的君子不用亲自耕种收获，粮食自然会有的道理。“耕也，馁在其中矣；学也，禄在其中矣；君子忧道不忧贫”。[3] 由此可见，在孔子看来，人生的最终目的是获得物质-经济的满足(在使天下人获得衣食幸福的同时，自己可获得与之相应的物质-经济满足和长远幸福)，而精神-理性——“道”“义”则是获得“食”“利”——物质-经济需求的前提、手段并使之合理、久长的因素。孔子强调，物质-精神的需求必须以“道”“义”的手段得之，即所谓“富与贵是人之所欲也，不以其道得之，不处也”。[4] 正因如此，道义与富贵犹如一阴一阳相伴而行，古人理想的人生无不是追求其统一性，“不义而富且贵，于我如浮云”。[5] 若合乎道义，富贵就是得之有道，就变得合理，人人都应“所欲”了。可见，道义可使人的“所欲”变得合理，而合理的自然可以长久，于是道义中自有“所欲”在，自有富贵利益在。

---

① 《论语·卫灵公》，引文同上，第346页。

② “君子上达，小人下达”，《论语正义》曰：“皇疏。上达者达于仁义，下达者，谓达于财利。”《论语》“宪问”第十四，见《诸子集成》卷一《论语正义》卷十七，上海：上海书店，1991年，第318页。

③ 《论语·卫灵公》，见《诸子集成》第一集、《论语正义》卷十八，上海：上海书店，1991年，第246页。

④ 《论语·里仁》，见《诸子集成》第一集、《论语正义》卷五，上海：上海书店，1991年，上海：上海书局，1991，第76页。

⑤ 《论语·述而》，见《诸子集成》第一集、《论语正义》卷八，上海：上海书店，1991年，第143页。

那么，孔子、孟子所讲的道义，是否如二千多年来人们理解的那样，是完全排斥利己的利他主义？孔子、孟子都主张仁爱与仁政，强调个体利益让位并消释于群体利益之中，体现出鲜明的利他主义。然而深入地推敲，"爱人"也好，"恻隐之心"也罢，都是建立于爱己这个前提与基础之上的。所谓"己所不欲，勿施于人"，[①]所谓"老吾老，以及人之老，幼吾幼，以及人之幼，天下可运于掌"，[②]都是孔孟仁爱及仁政的最经典表述。从这个表述中可以看出，"毋施于人"和"以及人之老""以及人之幼"的前提是"老吾老""幼吾幼"，爱自己的老人和孩子。而爱自己的老人、爱自己的孩子，又是以爱自己为基础的，"己所不欲"就是将自己作为思考的出发点。如果一个人连自己都不爱，如何去爱亲人，如何会去爱亲人之外的不亲之人。这种"推己及人"的仁爱，有力地说明了即使在儒家的思想中，爱己（利己）是第一性的，爱人（利他）是由爱己利己派生出来的第二性的。

如是分析，我们发现儒学的创始人对于"君子"真正的理解，与传统认为孔子对君子的理解至少在三个方面有所不同：其一，君子不直接从事获取食利的劳作，而是通过谋道，获取更大的食利——富贵。君子不是单纯的道义人，而是以道义获取富贵的寻求最大富贵的人。其二，在道义与富贵中，道义既是谋取富贵的前提，又是谋取富贵的手段，同时还是使富贵变得合理、长久的手段。其三，道义富贵人所讲之道义因与其治国平天下的愿望同步，所以，它非但不排斥利己性，而且是以利己性为基础，推己及人，推己及天下，从而使自己的需求得到最大满足（所谓"居天下之广居，立天下之正位，行天下之正道"[③]是也）。佛教的"佛理极乐人"与道家的"自然生命人"虽其道各有差异，但都是为了满足生命的最大需求，都具有以上质性。[④] 正因为古代中国人也是追求物质需求与精神需求满足的人，并具有以上特性，所以，我们分析古代文学作品时，既要看到作品中所洋溢的道义精神，更要透过道义精神层面，发掘隐藏于精神层面背后的对物质经济利益追求的热情。而这种热情（富贵热情）才是情感产生的本源，才是道义生成的原壤。

中国文学研究的新经济视角不同于以往旧经济视角之处，正是这种将古代

---

① 《论语·卫灵公》，见《诸子集成》第一集、《论语正义》卷十八，上海：上海书店，1991年，第343页。

② 《孟子·梁惠王上》，见《诸子集成》第一集、《孟子正义》卷一，上海：上海书店，1991年，第51－52页。

③ 《孟子·滕文公下》，见《诸子集成》第一集、《孟子正义》卷六，上海：上海书店，1991年，第246页。

④ 不仅儒学创始人所论之人是道义经济人，老庄之道家十分强调人不为物役的无所恃的精神独立与自由逍遥，而这样做的最终目的是实现人的自然本性的自然发展，实现人的寿命的久长。而生命久长在道家看来是最大的物质利益。他们的人性观是自然生命人。在他们看来，自然生命人同（转下页）

中国人假设为道义富贵人的人性的新认知。从这种新认知出发反观文学，会带来文学观念、审美观念、文学研究视角与方法的一系列变化。

二、文学生成与发展的原动力

文学是用语言艺术的形式表现人的本性的。所以，对人的本性理解不同，就会形成不同的文学观念。将人视为社会关系总和的社会人，就有文学是社会生活反映的文学观。那么，将人假设为道义富贵人的文学观又将是怎样的呢？这个重要问题的回答须建立于对文学现象分析的基础之上。对于世界现象的分析的方法很多，亚里士多德的"四因说"不失为一种科学而有效的方法，这种方法也适用于文学现象与本质的分析。亚里士多德认为世间一切自然生产物与技术制造物的产生都具有四种原因：质料因。形式因、动力因和目的因。

质料因。质料在亚里士多德看来，是指无灵性、无活力的材料。它虽然是受动者，但却具有生成形式的潜能。譬如雕像的质料是铜，房屋的质料是钢筋水泥。铜不能自成雕像，但它却有生成雕像的潜能，如同钢筋水泥具有生成房屋的潜能一样。所以它是自然产品和科技制造品的基石，"如果没有石料，就没有房屋，如果没有铁，也就没有锯子。"[①]那么，文学质料就是能使文学成为现实的潜能，具有这种潜能的主要是文字，包括三类东西：一是汉字（岩画、陶画文、甲骨文、铭文、大篆、小篆、隶书、楷体、宋体等）。这些汉字是文学质料的主体，它有成为书面语言的潜能，文学文本主要是由它构成的。二是记载汉字的介质：壁岩、器陶、甲骨、铜铁、石料、竹简、布帛、纤纸等。三是书写汉字的工具：刀、笔、墨、砚等。后两种（介质与书写工具）直接促进了汉字字形的演进和文学体式（卦体文、铭鼎文、四言、六言等体式）的变化。需特别指出的是，上述三类文学质料都是物质的，都是需要用钱交换的，故而又是经济的，其本质属性是物质-经济性，具有生发为经济活动的潜能，正是具有经济属性的文学质料的变

（接上页）样将自然之道作为获取生命久长的手段，只不过他们用生命久长的利益取代了功名富贵的东西，故而对于功名富贵不屑一顾罢了。佛教创始人的出发点是建立于生老病死的人是痛苦的为性的认知基础上的。如何使人摆脱、超越生老病死的痛苦，走向无生无死、无老无病、各取所需的人生极乐世界成为佛教创始人追求的最终目标。其方法就是以建立于十二因缘基础上的万物皆空的真空理论及其实践这一理论的修持行为来达到的。佛教的人性观本质上是佛理极乐人。其与儒、道的相同点都是将人视为理性精神与物质经济的统一体，都是将物质经济人的实现作为最终目标，而佛理也好，自然之道也好，道义也罢，都不过是实现最终目标的工具手段，都是将利己作为出发点，以普救众生的利他性为标榜，成佛成道的利己性在利他性实现的同时得以实现。

① 苗力田主编《亚里士多德全集》第二卷，北京：中国人民大学出版社，1991年，第234页。

化，引起了新文体的产生和文学形式的变革。

形式因。形式是质料的潜能变为潜能实现的现实。质料只有获得形式后，技术制品才存在。亚里士多德指出，使质料成为某物的原因就是形式。雕像是铜的形式，房屋是钢筋水泥的形式，因为雕像使铜的潜能变为现实，房屋使钢筋水泥的潜能变成了现实。这种由潜能变为现实的过程起决定作用的是形式。形式正是质料追求的目标。现实化的过程（赋予质料以形式的过程）正是形式化的过程。推进这一过程实现的是人的创造性潜能，这种创造性的具体表现就是使质料在思想中生成形式——灵魂形式；并将其灵魂形式变为质料形式。亚里士多德将其表述为："在生成和运动之中，有的称为思想，有的称为制作。思想从本原出发，从形式出发，制作则从思想的结果出发。"[①]须特别指出，质料——文字语言——贯穿这两个阶段的始终，前一阶段作为思维工具伴随思想的全过程，并形成灵魂形式；后一阶段则作为情感——思想的载体，化为具体而新颖的质料形式。如果讲侧重点的话，前者是质料的思想化，后者是思想形式的质料化。亚里士多德将其称之为两种形态的形式：观念形态的形式和现实形态的形式。由此看来，质料变化为现实的形式化过程是物质与精神交互作用的过程。说得明白一点，文学形式的最终形态是物质化的，但推进现实化的过程则是精神的东西，物质形态的经济因素所起的作用是辅助的。这种辅助作用主要表现为三个方面。其一，汉文字、语言是形式生成的工具和形式的本体，而体现为受教育而得来的语言文字和表达才能是隐于创作之前的。故而物质经济因素是间接地作用于质料的赋形过程；其二，语言、记载语言的介质以及书写工具，是形式生成必备的物质-经济条件；其三，作为质料现实化的前提——文学（书面）创作需要一定的经济条件：能够满足人的生存需要的经济条件和创作所需要的经济条件。

动力因。质料可以变成现实—形式，但是质料自身不能成为形式，就像铜自身不能变成铜像，钢筋水泥自身不能变成房子一样。同样，文字、纸张、笔砚自身也不会主动变成小说、诗歌。那么，什么东西使质料的潜能变成现实形式呢？那就是具有施动能力的人。人是质料变为形式的动力因。雕塑家是铜像形式生成的动力因。作家是文学形式生成的动力因。"创制的本原或者是心灵

① 苗力田主编《亚里士多德全集》第七卷，北京：中国人民大学出版社，1992年，第164页。

或者是理智,或者是技术,或者是某种潜能,它们都在创制者之中。"[1]

说人是"动力因",不免有些笼统。我们需要分析作为动力因的人的动力来自于何处。就文学而言,须要回答文学生成发展的动力是什么的问题。文学的生成与发展的动力是人的原欲、利益和情感。因为人的本质是道义富贵人,追求欲望实现最大化的道义富贵人。所以,欲求就成为道义富贵人发展的动力也成为表现道义富贵人情感的文学发展的原动力。人的欲求有那些内涵?西方学者有不同的说法,[2]愚以为傅立叶的分法更为科学而清晰。傅立叶将人的需求分为三大类:其一为与五种感官相对应的五种物质情欲——食欲、声欲、色欲、味欲、性欲;其二为依恋情欲——友谊、爱情、爱荣誉、爱家庭;其三为分配情欲——竞争、多样化、创造欲。第一类五种生理情欲,正是人的原欲。这五种情欲中最具力量的是食欲与性欲。古人云:食色,性也。讲得正是这两种原欲。食欲是人类一切物质生产的基础;性欲则是人类自身生产的基础。说其是原欲,指的是其他类的欲求是由此生发出来的,是这两种原欲的延伸、升华。譬如人要生存就要吃饭。要吃饭就要有土地有粮食。而粮食土地,是要用钱买的,于是需要银子。要银子、粮食就要去做官,以求获得俸禄、封地。做官要合乎统治者"忠""孝""节""义"的道德要求,需做道德高尚、有德有才的君子。具备了统治者所需要的德才而做了官,就想使官越做越大,不但钱粮愈来愈多,而且能够父爵子袭,能够光宗耀祖,能够名留青史,使门庭代代光耀。于是就寻求实现这一人生目标的方法——道。性的欲求同样是如此。人有性生理的机能,就有性的生理欲求和心理欲求。就有性爱、有男女之情爱,就有婚姻子女,就有家庭,就有性伦理、家庭伦理、就有约束男女性行为的一系列礼仪制度和法律,就有一系列丰富的性文化。傅立叶所言的人的第二类情欲——依恋情欲(友谊、爱情、爱荣誉、爱家庭需求)正是性欲需求的进一步生发和延展,向更广泛的男女关系的延展。由此可见,道德的需求、自尊的需求、自我实现的需求等都是食、性的需求的延续。精神(伦理、道德、人格、情操)需求只存在于食货与性需求之中,而非单独存活于这些生理、物质需求之外的另一种东西。精神需求是

---

① 苗力田主编《亚里士多德全集》第七卷,北京:中国人民大学出版社,1992年,第146页。

② 傅立叶将其分为三大类:其一为与五种感官相对应的五种物质情欲——食欲、声欲、色欲、味欲、性欲;其二为依恋情欲——友谊、爱情、爱荣誉、爱家庭;其三为分配情欲——竞争、多样化、创造欲。此后马斯洛又将人的需求分为由低到高的五个层次:生理需求、安全需求、社交需求、尊重需求、自我实现需求等。马克思则将其概括为物质需求(包括五种物质情欲)与精神需求(包括依恋情欲与高尚分配情欲)两大内容。

食货性爱需求不断发展的产物，也是实现生理、物质需求的条件和杠杆。

说食欲、声欲、色欲、味欲、性欲的生理欲求是文学生成与发展的原动力，主要基于以下两点考虑：

首先，中国古代文体产生于人的生理欲求。因为一切文学样式都是迎合着人的某种需求而产生的。当人有了用喉咙、文字、音调、节奏表达情感的需求时，便产生了诗歌。当人有了以文字表述对世界的理性认知和自身情感的需求时，“文”便应需而生。至于戏剧的起源，亚里士多德认为“仿佛有两个原因，都是出于人的天性”，出于人的需要，一种是“人从孩提时代起就有的摹仿本能”，一种是“音调感与节奏感”。[①] 当人的耳朵有了想听故事的消遣、娱乐愿望时，“传说”与“街谈巷语”先在茶余饭后、田间小巷中慢慢流传起来，尔后逐渐出现了说话、讲故事、小说等形式来满足时间越来越充裕的人们的需要……人类对文学艺术的需求是个不断增长的过程，需求的增长也促进着文体形式的变化，如诗歌由四言到五言，再到七言，由古诗、新体，再到近体，由诗到词，再到曲，就是因为人的感情抒发的需求、声音美的需求、娱乐的需求与艺术美的追求而由短到长由散到密日趋多样和丰富的。

其次，中国文学样式的兴盛也是人的物质欲求——功名富贵欲求拉动的直接结果。功名富贵一直是中国古代文人人生的兴奋点。而喜好文学的帝王，自然喜好有文学一技之长的文人，能者擢官，于是写诗作赋便成为实现功名富贵的一条途径。文士们争相竞技，促成文体的兴盛。如诸子散文、汉赋、建安五言诗、宫体诗、唐代律诗、南唐词、宋代文言小说、明清八股文的兴盛等，皆与帝王的喜好相关，也与文人对功名财富的追求相关，换言之，文人对富贵钱财的向往促成中国文学史上占统治地位的文学样式的生成更迭与繁荣。[②] 这些都足以说明文人对财富功名的追求成为中国古代文学发展的主要动因之一。

傅立叶所言第三类欲求——分配情欲（竞争、多样化、创造欲）是文学发展的第二种动力——利益力。利益二字，《说文解字》的解释为：“利”，以刀割庄稼，“刀和然后利”“声和而后断”。[③] 益者，粮食多，吃饱而有余。“益，饶也。从水皿，水皿益之意也。”[④]利益二字合在一起的意思是：以刀割庄稼，粮多吃饱而

① 伍蠡甫主编《西方文论选》上卷，上海：上海译文出版社，1979 年，第 53 页。

② 许建平：《文学生成与传播的经济动因》，《学术月刊》2007 年第 5 期。

③ 段玉裁：《说文解字注》，上海：上海古籍出版社，1981 年，第 178 页（下）。

④ 段玉裁：《说文解字注》，上海：上海古籍出版社，1981 年，第 212 页（下）。

有余。可见“利益”的本意是指能满足人吃饭生存的物质需要，此后泛指凡能满足人的需要的通称利益。从道义富贵人的假设而言，人的价值就在于追求人生最大利益的满足。利益最能牵动人的情感，故而作家的情感倾注于人们最关注的人生利益上来，表现为文学共同的永恒的主题。中国古代文学共同永恒的主题集中而凸显于三个方面。一是追求功名富贵的主题：这方面的内容带有更多的政治色彩，主要写忠奸斗争，揭露政治黑暗，表达怀才不遇的悲伤情绪或不与统治者同流合污的清高情结。如咏史诗、政治抒情诗、政治讽刺诗、部分叙事诗、咏怀诗、山水田园诗、部分边塞诗、部分新乐府诗、史传文、部分公案剧、水浒剧、历史剧、历史演义与英雄传奇小说等。二是写男女悲欢离合的情爱主题：这类作品着力书写人对情爱欲望的强烈追求，表现情欲实现的艰难过程，抒发喜怒哀乐愁的情绪，更真切动人。三是直接写个人或家庭的经济生活以及家族的兴衰：表现人类强烈的生存欲望和追求幸福生活的美好愿望，揭示社会财产分配不公所带来的诸多社会问题以及人们在贫困的死亡线拼命挣扎的悲惨景象。上述三类题材的作品不仅数量大，而且艺术水平高、感染力强，中国古代文学的经典之作大多出现于其中，构成中国文学艺术发展的骨架。再者，文学的传播也往往受利益的支配。市场经济与印刷术发达前的文学传播往往主要表现为使作品流传后世的同时所隐藏的传名的利益追求。而印刷术与商品经济发达时期(宋代之后特别是明中叶后)，文学(特别是俗文学)的传播便变成一种赢利性的市场行为，以至于使得一些俗文学的创作、评点也在一定程度上变为追求经济利益的稻粱之谋。这些文学现象足以说明利益成为文学发展的动力之一。

情感是人的欲求在现实社会实现过程中所呈现的状态的生理、心理反应，也是人的利益增减得失的生理、心理反应。人的欲求实现则喜，不能实现则悲，遇到挫折困难则愁……喜怒哀乐愁的种种情感无不与人的欲求、利益相关。而文学正是人的情感的语言艺术表现。故而情感与文学之关系尤为亲密且不可分。人的原欲、利益在文学发展中的动力作用正是借用情感而表现出来的。用克罗齐的话说，“艺术即抒情的直觉”，“是情感给了直觉以连贯性和完满性；直觉之所以真是连贯的和完整的，就因为它表达了情感，而且直觉只能来自情感，基于情感。”[1]作家的创作欲望来自于情感，作品感人的艺术魅力来自于情感，作品的传播力与影响力也来自于情感。

---

① [意大利]克罗齐：《美学原理·美学纲要》，北京：作家出版社，1958年，第227页。

上述分析使我们发现，文学的动力来自人的生理需求特别是食欲与性欲的原欲，利益是这种原欲的理性的现实尺度和生活表现，情感则是原欲实现状态（欲求与欲求实现造成的势差）的生理、心理的自然反映，即原欲与利益的最动人的表现是情感的表现。文学的动力源于人的原欲，表现于生活中的利益，流注于情感。

目的因。人的理性表现为行为的有目的性，即做某件事都为了实现某种目的，满足某种需求。亚里士多德认为："一切创制活动都是为了某种目的的活动。而被创制的事物的目的不是笼统的，而是与某物相关，属于何人，它是行为的对象。"①目的因不同于质料因与形式因，它比它们能更深层地揭示事物因何会是如此。譬如盖房子，没有砖瓦钢筋水泥（质料），固然不会盖成房子。但房子的盖成却不是为了这些质料，而是为了更深层更重要的原因，那就是为了满足身体的需要：避免遭受风雨霜雪侵袭之苦的身体舒适需要；不遭受动物以及人的袭击和保护隐私权的安全需要。其目的就是为了满足人的身体安全与舒适的需要。"在任何具有一个目的的过程中，人们安排先行和后继的各个阶段都是为了这个目的。"②文学创作的目的既不在于运用文字等文字质料，也不在于作品形式本身，而是在于作品形式所具有的价值：满足人的某种需要。文学的目的具有多样性。或自娱而娱人，或发泄以畅情，或呈才以钓禄，或示义以交友，或记事以备忘，或自警而警人，或惩恶而劝善，或骋才而渔利……这些多样性目的的本质归结到一点，就是满足人的不同需求，即是人的需求和欲望推进了人的文学创作。

用亚里士多德的"四因说"分析文学的本质，我们有两点发现，其一，物质贯穿于四因之中，没有一个成因因素可以完全脱离物质-经济因素的。质料因是物质-经济的；形式因是思想指挥质料的运动，其最终属性是质料包裹着形式，形式内含着精神；动力因：原欲、利益、情感，指直表明文学的动力来自于人的情感，而情感中混杂着原欲、利益；目的因：以满足人物质、精神需求为目的。其二，文学生成及其运动，是物质与精神共同参与的，是二者相互依存相互作用的结果。整个运动过程，物质-利益充当编剧导演角色，隐于幕后、暗中操纵着文学。精神经过净化、装饰，则充当前台演员，演出一幕幕文学的戏。文学是什

① 苗力田主编《亚里士多德全集》第八卷，北京：中国人民大学出版社，1992年，第122页。
② 苗力田主编《亚里士多德全集》第八卷，北京：中国人民大学出版社，1992年，第52页。

么？文学是需求利益的情感化形式化，在形式中孕育着情感，在情感中有利益的蠕动。文学是道义富贵人情感抒发或想象需求满足的艺术表现。

三、何为美感？

人是道义富贵（利益）人，文学是通过情感表现道义富贵人需求的语言艺术。然而并非有情感的人都能将情感化为文学。好比人人都可以看到大自然的美丽，却并不一定都是能画出美丽图画的画家；人人都有喜怒哀乐愁，并非都是能用诗词文赋或小说戏曲表现这种情感的作家。因为要成为画家、作家还需要能用艺术手段创造出美。创造美，给人美感是文学的另一功能。故而，不解释美感，便不能最终说明文学，并不能真正解释文学之所以成为文学的本质。

美是什么？美跟利益是怎样的关系？有人说美是利益的功利的，也有人说美是超利益的超功利的？愚以为，这两种说法都有其不周衍处，都未能从根本上阐明美的本质。在回答美是什么之前，我们首先来看中国古人最早是如何理解美的。

许慎《说文解字》："美，甘也。从羊大。羊在六畜，主给膳也，美与善同意。"段玉裁注："甘部曰美也。甘者，五味之一，而五味之美，皆曰甘。引伸之，凡好者皆谓之美。羊大则肥美。"可见，古人言美，起初因羊个儿大而肉肥且甘甜可口，能满足人食肉的需要。食肉的需要是生理的需要、物质-经济的需要，可知，古代人眼里的美是从能否满足物质需要着眼的，具有明显的物质属性与利益内涵。它形象地反映了美的产生与人类求生存这一功利活动的直接联系。美首先是能满足人的利益需要。许慎又说："羊在六畜，主给膳也，美与善同意。"段玉裁注曰："膳之，言善也。羊者，祥也。"[①]从字形来看，善即以口吃羊也。膳之，将甘美羊肉具献给人吃，就是善。即满足别人吃羊肉的需要，就是善。这是意义的引申、转折，即由"羊大则肥美"的审美对象羊，引伸到了以羊为膳，送给别人吃的事为审美对象，同时因"羊大则肥美"的羊本身好吃，延伸到了羊是吉祥的好吃之外的好看好心情的情感上去了。前者有利他的道德内涵，后者有吉祥、喜欢和情感意义与信仰意义。即美由能满足人吃的物质-经济需求延伸为满足情感和道德信仰的精神需求。从许慎与段玉裁的解释中，可以发现美就是能满足人生理与心理需求的好东西。这里有两点须特别说明：一是"善"与"祥"

---

① 段玉裁：《说文解字注》"四篇上、羊部"，上海：上海古籍出版社，1981年，第146页（下）。

两层意义是由“羊大则肥美”引伸出来的，在“善”与“祥”中并没有脱离“羊大则肥美”的本义。由此可知美是以功利为血肉的，完全脱离功利，美的基础就不存在了。二是，许慎与段玉裁对美的解释，反映出古人对美的认识的心理变化过程：由羊大好吃到给别人吃，由羊大好吃到羊大好看，由羊大好吃到羊大吉祥，由生理需要到心理需要，由功利到超功利。这种转化过程随着人类生产分工的专业化、细致化和文化的丰富，在不断地延伸和加强。其转化与延伸的路线由功利逐渐走向非功利的一面。这种转化正说明了非功利主义美学产生的根源和生成的过程。

然而，说美是功利主义或非功利主义，都犯了言其一点而忽视另一点的偏颇之病。因为美是好的东西能满足人的生理与心理需求。换言之，能满足人生理与心理需求的东西才是美的。只满足人的生理需求（物质-经济的需求）而不能满足人心理需求（情感、道义的需求）的东西不具有美感。孟子云：“不得志独行其道，富贵不能淫，贫贱不能移，威武不能屈”[①]就是强调美的精神价值。同样，满足人的心理需求却不能满足人的生理需求的美感也是不存在的。即使无视贫贱、富贵、威武的精神审美，其中也包含着对于“名”的企求，而“名”本身就具有使人有限的生命肉体无限延长的渴望，在这种渴望中也有着利益的身影。生理的需求、利益的需求是美感产生的本源。完全忽视这一本源的美学是站不住脚的。诚如苏格拉底所说，任何一种东西如果它能很好地实现在功用方面的目的，它就同时是善的又是美的。[②] 鲁迅在普列汉诺夫《艺术论·序言》中也曾说，当人们“享受着美的时候，虽然几乎并不想到功用，但可由科学底分析被发见”，“美的愉快的根柢里，倘不伏着功用，那事物也就不见得美了”。[③]

超功利的美学观是对将美学视为社会统治者工具的狭隘的功利主义美学观的反拨。其目的在于将美学真正从伦理学、政治学中独立出来，改变“在哲学思想的历史上，美的哲学总是意味着试图把我们的审美经验归结为一个相异的原则，并且使艺术隶属于一个相异的裁判权”[④]的局面。康德的“审美无利害关系”的超功利论，席勒的文艺“游戏说”都是在这种背景下为此种目的而产生的；王国维的“文学者，游戏的事业”说也是针对中国古代文以载道、明道、宗经、征

① 《诸子集成》第一集《孟子正义》，上海：上海书店，1991 年，第 246 页。
② 北京大学哲学系美学教研室编《西方美学家论美和美感》，北京：商务印书馆，1982 年，第 19 页。
③ 鲁迅：《〈艺术论〉译本序》，《新地月刊》1930 年 6 月 1 日，即《萌芽月刊》第一卷第六期。
④ ［德］卡西尔：《人论》，上海：上海译文出版社，1985 年，第 175 页。

圣、教化为本等政治道德功利观念而发。这种对狭隘社会功利主义的美学观的挣脱、反叛,就美学的发展而言无疑是一种进步。另一方面超功利说又建立于自己独特的理论基础之上。这个理论的内涵至少包括两层意思:其一,所谓的功利、利害就是人的欲望。康德认为"凡是我们把它和一个对象的存在之表象(宗白华按:即意识到该对象是实际存在着的事物)结合起来的快感,谓之利害关系。因此,这种利害感是常常同时和欲望能力有关的,或是作为它的规定根据,或是作为和它的规定根据必然地连结着的因素"。[①] 其二,审美主体不会对艺术审美对象产生欲望。那是因为,一来审美产生于人的直感——第一念,当一个男孩对一位女孩一见钟情时,他并不会想到功利,一旦想到功利,那种神秘之美就不存在了。所以欲望不参与其中。王国维说:"美之性质,一言以蔽之曰:'可爱玩而不可利用者是已',虽物之美者,有时亦足供吾人之利用,但人之视为美时,决不计及其可利用之点,其性质如是。"[②]二来,正因为人审美时不会产生对艺术审美对象的欲望,故艺术可以解脱人的痛苦,令人产生快感、愉悦。在叔本华、王国维等人看来,无休止的欲望使人的生活变得痛苦。而知识和科学非但不能解除人的痛苦,反而会推助人生成新的欲望,增添痛苦。只有艺术中的对象不是实物,才不会引起人的欲望,不会给人增添痛苦。譬如你看到一位美丽少女,或许会产生占有她的欲望,就像张生见到莺莺一样。然而如果你欣赏的是一位画上的美女,却不会想占有画上的美女。所以艺术不会带来痛苦,相反,艺术可以虚构一个理想的生活来使你在现实社会中未实现的欲望在想象的世界中得以实现。所以美可以给人带来快乐。

细心揣摩非功利主义的两个理论假设都有问题,都可以被证伪。其一,说审美是一种需求欲望参与的生理与心理的过程不假,说美感产生于直感也不错。然而何以知晓审美过程无利害参与进来呢?譬如一见钟情。当你看到美丽女孩而一见钟情的一刹那,并无利害观念掺杂进来,但细分析一见钟情本身就是心理的欲求与审美对象的天然吻合。即审美主体在心底想象自己喜欢的女孩应是怎样的,她的外貌、体形、气质是什么样子,这个女孩的样子在他内心深处已埋藏了许久,偶然见到一位女子正与自己想象的吻合,主客体产生共鸣,遂一见钟情,惊诧之余,喜不自禁。审美对象满足了审美主体心理的欲求,审美

---

① [德]康德:《判断力批判》,北京:商务印书馆,1964年,第40页。

② 王国维:《王国维遗书》第三册,上海:上海书店,1983年,第615页。

就产生了。这种满足本身就是利害,就是功利。这种功利在审美中起了决定的作用。就好像人见到了肥美的羊肉,顿时便垂涎三尺,尽管它是无意识的直觉,也无利害观念掺杂其内,然而利益自在其中一样。其二,说人审美时不会产生对艺术审美对象的占有欲,遂论断艺术是超功利的。这个假设在两方面存在漏洞。一方面既然艺术的审美对象不会使审美主体产生占有的欲望,那么,在"审美无利害关系"论的另一重要人物王国维的论述中,却得出文艺作品可以使人产生"眩惑",可以令人观后"而复归于生活之欲","徒增人之欲求与痛苦"[①]的相反的结论。而那些文学作品竟是"《西厢记》之《酬简》,《牡丹亭》之《惊梦》"[②]之类"淫秽之笔墨"。"淫秽之笔墨"也是文学艺术品,而且是《西厢记》、《牡丹亭》一类优秀的文学经典。我们不能将它们排除在文学艺术行列之外,不能排除在艺术审美对象之外。为何这些审美对象可使人复归于生活之欲呢?说明审美对象虽然不能令人产生占有的欲望,但可使读者产生情绪的感染,通过情感激发人生活的欲望,犹如通过情感引发人的生活兴趣、引发人的崇高精神一样。之所以有这种引发,说到底是人们的欲望相通的缘故。在王国维身上出现的这种二律背反现象,说明将艺术审美主体与艺术审美对象完全割断的观点是不周衍的。另一方面只因审美主体对艺术形象不会产生占有欲,就排除艺术审美具有功利性,是不全面的。因为文学艺术是借助想象来满足人的需求的,借用尼采的悲剧美学的一个重要命题就是尼采在《悲剧的诞生》中提出的"从形象中得到解救"。人在现实社会中的痛苦,无法解脱,于是借助文学艺术的形象世界来获得解脱。而这种"从形象中得到解救"本身就是功利的。可见,只从艺术审美对象不会使审美主体产生占有欲望这一点就想从根本上排除艺术的功利性,显然是难以成立的。

但文学艺术却不能完全排除超功利主义因素,不能将文学艺术看作是功利与有用的代名词。因为文学艺术对人的作用是通过情感和想象来实现的,是作用于人心理的使人产生美感的艺术,而不是为人提供生理需求的仓库。如果将文学艺术的心理需求排除于艺术之外,艺术也就失去了艺术的本质和存在的价值。一个最典型的例子,就是中国古代法学家代表人物韩非子主张"有用"比"美"更重要的功利主义美学。它所选编的寓言或讲:一只价值千金的美玉杯,

① 《王国维文集》第一卷,北京:中国文史出版社,1997年,第5页。
② 姚淦铭,王燕编《王维国文集》第一卷,北京:中国文史出版社,1997年,第5页。

却漏水，又有不值钱的瓦器，不漏水，若盛酒用哪一个？[①] 或言：国君请一位画家画豆荚，画了三年方成，送于国君看，国君见画上的同真豆荚相同，没有用，遂大怒。[②] 在韩非子看来，玉杯贵而美，却不中用，美也就没有意义；画家之豆荚画，是艺术珍品，同样没用。如是，玉杯之美和艺术之美都因无用而毫无价值，竟被一笔勾销了。这种纯功利主义的美学观，显然是不足取的。

以上分析，意在说明：美感是审美主体对于能满足生理与心理需求的审美对象产生的一种快感，能满足人生理与心理需求并产生快感的东西才是美的。考虑生理需求与心理需求具有天然的因果关系，生理需求必然会引发相应的心理需求；心理需求无论发生怎样的变化也不会失去生理需求的根基。所以只能满足一种需求都不具备真正的美感，因此说功利主义的美学观与非功利主义的美学观都具有片面性。利益贯穿于审美活动的全过程，是审美产生的动力与基础，只不过它是以自然而然的形式潜存于心理感受的全过程而已。

四、经济：文学结构的最深层因素

在上述论述中，出现了形式美感、生活情感、生理欲求、物质-经济等概念。这里须弄清楚一个重要的问题：物质-经济因素处于哪一层次结构之中？如何去发现生理欲求对文学情感、美感的影响，从而实现从生理欲求（物质-经济需求）视角发现文学作品情感的深层律动。这是一个重要而复杂的问题，这个问题不解决，文学研究的新经济视角与方法就很难在操作层面得以实现。

今以署名马致远的散曲《天净沙·秋思》为例，试作分析，以窥见其一斑。此首被誉为“秋思之祖”的曲词，一向以意象浓密，场景多变，色彩映对鲜明，表意婉曲，深得小令之神韵而著称。此曲通过意象组合、场景变换，表达一位出门在外的男子在深秋傍晚思念家乡的悲伤情绪。若问到底因何悲伤，无路途之苦的现代人则愈来愈难以体会其中滋味了。然而如果我们从路途生活的角度考虑，这首曲提供了几个主要物象：“枯藤”“老树”“昏鸦”和“夕阳”。前三个物象极言苍老，不会是充满生机的青少年心态，而更大可能出自老年人的所观所想。

---

① 《韩非子·外储说右上》：堂谿公谓昭侯曰：“今有千金之玉卮，通而无当，可以盛水乎？”昭侯曰：“不可。”“有瓦器而不漏，可以盛酒乎？”昭侯曰：“可。”对曰：“夫瓦器，至贱也，不漏，可以盛酒。虽有千金之玉卮，至贵而无当，漏，不可盛水，则人孰注浆哉？”

② 《韩非子·外储说左上》：客有为周君画荚者，三年而成。君观之，与髹荚者同状。周君大怒。画荚者曰：“筑十版之墙，凿八尺之牖，而以日始出时，加之其上而观。”周君为之，望见其状尽成龙蛇禽兽车马，万物之状备具。周君大悦。此荚之功非不微难也，然其用与素髹荚同。

而夕阳、黄昏，或言时间，或借时间言人生暮年，联系前三个苍老物象思考，可以断定抒情主人公是一位老者。还有一个比上述物象更重的物象——“瘦马”。这表明抒情主人公是一位有地位（坐骑是马而非驴非牛）的人。什么人呢？从物象“古道”所提供的信息，这“古道”或言此乃一条人们走得时间久远了的老路；或言是人们人生的一条旧路、老路——读书做官之路，游宦之路。而本曲这两层意思都有，即抒情主人公是一位老年游宦人。而“瘦马”之“瘦”字，表明马的主人的经济状况不好，连喂马的饲料都不足，故马因吃不饱而瘦。若经济条件好，马岂能瘦？有钱的人岂能骑骨瘦如柴的马？骑骨瘦如柴的马的人岂能富有？由此可知瘦马之上坐着的人，也当如马一般是一位吃不饱更吃不好的干瘦老头，即他游宦一生，却至今未脱贫苦。且天色黄昏，乌鸦都回巢了，可他的家在哪？挣扎了一生，连乌鸦都不如，好不悲惨！今见西下之夕阳，想到自己的人生就要走到尽头了，人生的愿望至今未能实现，何时才能实现呢？遥遥无期！何时才能荣归故里与家人团聚？天涯沦落，还能回到故乡吗？念至此，不觉悲痛欲绝，肝肠催动，震痛欲断！由以上分析发现，造成抒情主人公“断肠”的原因有四个：其一，人到老年却生存艰难，生活困苦；其二，天色已晚，却无处安身，不及一只乌鸦。其三，由乌鸦归巢想到自己美丽家乡，顿生思乡之苦。其四，念人已暮年，前途未卜，大志难酬。而这四个缘由皆为路途经济生活。由此我们才能真正领会“断肠人在天涯”的深味。

根据以上分析，我们有两点发现。其一，我们在论述文学作品时所涉及的四种概念——形式美感、生活情感、生活经济、生理欲求，其由表及里的排列顺序为：形式美感—生活情感—生活经济—生理欲求（物质-经济需求）。物质-经济欲求（富贵欲）正因处于文学结构的最深层，所以用经济视角研究文学就是要发掘隐于文学最深层的经济因素。其二，人的本质是道义富贵人或道义利益人。不从道义富贵人、道义利益人的本质出发，分析文学作品，不发掘文学作品深藏的物质利益内涵，很难理解作品之情感何以生，艺术之结构何以成，也难以真正把握文学之本质，真正解读文本产生时的作者本心。这两个结论不仅适应于文人抒情之作，也适应于以百姓生活为描写对象的作品；同样也适应产生于市场经济生活中的戏曲小说（限于篇幅不复赘述）。

五、新经济视角下的古代文学研究

运用新经济视角应该从何处入手采用什么方法研究中国古代文学呢？

经济生活是人的生存得以延续的基本生活方式，也是人的生命活动的基本内容。它不仅维持人的生命、生理需要，而且直接影响人的心理、情感和精神活动，故而也影响人的情感表达、心理抒写的文学活动。从经济生活视角研究作家的经济生活与文学创作的关系，研究经济生活状况与心理、情感和创作的关系，不失为一种有效的方法。这种视角、方法应包含如下内容：

（1）作家经济生活状况与文学创作关系研究。运用史学的方法，考察作家家庭收入（父祖辈官职，田亩、商铺收入），作家官职及各级官职在当时的俸禄多少，家庭主要消费及消费量，收入支出情况，家庭成员关系情况等。并运用经济心理学知识，分析经济时况对作家心理情绪进而对文学创作的影响。譬如杜甫诗与李白诗风格气象迥异，一般学者认为与二人崇儒尊道的思想信仰相关，然而深一层地追问不同信仰何以产生的原因，则发现贫困与富有的经济生活使然。一个连儿女都难以养活的人，极易选择积极入世的儒学，而一般不会选择游离于政权之外的出世之学。至于文学上的差异也与其经济状相关。同样是杜甫，当在前期困守、羁旅于长安，奔亡于乱途之时所写则是充满泪与恨的诗篇；而当后来在长安宫中做官后，则写出了歌功颂德的庙堂之作。原因虽多，经济生活的变化当无疑不失为一个重要因素。

（2）作家性爱生活状况与文学创作的关系。运用史学手段考察作家的性爱生活经历，了解作者的婚姻状况、妻妾个性、女方家庭情况，特别是夫妻关系、情爱生活和谐与否等事实。运用性心理学知识分析性爱生活对其心理、情感与创作的影响。文人个性放荡、多愁善感，狂放不羁、风流倜傥，往往追求性爱生活的满足，也往往因成功失败而影响他的人格与人生，并通过艺术形式表现出来。这种现象在古代著名作家中随手可以例出大量的名单，如：司马相如、李后主、隋炀帝、唐玄宗、李白、李商隐、元稹、苏轼、柳永、陆游、关汉卿、徐渭、李渔、侯方域、钱谦益、董其昌、曹雪芹等，他们能写出那么多感人之作，原因之一就是与他们的性生活与性心理有关。

（3）作家疾病与文学创作的关系。考察作家的疾病史，了解所患何病，患病时间、病的痛苦状况以及得病期间的行为等。运用疾病心理学知识，分析疾病对其生理、心理、情绪及其创作关系的影响。文学的动力来自于文人心理需要与情感需要，而生理需要往往是心理需要生发之源，故而，作家生理上的缺陷以及身体疾病一般会影响人的心理、情感，并在文学创作中表现出来。司马迁受宫刑而著《史记》，对受屈含冤之悲剧人物，皆倾注情感与笔墨，写得情切动人，并进而发现生理缺陷推动了名著的问世，（“左丘失明，厥有《国语》；孙子膑脚，而演兵法。”）鲁迅《魏晋风度与文章与药及酒之关系》一文描述了魏晋名士因饮丹药所引起生理与心理上的疾病以及这种病态对于文学创作的影响。疾病是人人都能体验的基本生命经验之一，因疾病而带来的情感意态是一种根植于人类生存本能并积淀在人类文化经验中的深层情感，其与作家的生态和心态及创作关系问题有着别样的关联。且疾病需吃药医治，需花钱，属于人的经济生活，从这个角度发掘疾病与文学的关系，不失为在新经济视角下研究古代文学的一种方法。

（4）茶酒等生活对于文学创作的影响。茶酒是文人生活中不可少的东西，古代文学家多饮酒品茶乃至嗜酒茶如命。我们可以从他们的作品中看到大量的酒茶意象，感受到浓郁的茶酒气息，潜藏着深厚茶酒文化。茶酒与作家的情感、个性、作品的风格、美感密切相关。而酒茶的激发功能、交换功能、联合功能、娱乐功能、衍生功能直接影响抒情、叙事的文学创作。[1]

（5）游学、游宦、交游等旅途生活（这类生活是需要消费、盘缠的）与作家创作关系研究。中国文人将读书与游历并重，且由于交通不便，游历于路途的时间占据人生很大比重，李白的山水诗、游仙诗、杜甫的《三吏》《三别》等写实之作都写于游历途中。许多作品都是在游历途中有感而发。这些诗作与安定生活的诗作有何差异，游历生活对于作家创作到底有何影响，颇值得研究者关注。

（6）区域经济与文学创作的关系。在中国文学史上存在大量作家群、文学流派产生于某一区域的现象。明清时期犹为繁多，如公安派、竟陵派、临川派、吴江派、吴中三杰，苏州作家群、浙西词派、阳羡词派、桐城派等。这种文学现象与区域经济当有必然联系。徽州文人多，与徽州人重视教育的风气有关。重视教育又与此处为商贾大户聚集此地有关。商贾大户多出现于此，又与此处自然条件恶劣，人难以生存，不得不出去谋生相关。地域经济与文学现象的关系颇值得探讨。

（7）宫廷经济生活与宫廷文学、城市经济生活与城市文学、园林经济生活与园林文学关系的研究。中国文学史上出现的宫廷文学、城市文学、园林文学与宫廷、城市、园林经济生活密切相关。如汉宫经济生活与汉赋；南朝宫体诗与南朝宫廷经济生活；明代台阁体诗与宫廷台阁生活。宋词、元曲、明清通俗小说

① 许建平《货币化场景—酒宴—在明清小说中的叙事功能》，《文学评论》2007 第 4 期。

与城市经济生活；六朝山水诗与士人游山玩水的山水生活；宋元明清的园林文学与园林经济生活。这些都须进行细致的考察和分析。

(8) 就文学生成的质料因而言，应将文学质料（记载文字的质料、书写工具、字体字形、印刷工具、技术革命）的变化与文学运动的关系作为文学研究的一条路径。

(9) 就文学生成的形式因而言，应当从语言、音韵训诂、语法、文法、章法、修辞（特别是经济修辞）的角度，研究文学表现形式的演变。

(10) 就文学活动的动力因而言，应研究道义富贵人的利益追求与文体兴盛的关系；作家兴奋点与作品主题的关系；作家个性与文学风格的关系；作家嗜好、文化修养与进入文本意象之关系；财色人生描写与叙事结构的关系；作家财色之欲与作品经济修辞关系等。

正因为文学现象产生的动力来自隐藏在文学背后的与经济生活相关的利益。那么，我们的研究就应从有形的形式发现无形的道义精神，从无形的道义精神发现有形的利益世界，再从有形的利益世界反观精神道义的本质面貌。前一种方法（从有形形式发现无形精神）为大家所普遍使用。而后两种方法，采用得还不那么普遍。上文以署名马致远的《天净沙·秋思》为例分析其天涯沦落人的“断肠”情感产生的深层原因。然似不够，今再试举一例，详加分析。《红楼梦》写刘姥姥二进大观园，其中颇为精彩的一段是被林黛玉笑称为“笑蝗图”的场景描写：“比我们那里铁锨还沉”的“老年四楞象牙镶金的筷子”，“一两银子一个”的“鸽子蛋”，突如其来的“食量大如牛”的大声自吹，“鼓着腮帮子，两眼直视”[①]的呆憨神态。这些物象场景描写使人们在贫富对照的滑稽与笑破肚皮的快感中，在领略贾府“白玉为堂金做马”[②]的惊人富贵的同时，也感受到了穷人志短的酸苦。刘姥姥这位与贾母同辈的长者，心甘情愿被一群小姑娘耍笑，更甘愿处处取乐于贾母。在这种行为的背后却是打秋风的经济原因，用刘姥姥的话说：“只要他发点好心，拔根寒毛比咱们的腰还壮呢。”[③]是经济的原因使刘姥姥甘愿厚着老脸扮演一个取乐的丑角。不仅刘姥姥的喜悦之情里隐藏着经济

---

① 曹雪芹《红楼梦》第40回，“史太君两宴大观园，金鸳鸯三宣牙牌令”，北京：人民文学出版社，1957年，第418－419页。

② 曹雪芹《红楼梦》第4回，“薄命女偏逢薄命郎，葫芦僧判断葫芦案”，北京：人民文学出版社，1957年，第37页。

③ 曹雪芹《红楼梦》第6回，“贾宝玉初试云雨情，刘姥姥一进荣国府”，北京：人民文学出版社，1957年，第60页。

利益的蠕动，整个大观园从贾母到丫环的一阵阵欢声笑语里不也隐藏着元妃得势的家族利益吗？而情节的安排、叙事的结构正是为这种利益而安排的。

经济生活对文学的影响是一把双刃剑，特别对于宋代以降文学的影响尤为明显。它一方面会降低雅文学的艺术质量，出现大量媚俗文学、粗制滥造文学；戏曲如宋金院本，早期出于艺人之手的南戏；小说如宋代说话、早期讲史、近代的报刊小说等。另一方面，由于赢利文学初期多出于艺人、陋儒之手，创作目的为了赢利，而赢利则须有市场，则需迎合市民的口味，这必然会使文学走向平民化、生活化、世俗化，推进中国俗文学的发展。俗文学发展到中期因逐渐吸引文人的兴趣和创作热情，进而推进俗文学艺术的提高，形成雅俗文学双线推进的局面。正因为带有赢利性质的文学创作是把双刃剑，所以对于其在文学演进中的具体作用，应从经济生活与文学关系的角度做多层次的细致考察研究。

以上从人性、文学、审美的理论层面和文学研究的视角、方法的操作层面，阐述了研究中国古代文学"新经济视角"的丰富内涵。意在从无形的精神层面发现有形的物质-经济层面，改变只注视理性-精神视域的研究的单一性，发现文学活动的整体面貌与深层律动。这些都是初步的粗疏的，目的在于抛砖引玉，引起古代文学乃至现当代文学研究者的注意，集大家智慧使之不断丰富、深入。

论老子的圣贤智巧对庄子和孔孟的超越

杜保瑞

先秦哲学以政治关怀为各家理论的主要出发点，各家都是关怀社会的入世心态，提出种种理想与做法以改善社会。唯各家出发点不同，因此意旨有别。其中，墨家关怀基层百姓，主张皆以为百姓发声为格局。儒家关怀百姓也关怀国家体制，深知唯有健全的官僚体制才能造福人民，于是期许自己承担社会责任，但却时常受到挫折。庄子认为社会体制只是束缚人心的牢笼，主张个人自由，不涉入政治管理事务。老子哲学既有儒家的服务理想，又有庄子看破社会体制虚伪的认识，提出真正能够放下自己的名利的做法，无为而无不为，是以超越了孔孟与庄子，真正是圣贤的智慧。为何圣贤必须如此舍己以为人呢？只服务却不受益呢？这是因为高层多恶人，这点，只有法家的学说才讲清楚了。以上，都是世间法的思维，若从出世间法的角度来看，佛教哲学才真正更彻底地说明了生命的历程与人生的意义和世界存在的实况，因此就更能理解社会现实的发生原因以及自处之道。唯佛教哲学涉及信仰，不能人人相信，在没有佛教信仰的前提下，从世间法的角度说，一般知识分子的人生意境，就是以老子的圣贤智慧为最高境界了。

孔子圣人也，老子呢？孔子之所以为圣人，不只是因为他留下的《论语》中的智慧宝语，而是《论语》中的话语就是他自己的行为写照，他实践了他说的话，扎扎实实地带领了众多的弟子，奠立了中国历史上的儒生族群，这个族群，世世代代为国家民族的事业奉献己生。孔子确乎圣人矣！老子呢？他没有明确的事迹，历史上传说为老子者甚至不只一人，但唯独就是有一部著作流传，且媲美于《论语》，开启了中国历史文明中在孔子思想之外的另一番思维气象，强调守柔、守弱、无为，同样引领世世代代的知识分子衷心服膺。显然，孔子是圣人，而老子是智者，然而，恰恰是老子的智慧，才能让孔子的理想获得落实，老子的智慧正是实现圣贤人格的路径，圣人建立理想，但经由老子的智慧，而将其操作完成。本文之作，即在揭示这个观点，关键就是，儒家讲理想，而道家深入人性，唯有掌握人性，理想才得以落实。

这么一来，孔老可以互补了，本文便是在整合学派思想的立场上，界定各家的适用性范围，指出它们特别的强项，但也有不及的边界，了解各家的特长，准确地应用之，而不要是此非彼，这样才是学习中国哲学的良好做法。本文将对比庄子哲学和孔孟思想，提出老子哲学对其超越之道。老子型态的圣贤人格为何要如此艰辛作为？问题的关键蕴藏在法家思想之中，儒家到老子到法家，庄子除外，这些都是世间法。两千年来的中国智慧，固然家家都有道理，但这个民族始终浮浮沉沉，如同全球的人类命运一样，想要终极的看清世道，还需有待佛学，然而，佛法是出世间法，人多不信，因此在世间法中，掌握老子哲学的智慧，正是人间圣贤的最高理想。

一、学派理论的认识方式与互相攻击下的误区

中国哲学各家各派历来都有互相攻击的现象，儒道之间有《论语》中儒者和隐士之辩，有《庄子》书中讥讽孔子之语；儒法之间，有《韩非子》难篇之辩儒；儒墨之间有《墨子》非儒的文章。这是先秦之时，迨至汉末，又有道佛之争，至宋明，又有儒佛之争。这些争辩，伸张己意，正本清源，原本是理所当然的，然而，却在批评他派学说时用力过度，导致各家水火不容，更令各家理论的真正价值被淹没在攻防争执之中，导致后学者产生学习上的阻碍。这种现象，是到了应该被正视并且澄清的时候了。

二、整合诸子思想的理论努力：从参照中知己知彼

对于中国哲学的学习，笔者认为，一方面要深入原典，二方面要参照各家。这是因为，儒道墨法佛教各家，都是讲人生理想的哲学，但有其各家的切入面向之不同，观点也就互异，从自己的面向以及关切的问题来说，各家的理论都是成立的。只是，碰到不同学派间的彼此批评的时候，就会因为失去焦点而致错解。要解决这个问题，势必要互相参照，找到各自的特点与差异，就不必互相非议了。当然，中国哲学各学派都是建立在有理想的人的思想上，既然是有理想，就是要宣传推广以为世人所用，碰到意见不同时自然要争辩一番。然而，意见之

不同不一定都是立场的对立，通常是有不同的问题，甚至是有不同的职业身份，如《汉书·艺文志》中记载先秦学派的来源："儒家者流，盖出于司徒之官……道家者流，盖出于史官……阴阳家者流，盖出于羲和之官……法家者流，盖出于理官……名家者流，盖出于礼官……墨家者流，盖出于清庙之守……纵横家者流，盖出于行人之官。"既然职业身份不同，所论问题必异，各种主张只对自己的问题是有效的，但就在学派争议中，往往看不清楚别人的问题，攻击别人的同时，就把别人给错解了。然而，古人如此，也就罢了，因为他们自己是学派的创建者，但今人的学习，就不能如此了，不能读了一家就只有这家是真理，而是应该综览各家，互相参照，便能见出各家的特点，也不必再有学派意见之争，只要用其各家特长的优点就好了。

三、架构诸子哲学的视野：六爻的架构

笔者近年对中国哲学各学派整合的问题，提出了一个架构，借由《周易》六爻的阶层关系，将墨家、儒家、庄子、老子、法家、佛教列入这初爻到六爻的社会阶层的视野中。初爻是墨家，代表基层百姓的心声，提出节用、薄葬、非乐、天志、明鬼等观点。儒家是二爻，代表基层干部的心声，提出仁义礼智的价值观，实际上就是服务的人生观，倡议君王要行仁政爱百姓，自己扮演专业政治管理人的角色，而不是权力型的人物。庄子是第三爻，在体制中没有实权实位，自己选择做个自由人，以追求自己的兴趣嗜好技艺为目标，以达到个人技艺的最高境界为人生的理想，不负社会建设的责任。老子是第四爻，中央的高层管理人，权力大，能做大事，但却时常处于权力斗争当中，所以要学习无为、守弱、谦下，这样才能团结人心，促成美事。法家是第五爻，专注于君王权力使用的问题，谈御下之道，重赏罚，谈君权至上，此为势，需慎用，又谈严守法令，及谈外交攻防之术，而有法术势三项应用的技巧。佛教是第六爻，已与人间社会体制资源管理运用之事无关，只重自己的生死问题，求永生，在人间唯给而已，自度度人、自觉觉人。

以上架构借由《周易》六爻在解释社会阶层的理论架构，将中国哲学各家各派的理论型态，借由初爻到上爻的六个阶层予以区分，以彰显学派思想的特色。目的是讲清楚各家的差异，究其原因，关键是视野的不同。六爻由下而上是基层百姓、地方官员、自由业者、中央高阶官员、国君、高阶退休享福之人。笔者认为，各个学派理论的提出，与其自身所处之时位有直接的关系，从而提出理论主

张，意见都是合理的，只是多不全面。人生问题无数，个人处境多端，借由六爻的六个阶层，恰能彰显学派理论所处位阶不同的特征，从而合理化各家的命题意旨，但也破解了各家争辩的合理性。当然，从社会体制的阶层对比各家的型态，并不就能等于是各家理论成立的合法性基础，也不能就限制了各家理论的适用范围。然而，借由这样的架构，对各家进行的对比研究，确实对各家理论的合理性能有适切的说明，同时就在这对比的视野中，各家意旨更容易了解，同时也取得了互不冲突的理论立足点。

基于以上的架构定位，笔者将展开儒道各家理论特质定位的讨论，从中见出老子哲学思想在庄子与孔孟之间的特殊定位。

四、孔子哲学的特质和边界

《论语》中的重要价值观以孝、仁、礼三个观念为主，《弟子规》书中所引的"弟子入则孝，出则悌，谨而信，泛爱众，而亲仁，行有余力，则以学文。"也正是孔子思想的大纲要，可以见出孔子追求的理想是，每个人都应该要培养自己，以为社会服务，而且是在体制内的服务角色。孔子教诲弟子如何从政，就是要培养为体制服务的君子人格，从而成为基层官员的价值指导原则。孔子自己的身份本来几乎就是一个平民，借由努力学习，获得政治人物的肯定，从而被拔擢为官。然而，不论位阶多高，毕竟不是王公贵族出身，始终不能掌握根本性的最高权力，使得他在国家体制的社会实践上，终究不能成功。《论语》中有言：陈成子弑简公。孔子沐浴而朝，告于哀公曰："陈恒弑其君，请讨之。"公曰："告夫三子。"孔子曰："以吾从大夫之后，不敢不告也。君曰'告夫三子'者！"之三子告，不可。孔子曰："以吾从大夫之后，不敢不告也。"[1]齐国本是姜子牙的封地，世代为姜姓国君，后为田氏权臣所篡，期间发生弑君事件，就礼法而言，这是各诸侯国必须共同讨伐的政治大事，以维护周王朝封建体制的尊严与法度。然而，在鲁国从政的孔子，所面对的鲁国，本身也是为三桓权臣所挟持，孔子面君报告此事，国君要他直接找三桓讨论，孔子也知道三桓不会理会此事，但为礼法的维护，孔子硬着头皮去报告了，结果可想而知，无人搭理。这就看出，孔子对于政权拥有者，是无可奈何的，虽然自己有崇高的理想，想维护周王朝的礼法，但是他的位阶就是中高层官员，而非上层统治阶级，关键的政治事件，依然要听命于

① 《论语·先进篇第十一》，北京：中华书局2006年。

人，且无反抗的想法。可以说孔子对于掌握鲁国政权以致一统天下的理想是有心无力的，空有品格理想，却无实际做法，也没有关于如何操作的理论。孔子思想的特质，是在让每一个人成为君子，且应为社会服务，这样的品格，是社会体制中所有的人应有的基本修养，唯其如此，社会才会进步。然而，体制是有阶层的，权力是自上而下的，最高权力的掌握者才是真正决定体制良莠的关键，孔子的理想当然是整个国家社会都变好，但他自己在鲁国的实践就不能成功，以致去鲁他行，周游列国，但依然不行，最后回到鲁国以教学为主，理想是留下来了，弟子也教育成材了，但各国的政治依然不堪，关键还是权力的问题，没有掌握好高层的权力，始终不能给人民百姓真正美好的生活。孔子自己主张“不在其位，不谋其政”，从礼法的角度，这是对的，但若为了天下百姓，则在位是重要的，而更重要的是，能做好事情，能建设社会，能服务国家，造福百姓，而这一切，不与权臣谋划是不能成行的。然而，如何为之？老子有办法，且是站在官员的角度讲述的办法，韩非也有办法，且是站在国君的角色所讲的办法，而孔子是知识分子从政的角色，从他的位阶眼光来看，却是没有办法的。孔子的思想，固然成就了知识分子的人格，且建立了中华民族的道德价值观，但对如何掌握权力这种极现实的问题，孔子的思想是没有构着的。孔子的理想只能是在体制内管好自己，能够清楚地分辨谁是君子谁是小人，然而一旦与小人为伍时，却只能自己避去，而不能掌握之。笔者以为，这一部分就是老子哲学对儒家思想的有所贡献之处。孔子如此，孟子亦然。

五、孟子哲学的特质和边界

相较于孔子，孟子在政治哲学方面着墨更多，孔子可以说是从个人的角度，说明人生的意义，而以服务为人生观，重君子小人之辨。孟子则是更多地以官员及君王的角色出发，说明为官之道及为君之道，一样是赋予高度的理想性要求，将中国政治哲学中的国家存在的目的，国君与百姓的关系，国君与大臣的关系，官员与百姓的关系，都做了规范，基本上就是国家以照顾百姓为目的，而国君则应行仁政爱百姓，官员则是负责执行，做不到或国君不听从建议，则应辞官。此外，孟子提性善论的人性论，讲仁义礼智，也建立了工夫修养论，为君子人格的建立提出了修养论的普遍原理，即尽心知性等理论者。相比于老子哲学思想的特色而言，在政治理论方面，儒者固然培养自己要有从政的能力，且要求国君要尊重自己的专业，但是，作为在体制内服务者的角色，是否能够成功其事,仍然是要等待明君,明君在上,正是孟子的期许,也是孟子所谈国君言论之所指。然而,君王英明与否,孟子没有办法处理,只能言语规劝,不合则自己求去,大臣做不好事,孟子也只能不与之相处,自己办自己的事情。也就是说,孟子一样是知识分子性格,大道理讲得清楚,具体实践时的操作技巧是缺乏的,国君不行、大臣不行的时候,为保持自己高洁的理想,也只能选择自己离开权力场合,这样,自己的高洁品格是保住了,但是天下百姓却照顾不及了。

孟子道性善,言必称尧舜,但众人多半时间是活在私欲横流之中,君王大臣莫不如此,除了讲道理给他们听之外,就不能多做什么吗?除了自己辞官他去外,就没有别的路可走了吗?孟子的逻辑就是,枉道侍人,未有可成的,此话诚然。然而,孟子想的是理想的完美实现,但是,不可控制的变量太多,如何达到完美?物质建设如高铁、机场都是一点一滴建设起来的,社会建设、政治改革何尝不是如此?没有一百分也不能就连十分都不要了,仅仅是十分,都能拯救很多老百姓的。因此,孟子哲学中一样有其边界,有其不能有效处理的面向,孟子谈的是国君与大臣应该如何作为的问题,孟子期许自己是协助君王治理国家一统天下的大臣,但是,国君大臣如何作为,孟子是没有管控的办法的。而自己这个大臣职位的取得,以及是否受到君王的尊重,孟子也只能依赖国君本身的英明,却无法在他的理论与实践中有所贡献。也就是说,孟子没有把知识分子从政的各种问题处理完全,如何顽强地实现理想,如何操作,有没有什么技巧,孟子并没有搞清楚这些事情,这样一来,理想就只能是理想了。这个问题,还是老子的哲学才真正面对了。

六、儒家面对问题的解决之道

面对人性自私贪鄙的问题,面对君王如此、大臣如此、一般基层官员如此、百姓如此时,儒家的做法就是,教化全民。孔子自己是大教育家,孟子亦有弟子围绕,儒家的君子,孔孟之徒,纷纷以教育为己任,企图在广大的百姓基础上,重建人生的价值,厘清生命的意义,落实以君子人格为典范的教育理想,此一道路,可谓根本解决之计。然而,依然是不足以成效于当下,因为再怎么教育百姓,也不能保证这些弟子将来都能从政,且占据上位,再怎么教育官员,也难以阻挡眼前的权力斗争局面。而儒者能做的,或是在野办教育,或是在朝坚守正义,问题就是,坚守正义往往与群小为仇,两相争斗的结果,是君子受刑戮的命运。儒者都是要从政的,就算是办教育也是在培养从政的官员的,但是,政治毕竟是体制的事业，体制的资源便是小人觊觎的货财，体制的权力又是君王与大臣最为看重的事情，权力与资源引起无数的贪欲来争夺，儒者教人孝悌忠信，尽忠职守，这一正一邪之间的拉锯，就一位真正的君子儒者而言，不论他的位阶是在基层还是高层，都是十分艰困的局面。那么，儒者该如何应对呢？历史上有儒家理想性格的大臣，他们都面对了，也应对了，而他们面对及应对的技巧，却有许多是道家的智慧了，这并不意味着他们已经不再是孔孟的信徒，而是以孔孟的理想为志向，以道家的智慧为操作的技巧，如此才能肆应贪鄙的人性以及艰困的局面。

这其中，道家尚有老庄列三型，列子专注个人身体修炼，对儒家帮助不大，因为整个人生观的方向是不一致的。庄子的人生方向也与儒者不一致，但是庄子的型态毕竟是悠游在人间，这却对儒者有莫大的参考价值。至于老子，才真真正正是儒者从政的关键助力，老子的思想，深入人性黑暗的一面，根本性地关切了人际关系变化的律则，提出了掌握人际关系变化的应对之道，正是儒者从政所需的操作技巧。列子就不论，以下先论庄子，再论老子。

七、庄子的特质与对儒家的功用

庄子哲学追求个人的自由，不参与社会体制的建设，这主要就内七篇的主旨而言，外杂篇就不然了，此处以内七篇的庄子原型之思路为准。庄子可以说是体制外的哲学，出世主义及个人主义的思想，《齐物论》中就说出了社会议论的不可信，都是个人成见所致，因此任何人主张的社会理想是不值得信赖的。《人间世》中则提出应世面对之道，基本上都是避开传统社会性角色的扮演逻辑，不以掌管天下、治理国家为思路，彻底看清政治人物的暴虐性格，对于社会体制的角色扮演都采取了退避的态度，也就是角色的存在是不得已，如“天下有大戒二，其一命也，其一义也”一般，[①]但扮演角色的逻辑可以逍遥，也就是不投入，不以社会世俗的眼光处理自己的生活，摆脱社会评价的束缚，看破社会体制的虚妄，只求个人自己的适性逍遥，脱离了社会性的角色之后，个人的兴趣嗜好技艺成了追求的重点。这样的人生，对儒家而言，是有其价值的，关键就是，庄子可以看清世俗的虚伪，儒者何尝不能看清？问题只是，儒者有社会使命感，使得自己不得不艰辛地在体制内挣扎，问题是，确有不可为之时，若尚有可为，当

---

① 《庄子·人间世》。

然应该尽力一博，假如时不我予，势不我利，在不可为的时候，也应该知道这不可为的边界已经出现，那就应该选择退出，退出在体制内积极建设的角色与心态。事实上，孔子和孟子的去鲁和去齐，就是这种退出的行为，放弃了在体制内建设国家社会的角色扮演，走出一条以个人专业教育子弟的体制外道路，若非有这种世俗虚妄的透视，孔子和孟子岂能离开实现理想的舞台。这一点，正是孔孟与庄子同调的地方，很可惜，《论语》书中的隐士却不能了解孔子。桀溺以为孔子的周游列国只是辟人，而他们作为隐士者则是整个辟世了，其实，孔子也谈辟世，差别只在隐士之辟世，避开政治，再也不回头，孔孟之辟世，只是暂时离开眼前这个舞台，却希望有机会再回来，或是培养弟子回来。当然，这个差别是巨大的，已经显示了终极人生方向的不同，也就是道家庄子和儒家思想的价值立场是根本不同的了，一者出世，一者入世。出世是指不以社会体制的建设为人生的意义，不以社会体制的角色为生命的价值，世只是指世间，有管理众人之事务的社会体制，儒家就活在这样的结构里，期许君王大臣爱百姓行仁政，庄子就不活在这样的体制里，他的看破是彻底的看破，最终追求的是个人的适性逍遥，或是技艺的超升，或是神仙境界。

儒家的理想，确乎是人类社会体制根本需要的价值观，唯人性浇薄，贪欲横行，儒者的理想通常难以在社会现实中完美落实，为了避免与暴君恶人相斗而丧生受戮，接受庄子出世的思想是有必要的，这是保身、全生、养亲、尽年之道，《论语》中的“贤者辟世，其次辟地，其次辟色，其次辟言”，这其中的辟世、辟地，就是出世思想的方向，有不可为之时，就宜避开，若不能避，必身死牢笼，或者，就同流合污了。儒者洁身自爱，讲公私义利之辨，自然不肯同流合污，庄子何尝不然，《逍遥游》中的大鹏鸟，心志比天，何肯与蜩、鸠为伍，只是他一去不返，甚至祈求神仙的境界，社会体制的良好建设绝非他要追求的方向，这就跟儒家分途而为了。

孔孟及庄子都能看破社会体制的虚妄面，又都洁身自好，不肯与污秽为伍，在势不可为之时，都是离开舞台，那么，天下大势怎么办？百姓福祉甚至是国家安危怎么办？一旦有机会，或本来就在位，一定要离开舞台，追求自己的兴趣技艺吗？孔孟是离开了，但是又找到新的角色了，教育树人，更何况，孔孟是大哲学家大思想家，在理论上建立了万世不朽的价值观，且孔孟的时代，知识分子与政权的关系尚有其自由在，因为是多国时代，秦以后的儒者，没有他国求官的空间，除非是三国、南北等乱世，但既是乱世，本就不是大有可为之时，然而就算是大一统的时代，依然是高层权势斗争激烈的格局，心系天下关怀百姓的儒者，想要照顾人民，清理政治，则将如何自处？以及与权臣小人相处？与暴君相处？这时候，待在体制阶层中，有个一官半职，便是儒者不能不扮演的角色。当然，在体制外做儒商、做教育家也是很好的，但体制内仍然必须是儒者最终的舞台。此时，老子的智慧就真正派上用场了，因为他深透人性，对负面的人心了解深刻，对人事变化的规律掌握正确，知道如何应对，既能生存于体制的诡谲风云中，又能适时地为百姓做出贡献，既能保身，又能应世，还能有所贡献于人民的需求。

但是，老子这种智慧的展现，归根结底，仍是依据对孔孟及庄子的两套重要的认识，其一是儒家的道德信念，为人民服务的胸怀，其二是庄子的世局观察，追求自性逍遥的精神。老子哲学是有仁爱胸怀的，但是，政治场合终是虚妄不实的，权臣小人昏君总是时时掣肘的，因此，理想固然高远，做法必须务实，不求十分圆满，只求多做一分是一分，就在这样的夹缝中，发挥了处世应变的高度智慧，关键就是对人性的了解以及规律的掌握。

八、老子哲学的特质与对儒家的功用

老子是讲求规律的哲学，所谈“有无相生”“反者道之动”“天下万物生于有，有生于无”，是说明人事变化的规律，掌握了规律，就掌握了应变之道。老子是谈领导者的哲学，所谈“无为而无不为”“取天下”“天下莫能与之争”“善有果而已”“功成、事遂”，说明了他就是要积极掌握世界，他有创造事业、建设社会的理想。老子不只有理想，还有实现理想的智巧，就是“弱者道之用”“损之又损，以至无为”“取天下常以无事”“夫唯不争”“果而勿娇”“身退”“功成而弗居”“生而不有、为而不恃、长而不宰”。可以说，老子的哲学，就是既有儒家治世的理想，又有庄子看破社会体制的虚妄的认识，进而有如何在虚妄的世界为人民服务的工夫修养。既要追求理想，照顾人民百姓，又要知道权力世界之无情与残酷，因此必须“无有入无间”，唯其无为，故无不为。也就是“非以其无私耶，故能成其私。”无私、让利、给而不取，正是老子待人处世以及治事的智巧。既然高层多嗜欲之徒，就把利益让给他们，满足了人心无厌的欲望，就能够掌握自己的作为，满足他人的关键就在于自己能够无私而让利，这就是无有、无事、无为之意，既然自己都不有、不恃、不宰了，那当然也就能够生而、为而、长而了，如此则昏君权臣小人的掣肘都不会起作用了，因为他们的私利都获得满足了。无私就是无事，无事就是无有为己私利之事，如此便能取天下，取天下就是掌握改变世界的权柄，从而创造事业福利人民，这就是“以无事取天下”。想掌握改变世界的权柄，此事谈何容易，因为人都好争，但所争者也只私利，若私利都让给他们，权柄就掌握住了，这就是“夫唯不争，故天下莫能与之争。”天下人都为了巩固自己的私利而来维护你做事的权利，因为你做事，他获利。这样的思维，确实有超出孔孟之道之处。

此中的无为，是要“无”掉什么呢？孟子已经说清楚了儒家的君子就是要有公私义利之辨，显然为公无私是儒者的基本修养，但是在儒家这里谈的主要是财货的利益，财货的利益儒者多半可以无掉，可不去争夺，但是有一样东西是儒者不易放弃的，那就是名，而名又常锁在位里，有位才有名，但有位而无法做事时，儒者宁可放弃此位，弃位而留名，留个清名，留个不与小人为伍的清名，这才是儒者所要的名。孟子一方面称赞柳下惠是“圣之和者也”，但另一方面却也批评他的做法，“伯夷隘，柳下惠不恭，隘与不恭，君子不由也。”（《孟子·公孙丑上》）柳下惠就是“不羞污君，不卑小官；进不隐贤，必以其道，遗佚而不怨，厄穷而不悯。”（《孟子·公孙丑上》）显然，柳下惠保位而不在意名声，实际上不是为了位，而是有机会做事情就做事情，不论位高位低，不论君王明暗，保位而不重位，其实就是不重名，名能放下，与污君卑位共伍而不在意，却能谨守直道做事，这就是儒家有时候难以做到的境界。孟子如此批评，孔子也一样批评：“降志辱身矣”（《论语·微子篇》），孔子也认为柳下惠这样的行径虽然“言中伦，行中虑”（《论语·微子篇》）却仍是“降志辱身”，既是“降志辱身”，肯定孔子不为也，这就是重视自己的清名，如果太重清名，那就是伯夷、叔齐的情况，坚决反对武王伐纣的事业，确实留下清名，但于百姓无所帮助，于建设无有贡献，这就是重名的结果。儒者以孟子为心志高傲者之最极，其言：“故将大有为之君，必有所不招之臣”（《孟子·公孙丑下》），然而，战国时的国君多傲慢粗鄙或无能多欲，如何将大有为？如何肯下臣？依照孟子的期许，则所有有理想的儒者君子，也就遇不上明君、站不上高位、掌不到权柄、做不了大事了。名，于老子哲学中，则是要放下的东西，“名与身孰亲？身与货孰多？得与亡孰病？甚爱必大费，多藏必厚亡。故知足不辱，知止不殆，可以长久。”（《老子·四十四章》）名声确实重于一切，这是儒者的信念，但这是公私义利、是非善恶之辨下的名声，而不是是否当位、在位、得位的名声，再深一层，一个人是否有道德，那是重在自己的身心言行，而不是在他人的评价，儒者爱惜声誉，不齿与权臣小人为伍，怕污了自己的清名，但这不就像子路回答丈人之言意吗："欲洁其身，而乱大伦。君子之仕也，行其义也。道之不行，已知之矣"(《论语·微子篇》)这一段话就是主张不宜自洁其身而放弃社会责任的意思，然而，君子入仕固然是儒者的大义，但如何入仕而能治事，如何治事又能处世而保身全生？如何在乱世而据高位以保民安国？这就不是孔孟之儒者太在意的事情了，事实上这一段话还是发生在孔子周游列国的时候，也就是自己也是不在位的时候，子路主张君子宜入仕在位，但他的老师却为了选择更好的环境而去国他求。当然，这是在春秋战国时期，而且孔孟皆如此，但是孔子的弟子中有官做的人，他们的行为，就多少有老子思路的身影了。真要做事，名也不重要了，不只是利益不重要而已。名与利皆不是真正重要的，重要的是为人民服务。此处讲的儒者之好名，不是一般的好名好利，好名好利就不会辞官了，而是儒者好洁身自爱的美名，然而，这正是权臣小人之所以可以如此肆无忌惮的原因，既然你好美德之名，那权柄我就不客气全部吃下了。《菜根谭》就发挥了这方面的见解："放得功名富贵之心下，便可脱凡；放得道德仁义之心下，才可入圣。"这样的观点，正是深谙老子处世智巧的名言。文中的超凡入圣，是指真正能为百姓做到事情谋到福利的人的作为，他们必须是能够放下自己洁身自好的心态，才能真正做到的。又如其言："辱行污名，不宜全推，引些归己，可以韬光养晦"。把自己的光耀遮住了，就有了与权臣小人黠主肆应无穷的身段了，一旦自己道德高尚形象完美，则只能被冷落排挤了，如果还要指导是非，那就等着被诬陷凌辱了。自己身命都不保了，谈何照顾百姓、福利人民呢？这就是"降志辱身"，而孔子是不愿意"降志辱身"的，孔孟还在祈求明君，道家却没有这个念想了。

在笔者看来孔老是互补的，儒家提出理想的目标，老子提出处世的智巧，关键就是对人性的了解，儒家主张性善，认为人皆可为尧舜，于是透过教育，讲究孝悌忠信以为立国之大本，老子深知人性之负面心理，在具体治国理政时，懂得如何应对进退。儒家的最高价值是仁义礼智的道德信念，老子的最高价值是无为的信念，无为即无私，无私即为追求仁义礼智，但更看重操作的智巧。可以说，儒者不能过去的关卡叫老子给破译了，关键就是放得下这道德仁义之名，当所作所为能够不是为了自己得到名声时，才真正落实了作为，做事只在目标的本身，善有果而已，而不在自己的荣誉。过度在意自己的贡献的结果，而又身在高位，这是会让别人容不下你的，高层的资源权势之争，是"无间"的，没有空隙让别人钻进去，所以要"以无有入无间"，没有任何自己的名誉利益在，才能跻身高层，做点小事。然而，当儒者怀抱着淑世的理想，高举道德仁义的大旗，要来救国救民，改革吏治，惩治贪腐时，自己道德崇高，别人就是小人权臣了，这样，岂能站上高位？岂能掌权治事？君子要有理想，要洁身自爱，这是当然，但若要为民服务，就还要舍弃名声，不是去为恶，而是不舍弃与恶人为伍，否则如何入仕治事、服务人民？这样在尚有可为之际，不因形象而种下败因，在不可为之际，不因行为而败亡受戮，永远保持可进可退的空间，这就是老子的智巧对儒家的互补。当然不能说儒者就没有这样的智慧，而是说这样的智慧主要就是老子哲学才讲清楚了的，老子哲学就是身在高阶管理层者的体悟，领悟世人多欲，知道如何面对应事而发展出来的智慧。

那么，这样的智慧，在什么意义上超越了庄子？超越了孔孟呢？下节论之。

九、老子对庄子及儒家的超越

老子对庄子是超越的，但，这是世间法意义上的超越，世间法的目标就是建设社会，落实事业，照顾人民的生活，就此而言，庄子等于是没有世间法的管理哲学的，虽然不能说庄子没有政治哲学，但他的政治哲学实际上就是放任政治，当然，这肯定是不行的，无效的，过于天真的，等于不负责任的，庄子看透了高层的虚伪，认为人民的痛苦就是源于政客对人民的伤害，因此只要君王不伤害人民，人民各自生活，必然就和乐安康。然而，这是讲话给自己听的，若是自己是君王就这么办了，问题是，庄子型态的隐士怎么可能天上掉下来一个君王之位给他呢？就算他真是这样办了，下民大臣就能不违法作乱吗？就能天下治吗？所以，庄子与老子的差别，就是没有有效的政治哲学与有有效的政治哲学的差别，至于相同的地方，就是对人世间的不天真，知道世间不是幸福美好，知道体制多是污秽肮脏，庄子选择弃世而出世，只做自己，对于世俗的荣誉利益都不看在眼里，不受任何世俗评价的束缚，如王骀、如哀骀它之行为。自己自由了，便可放手去追求个人技艺的无限上升，这是庄子的思路。老子则不然，念兹在兹的还是人民与天下，于是谦下、守弱、无私、让利，委曲求全，顾全大局，团结众人，成就事业。庄子的理想一人为之即可，超高的技艺就是天才的类型，因为这是不关乎体制建设的个人才华之展现。老子的理想却须众人合作才能成事，因为做的都是体制内的社会建设事业，所以没有众人齐心协力是不可能的。而众人之中既有干练的部属，也有小人权臣昏君，如何让后者不掣肘，让前者能放手去做，就是老子哲学的智慧展现了。这其中，额外的利益都要分给别人，功劳是君王的,权力要与权臣共享,资源要分给小人,酬劳要给予干部,只有这些在位的角色都愿意事业成功的时候,才有君子可以领导指挥的格局,一旦成事,便是创造了新的社会资源,这才有百姓可享的空间在。在这样的作为中,儒家淑世的理想才能获得落实。

究竟是什么样的因素,使得老子哲学中的智慧可以成就儒者认为不可为之事呢?关键就是放下了名利,自我价值感的名,与自己应得的利。从儒者的眼光中,这名与利是实在的,名非虚名,而是实至名归之名,利非不当之利,而是自己努力所应得的报酬,但老子哲学中告诉我们这也可以放下。庄子放下的是世俗的名利,但都是虚名假利,因为他也没有对社会作出贡献,甚至以自己的潇洒之姿,高超的技艺,还可以获得丰厚的财货,只是他的作为无关乎社会世俗之名利,也无关乎人间的道德是非,只是自满自足逍遥自适而已。老子哲学则不然,损之又损,所损的,就是自己应得的名利,但老子已经明言,就是要"损之又损,以至无为",也就是完全没有了名利,才能成就社会的事业,才能"无为而无不为"。这是因为,老子所论都是高阶官员的处事原理,你办成事,而得名利,则天下好事尽叫你得去了,别人岂不忌妒得很,高层就更是好名、好利、好权、好表现、且见不得别人好的,也就是争权夺利,因此老子深知要让利,所有人心的贪欲都在自己所得的让出中获得了满足,别人就再也没有忌妒、争斗的必要了。这就是老子哲学所提出的圣贤的智慧。真正成为圣贤的人,是在操作中落实了天下大利的人,要得天下大利,就在自己让利,否则权小之徒不会给你机会成就大事业。儒者并非不能让利,但就在荣誉心的坚持中,不肯降志辱身,因而错失了为民服务的实际。儒者这种荣誉心的坚持,适合在基层为官,基层官员尽可以英雄主义,受人民感念,一旦挤身高层,除非不怕忌惮与忌妒,否则都是要去掉荣誉,低调行事的。社会世俗的虚名必须看破,这是庄子的胸怀,但服务人民的理想必须落实,这是儒者的价值。然而,唯有老子哲学的智慧,才能真正结合两者,并且超越庄子与儒家。

老子哲学是针对高阶层权力人士所说的道理,高层的坏人太多,所以高层的好人更难为。但是,为何高层坏人多呢?此暂不表,后文谈法家时说明。面对坏人,庄子哲学选择离去出世,儒者选择"辟世,辟地,辟人,辟言",也是避开,只是还在寻找其他可以奉献的可能,而不轻易出世,因为还有大伦在。然而老子的智慧告诉儒者,再怎么样都还有可为的空间,只要自己懂得再让,让利让名让形象让功劳让权力让资源,这就是"损之又损",自己完全无为了,就能无有入无间，那时就能"无为而无不为"了，也就是"夫唯不争，故天下莫能与之争。"不争私利，则造福天下公益的权柄就在手中紧紧握住了。这就是圣贤之所以能够成就事业的道理，也正是老子的哲学超越了儒家与庄子的道理。

这个道理，总结而言，就是老子哲学掌握了人际变化的智巧，从而得以落实儒家的圣贤理想，关键在于庄子看破世俗的洞见深入其心，但庄子放弃了，而老子却仍不放弃。在哲学史的发展中，也许孔老是同时，而庄子晚出。然而，在思想的世界里，孔子之所见，人生之理想，庄老皆见之，然唯孔子坚守之且讲明白了圣贤的理想。庄子之所见，世界之虚妄，孔老亦见之，唯庄子一往直前地走上了弃世出世之思路。老子之所见，既重理想亦见虚妄，孔庄亦见之，唯老子提出的处世治事之智巧，既守理想又顾现实，真正超越了庄子与孔孟的类型，在世间法中出类拔萃，可谓在好人群中的应世宝典。

那么，回头来处理为何高层多坏人的问题，以及试探解决之道，这就需要从法家的智谋中寻求了解了。

十、法家的特质与对儒家的功用

本节以《韩非子》为对象而论法家，法家与老子的关系，在《韩非子》书中有《解老》《喻老》两篇，《解老》论理，语气不似韩非，冗长叨絮，但直以继承老子为宗旨。《喻老》以史事证说老文，意旨皆同于其它篇章，当为韩非之亲作无误。重点是，《韩非子》之书等于是明讲继承老学的发挥，唯《韩非子》重法、重术、重势，法与势者皆非老学重点，可以说韩非所发挥的老学思想，成为重术的智谋了。老子掌握事变的规律，故有应世之智巧，谓其有术，并不为过，唯仅以行术见之，未免偏歧了。以上说法家与老子哲学的关系。

法家思想，面对战争及权臣小人当国之时，思考如何强势掌握国家体制，以追求富国强兵之局。从对比的角度视之，孔子思考生命的意义，指出人生以服务为目的，于是进入体制性，成就君子人格。孟子思考人性的本质，提出性善说，支持孔子君子人格的理想，建构人性论。又思考服务社会的终极理想，便是寄望于国君之行仁政爱百姓，以及官员之勇于负责，建构了政治哲学。孔孟思想奠立了做人的根本道理以及国家社会体制存在的根本目的，可谓理想性哲学。唯对现实问题，所谈不多，理想在现实中如何操作？现实有些什么困境？孔孟一旦面对这种问题，都只是以理想的贞定为思考的出路，却不能在现实问题的解决上提出对策。王阳明讲致良知也是这一路，道德意识精实，但是阳明又有别的能力，他精通兵法，计谋过多，面对战争，他是有办法的，只是面对中央的权力，他也只能退避。至于孔孟，面对战争，就没办法了。庄子的思考，直接跳出国家社会的存在目的与意义的问题，只管个人生命的伸展，洒落世俗的羁绊，直上青云，甚至炼成神仙。这毕竟也是面对现实的一种出路，但说到底，这只能是天才的自我出路，而不能是全民的共同理想。老子的思考，为全民找出路，将孔孟的理想内化入心，对庄子的见识洞察明晰，却更有见于人事变化的规律，找到知识分子应世治事的智巧，解决了在体制内生存艰难的问题，也掌握了建立事业照顾百姓的方法。然而，以上，都不是法家面对的问题。

法家面对的是国家在征战中的败亡之局，奋思有以挽救之道。关键就是，权臣当国，挟外自重，窃国自肥。于是君王需有御下之术，首应保势，其次重法，借赏罚以明威，从而保势，至于肆应国际，以及管理臣下，则有多方之术。可以说法家才真正是最重视现实的学派思想了。孔孟见现实而提理想，庄子见现实而避世，老子见现实而掌握之。但是，儒道所见之现实，都不及法家所见之现实之唯真实、唯残酷、唯关系重大，孔子辟世，孟子去齐，庄子出世，老子避昏君权臣小人，然而法家则是面对敌国当前，君位不保，权臣窃国，可以说是现实中之最重的现实，因此便有当务之急。关键就在君王的角色扮演上。这一点，孟子所提亦不少，但重点在期许君王行仁政爱百姓，谈的是角色的理想。而法家所提重点在君王御下以保位，重法以治国，用术以胜敌，谈的是角色的操作智巧，从而权柄在手，富国强兵。这其中当然预设了福国利民的理想，只是御下之际，深知众人皆为名利而来，所以以赏罚束之而已。虽然不重德性，但只是说空有品德却无能力亦是于国家无用之人，并不是否定德性的价值。法家如此现实的思考，可谓务实，文中不见一残民以逞、欺压百姓的思想，只是为面对危急存亡之局，而提出的强势管理之道。唯一有理论上的问题的，是与儒家辩论时也是误解儒家，此事见于《韩非子·难一二三四》诸篇。这倒也是法家自己缺乏对比的视野之所致，一味申明己意的同时，却是误解而贬抑了儒家。

虽然，《韩非子》书中多有精彩的理论建树，但其现实，却是因为国君贪鄙无能、群臣作乱于下所衍生的思考，韩非都提出了解决的方法，关键还是要求国君须是大有为之人。此处，就是回答圣贤之所以艰难的原因所在了，因为现实上，国君贪鄙无能，导致群臣作乱于下，这就是为何高层多坏人的原因，也正是孔子所面对的鲁国政情、孟子所面对的齐国政情、以及老子所思考的圣贤智巧之所以必须如此操作的原因。关键就是国君多欲以及无能，多欲则群小为其代言人，无能则权臣为其发言人，高层充斥着权臣及小人，一旦知识分子当官救国，就没有能够不面对权臣小人的，能够面对权臣小人的知识分子，才能建设事业，造福百姓，不能面对的话，要不出世如庄子，要不辟世如孔孟，更有甚者，就是与其对立而身遭刑戮，如子路被剁成肉酱。在这样的时局之中，知识分子从政，便只有老子哲学中的智慧之道才能面对，故而《韩非子》亦以继承及发扬老子思维为宗旨，而并不肯定儒家。

可以说，法家又比老子哲学更加务实，因为他要面对的是高层多坏人这个更根本的政治现实的问题。如果国君贪鄙多欲又无能昏庸，那么权臣及小人的存在是必然，孔孟去国，庄子出世，唯有老子哲学提出了应对之道。莫怪乎圣贤难为，势必如此委曲求全，方可“无有入无间”。因此对法家而言，国君必须被改造，必须成为保位御下富国强兵的强人，只不过，谈何容易。韩非自己都说了，“有道术之士”时常被权臣阻隔于外，不能面君，就算面君了，又有多少国主真有英明之才而能善听并堪造就的，当然是有，但于史上算来，比例低得可怜。然而，不只是法家的理想难以奏效，儒家认为百姓必须被改造，要教之以孝悌忠信，天下才会太平，这当然也是谈何容易。庄子认为不需要改造什么了，自己逍遥出世就行了，但有几人真能放下世俗评价的束缚，这也谈何容易。老子认为就改造自己吧，像变形虫一样适应任何艰困的环境就能救人，但除非是真圣贤，凡人说说而已，谁真能不要利益、不要荣誉、不要形象只为顾全大局，这一样谈何容易。

法家提出的解决之道就在君王角色扮演的具体操作上，可惜依然是一本理论堂皇的巨作，国君也不会深入阅读而获得智谋，于是历史依然如故，一家朝代兴起了又衰落。儒者在基层依然充满了理想，希望改变这个世界，并且自己成为英雄。自由派人士依然逍遥自顾，追求神仙不死的永恒意境。圣贤依然必须委曲求全，顾全大局，牺牲小我，完成大我。人间的世界似乎循环不变，各家的理论都有道理，但都不全面。理论上各家其实彼此需要，现实上各家谁也顾不了全局，王朝兴亡、历史更迭、人心依然。因为所有美好的理论与优秀的人品都难以一时汇聚，那么，政治哲学的最终出路为何？个人生命的最终出路为何？笔者以为，就前者而言，古代圣贤思想的提出，都是在王朝体制下的思维，或许，源自西方的现代民主共和政体能够缓解这个问题，因为问题的关键都出在最高领导人本身，一方面政权拥有者有家天下的观念，难免自私，二方面政权的继承来自宫廷内部，难免贪鄙无能。对于今日的共和政体而言，至少最高领导者不至于是极无能之辈，国家强盛与否的重点变成政策的方向及治国的策略，相比于古代的国君，问题已经改善很多。当然，衡诸今日的世界各国，民主共和政体也还未达到最终理想的境界，这个问题，眼前是没有答案了。那么，个人生命的出路呢？笔者以为，这就可以参考佛教的意见了。

十一、佛教的思想对儒道法家的超越

本文讨论老子哲学对儒家与庄子的超越，意旨已明。为文继续讨论法家，是要说明圣贤之所以必须具有如此智巧的原因，关键就是主上无能，大臣奸恶，而这个问题，是法家更为直接面对的，解决之道也已提出，现实的效果如何？这是另外的问题。也就在法家的说明中，能清楚看到知识分子面对的体制高层的真实面貌，莫怪乎圣贤难为。法家的思考是直接对准君王本身的作为而发言的，首先指出君王的过错而有亡国之征的种种事件，避免了这些个人的过失，便可保位强国。然而史实是，封建政体的君王，一个个还是无法避免这些过错，人类的历史也就无止境地政权更迭、王朝兴衰。关键就是人心的贪欲，以及各种条件不能一时齐备。法家的智谋固然有效，但仍无法摆脱封建君王无能贪鄙的先天结构，就算是民主共和政体了，依然有人心险恶的问题，人类建立的社会，距离理想大同世界尚是十分遥远，此时，是必须借由宗教哲学来重新理解这种种的现象与问题了。

宗教固然十分众多，本文仅以佛教哲学说之，一方面佛教是中国传统文化中的三大学派之一，早已内化于民族心灵之中，另一方面，笔者个人认为假使有信仰的话，佛教的世界观及人生的路向之说明，是最能彻底解决问题的理论了。

要认识佛教，关键在它的世界观，基本上就是原始佛教提出的因果业报轮回的生命观，在其理论不断的发展中，佛教宇宙论是大千世界之说，人类所居只是大千世界中的一个国土，尚有众多的世界国土以及不同种类的众生，为人所能得见或根本不能得见，且世界一个个在其自身的成住坏空之中，但因为有无数个世界，就算这个世界坏空了，还有别的世界存在，于是有许许多的世界此起彼灭地递延着，也有无数的众生在各个世界轮回流转中，有情众生因执着而有各自的业力因缘，国土中的社会，则是众生共业所成，非单一角色所能决定，其良莠清浊之状难以绳计。佛教为人生指引的出路，就在生命现象的理解与个人努力的超升中，理解一切社会个人的生命与生活状态都是无以计数的原因与条件共同构成的，谓之缘起，任何当下的状态都不必然不固定不永恒，因此也就不必执着，随顺即可，一旦随缘，束缚就断了，人就没有忧愁烦恼了，生死贵贱贫富寿夭美丑善恶好坏，一切都不必执着，当知诸法皆空，因为万法唯识，因为都只是自己以为如此而自我执着而已。小乘佛教主张舍离而解脱，舍离欲望便解脱痛苦，大乘佛教主张理解而救度，理解诸法且帮助他人。能理解生命现象的终极来由，便能不执着而无烦忧，自己不烦忧了，别人还在烦忧，所以应予救度，自己理解就是自觉，救助他人就是觉人，大乘佛法自觉觉人、自度度人，终于为所有的生命找到最终的出路。毕竟是彼岸永恒的智慧生命，所以出路在彼岸。然而，众生都是在人间的众生，一旦生命的视野打开，此岸亦即彼岸，生命是无穷的绵延，好好净化这个人间的国土，此处就是永恒的彼岸了，这是《维摩结经》中所说的菩萨净化国土即是佛土的意思。

回头来面对老子哲学，老子哲学以圣贤的智巧面对世间体制的种种虚妄与难堪，为了照顾百姓，以知识分子的身份跻身高层，以无私的付出供应所有阶层人物的所需，他自身的生命意境是圆满无缺的，也无所求于天地之间了，问题只是，世界永远有那么多的不圆满，智者永远都必须如此无私地奉献以改善之，这世界会变好吗？本文提出法家的思考，不是说法家的理论能终极解决这些问题，而是法家点出问题的关键在领袖，但这可以只是封建王朝的关键问题，民主共和政体可以没有这个问题了，或者问题不再那么严重、那么关键了，当然，私人企业、民间公司行号团体还是会有这个问题，那就用法家的智谋协助解决就好，至于国家体制以及国际社会，显然没有因为人类共同走向民主共和政体就变得完美了，这就说明，人类对于世界的美好的思考还要有更深的层次。这个层次就是对宇宙运行真相的究明。然而，宇宙的真相是超越经验感官知觉的能力的，科学的研究固然有跃进的发展，未知尚且多于已知的。佛教的宇宙观之所以提出，并非依据科学研究，而是感官能力的直达，感官能力是可以提升的，这就是修行工夫的结果，这是知识论的问题，笔者有专文讨论于它处，此处不宜深入。重点是，佛教提出的世界观、宇宙论、生命哲学的意见，说明了这一切社会国土世界的发生演变，都是有情众生的自我构作而来的，当下理解了就不再做无谓地构作，从而导致伤害与痛苦，终致烦恼不已，那么要做什么呢？就是帮助别人理解觉悟。但也是谈何容易啊。佛陀于印度教化众生，佛教经典于全世界弘扬其说，佛教团体不断改革发展，时至今日，提出人间佛教之说。就是要在当下的世间，借由佛化生活的拓展，举凡饮食阅读旅游行业林林总总，都在佛教事业体内进行，让更多的人以缘起性空、自觉觉人的智慧生活与实践，这就根本地安顿了人心了。

世界本来就是有情众生共业所造，什么帝王的贪鄙无能，权臣小人的犯上作乱，盗匪的横行，人事的斗争，都是众生执迷下自然的结果，很正常，但其实也是无常，看破了，看透了，就放下得更彻底，真放下了，荣誉地位权势财富健康美貌也就更不需执着了，自身生命的自我饱满也更加充实了。没有缺欠，就不再外求，觉悟了，就只剩与人相处，且不断给予而已。这个看破，比庄子的看破还要看破，这个度人救人，比儒家的仁民爱物更深更久，这个无执，比老子的无私无为更透更明。但是这一整套的智慧却是有它在世界的出世间法的背景的，若无这个知识上的信念，是得不到这个智慧的好处的。没有这个信念其实也无妨，那就在世间法中以老子的智慧用世即可，因为老子哲学已经是世间法中最终极圆满的智能型态了，尚要提出佛学以为思考的基地，是因为世间法追问究极之后却有太多的未解，一是逼入最现实的政权问题而有法家把状况讲清楚了，二是逼入生命最根本的问题而有佛教把真相说清楚了。然而，没有掌握国家机器的人是无法处理根本政权的问题的，一般的人，那怕是最有能力的知识分子，也只能定位自己的角色在老子式的智者状态中应变处世。而没有佛教的宗教信仰的人，也无法真正地接受因果业报轮回的生命观，但那也无妨，以老子式的智慧生存在世间，一样是圣人之位。

十二、结论

本文之作，以世间法与出世间法的架构，讨论老子的哲学思想，主张老子哲学是世间法中最究极的人生智慧，它预设了儒家的仁爱胸怀，也领受了庄子的逍遥精神，却入世而治事，既免于儒者无可为时的困境，又不尚庄子出世逍遥的路向，是以谓之老子超越庄子与孔孟。就此而言，老子哲学的智能型态是圣贤的型态，圣贤者入世救人，以孔孟的儒家为原型，但老子哲学有其超越之处，关键在智巧，关键在人心的理解与规律的掌握。可以说是仁民爱物的胸怀加上无为守弱的智巧以完成圣贤的角色扮演，这是不同于庄子的天才的型态的，天才者个人完成就是完成了，文学家、艺术家、武功人、特技专家等都是，个人做到了自己技艺的最顶尖的境界就是天才了，天才是个人的事件，圣贤却是众人的事业，天才很好，能够安顿个人的心灵，圣贤更好，能够安顿众人的心灵，因为他无为，也就是无私无我，因此能以“无有入无间”，在夹缝中帮助这个世界，以服务于人民百姓。

老子型态的圣贤之所以必须如此扮演角色，是因为国家体制的问题，古代王朝体制，万事取决国君一人，天下安危系于一人之身，虽然有时候这句话讲得是忠臣良相，但这只是讲好听的，归根结底，还是系于君王，法家把这个艰困局面的根本原因说清楚了。儒家要做官，所以不敢批评君王，但是还是有孟子敢于直接说出来。庄子要做隐士，根本无畏君王，所以也是直接说出来。法家爱国心切，必为君王谋，而提出许多的策术。然而，话都说了，君王依然故我。两千年的王朝体制下，有理想的知识分子若是真要为人民服务，无不需以老子哲学中的智能型态以应世治事，否则无有能成其功者。因此，笔者要指出，世间法中要解决在社会体制里造福人民的问题，以平民知识分子的角色身份来说时，就是老子的圣贤智慧是最究极的了。当然，如果角色本身是生在帝王家的可能继承者，那自然可以有不同的型态，那就是《周易》乾卦的型态，一路以主角型态扮演，是董事长、理事长、国君、领袖的型态，老子哲学是坤卦型态，平民担大任的型态，是秘书长、总干事、总经理、执行长的型态。又如果所面对的是没有体制的战乱时期，角色上是要做人民的英雄，要革命起义做开国的君王，这又可以是别的智能型态了，《人物志·英雄篇》谈的项羽、刘邦的优劣高下之说可以参考，此处不宜深入。老子哲学中的智慧是给身在体制内部的角色人物适用的，至少是要说给不是第一号的人物听的。并非开国君王不需要谦下无为，而是他的角色根本关键是开创性、指挥性的，是意志坚定地提出方向性的人物，否则不足以为开国君王。至于那些忍辱负重、委曲求全、任劳任怨、不敢居功的角色，才是老子哲学这种型态的圣贤在作为的。否则何以"弱者道之用""非以其无私耶，故能成其私""不敢为天下先"。当然，追求帝王事业者在尚未成功达阵之前，也需要这些智慧，然而这恰恰说明了，只要不是天下最有权势之人，都需要老子型态的智能。例如"高筑墙，广积粮，缓称王"之说，就是老子学说的应用，"柔弱胜刚强"之道，但这也正是在自己并非实力最强的时候的作风，若是汤武革命、楚汉相争之势，何来"柔弱胜刚强"？文王时候是"柔弱胜刚强"，尚未形成楚汉相争局面之前的刘邦是"柔弱胜刚强"，一旦到了武王，到了楚汉之局的刘邦，柔弱是胜不了刚强的。老子哲学中的"弱者道之用"是要掌握之而不是要消灭兼并之，开国帝王的"弱者道之用"只是一时的隐匿之策，最终必然是要将对手消灭之、兼并之的。一味地将老子视为帝王术之诠释，不仅将帝王术说偏了，也说偏了老子哲学的圣贤型态。圣贤不是帝王。当然，圣贤可以为帝王，一旦圣贤为帝王而为圣王时，那就是百姓之福、万民之庆、国家的最大礼赞了。可惜圣王者少，于是就需要有圣贤，老子哲学就是能完成圣贤型态的哲学智能，宜予厘清，因为任何时代都需要有具备这种智能型态的平民知识分子出来拯救百姓。此外，黄老道家对老学的发展提出君王亦要无为，但那已经是老学发展下的新思维。《韩非子》的法家思想中也讲这种无为，这是隐匿自己的意图以完全掌控部属的意思的无为，而不是老子哲学原意中的“无私”意思的无为，历来多有以帝王术诠解老子文句意旨的作法，但这是黄老道家和法家的型态，不是老学原旨。笔者既不是反对无为概念可以这样使用，也不是反对黄老道家和法家的理论，而是要还原老子哲学思维的原型。只有原型确定，才能在使用到它的时候清楚方向，知道它的适用边界何在，否则包含太多诠释可能性的理论，一定不是好使用的理论。

圣贤难为，世间法就是如此，想解脱世间的束缚，那就只有出世间法了。佛教思想是出世间法的哲学，但涉及它在世界的信仰，信与不信没有定然之数，有缘分的人信了而有以用为生存之道，若是无缘于此信仰的人，而本身又是有理想的人，对世间怀抱热情与胸怀的人，那么老子哲学式的圣贤思想，就是这个生命的最高终趣了。

吴兴祚幕府与昆曲

——文学的社会学研究

朱丽霞

中国的经典剧种昆曲自明中期诞生以来发展至清初达至鼎盛。作为娱乐文化的主流，昆曲对明清社会习俗产生了极大影响。荒凉的西北沙碛、闭塞的西南边陲、苦寒的东北关外，处处可闻昆曲的曼舞轻歌、细语柔声。看戏听曲不仅是达官显贵的嗜好，而且成为举国若狂的文化盛事，社会各阶层的人们都不约而同地卷入了这场空前的文化洪流。昆曲一枝独秀，占领了自万历后期至清代中叶长达二百余年的戏曲舞台。明清曲坛上独领风骚的昆曲如何从诞生地江南传播到全国各地？对于这一问题学界多有探讨，比较一致的观点是，昆曲的传播，主要是通过商人经商和官员的升迁调动。清初岭南名僧大汕派其昆曲“祥雪班”到安南（今越南）演出即为获得与安南的贸易权；李渔携带家班千里迢迢远赴西北进行昆曲的商业演出即应陕西巡抚贾汉复、甘肃巡抚刘斗之邀。但这些记载都极为粗浅寥寥，并不能完整清晰地说明昆曲传播的具体情况。究竟官员如何带动戏曲的发展？通过什么途径将戏曲传播到其任所？商人又是怎样使得戏曲追随了其经商的踪迹？昆曲有否与所传入地域的文化产生互动？这些问题至今都未能了然。本文试图通过对清初官员吴兴祚的宦迹与昆曲传播之关系的研究对上述问题作初步探讨。

一、无锡的戏曲活动

自明中期开始，由于社会平稳，经济发达，加之交通便利，以江南为中心的昆曲家班空前繁荣，达官显宦、富贵乡绅，无不组建家庭戏班，逐渐形成了以苏州、无锡等为核心的江南昆曲中心。潘之恒《亘史　曲派》之“锡头昆尾吴为腹，缓急抑扬断复续”[①]即是对正宗昆曲区域的界定。苏州、无锡、昆山地界相邻，在文化上代表了整个江南，但最终昆曲的高峰则落定在无锡。余怀《寄畅园闻歌记》：“盖度曲之工，始于玉峰，盛于梁溪者，殆将百年矣。”[②]所言即发源于玉峰（昆山）并盛行百余年之久的昆曲至清初，在梁溪（无锡）达到了前所未有的境界，而且逐渐成为昆腔正传。时人所谓“昆山弦索无锡口”，[③]即说明在昆曲的演唱方面，无锡昆曲最为世人所认同。可知，明末清初，在席卷全国的昆曲文化热潮中，无锡唱腔无疑被奉为曲坛正宗。此际仅无锡地区知名的曲师即有陈梦萱、潘荆南、顾渭滨、吕起渭等，皆为昆曲祖师魏良辅的嫡系门生。伴随风靡的演剧盛况，无锡的家乐戏班也空前繁荣。黄印《锡金识小录》卷十载：“前明邑缙绅巨室，多蓄优童。”[④]嘉靖间，邹望、葛救民、顾惠岩、俞是堂等无锡乡绅成为“日日梨园”的家乐主人。无锡百万巨商邹望拥有耕地30余万亩、僮仆3000余人、别墅39所，家业庞大、人口众多，日常家族娱乐活动必不可少。邹望蓄优童“二十余辈……月夜歌于雨花台，趋听者万众”。[⑤] 俞是堂从官场“罢归……广辟督亢，创池园，蓄女乐数十，色技冠绝一时”。[⑥] 万历年间，冯廷伯、顾泾白、贾弘庵、徐锡允等无锡望族的家班皆卓绝一时。崇祯年间，在无锡兴起的昆曲社团“天韵社”一直活跃至晚清同光年间，前后绵延三百余年。昆曲的兴盛改变了明清人生活娱乐的方式，而无锡的梨园家班则引领了明清昆曲的时尚潮流。对于一个地方的最高行政长官来说，融入当地的主流文化是奠定自己政治声望的重要前提。因此，与无锡缙绅贵族融为一体的最好途径即是一起品茗谈艺、赏戏听曲。清初，吴兴祚任无锡知县十三年，亲自参与了无锡昆曲复兴的文化活动，见证了江南昆曲繁荣的进程。

吴兴祚（1632—1698），字伯成，号留村，绍兴人，一生仕宦四十余年，历官无锡知县、福建巡抚、两广总督等。宦迹所至，广招文人雅士，组建幕府，成为清初政治军事及文坛的重要人物。严迪昌认为，“吴兴祚梁溪任上，以至后来为闽抚、为粤督，幕下多词人，是沟通吴、越及岭南词风的一个媒介人物”。[⑦] 事实

① 潘之恒：《潘之恒曲话》，汪效倚辑注，北京：中国戏剧出版社，1988年，第17页。

② 张潮：《虞初新志》卷四，上海：上海书店，1986年，第57页。

③ 孔尚任：《桃花扇》第二十五出“选优”，北京：人民文学出版社，1959年，第170页。

④ 黄印：《锡金识小录》卷十“优童”，《中国方志丛书》，台北：成文出版社，1984年，第609页。

⑤ 黄印：《锡金识小录》卷十“优童”，《中国方志丛书》，台北：成文出版社，1984年，第609页。

⑥ 黄印：《锡金识小录》卷十“声色”，《中国方志丛书》，台北：成文出版社，1984年，第619页。

⑦ 严迪昌：《清词史》，南京：江苏古籍出版社，1990年，第324页。

上，吴兴祚不仅是词坛，而且是诗坛甚至整个清初文坛不可忽略的关键人物。吴兴祚经历了清朝开拓疆域、稳定社会、经济恢复与文化重建的整个历程，清初半个世纪的政治文化踪迹都可以在吴兴祚从江南到岭南的幕府中找到印证，尤其是昆曲，许多昆曲传播的途径与细节，都清晰地体现于其幕府的文化活动中。而吴兴祚能够在岭南推动昆曲发展的重要因素则在于其无锡知县任内对昆曲文化的积极融入与接受。他上任不久，便主动拜访无锡望族邹氏、秦氏，参与无锡的戏曲活动。

邹氏家族是无锡历史悠久词曲丰硕的豪门望族。邹迪光(1550—1626)，字彦吉，号愚公，万历二年(1574)进士，官湖广提学副使。不惑之年，罢归林下，在惠山修筑愚公谷，蓄养戏班二部：女伶一部，十二人；优童一部，数十人。愚公谷内修建鸿宝堂、一指堂、天钧堂、蔚蓝堂、绳河馆、具茨楼、膏夏堂等六十余景，专供家班演出。邹迪光聘请著名曲师陈奉萱、潘少荆等入住愚公谷，指导唱曲，与汤显祖、屠隆、冯梦桢等戏曲同仁切磋曲艺，寓公谷的戏曲歌舞盛极一时。钱谦益《列朝诗集小传》即谓邹迪光“以其间疏泉架壑，征歌度曲，卜筑惠锡之下，极园亭歌舞之盛。宾朋满座，觞咏穷日，享山林之乐凡三十载”。[1] 邹迪光在征歌逐舞中度过数十年风流岁月。邹式金(1596—1677)，崇祯间进士，邹迪光犹子，入清官泉州知府，著杂剧《风流冢》，辑《杂剧三集》。邹兑金，字叔介，邹式金弟，崇祯间举人，著杂剧《空堂话》、《醉新丰》等。这些戏曲均在寓公谷隆重上演。而吴兴祚十三年无锡知县任内，是愚公谷的赏曲常客。

秦氏寄畅园昆班享誉江南。作为秦氏祖上的遗产，秦德藻(1617—1701)接管寄畅园后聘请松江造园名师张南垣整修扩建，修建卧云堂、天香阁、宸翰堂等专供演出之用；园内蓄养昆曲家班，先后聘请金陵曲师苏昆生和苏州名伶徐君见入住寄畅园教授家班。秦德藻之子秦松龄多次举办寄畅园雅集。康熙九年(1670)九月，知县吴兴祚、莆田余怀、颍州刘体仁及无锡名士秦补念、朱子强、刘震修、顾修远等戏曲同好于惠山寄畅园听戏赏曲，吴知县欣然提笔：“春风闻度曲，夜月教吹箫”。[2] 年迈的徐君见亲自登台演出，“松间石上，按拍一歌，缥缈迟回，吐纳浏亮；飞鸟遏音，游鱼出听，文人骚客为之惝恍，为之神伤”。[3] 徐君见以其声情并茂的演唱征服了在座听众。著名曲师苏昆生曾追随平贼将军左

---

① 钱谦益：《列朝诗集小传》“丁集下”，上海：上海古籍出版社，2008年，第647页。
② 吴兴祚：《寄畅园偶集分咏曲桥得遥字》，《留村诗抄》(一卷)，北京：国家图书馆，康熙间刻本。
③ 余怀：《寄畅园闻歌记》，张潮《虞初新志》卷四，上海：上海书店，1986年版，第57页。

良玉，在其幕府演出，易代沧桑后流寓无锡，秦德藻聘请入住寄畅园。秦瀛《梁溪杂咏百首》第八十七首："座中犹有何戡在，旧是征南幕下人。"[①]将苏昆生喻为经历丧乱而身世凄苦的唐代歌星何戡，经历乱离之后，其歌声更为苍老悲情。金坛名妓穆素辉应邀入住寄畅园，上演《西楼记》后，"一座尽倾"。[②] 名师与高徒不仅共同将寄畅园的曲声推向高潮，而且引领了清初江南的歌舞之盛。余怀《寄畅园闻歌记》及《寄畅园宴集放歌》，即详细描绘了秦氏家班的演出盛况。直到百余年后的乾隆三十八年(1773)，秦瀛仍然对寄畅园的拍曲逸事追怀不已："本朝初，吾家伶乐最盛。"[③]知县吴兴祚频赴寄畅园聆听徐君见、苏昆生动人的曲声，为之情醉神迷，流连忘返。

在人们的日常生活中，听曲是沟通人际关系的重要渠道。较之于吟诗作赋，赏戏听曲更易于营造融洽和谐的氛围，彼此交流，轻松愉悦。吴兴祚的诗词中，多有描写穿行于愚公谷、寄畅园等各贵族庄园听曲赏音的记载。然而，最令他心荡神摇的莫过于侯氏亦园了。侯杲(1624—1675)，字仙蓓，号霓峰，顺治间进士，官礼部郎中，豪迈疏财，跌宕诗酒，在惠山映山河修筑亦园，蓄养家乐昆班，并建戏台百尺楼。黄印《锡金识小录》卷十《前鉴・声色》："国朝唯侯比部杲梨园数部，声歌宴会推一时之盛。"侯杲二子：文灯、文灿，皆戏曲名家。吴兴祚与侯杲结为挚友，多次"雅集名园"，[④]饮酒赏曲，并特为亦园歌舞创作了组诗——《侯比部仙蓓新创亦园索咏》[⑤]："销魂最是氍毹上，乱舞灯光一片红(其一)。"氍毹之上，光影交错，相映生辉，火红的灯光与华丽的舞裙象征了亦园旺盛的文化生命。"此地何如金谷"，仿佛穿越时空，置身于晋朝石崇那闻名天下的洛阳金谷园，聆听石崇爱妾的美妙歌声。"落花乱向绮筵飞，急管繁弦奏夕辉。漫道亦园多胜事，主人忘客客忘归(其二)"。在夕阳的余辉中，在夜幕降临的浪漫时刻，音乐的急管繁弦似累累贯珠洒落在亦园的酒宴上，激发起人们狂欢的热情，纵情豪饮，所有参会的人都陶醉在酒乐之中，忘却今夕何夕。"樽

① 秦瀛：《咏梁溪杂事一百首》，《小岘山人诗集》卷三，《续修四库全书》集部第1464册，第538页。

② 秦瀛：《咏梁溪杂事一百首》第九十七首："缕衣零落感萧娘"自注："相传金坛妓女穆素辉晚归吾家。某公置屋数间居之。袁箨庵尝觞于吾家，观演《西楼记》，一座尽倾。"《小岘山人诗集》卷三，《续修四库全书》集部第1464册，第539页。

③ 秦瀛：《咏梁溪杂事一百首》第五十七"十老荒亭古涧阿"自注："碧山吟社，明成化中邑中十老诗会处，先贞靖先生倡建。端敏公筑凤谷行窝，即今寄畅园。本朝初，吾家伶乐最盛，"《小岘山人诗集》卷三，《续修四库全书》集部第1464册，第536页。

④ 吴兴祚：《侯比部仙蓓新创亦园索咏》，《留村诗抄》(一卷)，北京：国家图书馆，康熙间刻本。

⑤ 吴兴祚：《侯仙蓓招饮亦园即席步秦留仙韵》，《留村诗抄》(一卷)，北京：国家图书馆，康熙间刻本。

前窈窕玉为姿，不信君家有雪儿。此夜酒狂人尽醉，不知何处系相思(其三)"。唐代歌女雪儿为将军李密爱姬，擅歌舞。密每见宾僚文章奇丽者，即付雪儿叶音律而歌，后世遂以"雪儿"泛指歌女。为亦园的歌声所陶醉，舞女樽前劝酒，窈窕婀娜，情意绵绵。酒狂人醉后，使人相思欲绝。"行云一片遏长空，檀板轻喉小院东。曲尽悄然回首处，牡丹枝上月朦胧(五)"。歌舞场上，响彻云霄的洪亮歌声，凝聚了观众的情思，将人们引入到卢生那美妙的邯郸梦乡。笙消筝断，流莺般的曲声荡漾在空旷的夜色中，回荡在宁静的高墙院落内。人们陷入沉思，万籁俱寂，唯有清凉的月色高挂在朦胧树梢上。"一派柔情入画图，诗难题处字难呼。人前更欲翻新调，不唱江南旧鹧鸪(七)"。令人销魂荡魄的时刻，情荡神移间，新的曲调开始响起，使得人们从醉意迷蒙中醒悟过来。"蒲阳首唱《花卿》句，杜子情痴《绿牡丹》。试问南皮高会客，几人解识共盘桓(九)"。杜甫一曲"半入江风半入云"，[①]花卿府邸的歌舞便传唱至今，花卿歌舞亦因不断传唱而成为后世经典曲目。另外，从吴知县的诗中亦知，万树舅氏吴炳的传奇《绿牡丹》依然回荡在侯氏亦园的花丛之中，经久不衰。"屏开孔雀试新讴，仿佛当年十二楼。过眼繁华如电疾，令人惆怅碧山头(十)"。洗杯换盏，重开宴席，氍毹之上，红裙翻舞。一曲曲歌声，引领人们回到繁华的金陵十二楼。曲终人散后，富贵荣华，顷刻间化为乌有，令人惆怅，发人深思。

无锡知县任内，吴兴祚既是愚公谷的票友常客、秦氏寄畅园的赏曲知音，同时也是侯杲亦园、顾氏辟疆园的半个主人。明中期以来空前繁荣的家乐戏班，使得赏曲成为吴兴祚知县任内必不可少的消闲交友方式。因此两广总督任上组建家班看戏听曲自然在情理之中了。

吴兴祚不仅很快融入了江南昆曲的文化中，而且以行政的方式有力地推进了昆曲的发展，吴兴祚多次在县衙举办集会，聘请昆曲戏班演出。柔美销魂的昆曲演出成为无锡县衙常见的娱乐方式，陈玉璂《夜饮尺木堂》[②](十二首)描绘无锡县衙歌舞之盛，"客到芳园兴便浓，红牙初按月初封。璧人倚处销魂甚，十二阑干十二峰(自注：小史十二人)(一)"。红牙按板，歌声入云，不觉令人想入非非。"相怜不觉又成哀，六尺氍毹看百回。欲把名花都占尽，故将腰鼓十分催

① 杜甫：《赠花卿》，仇兆鳌《杜诗详注》卷十，北京：中华书局，1979年，第846页。

② 陈玉璂：《学文堂集》(不分卷)"七言绝"二，《四库存目丛书补编》第48册，成都：四川人民出版社，1997年，第23页。

(二)”。当欣赏表演的故事时,似真似幻的演出比文本文字更有力地传达了故事的情感信息,更易引发观众的共鸣。爱情名剧《占花魁》曲折动人,情激之处,腰鼓频催,演员的倾情演出向观众传送可以感知的信息。“灯下纷纷舞柘枝,四条弦上系相思(五)”。四弦琴上流淌出缕缕情思,柔美的舞姿展示了人物内心的痴情与执着。“丝管初停打四更,耳边添得佩环声(九)”。当尺木堂的歌舞消歇之时,已经是四更欲曙,树影婆娑。人们所听到的是舞女的首饰所发出的叮当声,清脆悦耳,渐行渐远,使人伤感。康熙八年(1669),徐乾学应吴知县之邀赴无锡县衙听曲,其《清明日吴伯成明府招饮》“酒碧浓于柳,歌清细抵莺”[①]即写县衙听曲的美妙感受。康熙十年(1671),吴兴祚40岁,江南名士纷纷前来祝寿。面对友人的热情,吴知县特别在听梧轩、尺木堂、来悦楼、玉树堂、云起楼等园林名胜举办大型歌舞集会,盛况空前,其《步秦留仙元夕饮尺木堂》:“遍地歌声飞白雪,填空笑语起芳尘。灯摇丽影霞俱灿,树绽银花夜有春。”绽放的灯火,将惠山的元宵冬夜装扮成绚丽的春天。阳春白雪,悠然荡漾的曲声洒遍旷野。《元夕诸同人燕集来悦楼步奚司马韵》:“一夜管弦凝碧落,万家灯火拥高楼。”灯光烛火照彻夜空,缤纷灿烂,层叠的灯光簇拥着云起红楼,悠扬的笛管弦索交互弹奏到黎明破晓。而陈玉璂《梁溪踏灯诗》即写参与吴知县酒会,一气呵成十五首,其三:“十丈朱霞耿莫收,神龙夭矫碧溪头。听来金鼓喧阗甚,不到天明不肯休。”[②]吴知县的酒会宴席上,人们纵情歌舞、通宵达旦。县衙曲声的推波助澜,将无锡的昆曲推进到前所未有的高峰。

更让人感到兴奋的是,吴知县曾“为文酒之会,五邑同人大集惠山,极一时歌舞嬉游之乐”。[③] 规模壮观、声势浩大,“五邑同人”相聚惠山,这意味着,以常州府、苏州府为中心的江南名士齐聚一堂,这是一次空前的盛大集会。而把江南才子汇集在一起的重要前提是吴知县雄厚的经济财力所支持的戏曲歌舞与诗词雅赋。从江南辐射出去,暗喻了江南在新朝初始即成为文坛的中心,同时证明吴兴祚作为地方最高行政长官的个人凝聚力。而这次聚会也成为许多人

---

① 徐乾学:《憺园集》卷四,《四库存目丛书 集部》第242册,第710页。

② 陈玉璂:《梁溪踏灯诗》(十五首)三,《学文堂集》(不分卷),《四库存目丛书补编》第48册,成都:四川人民出版社,1997年,第11页。

③ 陈玉璂:《夜饮尺木堂》(十二首)题和第八首自注,《学文堂集》(不分卷),《四库存目丛书补编》第48册,成都:四川人民出版社,1997年,第23页。

的终生纪念。多年之后，参与盛会的陈玉璂仍然对这次雅集回味无穷，"回忆当时醉绮筵，惠山高处夜分笺。而今不忍抛红豆，此会依稀十五年"。[①] 而当吴兴祚离开无锡后，无锡戏曲迅速凋零。"十余年来，死生离合，此景不复睹矣"，[②]虽然略有夸张，无锡戏曲固然不会因为吴兴祚的升迁调离而顿然衰微，但确也说明了吴兴祚知无锡时所引领的戏曲盛况。即使无锡曲坛没有消歇，也一定程度上受到吴兴祚离任的影响，繁复不再，声势不再，因而陈玉璂不禁伤心慨叹。而伴随老曲师的故去，无锡曲坛"离合聚散"，许多江南昆曲艺人也奔走四方、异地糊口了。其中许多便南下岭南，唱曲谋生。

二、吴兴祚对昆曲的推广与明末清初昆曲的文化生态

(康熙)《无锡县志》卷十《风俗》："自明万历中，邑大姓以梨园之技擅称于时。其人散至四方，各为教师，孳乳既多，流风弥盛。"[③]可知，从万历年间始，无锡的曲坛名师已经开始奔走各地，教授曲艺。而清初江南乱定之后，望族凋零，戏班亦多解散，以昆曲正传而扬名天下的江南伶人、风靡于时的梁溪歌声，因戏班的无奈解体而散播四方。"不将南库归京阙，自作长城控海天"。[④] 吴兴祚擢升两广总督后，昆曲在岭南得到了迅速的传播与推广。

在肇庆总督府，吴兴祚修建红楼、文来阁、锡祉堂、运筹堂等花园亭台、宴会厅堂。这些景点名胜的建造，象征了清初征服南明的最终胜利。而这些亭台中的文化活动，则隐含了清朝江山底定共享天下太平的文化意识，同时也是清朝文化在岭南的第一次集中展示，万树《最高楼·琰青新楼落成宴席》："红楼起，天半彩霞新。揽尽海天春。烟云俄顷呈殊态，身心杳渺出层尘。可图书，宜管钥，合彝尊。"[⑤]总督新筑红楼矗立于大海之岸，登楼可揽波涛翻滚的海波巨浪，而高楼突兀于群楼之上，显敞而寡俦，众人填词赋诗，饮酒论文外，在高楼之上赏戏听曲。红楼延续了前朝的娱乐文化，这意味着，即使在遥远的天涯海角，新

---

① 陈玉璂：《夜饮尺木堂》(十二首)题和第八首，《学文堂集》(不分卷)，《四库存目丛书补编》第48册，成都：四川人民出版社，1997年，第24页。

② 陈玉璂：《夜饮尺木堂》(十二首)题和第十首自注，《学文堂集》(不分卷)，《四库存目丛书补编》第48册，成都：四川人民出版社，1997年，第23页。

③ (康熙)《无锡县志》四十二卷，徐永言修，严绳孙、秦松龄纂，康熙二十九年(1690)刻本。

④ 屈大均：《两粤督府祝嘏词四首》三，陈永正主编《屈大均诗词编年笺校》卷九，广州：中山大学出版社，2000年，第646页。

⑤ 万树：《最高楼·琰青新楼落成宴席》，《全清词》(顺康卷)第十册"万树"，北京：中华书局，2002年版，第5553页。

王朝已经开始莺歌燕舞。

如果红楼的建造象征了新朝的军事征服和疆域广阔，那么文来阁的修建则证明清朝开始发展文化、弘扬文化，广纳人才，共襄宏业，“（文来）阁倚制府东南，三累而登，可以揽全端之胜”。[1] 端州（肇庆）是残明最后一个王权——永历所在之地，占领端州意味着政治上对南明的最终控制。康熙二十二年（1683）正月，吴总督在文来阁大宴群僚，“今年灯夕，大司马将设宴于此”。[2] 岭南幕府的文武百官、幕僚雅士齐聚文来阁，开怀畅饮，宣誓巡海。三月，总督公子“（吴）琰青庀弦管觞客”，[3]再度在文来阁雅集群僚，艺人登场，唱曲献艺：“华灯下开绮席。听吴歈逗板，袅袅长笛。”[4]文来阁上演万树新谱传奇《念八翻》后，吕洪烈即席谱写《念八翻》，抒写欣赏传奇的内心体验，同时，对这次盛大酒会作出回应，而一个令人惊喜的文学事实是，同曲名的新传奇因而诞生。

修建锡祉堂、弘绪堂，许多迎来送往的社交娱乐活动都在此举行。吴总督有《锡祉堂聚饮芭蕉树下限韵》、《锡祉堂雅集即席步韵送徐电发编修还朝》等，众幕僚皆有题和，所和诗高达百余首。金烺《南乡子》，序云：“五日公宴锡祉堂，同留村先生、药庵家岳、红友、黍字、集之、韩若、雪舫分赋”，[5]词中即有小伎献歌的描写：“幕府设华筵，十五平头小伎妍。檀板征歌催《昔昔》，嫣然。”《昔昔》，古典艳曲。金烺此词“昔昔”指妙龄歌女所演唱的昆腔情歌。康熙二十三年（1684），宴会弘绪堂，吴总督率而填词《念奴娇·元宵后二日，与诸同人集弘绪堂》，云：“灯花灿烂，记今宵、一十四人相共。……仿佛柳外飘来，笛声缥缈，似《梅花三弄》。”[6]宾主十四人雅集弘绪堂，赏曲谱词，饮酒赋诗。而运筹堂的命名，则蕴含深刻的政治寓意，表明在此高楼之上运筹帷幄，新朝江山将万古长存。当牡丹盛开之际，众人分韵赋诗，吴总督首先提笔作《运筹堂牡

---

① 万树：《月中桂·文来阁灯月词》“序”，《全清词》（顺康卷）第十册“万树”，北京：中华书局，2002年，第5600页。

② 万树：《月中桂·文来阁灯月词》“序”，《全清词》（顺康卷）第十册“万树”，北京：中华书局，2002年，第5600页。

③ 万树：《月中桂·文来阁灯月词》“序”，《全清词》（顺康卷）第十册“万树”，北京：中华书局，2002年，第5600页。

④ 万树：《月中桂·文来阁灯月词》，《全清词》（顺康卷）第十册“万树”，北京：中华书局，2002年，第5601页。

⑤ 金烺：《南乡子》，《全清词》（顺康卷）第十四册“金烺”，北京：中华书局，2002年，第8086页。

⑥ 吴兴祚：《念奴娇·元宵后二日，与诸同人集弘绪堂》，《全清词》（顺康卷）第十一册“吴兴祚”，北京：中华书局，2002年，第6249页。

丹初放即席分韵》,宋俊、金烺、万树等幕客分别题和,十余首同题的诗歌因此诞生。

吴绮《林蕙堂全集》卷二十一有长歌《寄上大司马公百韵》,其中"钗光摇翡翠,灯影醉氍毹"即颂扬吴总督丰富多彩的文化生活。在节庆、寿辰等特别值得纪念的节日,吴总督也往往雅会幕僚文士,其中重要的娱乐即是家班唱曲。万树《明月逐人来·中秋用芦州韵。制府开宴,吴大司马词先成,是夕先阴后月》自注:"小史清歌,周琴山仪部为之沾醉。"伶人清唱昆曲,即使非正式的演出也令人心荡神摇。更重要的是,总督率先限韵填词,随后众宾客一一题和。这证明了作为身居高位的吴兴祚不仅是具有卓越的管理才能的领导者,而且是一位能够从容驾驭诗词曲赋等多种体裁的非凡的文学家。元宵节,则是总督府隆重庆贺的盛大节日,万树《莺啼序·上元赋呈吴大司马》自注:"大司马特制鳌山,设灯宴,是夕奏家乐达曙。""署中方结花楼为歌舞场,灯火极盛"。[①] 结五彩花灯为壮观的"鳌山",灯光灿烂,恍若白昼,令人震撼。戏班次第演出助兴,主客纵情畅饮,"家乐达曙"。每当端午佳节,吴总督都会在锡祉堂举办盛大宴会,《齐天乐·五日燕锡祉堂》,同一词牌,吕师濂、万树、吴棠桢等多人题和。每当吴总督寿辰之时,岭南遗民屈大均都会专程赴肇庆为总督祝寿,风雨无阻。寿宴的重要活动即是赏戏听曲,屈大均《两粤督府祝蝦词》曰:"幕府琴弹盘木曲,门生笛奏武溪歌。军中尽识投壶礼,宴乐公堂满太和。"[②]即写总督府众人皆醉的狂欢场景,纵情歌舞,所有的优雅礼节全部废除,无论主客,不分彼此。著名红豆词人吴绮,因好客而被罢湖州知府任后,率子吴彤本南下岭南投奔吴总督。欢迎酒宴上,总督家班隆重登场,演剧助兴。

引人迷醉的昆曲使得总督府的歌舞在岭南产生了巨大影响,吴总督坐镇岭南,亦藉昆曲将江南与岭南的文坛交汇起来,这极有助于总督从文化上对遥远的岭南实施有效管理。为了聆听纯正的昆曲,总督特从江南重金购买伶人,幕僚吕洪烈《满江红》序:"琰青偕红友、莼庵、升公、禹金、九锡六君子游七星

---

① 万树:《御街行·琰青约天寨游七星岩》自注,《全清词》(顺康卷)第十册"万树",北京:中华书局,2002年,第5550页。

② 屈大均:《两粤督府祝蝦词四首》四,陈永正主编《屈大均诗词编年笺校》卷九,广州:中山大学出版社,2000年,第646页。

岩。"[①]其中"莼庵",乃张姓苏州名伶,擅弹琴,为总督所聘至岭南教授昆曲并登台演出。万树《梦横塘·送张莼庵归姑苏》自注:"莼庵工琴。"[②]江南名伶在岭南总督府传授曲艺,吴兴祚在总督府组建了数支昆曲戏班。

身为两广总督,总督府强大的经济实力刺激了家班的演出热情,而演出的需要又进一步刺激了对新剧本的需求。为满足对新曲目的需求,吴总督特聘江南传奇作家入幕谱曲。"看参军,幕府尽才人",[③]在肇庆府中,万树、金烺、来集之、吴秉钧、吴棠祯叔侄,吕守斋、吕药庵、夏宁枚等大批江南才子应邀赴两广总督署,谱曲撰新声。吴绮《林蕙堂全集》卷二十一《寄上大司马公百韵》描述总督府人才济济的盛况云:"湖海皆词客,江山半酒徒。"

宜兴万树词曲知名,"吴大司马兴祚总督两广,爱其才,延至幕,一切奏议皆出其手,暇则制曲为新声"。[④] 幕府佐政之余,万树倾洒才艺于传奇,往往"甫脱稿,大司马即令家伶捧笙璈,按拍高歌以侑觞"。[⑤] "先生(万树)每脱一稿,则大司马留村先生,必令家伶演之登场,授之梓人"。[⑥] 在总督府的创作,奠定了万树一生的曲学成就。从此,万树成为曲学史上著名的传奇作家,先后撰传奇"《珊瑚球》、《舞霓裳》、《藐姑仙》、《青钱赚》、《焚书闹》、《骂东风》、《三茅宴》、《玉山庵》等,几于汗牛充栋"。[⑦] 排演之后,"观者神憾色飞,相与叫绝"。[⑧] 当吴秉仁从梁溪至岭南为吴兴祚祝寿时,欢迎宴会上即演出万树新剧《舞霓裳》。[⑨] 康熙二十五年(1686)春,万树《风流棒》传奇一成,总督家班随即排演,曲辞瑰丽,融合南北曲之精华,"南音杳丽,珠圆玉润之辉;北调砰轰,刻石崩云之响。冷艳则湘娥倚竹;幽奇则山鬼吹灯"。[⑩] 吴秉钧在《风流棒序》中描述为"陆离香渺,

---

① 吕洪烈:《满江红》,《全清词》(顺康卷)第十二册"吕洪烈",北京:中华书局,2002年,第6759页。

② 万树:《梦横塘·送张莼庵归姑苏》,《全清词》(顺康卷)第十册"万树",北京:中华书局,2002年,第5604页。

③ 金烺:《满江红·自制红�鞨传奇题词》所附,金烺《绮霞词》,《全清词》(顺康卷)第十四册"金烺",北京:中华书局,2002年,第8091页。

④ (嘉庆)《增修宜兴县旧志》卷八"人物志 文苑 万树",台北:成文出版社,1971年,第332页。

⑤ (嘉庆)《增修宜兴县旧志》卷八"人物志 文苑 万树",台北:成文出版社,1971年,第332页。

⑥ 吕洪烈:《念八翻序》,蔡毅《中国古典戏曲序跋汇编》卷十二,济南:齐鲁书社,1989年,第1648页。

⑦ 梁廷�:《曲话》卷三,《中国古典戏曲论着集成》第八册,北京:中国戏剧出版社,1959年,第272页。

⑧ 吴秉钧:《风流棒序》,吴毓华《中国古代戏曲序跋集》,北京:中国戏剧出版社,1990年,第425页。

⑨ 万树:《曲游春·慎庵自梁溪来粤》后自注:"时正大司马寿觞,歌余所撰《霓裳曲》。"《全清词》(顺康卷)"万树",北京:中华书局,2002年,第5587页。

⑩ 吴棠桢:《风流棒序》,蔡毅《中国古典戏曲序跋汇编》卷十二,济南:齐鲁书社,1989年,第1647页。

不可方物”[①]的天籁之音，没有任何语言可以表达万树戏曲的动人之处。于此，吴雪舫认为万树是其时代成就最高的传奇作家，“山翁之曲，当为六十年来第一手”。[②]

总督府戏曲传奇的需求，营造了一个戏曲创作的文化网络。受万树的影响，总督府幕僚几乎人人都染指于戏曲创作，都有传奇问世。总督之弟吴棠祯“作《赤豆军》、《美人丹》，山翁（按：万树）皆为印可焉。惟时药庵吕君（吕洪烈），亦有《回头宝》、《状元符》、《双猿幻》、《宝砚缘》诸撰。药庵令叔守斋（吕师濂），亦携《金马门》曲出示”。[③] 吴棠祯《粉蝶儿慢》序曰：“《樊川谱》传奇编成，喜万鹅洲（按：万树）为余改订，赋此奉谢”，[④]吴棠祯传奇《樊川谱》成，万树为其修改后排练演出。金烺亦在总督府谱《红鞦韆》传奇，其《满江红　自制红鞦韆传奇题词》：“初未识，阳关叠。从不解，鹦哥舌。也邯郸学步，自惭痴绝。板错还凭雪舫较。（自注：同里吴伯憩。）句讹常向鹅笼别。（自注：阳羡万红友。）却成来，减字与偷声，《红鞦韆》。”[⑤]审音定韵，减字偷声，在万树的亲自指导下，从未涉足曲律的山阴名士金烺亦成功谱成《红鞦韆》传奇。该词后有吴棠祯点评，曰：“予在开府署中，日与吕子药庵、万子红友填词度曲，付诸伶工。乃雪岫自越中来，不觉掀髯技痒，亦成传奇一种。”[⑥]可知，金烺的传奇创作直接来自于总督府浓重的昆曲氛围。吴棠祯于此际亦创作了四种传奇，金烺《汉宫春·读吴雪舫新制四种传奇》（上）：“看吴郎乐府，直压吴骚。移宫换羽，却新翻、字句难敲。雄壮处、将军铁板，温柔二八妖娆。”[⑦]洋洋盈耳，颇喜聆曲按拍。吴琰青“从红友山翁游，由闽而粤，耳其绪论，久于中若有所得。因与家小阮雪舫（吴棠祯），共以学填词请”。[⑧] 总督公子吴琰青也不甘才屈而主动请教万树，谱写传奇。

---

① 吴秉钧：《风流棒序》，吴毓华《中国古代戏曲序跋集》，北京：中国戏剧出版社，1990年，第425页

② 吴秉钧：《风流棒序》所引，吴毓华《中国古代戏曲序跋集》，北京：中国戏剧出版社，1990年，第426页。

③ 吴秉钧：《风流棒序》，吴毓华《中国古代戏曲序跋集》，北京：中国戏剧出版社，1990年，第425页。

④ 吴棠祯：《粉蝶儿慢》，《全清词》（顺康卷）第十一册“吴棠祯”，北京：中华书局，2002年，第6176页。

⑤ 金烺：《满江红·自制红鞦韆传奇题词》，《全清词》（顺康卷）第十四册“金烺”，北京：中华书局，2002年，第8091页。

⑥ 金烺：《满江红·自制红鞦韆传奇题词》所附，《全清词》（顺康卷）第十四册“金烺”，北京：中华书局，2002年，第8091页。

⑦ 金烺：《汉宫春·读吴雪舫新制四种传奇》，《全清词》（顺康卷）第十四册“金烺”，北京：中华书局，2002年，第8087页。

⑧ 吴秉钧：《风流棒序》，吴毓华《中国古代戏曲序跋集》，北京：中国戏剧出版社，1990年，第424页。

在万树的指授下，吴琰青“因操觚而学为《电目书》一种”。[1] 吴秉钧、吕守斋、吕药庵等总督幕客亦学为传奇，而一旦谱成剧本，总督“即命拍新词侑觞”。[2] 剧本一旦问世，随即排练上演。这说明，昆曲舞台对于传奇剧本的强烈需求。萧山遗民来集之，流落岭南，吴总督邀之入幕。受幕府戏曲氛围的感染，来集之创作杂剧《蓝采和长安闹剧》、《阮步兵陵廨啼红》、《铁氏女花院全贞》（合称《秋风三叠》）、《挑灯剧》、《碧纱笼》及《女红纱》等，由此，来集之成为清代文学史上占有一席之地的著名戏曲家。

数年之内，在总督府，近百种戏曲传奇得以诞生，并很快流传到市井里巷。毛奇龄《西河集》卷一百五《山阴金司训雪岫墓志铭》：

> （金雪岫）尝游岭表，与弦绩、伯憩三人者，为两广都府吴君上客。吴君故善词，而三人者以新词与倡和角逐，四顾无座人。府中优僮充四厢乐部，各能歌三人词。教头曳长拍优僮扮演，而民间效之。凡里巷爨色相窃，……称盛事。时都府以良日请召宾客，呼外厢爨色承应。三人坐上座，都府把金斗，约曰：吾欲仿乐工唱《凉州词》故事，觇所演谁词，以卜甲乙。及登场，则雪岫《红鞋鞨》词也。都府掷斗令群优实酒环献，欢噪达内外。左右厢军争引领观，叹以为豪云。

金烺、吕弦绩、吴伯憩三才子作为总督府炙手可热的传奇高手，所谱传奇各乐部争相搬演，而三人名气难分上下。于是仿唐人旗亭画壁的故事，由总督亲自主持，不点剧目，而让戏班随机演出，结果上演的乃《红鞋鞨》传奇，金烺夺冠。于是总督命所有参与演出的演员依次为曲界新“状元”敬酒，欢呼呐喊，响彻云霄。以至于总督府驻守士兵好奇纳闷，皆“争引领观”，总督府的戏曲文化产生了重要影响，肇庆到广州到珠江两岸，昆曲演出如火如荼，昆曲开启了江南与岭南文化交流的畅通之门。

吴兴祚在清初江南、岭南曲坛上发挥了巨大作用，他从江南到岭南的文化踪迹，将我们带入明末清初昆曲的文化生态之中。在清初岭南，这个军事征服的最后地区，昆曲以娱乐的文化力量将岭南与江南联系起来，将岭南与全国联

---

① 吴秉钧：《风流棒序》，吴毓华《中国古代戏曲序跋集》，北京：中国戏剧出版社，1990 年，第 425 页。
② 吴秉钧：《风流棒序》，吴毓华《中国古代戏曲序跋集》，北京：中国戏剧出版社，1990 年，第 425 页。

系起来。同时，不仅两广总督家有戏班数支，岭南的各级官员如广州将军王永誉、南雄知府陆世楷、西宁知府张溶等皆有昆曲家班，一些地方太守等也都是戏曲爱好者，他们皆在自己的衙署内组织唱曲活动。在岭南，赏曲也逐渐成为一种普遍的社交仪式。除了客人、幕僚外，当地的许多知名文士如屈大均、陈恭尹等也参与到这场戏曲活动的合奏中，共同推动了岭南戏曲的繁荣。以昆曲为媒介的江南文化不仅融入而且已经成为岭南文化的重要组成。

三、从清初曲坛看江南与岭南

作为社会的意识形态之一，文化一旦形成，即会产生较强的生命力，不会因社会的巨变而发生变化。明清易代之初，晚明社会文化习俗并未因朝代更替而中断。"只有天风吹不散，红氍毹上数枝花"。[①] 官员、贵族仍然陶醉在晚明的文化场景中。顺治曾私语大臣洪承畴曰："近来中外将吏仍蹈积习，多以优伶为性命。"[②]尽管帝王对于晚明"积习"表示不满，却说明了文化的相对稳固性。入仕清朝的前明文士汪琬描述士人习好云："南人爱听女儿曲，北人爱唱甘州歌。"[③]所谓"女儿曲"即指悠扬婉转的昆曲。官员的家乐文化在朝廷的默许下逐渐形成一股洪大的文化潮流。

清初，为巩固江山，朝廷施行了一系列宽容政策，其中一个明显标志是，允许满族和汉籍旗官购买奴仆。福格《满汉官员准用家人数目》："康熙二十五年，议准外任官员，除携带兄弟妻子外，汉督、抚准带家人五十人；藩、臬准带四十人；道、府准带三十人；同知准带二十人；通判、州、县准带二十人；州同、县丞以下官员准带十人。妇人亦不得过此，厨役等不在此数。旗员外官，蓄养家人，准照此例倍之。"[④]可知旗籍官员所带家人是汉族官员的两倍。事实上，官员们所带家仆往往远超圣旨所定数目。据《清实录・圣祖仁皇帝实录》卷二百八，康熙四十一年(1702)对上述规定进行重新修订，旗籍总督、巡抚所带家口，不准超过五百名，其司、道以下等官，视汉官所带家口，准加一倍。庞大的家人及奴仆，官员府上的日常娱乐必不可少，尤其是如火如荼的昆曲使得人们如醉如痴，这在客观上刺激了官员对于蓄养家班的兴趣。据上述记载可知，吴兴祚两广总督任

---

① 王应奎：《柳南随笔》卷二，北京：中华书局，1997年，第22页。

② 洪承畴：《经略洪承畴奏对笔记》卷上，上海：广百宋斋，光绪十六年(1890)铅印本。

③ 汪琬：《送北客》一，《汪琬全集笺校》卷六，李圣华笺校，北京：人民文学出版社，2010年，第193页。

④ 福格：《听雨丛谈》卷五，北京：中华书局，1997年，第117页。

上所带家仆(包括妻子儿女兄弟随任家人、奴仆等)亦数百人。而这数百余人的家仆总数除了为总督府作洒扫庭除及后勤服务的佣人外,主要是指助政总督的那些文人才俊。康熙十八年(1679),监察御史罗人琮《敬陈末议奏》疏中说:"今之督抚司道等官,盖造房屋,置买田园,私蓄优人壮丁不下数百,所在皆有,不可胜责。"[①]朝廷允准外官携带大量奴仆的特殊的优惠政策,助长了官员蓄养家乐的社会风气,终至"仕宦之家,僮仆成林"。[②] 在朝廷的宽容下,蓄养家班成为封疆大吏、各地官员的集体嗜好。"吴三桂奢侈无度,后宫之选,殆及千人。公暇,辄幅巾便服,召幕中诸名士宴会。酒酣,三桂压笛,宫人以次高唱入云。旋呼颁赏,则珠玉金帛,堆置满前"。[③] 戍守西南边陲的吴三桂在戏班方面的高昂消费证明了他对于昆曲的痴迷。荆州才子曹叔方,以所编乐府投武昌郡守李如谷,李郡守甚为惊喜,"立取梁州序,亲自度曲,以扇代拍。时隶役百十辈,皆屏息而听,寂若无人"。[④] 终于,至康熙中期,家乐的普及,规模之大,分布之广,成为万历之后的又一高峰。吴兴祚两广总督任上,其能够组建数支家班蓄养四十余伶人也就不足为怪了。

与朝廷的宽容同时并存的另一引人注目的现象是,抗清的残明力量最后多悄然转入岭南,这股力量的主体便是怀抱明节的江南名士,其中多数都是抱才怀艺、雄心勃勃的青春才俊。明亡之际,他们多数人亦不堪忍受亡国的耻辱而遁入佛门留居岭南。当清朝江山定鼎后,这些避难空门的遗民不得不调整自己的行为和思想,适应所遭遇的政治挑战。军事烟火消散后,这些所谓的"佛门弟子"多数脱僧还俗,谋求生存。其中,入幕是这些遗民最钟情的谋生方式:既可保持遗民身份,亦可获得理想的收入开始新的生活。对这些固守前明节操的遗民来说,幕府尤其是坐镇岭南的两广总督府代表了在异乡拥有更好生活的希望。即使有些靠所怀绝艺如行医占卜等谋生的人来说,他们也多与总督、巡抚等高官保持密切来往,其中很大原因即基于经济的考虑。总督吴兴祚出手慷慨,"万金酬士",[⑤]"接交游,海内名士尝聘致署中,暇则诗文觞咏,往往倾箧赠之"。[⑥] 吴兴祚给予这些遗民以极

---

① 余良栋修,刘凤苞纂《桃源县志》卷十三,光绪十八年(1892)刻本。

② 金镇:《条陈光山叛仆详议》,乾隆《光山县志》卷十九。

③ 徐珂编撰:《清稗类钞》第七册"豪侈类",北京:中华书局,1996年,第3266页。

④ 徐珂编撰:《清稗类钞》第七册"豪侈类",北京:中华书局,1996年,第3266页。

⑤ 张秋绍:《喜迁莺·赠吴留村使君》,张秋绍《袖拂词》,见《梁溪词选》,康熙五十一年(1712)刻本。

⑥ 悔堂老人:《越中杂识》卷上"乡贤",杭州:浙江人民出版社,1983年排印本,第90页。

大的包容和经济支持，同时也为他们提供政治的遮护。毛奇龄《西河集》卷一百六十七《饮金十四烺园看草花同姜九廷干吕四洪烈罗大坤吴大棠祯张二锟即事》诗中所及的参与龙山雅集的金烺、姜绮季、吕洪烈、罗坤、吴棠桢、张锟等山阴君子后来全部游幕吴兴祚岭南总督府。无锡王世桢，字础尘，曾入史可法幕府，献计抗清。失败后流落四方，吴总督“约之入粤”，[①]即感于王世桢的人格与操守，特为其提供庇护。当吴兴祚卸总督之任，王世桢继续留居广东，入惠州知府王瑛幕府，最终卒于岭南。这些遗民文士通过幕府参与传统文化的保存与重建。他们多擅长填词谱曲，在岭南的幕府文化环境中，幕府娱乐的需要使得他们获得展示才艺的机会，幕府也为他们的剧本演出提供了自由的舞台。

徐树丕《识小录》（卷四）论江南歌舞之宗云：“四方歌者，皆宗吴门”。所谓“吴门”即泛指昆曲发源地江南，而非确指狭隘意义上的苏州一地。在听曲活动中，人们则非常重视唱腔的质量。为了聆听正宗的昆腔，达官显贵都到江南购买伶人。湖北襄庄王朱厚柯王府“设部乐，习吴歈”，[②]客至，则“命升歌，务尽长夜”。[③] 徽州巨商潘景升置家乐戏班，“朝夕命吴儿度曲佐酒”。[④] 河南侯方域“雅嗜声伎，买童子吴閶，延师教之”。[⑤] 即使与江南文化迥异如西北秦晋，也包容吸纳吴门的歌声。宜兴万树游幕山西，在其族叔万锦雯幕府赏曲。在山西聆听到流落三晋的江南名伶“宫裳”所唱昆曲令万树心旷神怡，于是万树开始创作传奇，由宫裳排演。万树《透碧霄·闻宫裳小史新歌序》：“晋地歌声骇耳，独班名宫裳者解唱吴趋曲，竟协南音，丝竹间发，靡然留听，几忘身在古河东也。因赏其慧，酒余辄谱新声，授令度之。计得，登之红氍毹上，亦能使座中客且笑且啼。”[⑥]在族叔幕府，万树创作了四部传奇，八种小剧，昆曲由此在山西得到推广。相关记载不胜枚举。

---

① 陈恭尹：《王础尘行状》，陈恭尹《独漉堂集》卷十二，《四库禁毁书丛刊　集部》第183册，北京：北京出版社，2000年，第685页。

② 汪道昆：《王子镇国少君传》，汪道昆《太函集》卷二十九，《四库全书存目丛书》“集部”，第117册，第384页。

③ 汪道昆：《王子镇国少君传》，汪道昆《太函集》卷二十九，《四库全书存目丛书》“集部”，第117册，第384页。

④ 袁宏道著，钱伯城笺校《袁宏道集笺校》，上海：上海古籍出版社，2008年，第492页。

⑤ 胡介祉：《侯朝宗公子传》，侯方域《壮悔堂集》卷首，《四部备要》本，上海：中华书局，1921年。

⑥ 万树：《透碧霄·闻宫裳小史新歌序》，《全清词》（顺康卷）第十册“万树”，北京：中华书局，2002年，第5615页。

"自是吴歈多丽情，莲花朵上觅潘卿"。[1] 赏曲听戏，不仅是人们所趋之若鹜的娱乐形式，而且成为人们交流沟通的重要渠道，看戏成为深受社会精英欢迎的社交途径。江南吴儿因演剧唱曲而走向全国，"一郡城之内，衣食于此者，不知几千人"，[2]"苏人鬻身学戏者甚众"。[3] 于是，伴随着官员的踪迹，伴随着商人的旅程，江南昆曲向四方延伸。平西王吴三桂、平南王尚可喜、靖南王耿仲明，都在其王府内组建戏班，吴三桂遣人从江南"采买吴伶之年十五者共四十人"，[4]在昆明组成新的家班，不仅购买江南伶人，连演出所用的道具也一并从江南购买。惠州府博罗张萱（1588—1641），任职苏州时痴迷于昆曲，当他回到博罗后，特意购买江南伶人至其西园演唱昆曲。潘耒《救狂砭语　与长寿院主石濂书》载僧大汕遣人至苏州买优童十二人送往安南（今越南），由此打通了与安南的贸易航线，获利巨万。康熙二十四年（1685），叶燮游幕岭南，翻越大庾岭，顺路拜访南雄知府党仍庵，并在南雄府衙度元夕。知府出家班祝乐，叶燮遂有《元夕仍庵署中席上戏作》，其一："佳节天涯又漫逢，风流太守宴从容。樽前忽奏吴趋曲，贺老琵琶独擅侬。"[5]自注："旧郡伯张君出家伎演剧，皆吴儿，色艺具称冠。"酒席上所奏的是"吴趋"昆曲，而参加演出的"家伎"则"皆吴儿"，即知，这个家班的组建即是源自于所购买的江南伶人。其二："月高犹自滑流莺，花底秦宫黯欲惊。历乱红灯翻翠袖，我从梦里见卢生。"自注："演《邯郸舞灯》。"夜深人静的庭院，流莺般的歌声轻细润滑，伴随彩灯歌舞，所演《邯郸梦》将人们引入似真似幻的世界。其三："曼管繁丝仔细商，小姑约略嫁王昌。侬家旧是苏州住，偏断雄州刺史肠。""曼管繁丝"的忘情歌舞中，歌女在唱词中倾诉了自己的身世，"旧是苏州住"，流落岭南雄州，其伤感的歌喉令刺史大人为之肠断。江南伶人、江南文士迢迢不断地奔赴岭南。

一位江南老伶人"来粤二十余年矣！犹能操吴音"，[6]唱曲代表着对家乡那份不渝的依恋。与伶人南下传播昆曲的情况相比，清初，更多奔赴岭南的则是那些怀才抱德的江南文士，他们所带来的江南文化如潮水般涌入岭南，这是岭

---

① 汤显祖：《戏答宣城梅禹金四绝》，《汤显祖诗文集》卷四，徐朔方笺校，上海：上海古籍出版社，1982年，第1340页。

② 张瀚：《松窗梦语》卷七"风俗记"，上海：上海古籍出版社，1986年，第139页。

③ 范濂：《云间据目钞》卷二"记风俗"，《中华野史　明朝》卷三，沈阳：辽海出版社，2009年，第2474页。

④ 抱阳生：《甲申朝事小纪》卷五"吴三桂始末"，北京：书目文献出版社，1987年，第127页。

⑤ 叶燮：《已畦集》卷四，《四库全书存目丛书　集部》第244册，第307页。

⑥ 绿天：《粤游纪程》"土优"，《广东戏剧史料汇编》（第一辑，内部资料），1963年，第17页。

南文化史上第一次与江南文化的剧烈碰撞。至康熙前期，昆曲已经盛行于珠江两岸，陈子升（1614—1692）《昆腔绝句》："苏州字眼唱昆腔，任是他州总要降。含着幽兰辞未吐，不知香艳发珠江。"[①]上海名士黄之隽游幕肇庆，任广西巡抚陈元龙幕僚。在一次主客宴会上观演昆曲后，黄之隽率然而作《陈大中丞招同王修撰宝传、顾庶常侠君饮谈天阁下观剧，时在肇庆》："惯听妖浮吴语好，不知身是客端州。"[②]为悠扬婉转的曲声所陶醉，浑然忘却自己身在万里之外的南国端州。而在谱写传奇的作者梯队中，入住岭南的江南才俊占主体，岭南文士欧主遇即已观察到这种明显的文化动向，认为"吴、越、江、浙、闽中来入社多名流"。[③] 晚明以来，涌入岭南的吴越江浙福建的大批"名流"加入到岭南的文坛唱和中，而这些"名流"中许多即是传奇作家，他们余暇所谱传奇在岭南舞台上由昆曲戏班演出。尤其是明清鼎革之际，南下岭南的文人志士不堪胜数。除了抗清等政治原因留居岭南的大批人员外，清初进入岭南官员幕府的文人雅士亦源源而来，络绎不绝。"制传奇者，以江浙人居十之七八"，[④]伶人与作家共同打造了清初岭南的曲坛生态与演出盛况。另一方面，为加强对岭南的控制，清廷特派旗籍汉官赴任岭南，这些官员尤其是总督、将军、巡抚等拥有极大的经济特权，为寻求发展繁荣的路径，作镇岭南的官员多从江南招聘幕僚文士。缪天自、周青士、郭皋旭、朱彝尊、查韬荒、钟广汉、沈武功等江南才子都入岭南幕府，彭孙遹、张溶、任埈、陆荣登、林之枚、王澐、萧士浚、屈修、从克敬、黄辉斗、陈玉、沈风、黄承瓒、刘锡龄等江南才子亦先后南下，入幕佐政，幕府中与岭南文士梁佩兰、陈恭尹、屈大均等同持文柄，相聚总督府，共辑《广东通志》。幕府余暇，这些吴越才俊除了赋诗填词外，都擅长谱曲，"幕内多才，新乐府、铙歌齐奏"。[⑤] "明末清初，在昆剧创作方面，有两广的具有地域性质的流派，一是苏州派，一为越中派"。[⑥] 在岭南文坛上，从来没有如清初这个特定历史时期，江南文人如此步履匆匆地奔走在江南与岭南的山程水驿上。总督的财政特权为这些奔走的文

---

① 陈子升：《昆腔绝句四首》二，《中洲草堂遗集》卷十七，香港何氏至乐楼 1977 年影印《粤十三家集》本，第 7 页。

② 黄之隽：《㾕堂集》卷四十三，《四库全书存目丛书　集部》第 271 册，第 646 页。

③ 欧主遇：《自耕轩集・忆南园八子》。欧主遇，字嘉可，号壶公，广东顺德人，明天启七年（1627）副贡，颇有诗名。著《自耕轩集》《西游草》《北游草》《醉吟草》等。

④ 王国维：《录曲余谈》，《王国维戏曲论文集》，北京：中国戏剧出版社，1957 年，第 226 页。

⑤ 屈大均：《宝鼎现・寿制府大司马吴公》，陈永正主编《屈大均诗词编年笺校》卷十三，广州：中山大学出版社，2000 年，第 1278 页。

⑥ 王宁：《昆曲与明清乐伎》，沈阳：春风文艺出版社，2005 年，第 84 页。

人提供了必须的资金支持，同时也可以说，正是总督府的经济诱惑而非仅仅是文化的理念使得此际的大批文士纷纷南下。

需要说明的是，历史上岭南文学的真正崛起始于清初。吴兴祚八年两广总督所倡导的戏曲活动是岭南文化变化的转折点：它以行政和文化的力量改变了一种文化，推动了江南文化与岭南文化的交融，尽管这是吴兴祚及当时所有文化的参与者所未曾预料的。汪辟疆论岭南诗曰："岭南诗派，肇自曲江。昌黎、东坡，以流人习处是邦，流风余韵，久播岭表。宋元以后，沾溉靡穷。迄于明清，邝露、陈恭尹、屈大均、梁佩兰、黎遂球诸家，先后继起，沈雄清丽，蔚为正声。"[①]所言即岭南文学肇始于张九龄、韩愈、苏轼，他们都是高官大臣流寓岭南，天赋才情与环境的天壤之别使得他们留下了大量的岭南诗作，但是他们的到来并未能引起岭南文坛的变化，也没有培育岭南文坛的成长。他们的创作成为岭南文学史的孤鸿落雁。岭南文坛的真正崛起始于明清。在汪辟疆的名单中，邝露、黎遂球皆作为晚明岭南文坛代表，其声望远不及岭南三大家：陈恭尹、屈大均、梁佩兰。而三大家的扬名则直接得益于与江南文人的交往，所以汪辟疆亦云："(清初)岭表诗人，与中原通气矣"，[②]其中重要的机缘即是吴兴祚的到来，他的总督府提供了文化交流融合的平台。吴兴祚幕府的存在，证明了岭南文坛从此不再是蛮烟瘴雨中的几个贬谪官员的哀叹呻吟，而是逐渐抗衡中原的文坛主力。直到近代，岭南文坛引领了中国文坛的发展走势。而回归到曲坛，如果说晚明时期，岭南的昆曲尚属个别商人和官员的私人爱好，昆曲文化在岭南的传播尚属偶然和迟缓，那么，清初，由于吴总督的倡导，昆曲已如水银泻地般融入岭南的文化生活中。

明代天启初年到清康熙初年是昆曲的全盛时期，两广总督吴兴祚无意中碰触到这个文化发展的机遇，前明政权留给他丰富的文化资源——文坛上的精英，他不失时机地将这些精英文士灵活地招纳到幕府中，使得两广总督府在清初独特的文化生态中享有巨大的人才优势，他不但调整了清初文化生态的边界，而且主导了清初岭南文坛的发展趋势，并进而创造了清代岭南文化最初的繁荣。昆曲作为解读清代文化的一扇窗口，它从文化上把江南与岭南关联起来并向外延展，到达京师，遍及中国。

---

① 汪辟疆：《汪辟疆说近代诗》，上海：上海古籍出版社，2001年，第39页。
② 汪辟疆：《汪辟疆说近代诗》，上海：上海古籍出版社，2001年，第39页。

吴兴祚是推动清初昆曲全盛的重要人物，其在江南至岭南所组建的幕府保存了清代昆曲发展生态的清晰记忆。更重要的是，它是明清文化血脉相连的标志，它证明了文化所拥有的稳固性，暴力、政权更迭的背后仍有不曾间断的文化力量。

吴兴祚幕府揭开了清初曲坛的序幕，作为清初最具有文化内涵的政治军事幕府，他参与了清初的政治军事事件，但作为一个幕府，真正能够使其于史留名的却是其文化成就。吴兴祚于清初文坛，执“鸡坛牛耳”，[①]其幕府直接促动了岭南戏曲文化走向繁荣，许多剧目反复搬演，广为传播，并一直绵延至今。“至清初，昆腔戏班更多在广州出现”。[②] 如果说由于特殊的政治背景，岭南塑造了清初特定的历史，那么，吴兴祚幕府则演绎了清初的文坛生态：经济和文化在清初几十年仍然继续向多元和包容的方向进展。同时，透过吴兴祚幕府，我们看到了一个新王朝崛起的蓬勃动力，它所承载的文化内涵成为衡量一个新王朝生命活力的标志。戏曲同诗词文一起，重新建构了新王朝的文坛景观。从此，岭南文学作为一支强大的阵营真正融入到中国文学史的进程中。

① 张秋绍：《喜迁莺·赠吴留村使君》，张秋绍《袖拂词》，见《梁溪词选》，康熙五十一年（1712）刻本。

② 冼玉清：《清代六省戏班在广东》，《中山大学学报》，1963年，第3期，第110页。

基于数据库的中日韩传统汉文字典的整理与研究

王　平

二十世纪中国学术得到了举世瞩目的发展，究其原因是学者在学术研究中获得了新材料、新视野和新方法。陈寅恪在《王静安先生遗书序》中说："一曰取地下之实物与纸上之遗文互相释证，二曰取异族之故书与吾国之旧籍互相补正，三曰取外来之观念与固有之材料互相参证"。所以，材料、视野、方法，可以说是学术研究获得全面深入发展之金科玉律。[①]

中国古代的字典伴随着汉字、汉文化的发展，传播到了东亚各国。这些被移植的汉字字典，在古代东亚各国，经历了跨越、融合、传承、变异等历程，形成了东亚文化圈传统汉文字典[②]之万象。东亚各国的传世字典文献，在今天尚处于比较尴尬的地位：它既不是本国研究者研究的范围，又不是传统汉学的研究对象。但基于这些资料的文字和文化背景，对它们进行整理和研究，应该是各国汉学者的责任，也是中国汉字研究者的责任。

汉字字典始于中国，其主流在中国，要研究汉字的传播，离不开对这些传统汉文字典的研究。通过对东亚文化圈传统汉文字典的研究，可以了解汉字和汉文化传播的时间、层次、国别、规律、特点、方向；可以了解支流文化对主流文化的回馈，从而形成科学的汉字传播史。把东亚各国传统汉文字典作为一个系统，进行定性、定量的测查和研究，是建立科学东亚汉字发展史的基础。测查的国别、层面越多，汉字史的研究就越准确、越科学。所以，整合研究东亚文化圈历史汉字字典资源，拓展其使用功能和应用范围，既是汉字传播史研究的重要

---

① 张伯伟：《域外汉籍研究》，上海：复旦大学出版社，2012年，第17－18页。

② 东亚文化圈传统汉文字典包括古代流传到东亚各国的中国字典和东亚各国参照中国字典编撰的汉字字典，本文所指为后者。

课题,也是东亚汉字发展史研究的重要课题。

一、中日韩传统汉文字典及其数据库

(一)中日韩传统汉文字典

"字典"是中国和东亚文化圈独有的术语,西方没有"字典"(character dictionary)这一概念。字典发源于中国,自清代《康熙字典》问世之前,中国称字典为"字书"。作为解释文字之泛称,"字书"始见于魏晋南北朝时期。中国第一部有系统的字书,是东汉许慎的《说文解字》(以下简称《说文》)。该书是中国第一部系统地分析字形和考究字源的字书,也是世界上最古老的一部字书。《说文》首创部首编排法,对字义、字形、字音进行全面诠释,为后世字书的发展奠定了基础。其后仿照《说文》编撰并传至现在的古代字书很多。

"中日韩传统汉文字典"是指古代中国、日本、韩国的学者用汉字编写的、解释汉字形音义的工具书。这些工具书刊刻流传至今,为别于"出土",我们称之为"传世"。前辈对各国某一种材料的研究或卓有成果,但把中日韩传统汉文字典作为一个系统,进行全面整理和研究的成果,寥寥无几。尤其是将日韩古代经典汉字字典,诸如《篆隶万象名义》(日)、《新撰字镜》(日)、《全韵玉篇》(韩)、《字类注释》(韩)等,与中国古代经典字典,诸如《说文》、《宋本玉篇》、《康熙字典》等,建立联合检索系统,进行对比研究,更是前所未有。

(二)中日韩传统汉文字典数据库

中日韩传统汉文字典数据库[①]是一个集数据贮存和信息检索于一体的专家数据库,该数据库存储了中日韩古代刊刻流传至今的八种字典。该数据库为汉字传播史、东亚汉字发展史的研究,为东亚共同用《中日韩汉字大字典》的编纂,提供了一个便于检索、查询的工作平台。

本文以中日韩传统汉文字典数据库为例,介绍了中日韩传统汉文字典数据库的文献内容和信息分类原则,旨在规范东亚各国传世字典数据库的建设,达到最大限度地共享汉字资源。本文阐述的基于数据库的东亚视野下的汉字学研究方法,旨在为汉字传播史、东亚汉字发展史的编写抛砖引玉。本文设计的类检和通检字典模板,旨在为东亚共同用汉字工具书的编撰提供参考。

---

① 中日韩传统汉文字典数据库由王平设计并主持开发。

二、中日韩传统汉文字典数据库文献版本信息

要建立优质的字典数据库，首先要对所取字典文献进行善本鉴别和选择。这个鉴别和选择的过程是数据库信息组织的过程。中日韩传统汉文字典数据库信息内容包括以下。

(一) 中国古代经典字典三种

1.《说文》

《说文》是目前中国现存的第一部篆书字典。宋太宗雍熙(984—987)初，徐铉受诏与句中正、葛湍、王维恭等同校许慎《说文》，校定本完成于宋太宗雍熙三年(986)十一月，太宗当即命令国子监雕为印版，这就是目前流传最广的《说文》大徐本。本数据库依据的版本是中华书局 1963 年出版的的清代孙星衍刻本《说文》影印本，属于《说文》大徐本文献系统。《说文》小篆字库依据的字形是北宋校本《说文》真本汲古阁藏版。

2.《宋本玉篇》

《宋本玉篇》(以下简称《玉篇》)是目前中国现存的第一部楷书字典。宋真宗大中祥符六年(1013)陈彭年等又奉诏重修《玉篇》，据以重修的是孙强本，这就是流传至今的《玉篇》。该数据库研制依据的《玉篇》版本，是中国书店 1983 年影印张氏泽存堂本。

3.《康熙字典》

《康熙字典》(以下简称《康熙》)是中国第一部以字典命名的工具书。清代由张玉书(1642—1711)、陈廷敬(1638—1712)等三十多位著名学者奉康熙圣旨编撰而成。《康熙》是中国古代字典的集大成者。《康熙》吸收了中国历代字书编纂的经验，全书共分为十二集，从子集到亥集，每集又分为上、中、下三卷，采用二百一十四个部首，统摄了四万七千零三十五个字。该数据库依据的底本是清道光王引之订正本《康熙》，参考上海辞书出版社《康熙》标点整理本。

(二) 日本古代经典字典二种

1.《篆隶万象名义》

《篆隶万象名义》(以下简称《名义》)是日本沙门大僧都空海(774—835)在南梁顾野王《玉篇》的基础上添篆简注编纂成的一部字典。传世本《名义》为日本山城国高山寺所藏鸟羽永久二年(1114)之传写本，相当于中国宋朝末年所抄写的本子。该数据库依据的版本是中华书局 1987 出版的日本高山寺所藏古写

本《名义》影印本。

2.《新撰字镜》

《新撰字镜》(以下简称《字镜》)由日本僧人昌住于898—901年间完成此书。该书保存了丰富的中国古代字书的信息。目前所见《字镜》版本有两种:一是,天治本(1124),由法隆寺僧人抄写而成。一是享和本(1803)。该数据库依据的版本是京都大学编《字镜》(增订版),该版本收入了享和本以及群书类所存版本中的异文。

(三)韩国古代经典字典三种

1.《第五游》

沈有镇(1723—?)之《第五游》,是目前韩国仅存的一部研究汉字字源的专著。根据河永三于2011年的研究,该书成书于1792年之前。《第五游》书名来自"书居六艺之五,夫子有游艺之训","第五游,游于艺之义,书于六艺,居其第五也。"《第五游》虽然是一部手写本的未完成稿,但其对汉字字源的解释,反映了韩国朝鲜时代学者解读汉字的思维模式,凸显了汉字在韩国使用的特点。该数据库依据的版本是韩国国立中央图书馆藏本(古朝-41-73,登录番号16991)。

2.《全韵玉篇》

《全韵玉篇》(以下简称《全韵》),作者未详,根据郑卿一研究,大约成书于1796年。《全韵》是目前韩国保存的第一部从韵书的附列中独立出来的汉字字典。自《全韵》之后,韩国字典编纂发生了重大变化:一是字典从韵书中分列;二是"玉篇"成为汉字字典的代名词。在韩国自编字典史上,《全韵》以其成熟的编排体例、简洁概括的训释语言对韩国后代汉文字典的编纂起了典范作用。该数据库依据的版本是己卯新刊《全韵玉篇》春坊藏板,该版本由韩国学民文化社1998年影印出版。

3.《字类注释》

郑允容(1792—1865)之《字类注释》(以下简称《字类》)是韩国现存最早的一部按照意义归类,且收字最多、训释内容最丰富的字典。据研究,该书大约成书于1856年。《字类》收字凡10965,编者用韩汉双语对所收字进行了形、音、义等方面的解释,其中用汉语分析汉字形音义尤为细致。该数据库依据的版本是觅南本,该版本由韩国建国大学校1974年影印出版。

中日韩传统汉文字典数据库对以上文献进行整理的内容包括:依据善本制

作电子文本；对原文献标注新式标点；标注汉语读音、考订韩国训读、日本和训、考定楷字（日本的两种字典皆为手抄本，必须原文献进行楷定）等。

三、中日韩传统汉文字典数据库信息分类

（一）信息分类

信息分类就是按照信息的性质、特点、用途等作为区分的标准，将符合同一标准的事物进行类聚的一种手段。分类是科学研究的基础。中日韩汉传统汉文字典数据库的开发目的是为文字学研究者提供便于检索查询的专业平台。该平台的开发，以汉字学信息为需求，以汉字学专业知识为检索目标，满足汉字学研究者和学习者的需求。

（二）中日韩传统汉文字典数据库信息分类原则

中日韩传统汉文字典数据库遵循自然性、科学性、实用性的原则。自然性原则表现在尽量使用原文献中的自然语言为类聚标准。科学性原则是根据分类对象的特点和用户需求，结合一定的技术环境建立中日韩汉传世字典信息库。从用户需求来看，字典数据库使用对象主要是语言文字研究者，从技术环境来看，数据库信息分类体系应充分利用计算机操作环境与超文本技术，在体系构建、类目设置等方面发展传统分类法的特色。建构字典数据库知识分类体系的编制方法，构成枝干分明的主题树或脉络清晰的知识点，实现分类主题一体化，可谓实用性原则的体现。

（三）字典数据库信息分类举例

建立中日韩汉古代字典数据库包括信息存储处理和检索模块设计两大过程。信息存储处理通过对原文献信息进行介质转换和信息分类，形成文献信息的类聚特征标识，为检索提供有规律的途径。信息检索则是按照分类表及组配原则设计出检索模块，按照存储所提供的检索途径查获与检索模块相符合信息。由此可见，无论是存储还是检索，对原文献的信息分类至关重要，举例如下。

1.《说文》数据库信息分类

（1）字形类。

① 结构类型：

象形、指事、会意、形声。

② 重文类型：

古文、籀文、奇字、篆文、或体、俗字、今文等。

(2) 字音类。

许慎:直音、读若、音某、读如某同、又音;徐铉反切;徐锴注音。

(3) 字义类。

许慎释义;歧说义;徐铉注释;徐锴注释。

2.《玉篇》数据库信息分类

(1) 异体字类。

古文、籀文、篆文、同上、或作、俗作、本作、今作、正作等。

(2) 字音类。

反切、直音、又音等。

(3) 字义类。

本义、引申义、歧说义等。

3.《字镜》数据库信息分类

(1) 异体字类。

古文、籀文、同上、或作、今作、亦作、俗作、本作、通作等。

(2) 字音。

反切、又音、日音等。

(3) 字义。

汉字释义、和训等。

4.《全韵》数据库信息分类

(1) 异体字类。

古文、籀文、同上、或作、今作、亦作、俗作、本作、通作等。

(2) 字音。

汉音、又音、韩音等。

(3) 字义。

汉字释义、训读等。

四、中日韩传统汉文字典数据库信息检索

(一) 单库检索

中日韩汉古代字典数据库所包括的八种字典,实际上每一种字典都是一个单独的数据库。以《说文》为例。《说文》数据库包括"字头、部首、拼音、反切、字

形、字音、引书、歧说、谐声、其它检索、全文检索”十一个检索模块。在《说文》部首检索中，用户可以通过部首名称与部首笔画实现信息检索。在《说文》拼音检索中，用户可以通过输入字头的拼音实现检索。在楷书字头检索中，用户可以通过输入字头实现检索。在《说文》反切检索，用户中可以通过输入反切字、反切上字或反切下字实现检索，该检索模块还可以实现对反切上字或反切下字或者是同一反切用字的使用频率统计。

（二）联合检索

中日韩汉古代字典数据库所包括的八种字典可以在同一界面下显示联合检索信息。这一联合检索，第一次把中日韩古代八部具有代表意义的字典，置于同一个系统中，并实现了联合检索和查询。这样一来，用户只需要选择或输入查询条件，便能迅速获得某一汉字或某一类汉字在不同国家、不同时代、不同字书中有关形、音、义发展变化的全部信息。毫无疑问，这样一个方便实用的工作平台，无论是对汉字本体研究还是对东亚文化圈的汉字使用和发展研究都具有重要的意义。

五、基于数据库的中日韩传统汉文字典研究举例

数据库把纸质文献转换成电子文献，载体介质的革命将文献由静态变为动态，提高了文献的利用效率。字典数据库通过对字典的信息项、信息结构、信息存储、信息检索的处理和设计，建立文献中各个元素的动态筛选和查询平台，从而为专业研究提供科学的数据支持。

（一）独立字典数据库的类聚功能及运用

1. 独立字典数据库文本输出——分类检索字典

将中日韩传统汉文字典单库通过 Microsoft office 工具发布，可以得到每个单库的分类检索文本。也就是说，每个中日韩传统汉文字典单库，都可以输出一部完整的分类检索字典。“类检”字典与一般字典的最大不同在于：前者将相关数据和信息类聚在一起，为研究者提供了类型比较研究的数据和资料平台。汉字的国别类型比较研究，在汉字传播研究和东亚各国汉字使用的研究中，尤为重要。汉字传至日韩后，由于背景不同，汉字在日韩两国有着不尽相同的发展道路。汉字的形音义在日韩如何发展、如何演进、如何取舍等等，这些都属于东亚汉字发展史的研究范畴。日韩作为东亚汉字所属国的主要成员之一，汉字在日韩的使用状况、发展进程理应成为东亚汉字研究的一大“热土”。对中

日韩传统汉文字典中汉字信息的类型比较研究，是对东亚汉字研究的拓展以及加深。类型的对比研究直接涉及东亚汉字的主体，其内容可以为域外汉字研究提供可丰富的参考材料。以《玉篇》为例，《〈玉篇〉类检》字典的内容包括以下：

字音（反切、直音、又音）；

字义（本义、引申义、假借义）；

字形（古文、籀文、篆文、俗字、今文、今作、今为、本作、本亦作、亦作、本或作、或作、或为、正作、同上）。

中日韩传统汉文字典可以依此为模板，形成不同的类检字典。例如：《〈名义〉类检》《〈字镜〉类检》《〈全韵〉类检》《〈字类〉类检》等。

2. 基于类检字典的类型比较研究举例

中日韩每部传统汉文字典都是一个系统。这个系统不仅类聚了历时与共时层面的汉字信息，还记载了汉字的传播和使用的诸多信息。基于数据库的类聚功能，将其进行比较研究，所得数据和结论，对于编写汉传播史和东亚汉字发展史的贡献不可忽视。比如，对中日韩传统汉文字典中所收俗字类型的比较研究。俗字是汉字发展的一大特点。俗字伴随着汉字的产生而产生，伴随着汉字的发展而发展，伴随着汉字的传播而传播。根据笔者的调查，《说文》《玉篇》《康熙》《名义》《字镜》《第五游》《全韵》《字类》等字典中，都收录了俗字。中日韩传统汉文字典中所收俗字，数量不等，来源不一，字形有异，用法有别。对这些俗字进行统计、归类、考源、对比、分析等研究，无论是对汉字的国别使用研究，还是对汉字在东亚的传承变异研究，都具有重要意义。以中日韩字典所收俗字为基础，再进行同类文献和出土文献的补充，可以编写一部《中日韩俗字字典》或《中日韩俗字谱》。

（二）联合字典数据库的信息对比及研究

根源于中国字典而富于日韩语言文化特点的日韩传世字典，包含着丰富的信息。将这些信息进行系统的比较，将有利地推动汉字本体研究。汉字文化圈具有共同的文字元素，然而又各有差异。汉字在中日韩的发展道路不尽相同，那么具体差异又是如何？总结出有利于促进汉字文化圈所用汉字的共同特点，为汉字文化圈的汉字规范提供材料。

1. 联合检索数据库文本输出——联合检索字典

依托数字化手段，将中日韩古代八种经典字书校勘研究整理的成果呈现为一部超大信息量、高水平、高质量的汉字形音义速检工具书《中日韩八种传统汉文字典通检》。查一字，可得中日韩三国古代字书所记汉字形音义全部信息。《通检》首先将中国《说文》《玉篇》《康熙》辑于一体，据此汉字形音义历时发展一目了然。将日韩经典字书列于其中，汉字形音义传播脉络清晰可见。名为《通检》，实为汉字在东亚的传播史、使用史。不仅如此，《通检》还将为东亚文化圈的汉字、语言、文化、经济等方面的研究提供丰富的资料支持。

2. 基于通检字典的字单位信息对比研究

宏观汉字研究建立在微观汉字研究基础之上。因而，在东亚汉字研究的步骤上，应该从微观起步，逐步积累材料，总结规律，然后再上升到宏观的研究。将每一个汉字按照年代和国别排列，对比单个汉字在中日韩的发展使用的信息，是东亚汉字研究的微观起步。以"笑"字为例。

《说文》新附：笑，此字本阙。臣铉等案：孙愐《唐韵》引《说文》云："喜也。从竹从犬。"而不述其义。今俗皆从犬。又案：李阳冰刊定《说文》从竹从夭，义云：竹得风，其体夭屈如人之笑。未知其审。

《宋本玉篇》：笑，私召切。喜也。亦作咲。㗛，思曜切。俗笑字。

《康熙字典》：〔古文〕咲关。《广韵》私妙切《集韵》《韵会》仙妙切《正韵》苏吊切，丛音肖。《广韵》欣也，喜也。《增韵》喜而解颜启齿也。又嗤也，哂也。《易·萃卦》一握为笑。《诗·邶风》顾我则笑。《毛传》侮之也。《礼·曲礼》父母有疾，笑不至矧。《注》齿本曰矧，大笑则见。《左传·哀二十年》吴王曰：溺人必笑。《论语》夫子莞尔而笑。《注》小笑貌。又兽名。《广东新语》人熊，一名山笑。又《韵补》思邀切。《诗·大雅》勿以为笑，叶上嚣、下荛。《淮南子·汜论训》不杀黄口，不获二毛，于古为义，于今为笑。《古逸诗·赵童谣》赵为号，秦为笑。以为不信，视地上生毛。又入宥韵，音秀。《江总诗》玉脸含啼还自笑，若使琴心一曲奏。或作咲。《前汉·扬雄传》樵夫咲之。亦省作关。《前汉·薛宣传》一关相乐。

《万象名义》：笑，先召反。喜也。笑也。

《新撰字镜》：笑，先召反。咲字。

《新撰字镜》：㗛咲，二字同。秘妙于交二反，平，喜也，谑也。

《全韵玉篇》：笑，쇼，欣也，喜而解颜启齿。啸。

《字类注释》：笑，우숨쇼咲仝。喜而解颜，启齿。

《第五游》：咲，解颜。亦作笑。曾见嫩竹夭夭，恍如笑容，始知作字之义。从竹。夭音，兼意。省作绲加口作咲。

关于“笑”字的构形理据历来众说不一。《说文》大徐本:“臣铉等案:孙愐《唐韵》引《说文》云:喜也。从竹从犬。而不述其义。今俗皆从犬。又案:李阳冰刊定《说文》从竹从夭,义云:竹得风,其体夭屈如人之笑。未知其审。”《九经字样·竹部》:以笑为正,以笶为非:“喜也,上案《字统》注曰:从竹从夭,竹为乐器,君子乐,然后笑。下经典相承,字义本非从犬,笑、宾、莫、盖、竿、鹿、鼎、棣等八字,旧字样已出,注解不同此,乃重见。

许多学者对以上说解存疑。伴随着出土文献的不断公布,学者们利用出土文献订正了大徐《说文》注释中的一些错误。

就目前我们所见的出土材料看,“笑”字最早出现在战国文字中。(《郭店楚墓竹简·老子乙》)、(《郭店楚墓竹简·性自命出》)、(上海博物馆藏《战国楚竹书》三《周易》)。以上三个“笑”字,尽管写法略有不同,但所用构件已经非常清楚,都是从草从犬,上下结构。上海博物馆藏《战国楚竹书》五册《竞建内之》,使用了一个右兆左犬的“笑”字。较之上艸下犬的“笑”字,此字从犬不变,以“兆”符换“艸”符,而“兆”“艸”“笑”音近,据此可以断定,楚简中的两个“笑”均为形声字,“艸”“兆”都是声符,而不变的“犬”则是义符。“笑”字的字形传承与变化还可以从以下实物文字中找到轨迹。(马王堆汉墓帛书·老子乙本178)、(马王堆汉墓帛书·老子乙本前125上)、(银雀山汉简·孙子兵法126)。西汉出土文字中的“笑”字,传承战国“笑”字之构形,以从艸从犬者多见。咲(北魏元尚之墓志)、笑(北魏元子正墓志)、咲(东魏元睟墓志)、咲(北齐窦泰墓志),魏晋石刻中出现了从口从关之“笑”字,此字形为《玉篇》所本。北齐高湝墓志中有,“笑”字从口从竹从夭,此字未见于《玉篇》《康熙》,也未见于《干禄字书》和《九经字样》,但为日本《字镜》所收。(隋高紧墓志)“笑”字从口从竹从犬,《玉篇》有此字形。唐开元二十二年《王慎疑妻张氏墓志》作咲,此为传承魏晋字形,中日韩传世字典中皆有收录。唐大中八年《沈师黄墓志》作笑,该字形中日传世字典中皆有收录。

把“笑”置于中国文字发展变化的序列中,我们可以看到:“笑”字最早见于战国时期。“笑”字构形当从犬艸声,而非从竹从夭。至西汉,从犬艸声的“笑”字一直被传承。“笑”构件的讹变,大致发生在魏晋时期。“艸”符与“竹”符义类相近混用,而“夭”与“犬”符因字形相类而讹变。北魏以后,“笑”字有从口从□,或从竹从夭,或从竹从关、从竹从犬等多种写法,反映了魏晋时期楷字的不定性。根据以上,我们可把“笑”的字形演变轨迹作如下描述:笑字本当从犬艸声,而艸作为声符，后世艸混同为竹，字形虽然近似，但却失去了表音的理据，而本为义符的“犬”，因其古文字字形近似于“夭”，而“夭”又恰恰与“笑”音近，于是讹变为“夭”。由此，“笑”字的构形理据似乎明了许多。

把“笑”置于东亚汉传统汉文字典系统中，我们可以看到：中日韩传世字典中的“笑”之异体字有以下诸形。

中国：笑、关、笶、㗛、咲。
日本：笑、笶、唉、咲。
韩国：笑、咲。

以上诸“笑”字，因构件不同形成异体。就上下构形的“笑”来看，“⺮”符的不同在于：或从“竹”“人”。“夭”系构件的不同在于：或从“夭”、“犬”。左右构形的“笑”字，或于“笑”字上增加意符号“口”，产生新的形声字“㗛”。其中，“口”符提示“笑”与“口”部动作有关，“笑”作声符。左右结构的“咲”字中，声符由“笑”换做“关”或“笶”。日本字典中所存“笑”字字形比较丰富，这些字形可与中国中古实物文献中所存“笑”之字形相互印证。《字镜》所收“㗛”，未见于我们所收中韩字典中，可为中韩字典收字之补充。韩国字典《第五游》中对“笑”字的释义，受大徐《说文》影响明显。而《全韵》和《字类》两字典中对“笑”字的释义则受《康熙》影响比较明显。《全韵》和《字类》两字典中所注“笑”字古音为“쇼”，今音为“소”，可为“笑”字从艸得声提供证据。

六、结语

“汉字传播问题是一个复杂的问题，第一，要整理出传播的路线和时间，即传播的地理走向和传播的历史时间。第二，要弄清传播的状态，该民族如何使用汉字和使用的范围。第三，民族文字的创制，弄清民族文字的蓝本是什么，是一元的还是二元的，或者多元的踏实的研究。”[①]日韩传世字典，再现了汉字在东亚传播过程中的使用情况，这些材料，为历时汉字研究提供了丰富的原始材料，对研究中古时期的汉字的使用传播情况、揭示其中的用字规律具有重要的意义和价值。汉字在东亚的传播研究至今尚未引起汉字学者的高度重视。东

① 陆锡兴：《汉字传播史前言》，北京：语文出版社，2002年。

亚汉字发展史的研究，至今依然是一篇空白。伴随着对东亚各国、各历史时代所编撰和使用的汉字字典文献的整合和研究，一部科学的东亚汉字发展史的完成，应该是指日可待。同时，面向中文信息处理的汉字研究，无论是汉字信息处理的基础研究，还是汉字识别研究，都离不开对东亚各国历史汉字的整合与研究。因此，中日韩传统汉文字典的整理和研究，必将使汉字文化圈面向中文信息处理的汉字研究取得更大的进展。

《文心雕龙》视角下的字象与诗象[①]

张玉梅

一、文字　言语　文章　象

《文心雕龙》是重要的古代文论著作，它主要讨论文学创作问题。一般来说，大家将该书50个篇章分为4个重要方面：从《原道》到《辨骚》的5篇是全书纲领，尤其《原道》《徵圣》《宗经》三篇，认为一切要本之于道，稽诸于圣，宗之于经。从《明诗》到《书记》的20篇，对各种文体源流及作家、作品进行研究和评价。从《神思》到《物色》的20篇是创作论。《时序》《才略》《知音》《程器》这4篇主要是文学史论和批评鉴赏论。以上49篇以外，最后一篇说明该书的写作动机、态度、原则等。

基于其总体的文学创作论，本论文拟探讨《文心雕龙》中跟文字有关的内容，确切地说，是从该书的语言文字观和“象”的角度切入，讨论“字象”与“诗象”问题，从而别开一个从《文心雕龙》视角考察文字与诗歌关联性的新视域。

（一）言语之体貌、文章之宅宇

《文心雕龙·练字》篇专门讨论了文字问题，表达了作者对文字、语言、文章之间的关系的观点：斯乃言语之体貌，而文章之宅宇也。

夫文爻象列而结绳移，鸟迹明而书契作，斯乃言语之体貌，而文章之宅宇也。苍颉造之，鬼哭粟飞；黄帝用之，官治民察。先王声教，书必同文，輶轩之使，纪言殊俗，所以一字体，总异音。《周礼》保氏，掌教六书。秦灭旧章，以吏为

① 本文所引《文心雕龙》原文，均出自钟子翱、黄安祯《刘勰论写作之道》，北京：长征出版社，1984年版，行文中不再一一标注。

师。及李斯删籀而秦篆兴，程邈造隶而古文废。汉初草律，明著厥法：太史学童，教试六体；又吏民上书，字谬辄劾。是以马字缺画，而石建惧死，虽云性慎，亦时重文也。至孝武之世，则相如撰篇。及宣平二帝，征集小学，张敞以正读传业，扬雄以奇字纂训，并贯练《雅》颂《颉》，总阅音义，鸿笔之徒，莫不洞晓。且多赋京苑，假借形声。是以前汉小学，率多玮字，非独制异，乃共晓难也。暨乎后汉，小学转疏，复文隐训，臧否亦半。及魏代缀藻，则字有常检，追观汉作，翻成阻奥。故陈思称："扬马之作，趣幽旨深，读者非师传不能析其辞，非博学不能综其理。"岂直才悬，抑亦字隐。自晋来用字，率从简易，时并习易，人谁取难？今一字诡异，则群句震惊；三人弗识，则将成字妖矣。《文心雕龙》的这篇《练字》章，将文字由结绳开始的产生和演变过程，以及截止到当时的各个朝代的用字情况做了概述，可见刘勰对与写作密切相关的文字的重视。"言语之体貌，而文章之宅宇也"，文字是语言的外现，是文章的载体和家园，这样概括语言与文字的关系，既符合科学的语言观，又生动形象。本段结尾的观点尤其可取：后世所同晓者，虽难斯易；时所共废，虽易斯难，趣舍之间，不可不察。刘勰否定那种用字尚奇取难的现象，提倡用字的与时俱进：后代人都用的字，就算是难的也觉得容易；当时都废弃不用的字，虽然容易也觉得难。如何取舍，不可不加以考察。

夫《尔雅》者，孔徒之所纂，而《诗》、《书》之襟带也；《仓颉》者，李斯之所辑，而史籀之遗体也。《雅》以渊源诂训，《颉》以苑囿奇文，异体相资，如左右肩股，该旧而知新，亦可以属文。若夫义训古今，兴废殊用，字形单复，妍媸异体。心既托声于言，言亦寄形于字，讽诵则绩在宫商，临文则能归字形矣。这里，刘勰论述了字义与字形的问题，很有见地：字义古今有不同，通行与废弃，各有用途。字形有简单复杂，美丑异体。心声既然要由语言来表达，语言又诉诸于文字，文章读来动听，功在声律和谐，写来美观，则在于字形布局。是以缀字属篇，必须拣择：一避诡异，二省联边，三权重出，四调单复。诡异者，字体瑰怪者也。曹摅诗称："岂不愿斯游，褊心恶凶呶。"两字诡异，大疵美篇。况乃过此，其可观乎！联边者，半字同文者也。状貌山川，古今咸用，施于常文，则龃龉为瑕，如不获免，可至三接，三接之外，其字林乎！重出者，同字相犯者也。《诗》《骚》适会，而近世忌同，若两字俱要，则宁在相犯。故善为文者，富于万篇，贫于一字，一字非少，相避为难也。单复者，字形肥瘠者也。瘠字累句，则纤疏而行劣；肥字积文，则黯黕而篇暗。善酌字者，参伍单复，磊落如珠矣。凡此四条，虽文不必有，而体例不无。若值而莫悟，则非精解。——刘勰这里说的，"诡异"一条，可能跟用字者心理尚奇有关。“重出”一条,可能也有用字者词汇贫乏与否的问题。总四条全貌,说的主要是书写出来的篇章文字的美观问题。这已经不是创作本体的问题了,而是形式审美的概念了:忌用诡异的字;不要连用偏旁相同的字;重复用字要慎重;字形的简单或复杂要调配。总而言之,刘勰所规范出来的是这样一种字象效果:用通行而不诡异的字,连写的字形最好偏旁不一样,重复的用字要讲究,笔画简单与繁复要均匀分布,总之,篇章整体应易读流畅,美观匀称。

至于经典隐暧,方册纷纶,简蠹帛裂,三写易字,或以音讹,或以文变。子思弟子,“于穆不似”,音讹之异也。晋之史记,“三豕渡河”,文变之谬也。《尚书大传》有“别风淮雨”,《帝王世纪》云“列风淫雨”。“别”、“列”、“淮”、“淫”,字似潜移。“淫”、“列”义当而不奇,“淮”、“别”理乖而新异。傅毅制诔,已用“淮雨”;元长作序,亦用“别风”,固知爱奇之心,古今一也。史之阙文,圣人所慎,若依义弃奇,则可与正文字矣。——文字的演变,有形体讹变,有字音的讹变,这些均属难免。但有意爱奇而写讹字就不可取了,应该像圣人一样谨慎,追求字义准确,端正文字。

赞曰:篆隶相熔,苍雅品训。古今殊迹,妍媸异分。字靡异流,文阻难运。声画昭精,墨采腾奋。由篆而隶,文字相熔而演变,《仓颉》篇和《尔雅》可资训释词义。古今文字有异,好与坏不同。用字如果倒向怪异一边,就会文意阻塞不流畅。语言和文字都明白精炼,墨迹文采才能腾跃奋飞。在写文章这个问题上,语言与文字都很重要,需并驾齐驱,才能真正文采飞扬。

综合而看,刘勰在这里表达的观点为:文字是语言的外现,是文章的载体和家园。用字方面,应该用当时大家都用的字,尚奇取难不可取。篇章文字总貌方面,要用通行而不诡异的字,连写的字形最好偏旁不一样,重复的用字要讲究,笔画简单与繁复要均匀分布,篇章整体应易读流畅,美观匀称。有意爱奇而写讹字不可取,应该谨慎追求字义准确,端正文字。语言和文字都很重要,它们都明白精炼,才能使文章文采飞扬。

(二)《文心雕龙》之“象”

《文心雕龙》中“象”字,除了一处人名“郭象”以外,总计出现了22次。他们所表的意思有6个:①天象或物象;②易象或卦象;③取象或效仿;④法式或方法;⑤描绘;⑥好像……一样。以下做概要解析:

1. 天象和物象

“日月叠璧,以垂丽天之象;山川焕绮,以铺理地之形。”(《原道》)可以译为:

日月有如重叠的碧玉在天上，显示着宏丽的天象；山川就像光彩的丝绸，铺展着有纹理的大地的形貌。“赞曰：神用象通，情变所孕。物以貌求，心以理应。”（《神思》）总的来说，神思凭借物象而通达，情感的变化孕育在物象的变化中。事物以它的外貌寻求作者，人的心灵以情理做出回应。“神用象通”的“象”指物象。“若乃综述性灵，敷写器象，镂心鸟迹之中，织辞鱼网之上，其为彪炳，缛采名矣。”（《情采》）至于抒写作者的思想情感，描绘器具物象的形象，在文字上用心雕琢，组织成辞句写在纸上，之所以能光辉灿烂，就由于文采繁茂的原故。这里器、象并列，可以翻译为物象。“赞曰：纷哉万象，劳矣千想。玄神宜宝，素气资养。水停以鉴，火静而朗。无扰文虑，郁此精爽。”（《养气》）总之，天地间万事万物是纷纭复杂的，千思万想这些现象十分劳神。人的精神应该珍惜，恒常的精气有待保养。停止奔流的水才更为清明，静止不动的火就显得明亮。要不扰乱创作的思虑，就应保持精神清爽。“是以诗人感物，联类不穷。流连万象之际，沉吟视听之区。”（《物色》）所以，当诗人受到客观事物的感染时，他可以对同类事物浮想联翩；他流连于宇宙万象之间，而对所见所闻进行深思默想。“凡斯切象，皆比义也。”（《比兴》）像这些切合意义的物象，都是意义上的比喻。“然后使元解之宰，寻声律而定墨；独照之匠，窥意象而运斤：此盖驭文之首术，谋篇之大端。”（《神思》）这样才能使懂得深奥道理的心灵，探索声律来定绳墨；正如一个有独到见解的工匠，根据意念中的物象来运用工具。“意象”可以翻译为：意念中的物象。

2. 易象和卦象

“人文之元，肇自太极，幽赞神明，《易》象惟先。庖牺画其始，仲尼翼其终。而《乾》、《坤》两位，独制《文言》。言之文也，天地之心哉！若乃《河图》孕八卦，《洛书》韫乎九畴，玉版金镂之实，丹文绿牒之华，谁其尸之？亦神理而已。”（《原道》）这里的观点：《易》象是人文之始，且为神理。这和《说文》序的说法是一致的：“古者庖牺氏之王天下也，仰则观象于天，俯则观法于地，观鸟兽之文与地之宜，近取诸身，远取诸物；于是始作易八卦，以垂宪象。”庖牺氏仰观天象始作易八卦，易象即天象的记录，乃神理也。“书契决断以象夬，文章昭晰以象离，此明理以立体也。四象精义以曲隐，五例微辞以婉晦，此隐义以藏用也。”（《征圣》）这里的象夬和象离均为卦象。夬，决断的意思。离，象火一样明亮。四象指《易经》的四种卦象。“《易》之《姤》象：‘后以施命诰四方。’”（《诏策》）这里的“象”指易之卦象。“大舜云：‘书用识哉！’所以记时事也。盖圣贤言辞，总为之书，书之为体，主言者也。扬雄曰：'言，心声也；书，心画也。声画形，君子小人见矣。'故书者，舒也。舒布其言，陈之简牍；取象于夬，贵在明决而已。"(《书记》)大舜曾说："书写以记载过错。"因为书是用以记载时事的。凡是古代圣贤的言辞，都总称为书；书的作用，主要就是用来记言的。扬雄就说："言，是人的内心发出的声音；书，则是表达心思的符号。发出声音，写成文字，君子与小人的不同就表现出来了。"所以，书就是舒展的意思。把言辞舒展散布开，写在简板之上，就成了书；《周易・系辞》取"夬"卦之象表书契，就是贵在文字以明确断决的意思。这里的"象"是卦象的意思。"贲象穷白，贵乎反本。"(《情采》)贲的卦象是讲文饰的卦，认为白色无忧患，贵在返还本色。"《大畜》之象，'君子以多识前言往行'，亦有包于文矣。"(《事类》)《易经・大畜》的《象辞》中说，"君子应多多记住前人的言论和行事"，这也有助于文章的丰富。《大畜》之象的"象"，翻译为象辞。"夫隐之为体，义生文外，秘响旁通，伏采潜发，譬爻象之变互体，川渎之韫珠玉也。故互体变爻，而化成四象；珠玉潜水，而澜表方圆。"(《隐秀》)"隐"的特点，是意义产生在文辞之外，含蓄的内容可以使人触类旁通，潜藏的文采在无形中生发，这就如同《周易》卦爻的"互体"变化，也好似江河之中有珠玉蕴藏。因此"互体"和爻位的变化，就形成《周易》中的四种卦象；珠玉潜藏在水中，就引起方圆不同的波澜。

3. 取象

"爰自风姓，暨于孔氏。玄圣创典，素王述训，莫不原道心以敷章，研神理而设教，取象乎河洛，问数乎蓍龟；观天文以极变，察人文以成化；然后能经纬区宇，弥纶彝宪，发挥事业，彪炳辞义。……天文斯观，民胥以效。"(《原道》)由庖牺而至孔子，无论远古的圣人创立典章，还是孔子阐述先贤旧训，无不是推原道的基本精神写文章的，都是钻研神理而施设教化的，也都是取象于河图洛书的……天文这样被观察着，百姓都从而效法。所谓的取象河洛，也即取象于神迹，而神迹即天象自然。"三极彝训，其书曰经。经也者，恒久之至道，不刊之鸿教也。故象天地，效鬼神，参物序，制人纪，洞性灵之奥区，极文章之骨髓者也。"(《征圣》)象天地，效鬼神。象，效仿。"拟诸形容，则言务纤密；象其物宜，则理贵侧附；"(《诠赋》)模拟外物的形貌，言辞要力求细致精密；效法事物的意义，道理贵于从侧面比附中流露。拟与象互文，当为拟写，拟象，将本象揭示出来。这里的象是动词。当为取象，效法。

4. 法式

“法者，象也。兵谋无方，而奇正有象，故曰法也。”(《书记》)这里的法，就是象。谋略没有定规，但战术的奇正有一定的法式，所以称之为“法”。“凡操千曲而后晓声，观千剑而后识器。故圆照之象，务先博观。”(《知音》)大凡弹过千百个曲调之后才能懂得欣赏音乐，看过千百口宝剑后才懂得识别武器。所以全面评价作品的方法，就是务必先广泛地观察。这里圆照之象的“象”，可以翻译为方法，名词。

5. 描绘

“谜也者，回互其辞，使昏迷也。或体目文字，或图象品物，纤巧以弄思，浅察以衔辞。义欲婉而正，辞欲隐而显。”(《谐隐》)句中“或体目文字，或图象品物”指或对文字作离拆，或形容描绘事物。“图”和“象”均为动词，描绘的意思。“荀况学宗，而象物名赋，文质相称，固巨儒之情也。”(《才略》)荀况既是儒学的宗师，又描绘物象而称之为《赋》，文采和内容相称，的确具有大儒的特点。这里“象物名赋”的“象”可以翻译为描绘物象，动词。

6. 好像……一样

张衡《西京》云：“日月于是乎出入，象扶桑于(与)濛汜。”此并广寓极状，而五家如一。(《通变》)张衡的《西京赋》说：“太阳和月亮在这里出入，好像在扶桑和濛汜一样。”这些夸大的形容，五家都差不多。这类手法，无不是互相沿袭的。这里“象扶桑于濛汜”的“象”可以翻译为：好像……一样。

以上六个义项，看似各有涵义，但实际上前五个都是相通的、互相联系的。天象是所有义项之本，是基本义项。而所谓的天象即天地万物，所以它也就是物象。而易象或卦象又是什么呢？庖牺氏仰观天象始作易八卦，易象即天象的记录，所以易象也就是天象。取象或效仿是动词，选取天象，效法天象是为取象。法式或方法是名词，取象天地万象并以之为法式或方法。描绘是动词，是取象的同义词，描绘所取之象。只有最后一个“好像……一样”表示的一种比较，跟其他五个义项关联不大。

从《文心雕龙》的文字观看，刘勰非常重视文字与文学的关系，极为看重文字对于语言的表现、文字对文章的表达作用。基于此，借着该书关键词之一“象”的概念，我们可以讨论天象、字象、诗象之间的关系问题。

二、天象 字象 诗象

“文之为德也大矣，与天地并生者，何哉？夫玄黄色杂，方圆体分。日月叠璧,以垂丽天之象;山川焕绮,以铺理地之形:此盖道之文也。仰观吐曜,俯察含章,高卑定位,故两仪既生矣。惟人参之,性灵所钟,是谓三才。为五行之秀,实天地之心,心生而言立,言立而文明,自然之道也。”(《文心雕龙·原道》)“文之为德也大矣。”文的意义真的很大,它与天地并生。为何这样说呢?因为天地玄黄,颜色不同;天圆地方,形体有异。日月有如重叠的碧玉在天上,显示着宏丽的天象;山川就像光彩的丝绸,铺展着有纹理的大地的形貌:抬头望见光辉的天象,俯首体察美丽的地形,高低的位置确定了,于是天地便产生了。只有人能参透天地两仪,为天地之心,与天地并为三才。所以,人、言、文、道之间的关系为:人而有心则立言——立言则文明——文明以载道。即:人为天地之心,有了人才有语言,有了语言才有文章,这是自然天道。以写文章昭明自然天道,这就是文章的大意义。《文心雕龙·原道》的开篇之论,见图1。

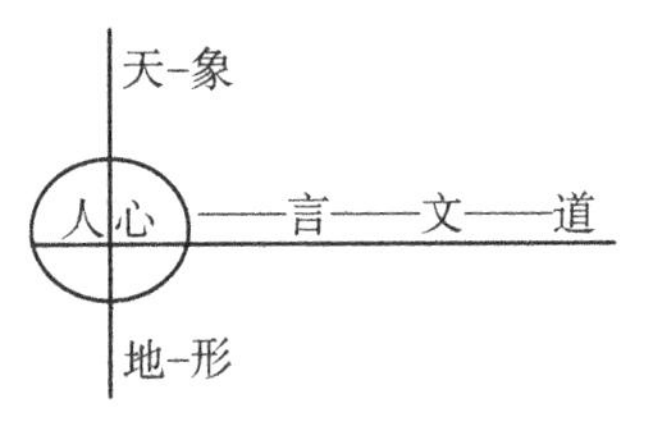

图1 《文心雕龙》天象与人、言、文、道关系图

文章所记录的是语言,也昭明了自然天道,自然天道就是天之象和地之形。刘勰说的天之垂象、地之铺形可以看成互文,所以文章所昭明的就是天和地、以及天地万物的形和象。

一般来说,这就是对刘勰《原道》篇的理解了,其中的“文”被翻译为“文章”。鉴于《原道》为《文心雕龙》首篇,谈的是锤炼文章的总则,这样的翻译和理解是正确的。不过,我们也可以从语言与文字关系的角度,重新解读一下这里的“文”。因为在语言与文章之间,还有一个中间环节,那就是文字,也即三者的关系当为:语言——文字——文章。而且,一旦我们不拘泥于将“文”理解为单一的文章的意思,所挖掘的“文字”的方面就会别开一个理解言、文、道三者关系的新境界,而且它并不有违于既有的“文章”的范畴。

这里,我们把上图的从言到文,再到道的关系重新翻译为:文字和文章所记录的是语言,也昭明了自然天道,自然天道就是天之象和地之形。天之垂象、地之铺形可以看成互文,所以文字和文章所昭明的就是天和地、以及天地万物的形和象。文字如何能昭明天地万物的形和象呢？因为文字取象于自然，从而形成字象，使得文章——比如诗歌原本的意境之外，又别开另一种新的意象。以下，我们以“春”为重点，主要以春、山、林、目、鸟五个字为例，探讨天象、字象，以及诗象之间的关系：

春/萅：春的古文字字形为：（旾）。由字素（日）和字素（屯）组成。（屯）的造字取象为：初生的植物孢子屯然破土而出。（屯）兼表“春”的读音。合“日”与“屯”而成的（旾），以草木在日光普照下屯然破土而出，表示“春”的物候特征。这个字中，既有本字（屯/春）的完整的音义融合之象，也有后加日字所表的春之暖阳之象。繁体字“萅”又加了个草字头的偏旁，这个字中当然于是既有旾（春）的完整的音义融合之象，也有艹所表示的春草萌生之象。由到旾，再到萅，春字的变化是一个增繁的过程，每次的增繁都是为了强化字形的表意性。本字和增繁的字形始终围绕着春天的两个要素：太阳和草木。春字的变化，看似“字象”在变，其实万变不离其宗，始终围绕着春的“天象”或曰“自然之象”——暖阳照耀之下，草木萌生。

这样的字象在诗歌词句中，发挥了怎样的作用呢？刘禹锡《酬乐天扬州初逢席上见赠》：“沉舟侧畔千帆过，病树前头万木春。”这里“万木春”的“春”意思为草木萌发、生长，所表现出来的诗歌意象，正是“旾”之字象：在春天的暖阳的照耀下，草木屯屯然从地下冒出来，发芽，生长。在词义系统中，春的本义为春天。引申义有：年；草木生长，花开放，常喻生机；情欲，春情；喜色等。高启《明皇秉烛夜游图》：“满庭紫焰作春雾，不知有月空中行。”这里用本义春天。赵符庚《灯市词》：“乡里女儿十八春，描眉画额点红唇。”这里用引申义年。《诗经·野有死麕》：“有女怀春，吉士诱之。”这里用引申义怀春。王安石《送潮州吕使君》：“吕使揭阳去，笑谈面生春。”这里用引申义喜色。以上诗句中，既有用本义的，也有用引申义的，字象与诗象均可呼应生发。

山：山的古文字字形很丰富：、（甲骨文）；、、、（金文）；（包山楚简文）；（汉印文）；（石刻篆文）。《说文》：“山，宣也。宣气散生万物。有石而高。象形。”能够散生万物的千姿百态的山，在诗歌中也有万种风情：《山鬼》：“若有人兮山之阿，被薜荔兮带女萝。”山形婀娜映衬着美丽的山鬼。宋玉《风赋》：“缘泰山之阿，舞于松柏之下。”泰山崔嵬起雄风浩荡。以上诗句均用“山”之本义，字象与诗象呼应吻合。

林：林字以两个“木”并列，表示树林之义。古文字：、（甲骨文）；（金文）；（《说文》小篆）。《说文》：“林，平土有丛木曰林。从二木。”《乐府诗集·子夜四时歌·春歌》：“春风动春心，流目瞩山林。山林多奇采，阳鸟吐清音。”山间春木色彩缤纷，鸟鸣其间。陈叔宝《玉树后庭花》：“丽宇芳林对高阁，新妆艳质本倾城。”林木芬芳与华丽屋宇为伴。以上二诗均用“林”之本义，字象与诗象吻合。

目：古文字字形本取象于正面的人眼之形：、（甲骨文）；、（金文）；（秦简）；（古玺）。发展演变到后来，横着的眼睛变成竖着的眼睛了。屈原《离骚》：“忽反顾以游目兮，将往观乎四荒。”屈子频频回首，游移不舍的眼神中全是对故国的眷恋。王之涣《登鹳雀楼》：“欲穷千里目，更上一层楼。”眼目虽小，但视域可及千里万里。上二诗中“目”由本义而引申，字象与诗象间接吻合。

鸟：鸟的古文字为：、（甲骨文）；、（金文）；（睡虎地秦简文）。《说文》：“长尾禽总名也。象形。”曹丕《善哉行》：“离鸟夕宿，在彼中洲。延颈鼓翼，悲鸣相求。”刘希夷《代悲白头翁》：“宛转蛾眉能几时？须臾白发乱如丝。但看旧来歌舞地，惟有黄昏鸟雀悲。”二诗均用“鸟”的本义，身形小而影孤单的字象与孤独、凄凉的诗象吻合。

“神用象通”、“神与物游”、“窥意象而运斤”、“声画昭精，墨采腾奋”，将所感受到的天象物象意象诉诸文字，发于笔端，这样的物、我、文字、诗文，尤其在古文字视角下别有一番美感和意境。以下试作粗浅的尝试：

> 春风动春心，流目瞩山林。山林多奇采，阳鸟吐清音。

这是郭茂倩《乐府诗集·子夜四时歌·春歌》中的诗句，以下嵌入古文字：

> 风动春心，流瞩山林。林多奇采，阳吐清音。

众所周知，乐府诗是入乐的，是可以歌唱的。想象一下，除了听感上的愉悦，除了歌声所描绘的多奇彩的鸟啭林泉的景象，写到纸面上的诗句还有一种诉诸视觉的意象：这古朴、象形的古文字，仿佛带着我们看到：春日的晨曦中，小草在拱出土皮。女子美目流盼，她在林间徘徊。婀娜多彩的山色中，鸟儿扑打着翅膀，啁啾鸣叫……

以上嵌入古文字的尝试，于诗篇意境和意象的解读，合适与否？笔者以为，这样的尝试并非刘勰所批评的“古今殊迹，妍媸异分”，因为所批好用古文奇字、故意弃用通用字的现象，属于诗文创作后的书写阶段，而我们嵌入古文字的尝试在诗文鉴赏阶段，它存在于诗文的再阅读和再审美层面。视觉上的观感，有些类似于将《兰亭集序》变成欧体或颜体的书法作品，因此它与刘勰所提倡的“练字”精神是相符合的。在《练字》篇中，刘勰提出了缀字属篇必须拣择的四条原则：“一避诡异，二省联边，三权重出，四调单复。”这四条原则虽各有内容，但总的精神是追求篇章面貌上的审美愉悦。也就是说，文章也要追求用字和字形上的好看，文章的好坏也要诉诸视觉感受。这样看来，上文的嵌入式其实还不够彻底，我们不妨再做个全面的替换：

上面的字形：风，古文字阶段借用凤字。流，夏承碑字体。瞩，《说文》无，这里用偏旁新造篆字。奇、彩、吐三字为小篆字形。清，秦泰山刻石。其他字，均为甲骨文、金文字形。在选用甲骨文、金文字形时，参考刘勰所说的“单复”字形、疏密有间等原则，所以对形态各异的古文字的异体字，有所取舍。需要说明的是，这种以古文字主打的字形替换，当然不会出现在刘勰所处的时代，因为当时甲骨文并未出土，鼎器铭文的金文也有限。刘勰的时代，《说文》小篆是有的，如果用小篆做替换，除了“瞩”字依然没有，倒是会显得整体字形更加美观整齐。不过，我们这里就不做这种演示的了。

总之，这里想要表达的是：对刘勰“心生而言立，言立而文明，自然之道也”的阐释，可以基于其对“天象”“物象”乃“自然之道”的观点，基于其“神与物游”的思路，将其中的“文”字做一个扩展性的理解，除了“文章”之意，加入“文字”之意；除了“诗象”之外，再拓展一个“字象”。因为汉语汉字有其民族独特性，不仅语言词汇是取象于天道自然的，就连文字也是取象天道自然的。汉语文章的美，原本也包蕴了取象于天道自然的文字的“字象”之美，将字象、语象融会贯通，诗歌的意象和意境会更加丰富而蕴藉。

三、比象　字象　诗象

《文心雕龙》在《比兴》篇中集中讨论了自《诗经》以来的赋比兴传统中的“比”和“兴”，关于“比：“故比者，附也……附理者切类以指事……附理故比例以生。比则畜愤以斥言……”此段意思：比，即比附。……比附事理的，是用切合而类似的事物来说明事理……比附事理，比的方法因此产生。比的采用，是诗人怀着愤激的感情，要指斥某种不良现象。“且何谓为比？盖写物以附意，飏言以切事者也。故金锡以喻明德，珪璋以譬秀民，螟蛉以类教诲，蜩螗以写号呼，浣衣以拟心忧，席卷以方志固：凡斯切象，皆比义也。”那么，什么叫做比？那就是写出物象来比附事理，用明白而夸张的言辞来确切地说明事物。所以，金和锡以比喻君子美德，珪璋相合比喻诱导人民，用细腰蜂养育螟蛉比喻教育子弟，以蝉鸣比喻呼叫，以衣脏不洗比喻心忧，以席卷来比喻意志坚定：像这些切合意义的物象，都是意义上的比喻。以上《比兴》中所说的比是《诗经》以来的写作手法，也是传统诗歌的常用手法。靠着事物之间的相似性，比的方法将此事物与彼事物联结起来。

不仅诗歌的语言层面，有“金锡——美德；珪璋相合——诱导人民；蜂养螟蛉-教育子弟；蝉鸣——呼叫；衣脏不洗——心忧；席卷——意志坚定”这样的由此及彼的比喻，其实在物象与字象之间，也存在这样的关系。天地万物和语言诗象、文字字象之间也有着对应关系。天地万象内的对应：此事物——彼事物；诗歌语言内的对应：记此事物之词——记彼事物之词；事物与语言有对应：物象——语象；事物与文字有对应：物象——字象；诗歌与文字有对应：诗象——字象。当此事物与彼事物有相似性时，语言中和诗歌中就有了词语或语象相比附的可能，文字中和字象中也有了相比附的可能。上述诸要素之间的关系可用图2直观：

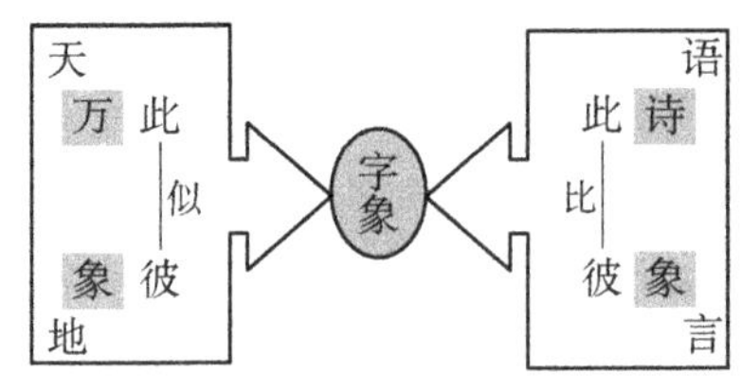

图2　天象、诗象、字象之比象图

下面以字象为起点，仅以几个字例略作解析：

枭：枭字是六书中的会意字。据说枭是一种不孝顺的鸟，人们只要看见它，就一定会捕杀它。因为它不孝到会吃掉自己的母亲。古文字：(《说文》小篆)、(帛书)。字形为鸟头在树上。《说文》："枭，不孝鸟也。日至捕枭磔之。从鸟头在木上。"古诗文中，常常有"鸱枭"并提的情况。鸱和枭都不是好鸟，所以用来比喻坏人。如贾谊《吊屈原赋》："鸾凤伏窜兮，鸱枭翱翔。"这里用鸱和枭比喻奸臣小人，与鸾凤所代表的诤臣君子相对应。枭的引申义有：骁勇；斩、杀。邬景超《八声甘州・闽南纪捷》："铁甲三秋暗度，猛士气全枭。饮马长城窟，雪压弓刀。"这里用引申义骁勇。陆游《长歌行》："犹当出作李西平，手枭逆贼清旧京。"这里用引申义斩、杀。无论用本义还是引申义，枭鸟头在树上的字象，透出血腥和杀气，均与诗象吻合，给人具象的联想。

取象于实物的枭鸟，鸟头被挂在树上，表示枭鸟和枭首、以及相关的意思，这是字象与事物关联的最基本的形式。还有取象于事物，在字象之内形成比喻的情况，下面以观、法、号、剧、顾等字为例解析：

观/觀：观字是以比象法取象的會意兼形聲字。许慎："，谛视也。从见，雚声。古玩切。，古文观从囧。"《释要》第827页[①]：、(甲骨文)；、(金文)；(秦简)；(玺印)；(古四)。觀，初文为雚。吴其昌："此殆因雚鸟双睛炯然，视察锐利，故凡以目炯灼视察者，遂以雚形容之，就以觀呼之。"繁体字觀为雚的加旁字，成为会意兼形声字。觀察的觀字取象于雚鸟双睛炯然，所以为造字上的比象法。陶渊明《归去来兮辞》："策扶老以流憩，时矫首而遐观。"就诗句而言，可以简单地将"遐观"翻译为远望："扶着手杖随意地散步休息，时或抬起头来纵目远望。"但若联想到陶潜由污浊的官场终于解脱，满怀欢欣地回归田园，再将字象融入："时或抬起头来纵目远望，我炯炯有神的双眼啊，就像雚鸟一样平静清朗。"诗人所歌咏的、长途跋涉终于回到家里的意象是否又深入一层呢？苏轼《赤壁赋》："盖将自其变者而观之，而天地曾不能以一瞬；自其不变者而观之，则物与我皆无尽也，而又何羡乎？"这里的两个"观"字，都有反复观察、思虑的意思，与雚鸟双目炯炯审察猎物的意象也有融通之妙。

法/灋：法字是以比象法取象的会意字。许慎："，刑也。平之如水。从

---

① 李圃、郑明《古文字释要》，上海：上海教育出版社，2010年。

水。廌，所以触不直者，去之。从去。方乏切。[古文字]，今文省。[古文字]，古文。”《释要》p923：[古文字]（金文）；[古文字]（陶文）；[古文字]、[古文字]（玺印）。商承祚：“盖灋法二字一属周初，一属晚周，汉时亦通用之。”灋，廌兽触去不直者，以达到平之如水的法律公正，这是会意字，廌兽、水、去三个字素要顺次拼读，所以是顺递取象法。同时也是比象法，因为有平之如水的比喻在里面。简化字法，从水，保留比象法。屈原《离骚》：“謇吾法夫前修兮，非世俗之所服。”就诗句而言，可以直接地将法字翻译为取法：“我取法前代修德之人啊，都不是世俗之人所佩戴的东西。”但是联想到屈原的不平境遇、楚国黑白颠倒的世情，将字象融入：“尽管黑白颠倒，食母的枭鸟得意地高飞，直臣贤士屡屡遭殃，我依然要取法前代修德之人啊，遵循公平如水的精神……。”屈原在遍地泥淖中卓然不染尘埃的形象，更加鲜明了。赵壹《刺世疾邪赋》：“故法禁屈挠于势族，恩泽不逮于单门。”同理。

号/號：号字是以比象法取象的形聲字。许慎：“[古文字]，呼也。从号，从虎。呼刀切。”《释要》p487：董莲池之说[1]可从：[古文字]（陶文）；[古文字]（秦简）。號的初文[古文字]从虎与[古文字]，取象为声气从虎口而出，以虎之吼啸表号呼之义。后来又加了形旁口表意，成为號。战国时代已有将號的形旁虎省略的号字，所以《说文》之号就是號之简体。今天的简体字号其实是回归了古文字的简体。號为形声字，从虎，比象法取象。《诗经·魏风·硕鼠》：“乐郊乐郊，谁之永号？”就诗句而言，可以直接将号翻译为呼号：“在乐郊啊在乐郊，谁还会长久地呼号？”但是如果将字象也联系起来，就会产生出不一样的诗象：在乐郊啊在乐郊，谁还会长久地像老虎一样地呼号？——老虎之呼号势大啸响，人若像老虎那样嚎叫，岂不是悲痛或绝望到了极点？杜甫《茅屋为秋风所破歌》：“八月秋高风怒号，卷我屋上三重茅。”秋风如老虎一般嚎叫，卷走柴屋上的茅草。诗象何其悲惨！

剧/劇：剧字是以比象法取象的形聲字。徐铉：“[古文字]，尤甚也。从刀。渠力切。”（《说文解字》卷四新附）以剧之常用义项～变、～痛、～烈、～毒、加～而论，则形旁从刀，可算作比象法：如刀割之甚为剧。陆游《长歌行》：“哀丝豪竹助剧饮，如巨野受黄河倾。”就诗句而言，可以直接将剧饮翻译为豪饮：助兴的乐曲或哀婉或奔放，豪饮起来就仿佛巨野之泽承受着黄河的倾倒。但是如果将字象也联系起来，就会有更丰富的诗象：助兴的乐曲或哀婉或奔放，豪饮起来就仿佛巨

---

① 董莲池：《说文部首形义新证》，北京：作家出版社，2007年第117页。

野之泽承受着黄河的倾倒。我的胃肠虽然平时滴酒不沾，但今天就算谁拿刀子拉开它，使劲灌酒，把黄河水都倒进来，我都高兴。——诗人想表达的是能够出征打仗、收复失地的豪情壮气。诗句本身用夸张手法，所联系的字象以刀子打比方，也起到了夸张的作用。

顾/顧：顾字是以比象法取象的会意兼形声字。许慎："顾，还视也。"顾的本字是雇，古文字：（甲骨文）、（《说文》小篆）。雇，取象于鸟在户上回头看，词义为回头看。顾是在雇上加偏旁页（人头），强化人回头看的意思。所以顾的字象可以表述为：像鸟一样回头看。所以，顾的字象是比象法。屈原《离骚》："忽反顾以游目兮，将往观乎四荒。"就诗句而言，可以直接将顾字翻译为回头看：忽然又转身纵目远望啊，要回头看一看四极远方。将字象也联系起来看：忽然又转身纵目远望啊，要回头看一看四极远方。我就像那离巢的孤鸟啊，再也没了立足的柴扉和故乡。——这里"离巢的孤鸟"的比喻意象从字象而来。于是诗人虽然决绝地告别，但毕竟要与家园家乡祖国诀别了，那种深深的眷恋和痛楚被深刻地揭示出来了。《古诗十九首·行行重行行》："浮云蔽白日，游子不顾返。"白居易《长恨歌》："君臣相顾尽沾衣，东望都门信马归。"高适《燕歌行·并序》："相看白刃血纷纷，死节从来岂顾勋。"这些诗句，都可以由字象中的比喻，挖掘到更深刻的由比喻而来的诗象。

四、结语

《文心雕龙》虽然将天象、易象归于神迹，认为庶人效法圣人，圣人取法神明，是有神论的态度，但它更多的是强调自然天道，物与人相通：

"春秋代序，阴阳惨舒；物色之动，心亦摇焉。"春秋四季不断更替，寒冷使人沉闷，温暖让人舒畅；四时景物变幻，人也受到感染。"物色"即万物之象，能动摇人心。"盖阳气萌而玄驹步，阴律凝而丹鸟羞；微虫犹或入感，四时之动物深矣。"春气萌动，蚂蚁开始活动；秋霜降临，螳螂便要吃东西。微小的虫蚁尚且能被外物感召，四季的变化对万物均影响深刻。"若夫珪璋挺其惠心，英华秀其清气；物色相召，人谁获安？"至于惠心如美玉，气格似繁花；种种物色感召之下，哪个人能安然不动呢？"是以献岁发春，悦豫之情畅；滔滔孟夏，郁陶之心凝；天高气清，阴沈之志远；霰雪无垠，矜肃之虑深。岁有其物，物有其容；情以物迁，辞以情发。"所以，开春明媚，人便心情舒畅；夏日炎炎，人就烦躁不安；秋高气爽，人们便有阴沉的远思；冬雪无边，人会思虑深沉。可见，每年各有景色，它们都有不同的形貌；情随景物变化，文辞便由衷而发。以上《物色》篇主要讲人对自然万象的感应，以及由此而有的状物抒情的篇章。

人对天地万象有感应，从而记录和抒写，就是用语言，用文字，用文章表达。聚焦到汉民族为主体的汉语汉字，物、字、言之间的关系，就是如下二图[①]：

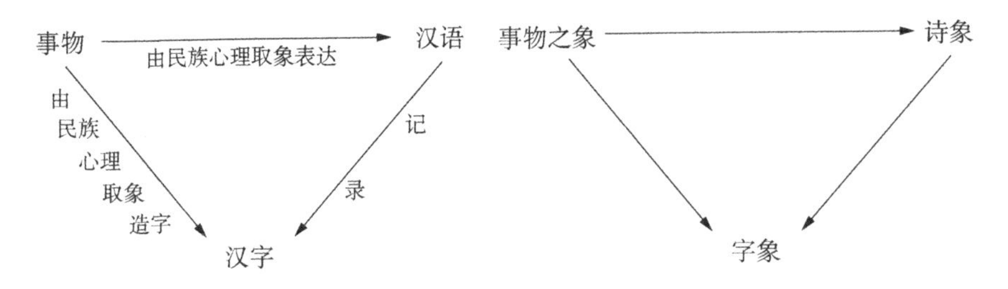

图3 事物、汉语、汉字之间的关系

图4 事物之象与诗象、字象之间的关系

汉民族的取象思维全面渗透于汉语表达、汉字表达、诗歌表达中，往往是取象于事物而成汉语语符，取象于事物而成汉字字符，取象于事物而成诗歌之诗象。图3所示为事物、汉语、汉字之间的关系：汉语记录事物，这种记录是由民族心理而取象表达的。汉字是记录汉语的符号系统，同时汉字创造时也直接与民族心理取象关联。所以，从汉语和汉字系统中都能反观到它们对事物的取象。图4所示为事物之象、诗象、字象之间的关系：诗歌的意境和意象借助于诗歌的语言表达出来，即成为所谓的诗象；诗象来自于事物之象并高于事物之象；字象是汉字取象于事物而成的，同时它也与诗象呼应补充，相映成趣。

① 张玉梅：《字象与诗象的融合》，《内蒙古师范大学学报》（哲学社会科学版），2017年第1期，第103页。

文字学个案研究

——释美

吕　浩

一、美的构型依据

对于"美"，无论是文学还是美学，抑或是哲学、艺术，学者们一直没有停止过探求，尤其是在文字学家上个世纪加入这场探究之后，美学思想在中国探源一时间成了显学。就文字学对"美"字的解释而言，主要有两种说法：一是美味，二是美饰。

美味说主要以《说文解字》(以下简称《说文》)为依据。《说文》："美，甘也。从羊从大。羊在六畜主给膳也。美与善同意。"[①]释义甘美，与主给膳及字形分析一致。以至于后世治《说文》者对此深信不疑，徐铉补充为"羊大则美，故从大"。[②] 段玉裁申说为"羊大则肥美"。[③] 其实，《说文》以"甘"释"美"，以"美"释"甘"，甘、美互训，这是《说文》释义常见体例。然而，羊虽在六畜，并非以大为美，王献唐认为"段、王皆谓羊大则肥美，其实羔羊尤美"。[④] 其实，段玉裁并非没有发现《说文》以"甘"释"美"的问题所在，所以他补充说："羊者，祥也。故美从羊。"[⑤]这个补充与"羊在六畜主给膳也"相冲突，因为"美"中的"羊"是"祥"的意思，而不是"给膳"的"羊"。《说文》"美与善同意"说的就是"美"中的"羊"与"善"中的"羊"取象造意相同，就是"祥"的意思。不独"美"与"善"同意，"义"

---

① 许慎：《说文解字》，北京：中华书局，1963年，第78页。
② 许慎：《说文解字》，北京：中华书局，1963年，第78页。
③ 段玉裁：《说文解字注》，上海：上海古籍出版社，1981年，第146页。
④ 周法高主编：《金文诂林》，香港：香港中文大学出版社，1974年，第5册第4卷第499页。
⑤ 段玉裁：《说文解字注》，上海：上海古籍出版社，1981年，第146页。

(義)、“美”、“善”皆同意,它们中的“羊”都是“祥”的意思,而不是作为六畜的羊。

由美味说引申开去,一些学者给出了进一步的诠释。日本学者笠原仲二《古代中国人的美意识》:“它是‘羊’与‘大’二字的组合,是表达‘羊之大’即‘躯体庞大的羊’这样的意思,同时表达对这样的羊的感受性。如果这种理论能够成立的话,那么,可以说‘美’字就起源于对‘羊大’的感受性吧,它表现出那些羊体肥毛密,生命力旺盛,描绘了羊的强壮姿态。然而,如前所述,当美的本义限于表达‘甘’这样的味觉感受性时,所谓‘羊大’这种羊的特殊姿态性,就与美的感受性没有任何关系了。因此,在这里又可以想到,归根到底中国人最初的美意识是起源于‘甘’这样的味觉感受。”[①]笠原仲二立足于美意识起源于味觉感受,又强调了羊的强壮姿态的视觉感受性,纠结于“美”这个字形而不能自拔。他试图抓住“羊”与“大”这个组合的任何讯息,把这些讯息指引到美学的基本范围中去。他说:“‘美’字所包含的最原初的意识,其内容是:第一,视觉的,对于羊的肥胖强壮的姿态的感受;第二,味觉的,对于羊肉肥厚多油的感官性的感受性;第三,触觉的,期待羊毛羊皮作为防寒必需品,从而产生一种舒适感;第四,从经济的角度,预想那种羊具有高度的经济的价值及交换价值,从而产生一种喜悦感。”[②]笠原仲二先生虽充分挖掘了羊大组合种种特质,但古代中国人的美意识就只是和大羊难分难解吗?强调“羊”之于“美”的价值的学者不在少数,日本学者今道友信说:“汉字‘美’字中的‘羊’字……是牺牲的象征。美比作为道德最高概念的善还要高一级,美相当于宗教里所说的圣,美是与圣具有同等高度的概念,甚至是作为宗教里的道德而存在的最高概念。”[③]这里的“羊”已经是概念化了,神圣化了。黄杨先生有类似看法,他说:“汉语中的‘美’字虽由‘羊’和‘大’组合而成,但其本义并不在于羊的肥大美味。在上古时代,‘羊’是一个与牺牲有关并属于法道德范畴的文化符号,而‘大’则可作为表征无比极至和完备的形容词。故‘美’是古人对于法制、正义、道德的崇敬和颂扬,其伦理意义重于感官意义。”[④]黄杨先生的观点可能是受到古代神羊神判观念的影响,《论衡·是应篇》《后汉书·舆服志》及《晋书·舆服志》等文献都把“獬豸”说成是“神羊”,能辨曲直。然而,我们考证过,“獬豸”其实是犀牛。《说文》:“解廌,兽

---

① [日]笠原仲二:《古代中国人的美意识》,魏常海译,北京:北京大学出版社,1987年,第2页。

② [日]笠原仲二:《古代中国人的美意识》,魏常海译,北京:北京大学出版社,1987年,第3页。

③ [日]今道友信:《关于美》,哈尔滨:黑龙江人民出版社,1983年,第175页。

④ 黄杨:《“美”字本义新探——说羊道美》,《文史哲》1995年第4期。

也，似山牛，一角。古者决讼，令触不直。”[1]上古时代以德为法，“德”字中的核心构件“直”也是法的基本精神。这个问题另文讨论，这里不展开。

也有部分学者从“羊大”组合中看出了阴阳交泰的哲学意义。陈良运说：“‘羊’、‘大’为美，实为具象与抽象、阴与阳、刚与柔的结合，由具象向观念升华，这就是‘美’字构成的奥妙，中国人原初美意识就产生于阴阳相交的观念之中，也可说是最基本、最普及的男女性意识之中。‘美’字上下两个观念符号所蕴含丰富深邃的‘神理’，绝非一个‘味觉转换’可以尽其意。”[2]陈先生的观点应是导源于马叙伦《说文六书疏证》：“伦谓‘美’字盖从大，从芈，芈声。芈音微纽，故‘美’音无鄙切。……芈、羊形近，故讹为羊。……从大，犹从女也。”[3]马叙伦认为美是形声字，是媄的初文，即美为女色之美。从芈得声于古文字形无据，从大同从女于汉字构形系统实际也不相符。汉字有从人与从女相通者，未见从大与从女相通的例子，尽管这个“大”有时表示的是人。

无论是味美、色美、性美，还是道德美，似乎都难以揭示美的整体内涵，以至于有学者试图对美的元素加以整合，形成较为综合的美。祁志祥说：“中国古代以‘味’为‘美’，认为五觉快感、心灵快感与其对象相通，都是‘味’，都是‘美’。平心而论，在人的五觉快感之间，实在没有什么质的差别。”[4]把美上升到通感的高度，然而这通感实在不能由“美”这个字形得出，或者说不应由“味美”得出。周利明《“美”字蕴含的中华美学核心精神》认为“美”字蕴含着“味道、中道、善道、人道、天道”等中华古典美学的核心文化精神。[5] 把文化人类学与审美人类学以“美”一言蔽之，高度彰显了汉字文化的精深，但这无疑是过度诠释。

还有学者试图从源与流的关系上处理“美”字与美学概念的关系，李壮鹰说：“中国之所以用‘味’作为艺术审美概念，与我国人的审美意识本身即起源于味觉具有十分密切的关系。我们先从‘美’字说起。这个字，早在先秦就已经是具有高度概括性的美学概念了，不论在视觉上还是听觉上、外形上还是内质上，凡能引起人美感的东西，都称之曰‘美’。而这个字在创轫之初的原始意义，却只指味道的美，亦即好吃。……既然‘美’字的初义是指味道好，那么也就是说，

---

① 许慎：《说文解字》，北京：中华书局，1963年，第202页。
② 陈良运：《“美”起源于“味觉”辨正》，《文艺研究》2002年第4期。
③ 马叙伦：《说文六书疏证》，北京：科学出版社，1957年，第119页。
④ 祁志祥：《以“味”为“美”：中国古代关于美本质的哲学界定》，《学术月刊》2002年第1期。
⑤ 周利明：《“美”字蕴含的中华美学核心精神》，《求索》2012年第2期。

中国人的美的观念本是从口腹的快感中生发出来的。……单就艺术审美领域上来说,中国人一开始有意识地感受和欣赏艺术,就是与舌头对美味的感觉密切结合在一起的。"[①]虽然从概念上肯定了美是个高度概括的美学概念,但还是局限于美字形而没有厘清美字形和美概念到底是何种关系。

从字形上说,即便"美"可以分析为"羊"和"大"的组合,那么"羊"是不是动物层次的羊,"大"是不是大小的大,都还是需要讨论。《说文》有"羍"字,曰:"羍,小羊也。从羊,大声,读若达同。羍,羍或省。"[②]按照汉字构形的一般逻辑,"羍"似乎应释作大羊,"羊大则美"也似乎与"羍"字契合。然而实际词义正好相反,这说明构件"大"与"羊"的组合不能简单地理解为大小的大与动物的羊的组合。从汉字构形系统上看,构件"大"主要表示人或大小的大(有的构件是变体,如"莫"中的"大"是构件"茻"的变体,这类情况不在本讨论范围)。从大之字如夫、天、央、亦、夹、奔、奚等,其中的"大"皆是人;夯、夸、奄、奣、契、奕、奢、爽等,其中的"大"皆大小之大。其规律性表现在表示大小的大都位于字形的上部("契"与"奕"为形声字,属特例)。按照这样的构形规律,"美"字中的"大"应是指人。20 世纪 20 年代以来的文字学家大多持有这样的看法。

美饰说认为"美"字是人头上有某种装饰,或为羊角,或为毛羽。于省吾《释羌、苟、敬、美》:"至于早期卜辞,尤其是第一期的早期的羌字是习见的,都作□或□,从没有从羊不省而作□或□者,第五期卜辞羌甲之羌讹变作□(《前》1.41.7),上从羊不省,乖于初形,已开金文之先河。……追溯羌字构形的由来,因为羌族有戴羊角的习俗,造字者随取以为象。戴羊角或牛角、鹿角以为饰,系世界上各原始民族的习见风尚。"[③]羌字的字形演变情况与美字相似,于省吾说:"从卜辞美字的演化规律来看,早期美字象'大'上戴四个羊角形,'大'象人之正立形。美字本系独体象形字,早期美字的上部没有一个从羊者。后来美字上部由四角形讹变为从羊,但仍有从两角而不从羊形者。"[④]关于四角羊问题,于省吾先生运用《逸周书》《山海经》《玉篇》《广韵》等文献证明了四角羊的存在。另外,于省吾先生还列举了《三代吉金文存》中《父己簋》"美"字作"□"、吉林大学

① 李壮鹰:《滋味说探源》,《北京师范大学学报》1997 年第 2 期。

② 许慎:《说文解字》,北京:中华书局,1963 年,第 78 页。

③ 于省吾:《释羌、苟、敬、美》,《吉林大学社会科学学报》1963 年第 1 期。

④ 同上。

博物馆藏《美鼎》“美”字作“”，认为“戴鹿角或羊角系美字的初文”。[①] 于先生作为古文字学家，以字形演变、原始风俗、古代文献等多重证据进行互证，分析了羌、美等字的构形理据。

美饰说的前提是把“大”看作人，这个看法符合上文揭示的从“大”之字的构形规律。至于人头上饰羊角，还是毛羽，抑或鹿角，那只是构成异体字关系，并不妨碍美饰说的成立。不过，从甲骨文字形看，应是以羊角为常态。

引申看法是图腾崇拜或生育崇拜。萧兵指出：“‘美’的原来含义是冠戴羊形或羊头装饰的‘大人’，最初是‘羊、人为美’，后来演变为‘羊、大为美’。”[②]这样的演变关系的陈述不太符合“美”字形演变的实际（上文引于省吾先生的论述），但却为主流美学家所接受，并把这“大人”的出场设定为乐舞或巫术。李泽厚、刘刚纪《中国美学史》指出：“中国的‘美’字，最初是象征头戴羊装饰的‘大人’，同巫术图腾有直接关系，虽然其含义与后世所说的‘美’有关，但所指的是在图腾乐舞或图腾巫术中头戴羊形装饰的祭司或酋长。在比较纯粹的意义上的‘美’的含义，已经脱离了图腾巫术。”[③]固然，图腾崇拜在原始部落普遍存在，但“美”字与图腾有多少联系，恐怕还得从汉字系统中寻绎出更多证据。因为语源的探讨并非易事，很容易犯错。恩格斯就曾说过：“这种语源学上的把戏是唯心主义哲学的最后一着。”[④]仅就个别字形加以发挥，引申出若干文化因素，这样做是危险的。金文“美”字形有“”，就把它看作是大肚皮，也还是值得商榷。一方面，汉字表现大肚皮的是“身”字；另一方面，块体结构在金文中习见，“”字的头部就是。若该字中部没有那个中空块体，那么连同头部就是“天”字（金文“天”作“”），为了区别，也得变化字形。若对于汉字系统没有深入研究，那么在利用字形讨论问题时要格外谨慎，即便是可以大胆推测，但小心求证是必不可少的。遗憾的是多数学者做不到小心求证，赵国华认为上古人类审美观念不能脱离生殖崇拜，于是把“美”理解为孕妇的怀胎之美。[⑤] 王政《美的本义：羊生殖崇拜》：“中国人最初的‘美’的观念是感觉中的美，是羊生殖崇拜的折光，是

---

① 于省吾：《释羌、苟、敬、美》，《吉林大学社会科学学报》1963年第1期。

② 萧兵：《从羊人为美到羊大为美》，《北方论丛》1980第2期。

③ 李泽厚、刘刚纪：《中国美学史》，北京：中国社会科学出版社，1984年，第79页。

④ 恩格斯：《路德维希·费尔巴哈和德国古典哲学的终结》，《马克思恩格斯选集》第四卷，北京：人民出版社，1995年，第230页。

⑤ 赵国华：《生殖崇拜文化论》，北京：中国社会科学出版社，1990年，第252页。

宗教祈求中的祥美,是分娩安顺没有肉体痛苦的畅美。"[①]由孕妇转到了羊生殖崇拜。羊分娩没有肉体痛苦吗?杀羊时,羊不叫。但羊生产时,叫声还是很凄厉的,何"畅美"之有?

相比之下,美饰说似乎略胜一筹。从形式上说,视觉的美往往更为直接且强烈。着眼于形式,西方美学早年把黄金分割作为美的基本形式。1876年,德国美学家费西纳(G. Fechner)《美学导论》中就把黄金分割作为一种标准的审美关系。[②] 这样的标准一直到20世纪下半叶随着实验心理学的发展而动摇,艾森克(H. Eysenck):"黄金分割被证明并不是美学家或实验美学家的一个有效的支点。"[③]同时,人类学家在对人类审美心理的跨文化研究中逐渐得出了具有跨文化意义的审美标注,它们是对称与平衡、清晰与明亮、光滑与精致,以及技巧与新颖。[④] 无论是黄金分割,还是对称、平衡等标准,都是视觉的美。魏耕原、钟书林《"美"的原始意义反思》:"从'美'到'善'到'义',再到'己之威仪',都是以外在形体视角感为美的观念。许慎'美善同意',也意在通过'善',通过'义'对'美'有一个更完整的说明,从而更清晰地表达'羊大为美'的视觉性的原始意义。因而,我们可以将这层意思肯定下来:美是视觉的,既非味觉的,也非宗教的,更非男女交合的。"[⑤]对于视觉美,古文字与古文献也都能给出一定的证据。

二、从字形重审"美"的起源

视觉的美是否就是美的源头?换句话说,中国古代审美源于视觉美这个命题能否成立?从汉字字形上看,有美饰的汉字并不罕见,如"鼓"字甲骨文作"[illegible]",左上角是装饰物,"弢"字右上角为装饰物,"㠯"字左上角为装饰物。从文献上看,《诗经》、《尚书》、《周易》、《周礼》、《春秋》三传、《孟子》、《墨子》等古文献中的"美"多表示视觉的美,却几乎没有美味义。甲骨卜辞"美"字用于人名、地名。"子美其见"(《合集》3103),"子美无蚩"(《乙》3415),"其执美"(《京津》

---

① 王政:《美的本义:羊生殖崇拜》,《文史哲》1996年第2期。

② 鲍桑葵:《美学史》,张今译,北京:商务印书馆,1985年,第489页。

③ Wilfried van Damme, *Beauty in Context: Towards an Anthropological Approacn to Aesthetics*, New York, Leiden: Bril, 1996, P68.

④ Wilfried van Damme, *Beauty in Context: Towards an Anthropological Approacn to Aesthetics*, New York, Leiden: Bril, 1996, PP94-98.

⑤ 魏耕原、钟书林:《"美"的原始意义反思》,《咸阳师范学院报》2003年第5期。

4141)，为人名；"在美"(《乙》5327)，为地名。虽难以判断卜辞中的"美"是否属美饰，但无疑不会是美味。即便是在《说文》中，释作"美也"的字为甘、甛、旨、嘉、䠊、好、娶等，这些"美"显然也不是聚焦在美味。换句话说，在《说文》"美"的语义场中，美也是多方面的美。

在众"美"之中，哪种美更早，哪种美是源头，无论从文字，还是从文献，都无法得出结论。因为文字形体不能确定最早或源头(甲骨文也不一定是最早的文字)，文献流传更是变化多端。如《老子》的版本，有已出土的郭店简《老子》甲乙两种，还有帛书《老子》，这些版本从篇章结构到字词层面都与传世《老子》有较大出入。郭店简《老子》甲："天下皆知之为也，恶已。"传世本作"天下皆知美之为美，斯恶已"。[①] 简文《老子》两个"美"字不同，分别作"𢼸"和"⿰女𡵂"。这其中的核心构件"𡵂"与"美"字异曲同工，都是人头上有装饰物。何琳仪《战国古文字典》："𡵂，甲骨文作(合集二八三三)，象人戴羽毛饰物之形。(美)、(𡵂)仅正面侧面之别，实乃一字之变。"[②]《说文》有"𢼸"字，说解为"𢼸，妙也。从人从攴，岂省声。"裘锡圭说："古文字里有字，'𢼸'字左旁是由它变来的。'𢼸'本应是从'攴''𡵂'声的一般形声字。"[③]既然𡵂、美同字，则𢼸为美妙之美，而⿰女𡵂当是美女之美。正因为简文《老子》用了两个不同的美字，其表意更具体，也更容易理解了。后世又有"嬍""媄"字，与"⿰女𡵂"构成异体关系。

进一步审视美与𡵂，它们相同的都是人与头饰的结合，不同的是正面与侧面的区别，从视觉上说，美比𡵂更对称更平衡，更符合上文提到的人类审美标准，因而最终"美"行而"𡵂"废。换个角度看，这两个字形也十分切合美学基本原理。"人类学家对于'美'的基础性根源的揭示，宣告了这个美学的基本原理：虽然'美'是一个含义丰富、充满差异的对象，但是，归根结底，人，而且只是人自身，是美的根源，美的最终尺度。"[④]美字形以人为主体取象，以平衡、对称为形式，以视觉感受为取象目标，满足了美学意义上的多数要求。可以说，美字的取象既完美又简洁。

从汉字上讨论中国古代美意识或观念的起源问题是做不到的，因为"审美意识起源"本身就是个伪问题，再加上汉字本身的起源也还没有搞清楚，汉字的

---

① 老子：《老子》，上海：上海古籍出版社，1989年，第1页。
② 何琳仪：《战国古文字典》，北京：中华书局，1998年，第1305页。
③ 裘锡圭：《文字学概要》，北京：商务印书馆，1988年，第158页。
④ 萧鹰：《人类语境中的"美"——"美"的概念再阐释》，《清华大学学报》2003年第1期。

取象发生也还没有完全搞清楚。以古文字字形比附词义有时也是相当危险的，如《百家讲坛》的赵世民曾问：“自己的自为什么用鼻子来象形呢？”随后阐发了一堆道理。其实“自”原本就是鼻字，被自己的自假借去而已（鼻字只好另加声符“畀”以相区别）。过去还有学者根据“昔”字甲骨文字形“”、“”，解释过去闹洪水，再到大禹治水，再到诺亚方舟等等，似乎已是多重证据，可以证实了。但是，昔字中的所谓波浪在其他汉字的构形中还有吗？也就是说，其他汉字中是否还有类似的波浪表示洪水呢？答案是否定的。昔字中的那些线条表示的是干肉（俎字有类似构件），从词的层面看，昔就是腊，昔是腊的初文，腊字的出现就是因为昔被假借用以表示过去的意思了。假借的情况自然是不能根据字形来讨论词义的源起的，非假借的情况也不能想当然地谈词义的源起。就如上文谈到的“美”字，我们显然不能得出结论说美这个概念起源于美饰。裘锡圭《文字学概要》：“不但形声字形旁的意义跟形声字义的联系往往很松懈，就是表意字的字形也往往只能对字义起某种提示作用。在这方面最应该注意的一点，就是字形所表示的意义往往要比字的本义狭窄。这种‘形局义通’现象，前人早已指出来了。例如陈浓在《东塾读书记》‘小学’条里，曾指出有的表意字‘字义不专属一物，而字形则画一物。’”[1]说的就是造字取象问题，造字取象不能等同于词义源头。

汉字是很具体的系统的视觉符号，在古文字形态往往能察而见意，但这个意往往不等同于词义。如“集”字，《说文》解作“群鸟在木上也”（籀文集作“雧”），这显然不是集这个词的词义，也不是聚集这个词义的源头。我们把字形所反映出来的意义称作字义，“群鸟在木上”就是“集”这个字的字义（或者说是字形义），它和“集”这个词的意思“聚集”之间有具体和抽象之别。再如“逐”，字义是追猪，词义是追逐。字义往往只是词义的某个具体的侧面，尤其是那些比较抽象的概念，它们的字义和词义之间的“距离”更大。其原因不难理解，抽象的概念往往无法直接用具体的字形来表现，抽象和具体的矛盾必须解决才能造出字来，解决的办法通常只能是把抽象的概念具体化，选择某个具体的侧面来取象造字。如“初”选择用剪刀裁剪布料，“好”选择女人生子，“圆”（初文为员，下部贝是鼎之讹）选择圆形鼎口，“长”选择人的长长的须发，“突”选择犬从穴中突出，“武”选择荷戈行军的威武。有选择，就可能会有分歧，如“逐”有异体字

① 裘锡圭：《文字学概要》，北京：商务印书馆，1988 年，第 147 页。

“遮”，就是追逐的对象选择不同造成的。对于较为抽象的概念来说（语言中的概念往往是抽象的，只是抽象的程度有高有低），造字取象无论选择什么样的具体侧面，这个具体侧面都不能直接认定为是这个概念产生的源头。我们显然不能说“圆”这个概念来源于圆形鼎口，也不能说“好”这个概念来源于女人生孩子。“美”字也只是取象了“美”这个概念的一个具体侧面，无论把它看成是人头带装饰物，还是看成“羊大”，它都无法通过一个字形把“美”这个概念的所有内涵都表现出来。而通过“美”字字形分析，就说中国古人的美意识起源于美味，或美饰，或图腾崇拜，或生殖崇拜，都是过度诠释，妄猜古人。

这里还有必要补说一下本义与引申义的关系。传统观念把本义看成是本来的意义，原初的意义。这样的观念不够严谨，因为所谓本来的、原初的意义实际上无从谈起，正如上文已说的，汉字的源头不清楚，最早的汉字文献不清楚（甲骨卜辞只是已出土的最早的文献）。即便是能从古文字形中分析出一定的意义信息，但这样的意义不能直接等同于本义。有学者主张分别字本义和词本义，我们认为没有必要。因为“本义”这个概念的存在理由是有“引申义”这个概念，换句话说，本义是与引申义相对而言的。字义是什么？它是字形所反映出来的意义，如上文“群鸟在木上”是“集”这个字的字义，它不是词义。引申义是指词的引申义，只有词在实际使用中会产生引申义，因而本义也应是指词的本义。字形所反映出来的意义不是言语实际使用中的意义，不产生引申义。《说文》“集”字下段玉裁注：“引申为凡聚之称。”段氏把“群鸟在木上”当成本义，当成引申的起点，而把“凡聚之称”当作引申义，显然有悖于本义、引申义概念。词是音义统一体，口语中不存在假借的问题，只有落实到字上，才有可能产生假借。如 shěqì，只是写作“舍弃”时，才知道这里的“舍”是个假借字（“六书”中的假借），因为这个字形与音义没有联系。而作为“房舍”的“舍”则是本字，不是假借字。我们把这样情况看成是两个字，是同形字。在书面语中，会有通假字，字形与它在这里的上下文中表示的意义没有联系。这种通假字与“六书”中的假借字不同。因此，对于一个字来说，它所记录的词义中没有本义与假借义共存的情况。

海东金石文字研究价值刍议

刘元春

汉字文化圈以中国为轴心，汉字传至诸国，奠定了各国的经学、史学的基础。但百年来，日本占领、朝鲜全面废止汉字及韩国"去汉字化"政策，致使半岛汉字研究及金石文献研究断层严重，且日趋边缘化。虽然也出现了部分金石文字整理成果，包括网络资源等，但是拓片稀缺、字形误识、句读不清或不出释文等问题非常严重且多所存在，以之为基础的传统经史研究陷入瓶颈。中国文字学界有责任对这批汉字遗产进行整理和研究。然而中国学界尚不能轻易接触到这批丰富的资料，由此带来的后果不仅是难窥其中究竟，甚至也引不起汉字学界足够的重视。笔者数年来对这批资料进行了整理，现以小文揭示其研究价值，以期为中国学界提供些许裨益。

由于朝鲜半岛历史上统治政权的分合，领土也与今天有所不同。又因现今朝鲜和韩国在南北史学观点上存在差异，加之中国大陆官方用语规范也有多次更迭，因此本文借用古代习称的海东地区，称名今天所说的朝鲜和韩国的古代历史疆域，以避免表述的叠床架屋及文字上有可能带来的聚讼纷争。本文所探讨的海东地区，指的是当今韩国所认可的"三国时代、统一新罗、高丽王朝、朝鲜王朝"，以及当今朝鲜所认可的"高句丽、渤海国、高丽王朝、朝鲜王朝"，这二者所统合的历史和疆域。

一、海东金石文字的发现

西汉元封三年(公元前108)，汉武帝平定卫满朝鲜，设置"汉四郡"，乐浪郡存世321年，治所在今朝鲜平壤南郊大同江南岸土城里的台地上。1935至1937年，乐浪郡址及2000余座汉墓出土了"乐浪礼官""乐浪富贵"等瓦当文字、"乐浪太守章""乐浪大尹章"等封泥文字，以及一些碑石和陶器文字。此前，1913年日本东京大学关野贞教授在乐浪郡址今朝鲜平安南道龙冈郡海云面龙井里发现了"秥蝉县神祠碑"("汉平山君碑")。碑身通高150厘米，记录了秥蝉县长向山川之神平山君祈求百姓安宁五谷丰登之事，文字为方整古雅的篆文。该碑是海东地区迄今发现的最早刻石。另有秥蝉县长、县丞印泥也陆续出土。而带方郡址内也出土了大量东汉至西晋时期的纪年砖。其中太守张抚夷的墓葬亦被发掘，其墓砖上有"使郡带方太守张抚夷砖"的字样。此外，平壤土城里汉墓漆器"元始"铭、贞柏洞高常贤墓"永始三年"铭阳伞杆，以及铜镜、铜器等大量金石文字也不断被发现。大量金石文字的发掘，证明在海东地区的三国时代初年，汉字就已成为其南北地区的通用文字。

实物资料显示，自三国至今的1800余年的时间里，金石文字的发展是不平衡的。比如据初步统计，海东金石文文献总数逾5000条，石刻文献至少接近4000条(《金石记》收录3767种)，但三国至新罗初期的70多年的时间中，石刻资料仅有200余篇(《韩国三国末期至高丽初期石刻词汇研究》一文统计)，大部分出自朝鲜王朝时代，尤以清代以来为大宗。

乐浪郡址出土的"乐浪礼官"瓦当

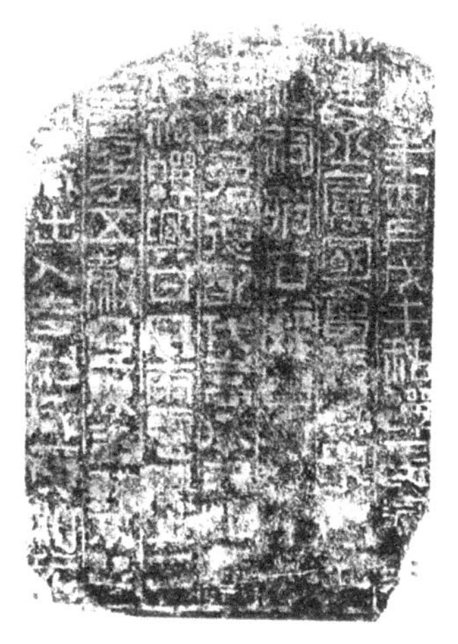

汉秥蝉县神祠碑

二、金石文献的类型

金石学自宋代大兴以来，研究对象由以古代青铜器和石刻碑碣为主，逐渐广泛涉及简帛、甲骨、砖瓦、封泥、玉器等。海东金石文字略有不同，其时代范围处于汉隶之后，至今并未发现甲骨文、金文的遗存，而文字载体即使有青铜器的存在，但器物铸有文字的大都为寺钟，并不如商周礼器之多样。虽然其他类型载体均有传世或出土，但碑石是数量最多的一类，总数近 4 000 件。木简、木板（匾额）、砖瓦、瓷器、印章封泥等，这几类载体数量比例各有不同，除木简文字有 500 余枚外，其他大都在两三百条左右，即便如千余件的砖瓦，大都模印或刻画的是图案，上有文字承载的，亦仅有不足 200 件。

海东地区与中原王朝不同，由于朝鲜王朝之前的时代，碑石并没有引起足够的重视，又加之石刻材质不同于中国、碑石保存并不完善，导致存世的石刻文献非常少，且磨泐严重。而藉由海东地区对书艺的热衷，板刻文字亦颇受重视，且相对而言，木板也是比较理想的文字载体。目前韩国发现的木板类文献也为数众多。最负盛名的是高丽八万大藏经木板，仍完好保存于伽倻山海印寺中。此外，真鉴禅师碑等木板也流传甚广。数量最多的当属悬板（多数为匾额），总量超过 300 件（《韩国国学振兴院收藏悬板图录・匾额》）。

海东地区亦出产精美瓷器，著名产地有康津郡、利川市等。瓷制品也成为海东地区汉字的重要载体。当然，究其实质，瓷器的本质也是由陶土烧纸而成，但毕竟在制作工艺和用途上，瓷与陶存在差异。因此，我们将二者独立开来。在瓷器上制作墓志铭等，中国唐代就已发现，海东地区则自高丽末朝鲜时代初传入，已知最早的一方为 1435 年的《青瓷镶嵌宣德十年铭墓志》。此后，瓷器制作墓志，也成为一股风尚。据初步统计，瓷器墓志总量共 175 方（《朝鲜时代白瓷墓志研究》）。国立中央博物馆藏的其他有铭瓷器共有 130 件，当然大部分瓷器铭文为干支纪年或人、地名称，字量不多。

上述金石文字主体为楷字，部分为篆、隶、行、草（另有少量谚文、八思巴文、女真文字）。

三、金石文字在朝鲜时代的承续

海东金石原文献保存不善，大量资料只能从古人整理的拓本、法帖或目录集窥得一二。从现有资料来看，古代时期的金石文字整理均是发生在朝鲜王朝时期，因此本部分冠以“朝鲜王朝”以更加明确实际所指时代。

（一）制作碑石拓本

朝鲜王朝建国之初，由王室制作和发放碑拓作为法帖的风尚，引领了早期的金石文字的整理。《朝鲜王朝实录》有大量记载。世宗二十四年(1442)五月廿八日载:"赐各道碑文于大小臣僚。初,上欲印各道寺社碑铭,以为书法,命各道模印以进。各道造长阔纸箚,征聚丁夫,又敛蜡墨与毡,经年模印……"此风尚盛行至壬辰、丁酉之乱(1592—1598)。个人碑拓制作也多为贵族或上层人士行为。著名的如沧江赵涑(1595—1668,字希温)编有四卷本《金石清玩》,收录120余幅金石拓本,朗善君李俣(1637—1693,字硕卿,号观澜亭)编纂了《大东金石书》,正编金、木、水、火、土五集5册、续编乾、坤二集2册,录有302方碑拓。到了18世纪中期,出现了整拓收录的成果,代表为金在鲁(1682—1759)的《金石录》和与之相关的《金石集帖》。

(二)以法帖进行书法教育

王室之外,朝鲜时代的上层人士,尤其是知名书家也制作了许多法帖,用于书法鉴赏和书法教育。按数量可分作集帖和单帖,按材质可分石刻和木板本,惜其大都未存实物。个人木板制作的法帖,如申公济(1469—1536,字希仁,号伊溪)制作了《海东名迹》,最初镂以木板,后又上石模印,并递有增补。个人石刻法帖的制作,如安平大君李瑢(1418—1453,字清之,号匪懈堂等)于世宗廿五年(1443)制作了朝鲜时代代表性的法帖《匪懈堂集古帖》,李俣(参与)制作了"朗善君书帖"《列圣御笔帖》《东国名笔帖》,以及未详编者的《大东书法》等,均收录了部分金石书迹。

(三)编制金石目录

金石目录纂集于朝鲜时代颇为丰富。李俣在其《大东金石书》各卷附以目录,日治时期学者将其汇总为《大东金石目》刊行。文士赵根(1631—1690)编纂的目录(剩51种),现残存于其文集,这类目录的主体结构大都包含书者、刻工、时代等基本信息。而编于17世纪末或18世纪初的《金石记》,收录了多达3767种金石条目,目前笔写本藏在日本天理大学,日治时期今西龙刊出《大东金石书》曾加以影印校订。

声名最著的当是金在鲁及其后人所做的、为匹配拓本帖《金石录》而成的目录集《金石录》。该书按《千字文》的顺序,将"天朝"到"释寺"的34个项目排次。226册里共收录了2265幅拓本。与之相近,俞拓基也编有《金石录》,共分为32部。此二书整体结构极为相似。另外,实学家徐有榘(1764—1845)在其《林园经济志·怡云志》中编有"东国金石",录有金文4种、石文196种。

金正喜(1786—1856)将金石学独立成一门学科后,目录集的编制也演变为

“访碑录”的形式，即添加以简要的考释。如李祖墨(1792—1840)发行的《罗丽琳琅考》，虽只包含《平百济碑》在内的7种金石文，本书是朝鲜时代唯一出版的书籍，也是金石文考证的初级阶段的代表。又如金正喜的弟子徐相雨(1831—1903)编制的《罗丽访碑录》，收录了31种新罗时代和94种高丽时期的金石文的名目(唯一藏本收藏于林世权教授手中)。有“朝鲜近代开化思想的鼻祖”的译官吴庆锡(1831—1879)编写了未完稿《三韩访碑录》(现存4章)，按照地区分类记录了金石文的相关信息。

(四) 考据研究

朝鲜王朝后期的百年间，海东金石文字进入以考据学为目的研究阶段。金正喜在与翁方纲、翁树昆等清代金石学家的交往中，接受了乾嘉金石学的研究方法，撰写出《海东碑考》《真兴二碑考》等专著。只是在当时，该类型著作尚不能为人尽知。其后吴庆锡作《三韩金石录》，堪称金石考证的力作，主要目的是订补清代学者海东金石文的研究，多所创获。该书之前据传有《海东集古》一书亡佚，因此《三韩金石录》价值愈加明显。该书仿《隶释》著录海东金石全文143篇，并详加考订。

译官金秉善(号梅隐)编著《金石目考览》一书，最初是300余种金石文的目录集，共3册，后受到刘喜海《海东金石苑》的影响，重新制作了2卷1册191种的版本。韩国国立中央图书馆收藏的是1926年的抄本。

此外，大量朝鲜时代文集中也存录或提及了众多金石文献，包括题跋及考释之作，如洪敬谟和成海应等，只不过这些著者大都非金石学者。

四、清代学者对海东金石文字的关注

在考据学影响下，清代学者也对海东金石文字产生了兴趣。王昶于嘉庆十年(1805)编成《金石萃编》，主要收录自秦至宋辽金的碑石文字，其中也著录了若干海东金石文字，如《平百济碑》《朗空大师塔铭》等。陆增祥《八琼室金石补正》也有涉猎。但专门汇集海东金石文献的肇自翁方纲(1733—1818，字正三，号覃溪)。

翁氏晚年撰述未成稿《海东金石文字记》4卷4册(附录1卷)，著录海东诸国所发现的古代钟铭碑刻。所附录的1卷《碑目琐记》，为其第六子翁树昆撰写。二人还合撰了《海东金石零记》1册，内容稍杂(包括《李长吉歌诗》47首)，钟铭仅圣德大王神钟铭，其他均为碑石，多为基本信息介绍，少量录有释文。翁氏父子这两种书籍传至朝鲜王朝道州何积煌(诒恺)处,目前仍存稿本。二人与同时代的朝鲜王朝的李祖墨、金正喜等(书信)相交,如李祖墨受清代学者影响转向金石拓本的整理,共同促进了当时海东金石学的发展。

同时代的刘喜海(1794—1852,字燕庭)等编有《海东金石苑》及补遗、附录(16卷),以及《海东金石存考》。据《海东金石苑·刘燕庭题辞》(1922年刘氏嘉业堂金石丛书本),该书非刘喜海始编,朝鲜王朝赵寅永(1782—1850)、赵秉龟(1801—1845)叔侄,分别于1816年、1830年出使清朝,均赠给刘喜海数十方碑拓,并多有书信交往且多有见赠。而金正喜、金命喜(1788—1857)兄弟也与刘燕庭相识,二人多次搜集朝鲜碑石拓本寄赠给刘喜海。如1816年金正喜发现了北汉山的《新罗真兴王巡狩碑》,次年与赵寅永识别了残字68个,并将拓本等寄给了刘喜海,被编入《海东金石存考》,金命喜则1826年赠予刘喜海若干碑拓。

还有部分待考书目,如赵之谦《补寰宇访碑录》提到了平湖韩韵海编纂了《海东金石存考》,韩弼教《随槎录》册5"主事李月汀璋煜笔谈""纯组三十一年十月四日壬午条"记载李璋煜编纂了《东国金石文》试卷,收录讫于天启崇祯年间。缪荃孙《艺风藏书记》中记录翁方纲的弟子叶志诜编纂了《高丽碑全文》4册58种。这些著作大都出自北京地区与朝鲜使臣往来密切的金石学者。另有藏于上海图书馆的方履钱万善花室抄本《海东金石文》(未知编者),所收碑目也都见于前述诸书。此外,还有一本胡琨的《海东撷古志》8卷,是根据刘喜海金石拓本所写出的简要介绍。

这些著作虽多有重复,且各有局限,但足以称得上辑录考辨海东金石文字的一波高潮。

五、日治时期以来的金石文字整理与研究

日治时期,日本政府和金石学者展开了大规模的朝鲜半岛金石文字搜集工作。如朝鲜总督府的《朝鲜金石总览》(1919—1923)整理了释文,李兰英《韩国金石文追补》将新见高丽时代之前的金石资料加以结集,朝鲜总督府《朝鲜古迹图谱》(1925—1935)收录了大量金石照片,今西龙博士整理了李俣的《大东金石书》、葛城末治的《朝鲜金石考》包括理论探讨和择文选释两部分等。这一时期的工作至为重要,保留了极为珍贵的史料。

二十世纪后半叶以来,金石文字整理进入井喷时期。在拓片辑录上,赵东

元《韩国金石文大系》(1979)、任世权、李宇泰等《韩国金石文集成》(2002—2005)、国学振兴研究事业推进委员会《藏书阁所藏拓本资料集》(2004)等,已将常见的重要金石拓本收集完毕。

释文整理上,黄寿永自1976年代出版《韩国金石遗文》后,至1994年增补至第5版。其他还有许兴植编《韩国金石全文(古代/中世上、下)》(1984),韩国古代社会研究所编著的《译注韩国古代金石文(1、2、3)》(1992年出齐)、韩国国史编纂委员会编辑的《韩国古代金石文资料集(Ⅰ、Ⅱ、Ⅲ)》(1995—1996出齐)。

断代金石文字整理方面,主要有两部著作,分别是金煐泰编写的《三国新罗时代佛教金石文考证》(1992)和韩国历史研究会编著的《译注罗末丽初金石文(上、下 原文校勘篇)》(1996)。

与中国关联的相关金石资料也有汇集,如韩国高句丽研究财团编印了《中国所在高句丽关联金石文资料集》(2004),庆尚南道历史文化研究院编辑了《中国出土百济人墓志集成》(2016)。

从具体载体角度来说,金龙善在高丽墓志铭方面用功最勤,先后出版《高丽墓志铭集成》(1993)、《索引》(1997)及《续》(2016),金氏还编有《在日韩国金石文资料》(2010)。日本的井内古文化研究室(井内功)在砖瓦研究上成果最富,尤其是7卷本《朝鲜瓦砖图谱》(1981)的整理出版,将历代瓦当、砖的图版悉数收录,其中包括有文砖瓦115件。井内功还将部分图版资料及实物资料,捐赠给韩国相关文物机构,极便学界研究。木简方面,李镕贤著有《韩国古代木简研究》(2001)《韩国木简基础研究》(2006),中国的戴卫红著有《韩国木简研究》(2017)。石刻文献研究上,顺天乡大学朴现圭承担了若干课题,并发表了大量调研论文,亦有超过20个城市纂辑过当地碑刻文献,但水平参差不齐。

字典及相关工具书的编纂也出现了许多成果,如金荣华著有《韩国俗字谱》(1986)、权悳永编有《韩国古代金石文综合索引》(2002)、国立伽耶文化财研究所编有《韩国木简字典》(2011)。

此外,有中韩大量学位论文和期刊会议论文基于金石文字展开,除书法、艺术角度外,以词汇和历史考证为大宗,如金昌镐的《六世纪新罗金石文释读与分析》(庆北大学1994)、井米兰的《韩国三国末期至高丽初期石刻词汇研究》(华东师范大学2012)、拜根兴的《七世纪中叶唐与新罗关系研究》(2003)等。

数字化建设方面,韩国国家文化遗产研究所建成"韩国金石文综合影像信息系统”，以照片方式录存韩国古代金石遗迹，但其非拓片影印，尚不能提供清晰字样，故而于文字研究方面仍然受限。而国立文化财研究所“伽耶文化院木简资料”网站，则提供了部分木简图版。

根据韩国教育学术情报院登载的资料统计，基于金石文献的韩国学位论文，共计有120余篇，课题研究近80项，期刊会议论文近1000篇，著述单册近1000册。但纯文字学领域的研究成果，仍属罕见。

综上，韩国在实物文字资料辑录上并不完备，拓片多为选拓。该特点与字书编纂类似，偏好只选取有代表性的资料，不求穷尽性。国内相关选题已然展开，如“新罗金石文综合研究”，但尚未出版韩国实物文字资料工具书，纸质及电子文献库建设则为空白，已有研究多以历史学和中韩关系为视角。而汉字传播及近代汉字发展史研究方面，成果少见。

六、学科理论意义

域外金石文字资料，堪称王国维“二重证据法”之上的第三重证据。汉语文字在海东地区发生的诸多变化，贮存于数量庞大的金石文献中。认真梳理汉字文化圈诸国历史汉字实物文献的同异，在研究传承与变异的基础上，解读分析汉字、艺术、历史等内在原因，将其提炼为汉文化传播过程中的规律性因素，并在此基础上寻绎具有价值的研究线索和研究范式，使走出去的汉字文献实现再反哺，必将起到“他山之石可以为厝”的效果。

虽则如此，一直以来中国文史研究，尤其是语言文字学，亦即传统的“小学”研究，往往存在厚古薄今的问题。以汉字研究而言，中古以降楷字和域外汉字研究尤为薄弱。但在跨度如此长的时段里，汉字经历着种种变化，值得深入研究的地方不可胜计。汉字在韩、日、越的异域传播演变，经历了跨越、融合、传承、变异等历程。无论从学科理论建设上，还是从汉字国别研究范围的扩大等方面，拓展空间非常大。不仅如此，汉字文化圈的实物文字文献可资比照研究的对象，也正是集中在这一时段里，又由于域外自源古文字资料为“无米之炊”，因此能够在共时层面互相系联、相互比较研究的大宗出土文献，仅有今文字阶段的石刻、钟铭、砖瓦等可堪利用。从这一角度来说，尽快梳理海东地区及其他国家文献，无疑可大大推进以汉字学为代表的各相关学科研究。可以说，域外汉字学将逐渐成为汉语言文字学新的学科增长点，而中古和近代汉语汉字研究也将得到有力推动。

七、词汇及字形的研究角度及价值

具体到汉语言文字学各分支研究方向，域外实物文献语料最显著的价值体现在词汇和文字两个方面。

从词汇角度看，虽然他们使用的是与汉语不同语系的朝鲜语，但在古代海东地区各政权官方书写用语中，均为汉字书写的文言。这些承载于金石文献的语料，反映的语言可靠，时代性明显，文献体量适中。既有宗教类的词汇（尤以佛教译词为主），也有大量反映海东社会日常生活的普通词汇，还有反映对外关系及上层功绩政令的术语词汇等。这类词汇是中国本土文献汉语词汇的有益补充，其中最常见的情况是补充了汉语词汇的义项或提前了汉语词汇的首现时间。仅举一例。

1999年在韩国金泉市发掘出一通约为661—662年间的《柴将军碑》，碑文有一句"祗奉明诏镇压藩隅"，其中的"藩隅"指中原王朝周边的少数民族政权或臣附国家，意义大致同于唐代文献中的"藩方"。该词中国本土文献最早见于白居易(772—846)《授路贯等桂州判官制》："勅藩隅之重，委以侯伯；军府之要，掌在宾寮。"（《全唐文》659卷）显然，位于韩国的这方碑石的记载，将"藩隅"一词出现的时间，提早了百数十年。这类词语不可胜计。《〈罗末丽初金石文〉词汇语法专题研究》《海东汉文碑词语研究》《韩国三国末期至高丽初期石刻词汇研究》等学位论文对金石文中的词汇进行了初步地整理，可资参考。

而汉字形体的新变，在海东金石文献中是最为直观且特别突出的。一类形体属于新演化出的异体，一类形体虽见于国内文献，但在时代性或应用场合却有新的面貌。

前一类例如北魏太昌元年(532)磨云岭《真兴王巡狩碑》"……沙喙部非尸知大舍[illegible]人沙喙部为忠知大舍……"，其中"[illegible]"字由"馬""弱"左右两个构件构成，该字形不见于国内出土和传世文献，应是海东地区新造字，字音字义待考。新造字中会意的造字方式较为常见。比如以"入""土"二构件，合成"仝"字，表示埋葬的葬，以"入""日"二构件，合成"合"字，表示日暮的暮。

后一类形体如百济国第25代国王(501—523)武宁王陵出土的银钏上，纪年的"庚"字刻作[illegible]，字形源于篆隶递变时期，楷化后大部分实物资料用例显示作"庚"形，少数情况下，为不加末笔"丶"的结构。该形体亦见于海东地区同时代实物资料，足见汉字异域传播的广度和影响力。再如《北汉山真兴王巡狩碑》

末刻有金正喜等人的字迹，上书“丁丑六月八日，金正喜赵寅永同来审定，残字六十八字。”两个“字”分别刻作“[illegible]”“[illegible]”，从“宀”“丷”“子”，该形体古代绝少使用，仅见《广碑别字》六画收录的《魏薛孝通墓志》。而朝鲜王朝19世纪的金正喜等人却能加以使用，亦可见汉字域外传播的深度。

词汇、文字之外，音韵迁变和语法研究，也是其中重要的一个方面。总之，整理海东地区的金石文字，不仅可以推动汉语汉字的历史传承、现实应用及国际传播，也可以为建设语言文字规范标准数据库提供帮助，在建设古今汉字全息数据库方面同样具有重要意义。

八、结语

以金石文字为代表的海东地区汉字遗产，堪称汉语汉字域外传播的重要坐标。整理、整合、比较和研究域外汉字遗产，可以增强文化自信，在国家发展战略中意义重大。如《唐蕃会盟碑》《唐平百济碑》等大量碑刻，堪称古代中韩交流的活化石，承载了古代中国对周边国家和民族的文化影响，对增强中华民族自信心和向心力而言，弥足珍贵。而针对半岛的汉语汉字教育事业，金石文字资源同样具有重要的价值。

本文主要从文献梳理及语言文字学角度展开，相关书法艺术、历史考古、中外关系等层面，则因篇幅原因，不再赘述。目前，海东金石文字的研究逐渐引起国内学界的兴趣，也出现了若干篇论文，但实际上存在的问题较多。今后的研究中，应首先做好基础的文献整理工作。譬如全面搜集韩、朝、中、日历代海东金石文献，系统梳理拓片图版，重新校对增补释文，使图版和文字相互匹配。其次，在字形方面，未来应考虑研制字形全谱。这不仅对韩朝等国家的传统“小学”研究而言，可以提供丰富的第一手文献，而且对国内语言文字学界，也是探寻学科生长的新路和范式。具体到个案研究，也是对语言文字、历史考古、社会文化艺术，多有裨益。例如“儒”字在韩国石刻中演变出异体“仪”，造字心理及思想意识便藏于字形演变之中。

当然，在具体操作中，应当注意时代性，尤需注意域外实物文献和本土文献中，语言文字的时代性未必完全吻合，甚至往往具有滞后性。所以在研究和使用中，应充分考虑关涉的各要素。

论齐白石“衰年变法”

——疏通《白石诗草》与其花鸟写意的心源关系

夏中义

美术史与艺术史论之关系，粗看即“经验与学术”之关系。“经验”是有待“学术”去关注、界定且阐释的本体性对象，“学术”是对“经验”给出知性剖析及价值评价的逻辑化构建。于是，有幸被载入美术史的大画家往往被视作纯“经验”载体，以研究为业的学者才是担当“学术”的角色符号。然深入到历史现场，“经验与学术”关系并非这般单一。症结是在创造了艺术史奇迹（“经验”）的巨匠，对自己何以有此大作为未必一概无言或无宏论（“学术”）。

这不禁让人联想二十世纪初创造了“意识流”文体的乔依斯与伍尔芙。这对同年生（1882）同年死（1941）的英伦文豪皆有功于“意识流”文体的创新，然乔依斯可用“意识流”来写传世小说《尤利西斯》，但他对《尤利西斯》为何割舍传统叙事的全知全能模式而另辟蹊径，却默然不语。伍尔芙恰恰相反，她不仅写了《达罗卫夫人》《到灯塔去》等“意识流”名篇，而且撰写了《论小说与小说家》这部经典，从学理上去论证“意识流”文体赖以发生的历史心理动因及其审美特征。这就是说，相对于“意识流”创新这一文学史案而言，乔依斯纯属只做不说的“经验”派；伍尔芙却是做说俱佳的“两栖类”：她在介入“意识流”文体实验时是“经验”先驱；她在系统慎思文体实验的来龙去脉时，又华丽转身为“学术”先知。

如上围绕“经验与学术”关系的文学史述作为类比，落到齐白石（下简称齐）身上，饶有参照性意味。意味有两个。一是着眼于“经验”，“衰年变法”（下简称“变法”）既是齐（1864—1957）生命史的重大事件，同时也是二十世纪中国美术的伟大史案，因为若无此史案，齐也就不能从贫寒出身的湘土画匠，演变为吴昌硕（1844—1927）后足以标志现代水墨（花鸟）写意高峰的百年传人。二是着眼于“学术”，齐作为当事人在面对“变法”时，既不像乔依斯那般“只做不说”，也不像伍尔芙那般"自圆其说"，而是走出了"第三条路"，极简约地将1920年启动的"变法"概述为26字(未计标点)："师曾劝我自出新意，变通画法，我听了他话，自制红花墨叶的一派"。[1]

由此看来，大凡"学术"表达式至少分两种："压缩式"与"展开式"。所谓展开式，起码得满足如下逻辑条件：一是指称对象的主词作为基本概念，其内涵及外延须作明晰界定；二是呈示对象能以此性状存在于此的因果律须诉诸严谨论证。以此为尺度，可鉴齐对"变法"的表达在逻辑上确属有待展开、然未展开的压缩式。症候亦即两点：一是其"变通画法"之"法"作为主词的内涵及外延究竟何谓，未见明确界定，故它称不上是"概念"；二是从"自出新意"到"自制红花墨叶"这一因果陈述，简单得像平面几何的两点一线，尚待有说服力的"历史-逻辑"依据来坐实，故也称不上是"论证"。齐对"变法"的学术口述，准确来讲，拟属"言论"，稍逊"理论"。

切忌因此而轻视这"26字"所浓缩的学术含金量。所以，若不苛求大画家又须是理论家，而是实事求是地将"26字"当作深度领悟白石花鸟时的美学提纲，它也就珍稀如矿苗，它固然不等于丰厚矿藏本身，却能提示："这儿有金子"。这就是说，只要循其导向，后学渐能确认齐历经十年(1920—1930，时58—68岁)的"变法"之"法"，与其说是特指"技、艺、道"中的狭义技法(画法)，毋宁说是泛指齐1917年迁京(时55岁)前作为乡间画匠所稔熟的广义艺术行为模式，它既涵盖"技(怎么画)"与"艺(画什么)"，也指涉"道(为何画)"。故其"衰年变法"之"变"，也就不仅是在"技(怎么画)"层面指涉齐是如何从簪花工笔走向了写意粗笔；同时也在"艺(画什么)"层面指涉齐是如何从模拟八大山人的冷眼寒鸟拐向寄托乡恋的"红花墨叶"、温情虫草；更进一步，其实也在"道(为何画)"层面指涉齐如何从卖画谋生最后升华为承续徐渭、石涛、缶庐后的中华水墨谱系而成千秋传人。

诚然，如上论述所涵盖的诸维度之内容，并不源自齐"26字"的直接点拨，但若对白石诗画触摸愈深，有识者将愈愿认同如上论述，大体上并未逸出齐"26字"的意涵框架，其特点只是"意到笔不到"而已。这似又在提醒后学，齐从学术角度口述"变法"时的"意到笔不到"，并不等于说其画卷暨《白石诗草》就无所作为，未作补白。事实上，齐对"变法"在学理上未说透的好多话，他在别处已用水

---

[1] 齐白石口述，张次溪笔录：《白石老人自传》，北京：人民美术出版社，1962年，第72页。

墨线条、构图、造型乃至押韵的诗性意象说得很明白，且有过之无不及。这在无形中又劝勉笔者，疏通《白石诗草》与其花鸟写意的心源关系有多重要。《白石诗草》及其水墨花鸟本"中得心源"于齐的性灵，堪称是齐的艺术孪生子。故本文借道《白石诗草》而钻到齐"变法"时的心灵深处，去洞察美术史案赖以发生的历史-人格奥秘，也就不无理由。

一、变法一：从簪花工笔到写意粗笔

齐白石"变法"的第一表征，是从"簪花工笔"转向"写意粗笔"。齐 1919 年（时 57 岁）曾"自记"："获观黄瘿瓢画册，始知余画过于形似，无超凡之趣。决定大变，人欲骂之，余勿听也；人欲誉之，余勿喜也"。① 这表明齐 1920 年所以应诺陈师曾劝其"变通画法"，原来他心底早已有潜台词。这与其说是外因通过内因才起作用，不如说是内因得到外因之重大支撑后底气郁勃。

陈师曾在齐心中分量极重，除了陈系世族名门之后（陈宝箴之孙，陈散原之子，陈寅恪之兄）、领衔清末民初京师艺苑的大腕、1922 年曾力荐白石花卉、山水在日本爆红外，还因为这对画家相知至诚至深。齐有诗云："君我两箇人，结交重相畏。胸中俱能事，不以皮毛贵。牛鬼与蛇神，常从腕底会。君无我不进，我无君则退。我言君自知，九原毋相昧"。②

为何将齐愿舍弃的精致工笔冠名为"簪花工笔"？那是因为齐 1919—1920 年始嫌工笔（作为技法）的表达力重在"形似"，不足"神似"，宛如小家碧玉用来绾住秀发（或连冠于发或斜插发髻）的簪花长针，纤巧有余，格局凡庸，故也就可解《白石诗草》屡用"倚门"一词来揶揄工笔的缘由了，诸如"轻描澹写倚门儿，工匠天然胜画师"；③"填脂堆粉倚门娇，不是钩摹便是描"；④"乍看舞剑忙提笔，耻其簪花笑倚门"⑤之类。简言之，作画若依赖"形似"物象见长

---

① 齐白石：《齐白石谈艺录》，王振德，李天庥辑注，郑州，河南人民出版社，1983 年，第 35 页。黄瘿瓢，即黄慎，清代书画家，字恭寿，又字恭懋，号瘿瓢子，福建宁化人，善人物画兼工花鸟、山水，为扬州"八怪"之一；亦能诗，有《蛟湖诗草》传世。见上书，第 49 页注释。

② 齐白石：《题陈师曾画》，《白石诗草二集》卷三，《齐白石诗集》，桂林：广西师范大学出版社，2009 年，第 75 页。

③ 齐白石：《天津美术馆来函征诗文，略告以古今可师不可师者，以示来者》，《白石诗草二集》卷八，《齐白石诗集》，桂林：广西师范大学出版社，2009，第 209 页。

④ 齐白石：《某女士花卉册求题》，《白石诗草续集》，桂林：漓江出版社，2012 年，第 281 页。本文引白石诗，出自《白石诗草续集》者，皆归"漓江版"，桂林：广西师范大学出版社，2009。

⑤《齐白石谈艺录》，第 76 页。

的工笔(技法),这很容易将美术弄得匠气或小家子气。故齐又诗云:“平铺直布即凡才”。[①]

工笔在齐心中的弊病是:乍看功夫不浅,一笔一画酷似日常物象,然鉴于此技法容易将心力全耗在外倾型“形似”上,则物象在审美过程中对观者所诱发的内倾型情趣也就流失于无形。这就有涉花鸟画须讲究“神似”之缘由。所谓“神似”,并非反映论者所强调的、艺术须凸现对象的“本质或本质的某些方面”。“神似”只在期盼画家能画出花鸟所以让观者为之喜悦乃至雀跃的审美特征。故“神似”之秘诀,不在认知性外倾(把花鸟画得像照相机拍的那般逼真);“神似”是侧重审美性内倾,渴望画出那枝曾在观者心头噙泪颤栗的芙蓉,或那群掠过观者胸口的迎风呢喃的麻雀。只讲“形似”、不讲“神似”的工笔(技法),则难免“拟形者死”。这用齐的七言来说,即“与天造化同工苦,犹道春风花不飞”。[②] 意谓没了“神似”之生机的精细工笔,尽管毕肖天然造物,画得含辛茹苦,然画面上的花却死气沉沉,宛若春风吹过,它飞扬不起来。

工笔是否天然与“写意”有隔?自可见仁见智。但齐在1919—1920年确作如是观,当属史实。其思路或许如下:最擅长对物象作线型刻画的工笔,难以传达画家因被花鸟之美感动而生的那份心迹或“神”思,此甚迹近画家最想表达的“意”。当这诗性之“意”被隐喻性花鸟造型所寄托,此即“写意”。从这角度看,又不妨说“神似”是手段,“写意”才是目的。于是,齐从此不再看好工笔,“写生我懒求形似,不厌名声到老低”,[③]哪怕艺界同行异议风生,已不能阻挡齐决计从“簪花工笔”走向“写意粗笔”。齐宣布“余平生工緻画,未足畅机,不愿再为,作诗以告知好”:“从今不作簪花笑,誇誉秋来过耳风。一点不教心痛快,九泉羞煞老萍翁”。[④]

工笔之“未足畅机”“不教人痛快”,在齐的另首诗中,大概也拟被称作未“搔

① 齐白石:《题某女士山水画幅》,《白石诗草二集》卷四,《齐白石诗集》,桂林:广西师范大学出版社,2009,第130页。

② 齐白石:《题汪蔼士画梅二首》之一,《白石诗草续集》,《齐白石诗集》,桂林:广西师范大学出版社,2009,第277页。

③ 齐白石:《画虾二首》之一,《白石诗草二集》卷六,《齐白石诗集》,桂林:广西师范大学出版社,2009,第168页。

④ 齐白石:《工緻虫草》,《白石诗草二集》卷六,《齐白石诗集》,桂林:广西师范大学出版社,2009,第175页。

人痒处”：“我亦人间双妙手，搔人痒处最为难”。[1] 难就难在中华水墨谱系（从徐渭、石涛到吴昌硕）未必能给齐一套现成且如意的“写意粗笔”（技法）遗产，令齐能如鱼得水地师承现成且挥洒。一切都得从头探索。事实上，从舍弃“簪花工笔”到“写意粗笔”成熟，齐在这条荆棘路上独自走了十年。“扫除凡格总难能，十载关门始变更。老把精神苦抛掷，工夫深浅自心明”。[2]

欲见证齐“变法”十载之笔墨功夫怎么由“浅”入“深”，最靠谱、最见效、最有趣的方案，莫过于是比较齐在不同时段画的墨虾究竟有何不同。记得齐 1932 年（时 68 岁）曾表白：“余之画虾已经数变，初只略似，一变毕真，再变色分深淡，此三变也”。[3] 其实，有心者若愿将齐 1920 年版墨虾[4]与 1941 年版墨虾[5]搁在同一平面，恐会惊讶这已不是“不怕不识货，就怕货比货”的问题，而分明是业外人士也可从中见出比齐的表白有更多的领悟。

看点有三。

一看数量及墨色。1920 年版墨虾是孤身只影，被肥肥地置于 50 cm × 43 cm 画幅左下方，画面中部有水草横曳，上方及右侧则挤着密匝匝的竖排题跋，墨虾拟处“配角”，终究是齐“变法”初之笔墨，“略似”而已。然 1941 年版墨虾无疑成了“主角”，101.5 cm × 34.5 cm 立轴除了右侧一条细长题跋，其余画面全属十只墨虾自由追逐、竞相扑腾的空明世界，这与其说是虾群在水中遨游，不如说它们更像是从澄净的天际蹦极而下，最探底的墨虾疑似一身青盔，墨色浓重，最上端的一对则宛如太湖白虾，通体呈透明或半透明。齐曾谓其画虾第三变是“变色分深浅”，信然。

二看造型（神态）。1920 年版虾图右侧有题跋“朱雪个画虾不见有此古拙”，[6]这是齐在当年的自我嘉勉。因为若与 1941 年版比较，则 1920 年版墨虾造型之“古拙”，恐将生“古板笨拙”之嫌。甚至可说，若非此图题为《游虾》，或不细察虾腹右侧有七条细腿在一齐朝前划水，它很容易被看作一条呆呆趴着或笨笨爬着的懒虫。这怎么也无法同 1941 年版或蜷曲、或蹦跶、或交头接尾、或尾

---

① 齐白石：《合掌佛手柑》，《白石诗草二集》卷三，《齐白石诗集》，桂林：广西师范大学出版社，2009，第 96 页。

② 齐白石：《题画》，《白石诗草二集》卷七，《齐白石诗集》，桂林：广西师范大学出版社，2009，第 197 页。

③ 齐白石 66 岁题画虾，《齐白石谈艺录》，第 43 页。

④ 齐白石：《齐白石画集》上卷，北京：人民美术出版社，2013 年，第 30 页。

⑤ 引文同上，第 128 页。

⑥ 齐白石图《游虾》（1920 年），《齐白石画集》上卷，北京：人民美术出版社，2013 年，第 30 页。

随匆匆的灵动虾群相媲美。同一个人，同样用"写意粗笔"画虾，然其笔墨的表现力却立判高下。毕竟前后相隔了二十年。

三看笔触及审美效应。记得齐曾说作画笔触（墨线）"不可太停匀，太停匀就见不出疾徐顿挫的趣味。该仔细处应当特别仔细，该放胆的地方也应当特别放胆"。[①] 以此为标尺，来比较1920年版与1941年版的墨虾触须，也就顿生意趣。1920年版墨虾的那对长须当枯笔绘出，但又未免拘谨，偏直了，直愣愣、"太停匀"的墨线稍逊缊藉。反观1941年版那几十根虾须虽也是枯线挥就，却精彩纷呈得没有一根是重复的，没有一根不是在挥洒其独特的生命信息：它们或纤弱得像发梢随风轻飏；或挺秀得像兰草在拨撩伴侣的后脑；或耳鬓厮磨，虾须纠结一团；或逆水而上，清波将虾须拂成八字胡……不难想象齐1941年（时79岁）在画虾图时，那活泼泼的像春汛飞溅的撒欢劲儿，多么令人艳羡且沉醉。再细细品味图上那十对或勇猛扑腾、或怡然拱举、或温存相拥、或张牙乱舞的节肢前爪，几乎人类手臂能表达的肢体语言它们应有尽有；进而遐想民间戏曲《白蛇传》的高潮"水漫金山"一幕亟须骁勇的虾兵蟹将，只要请齐到场，也就一手搞定。显然，1941年版"写意粗笔"已将1920年版所残留的工笔式小心翼翼、亦步亦趋的匠气或小家子气，一风吹得荡然无存，满纸满幅所贯注的、全是春潮浩荡时一泻千里、一呵万象般的肝胆气暨风云气。[①]

用粗笔写意，要做到"形神极工，不易也"，甚至"极难"。[②] 然齐凭其"衰年变法"十年乃至廿年硬碰硬地做到了，不愧为"大手笔"。但耐人寻味的是，齐又自有其"笔墨辩证法"，并未因其"写意粗笔"之大成功，而在技法上偏至一尊即轻率遗弃"簪花工笔"；相反，齐是愈活愈具大襟怀，颇赋旷世巨子才有的"异量之美"，其诗云："轻描大写各劳神，受得师承见本真。八十老翁先论定，半如儿女半风云"；且"自注：谓工者如儿女之有情致，粗者如风云变幻不可捉摸也"。[③]

究其原因，大致有两个。一是尊重自己的艺术史积累，其学画起步于工笔描摹，做人不宜忘本："他日狂挥神似外，工夫须识在今朝"。[④] 二是尊重审美的

---

① 齐白石与胡橐论画，《齐白石谈艺录》，第76页。

② 齐白石对胡橐语，《齐白石谈艺录》，第74－75页。

③ 齐白石：《题艺术学堂学生画刊，兼谢学堂赠余泥石二像二首》之一，《白石诗草续集》，《齐白石诗集》，桂林：广西师范大学出版社，2009，第270页。

④ 齐白石：《某女生出工笔画卉册求题》，《白石诗草续集》，《齐白石诗集》，桂林：广西师范大学出版社，2009，第281页。

丰富性,"画卉必须有虫草陪衬才更生动"。[1] 何谓"异量之美"? 这就是。这让人想象在一肩飘洒秀发之上,配一枚精致的金色发夹,分外妖娆。无须说,前者系粗笔挥就,后者非工笔莫属。事实上,齐也极擅场、极乐意弄此玩艺儿。民国北平艺苑佳话之一,便是梅兰芳请齐在写意花卉图上添一工笔昆虫,作为酬谢,梅在齐濡墨挥毫时唱戏助兴。而今再重读人民美术出版社为纪念齐诞辰140周年所做的精装画集两册,上卷精选画作200余幅,此类作品占四分之一,不止50幅(含一题多幅),兹录以备考:《蜻蜓野草》《莲蓬蜻蜓》《荷花蜻蜓》《花卉蜻蜓》《玉簪蜻蜓》《蝴蝶兰蜻蜓》;《水草小虫》《荔枝草虫》《稻穗草虫》《草虫雁来红》《水草昆虫》《贝叶草虫》《咸蛋昆虫》《贝叶工虫》;《蝴蝶雁来红》《海棠墨蝶》《墨蝶雁来红》《雁来红蝴蝶》;《葫芦蚱蜢》《谷穗蚂蚱》《篱菊蚂蚱》《凤仙花蚂蚱》;《白菜螳螂》《稻穗螳螂》《咸蛋蟑螂》;《葫芦蝈蝈》《黄花蝈蝈》《丝瓜蝈蝈》;《绿柳鸣蝉》《贝叶秋蝉图》《枫叶秋蝉》;《荔枝天牛》《葫芦天牛》;《藤萝蜜蜂》《牡丹蜜蜂》;还有《稻草麻雀》《芋叶小鸡》《松林八哥》《白菜萝卜》《红蓼蝼蛄》《秋声秋色》《秋色秋声》《九秋图》《栩栩欲飞》《秋韵》《好模好样》《油灯飞蛾》[2]等。须补白的是,如上画作若像两重唱,则"写意粗笔"唱主旋律,"簪花工笔"和声也,然又相得益彰。

二、变法二:从白眼寒鸟到乡恋虫草

变"簪花工笔"为"写意粗笔",这是齐1917年离湘北漂、1919年正式定居北平后的事。齐在背井离乡前擅工笔。这就有理由设问:1917年后齐的内心(性灵结构)生何变异,竟逼得画家非扬弃(不是遗弃)循规蹈矩的工笔、而转向即兴挥毫的粗笔不可? 这在实际上也意味着,探究齐"变法"的思路,不宜仅仅流连于对笔墨作"纯形式"审美比较(静态),而更应沉潜到发生学水平,去探寻齐醉心于"写意粗笔"实验的直接心因(动态)。

再将此艺术史追问落到如上"墨虾"一案,则问题也就变得更具体且引人深

---

① 齐白石1932年为玉簪花图添画蜻蜓对胡橐语,《齐白石谈艺录》,第74页。

② 以上画作参阅《齐白石画集》上卷,第17页;第69页;第111页;第136页;第169页;第199页;第54页;第75页;第120页;第121页;第137页;第149页;第144页;第163页;第19页;第114页;第161页;第174页;第92页;第104页;第143页;第175页;第118页;第177页;第135页;第103页;第133页;第176页;第106页;第162页;第179页;第16页;第178页;第89页;第185页;第47页;第117页;第51页;第98页;第105页;第109页;第116页;第140页;第153页;第154页;第168页;第181页。

思:区区一枚墨虾,齐为何不惮耗二十年(1920—1941)心血锲而不舍?进而,用粗笔画虾,为何只有画到1941年版才令齐堪称"畅机",心满意足得痛快淋漓?谜底或许正常在齐的诗里。诗云:"去年大胆愁中活,今岁还家梦里忙。不若鱼虾能自乐,一生不出草泥乡"。①

这无非说齐"形似"画虾,其实质是借墨虾,来"神似"(隐喻)内心郁积甚厚的"乡愁-乡恋"这双重情结。所谓乡愁,是指齐北迁京华后离故土双程八千里,山高路阻,狼烟遍野,已怯于还乡,此即画家内心1917年后因"伤时"而生、由"魂断家山""慈恩难报""埋骨何处"所浑涵的"离乱乡愁"。② 所谓乡恋,则指齐在现实中愈因有家难回而忧心,就愈忙于在梦境"还家",于是也就不禁自叹"不若鱼虾能自乐,一生不出草泥乡"。于是画一枚无忧无虑、活蹦乱跳的墨虾,不啻一举两得:既可稀释"乡愁",又在润色"乡恋"。故齐画墨虾之内驱力,即在借自娱性"乡恋"(故园清趣)来消解"乡愁",从而兑现自慰性心理"抚魂"。③ 这也就意味着,只要齐内心"乡愁"二十年不绝,相应地,其"乡恋"也就二十年不息,其画虾就将二十年不止。否则,很难想象齐独居京城能活出心安,更遑论出人头地了。

人生最难得的,莫过于是在生命史的重大拐点搔着痒处。这大概正是齐一辈子遭逢的、最关键最微妙的心灵痒处,不搔之,也就不可能让齐从草根画匠转型为艺术巨匠。齐的绝顶聪明或大智慧正在于,自觉地、持续地用"乡恋"来超越"乡愁",这不仅是其自我救赎的心灵史拐点,更是其独辟水墨新境的艺术史腾挪。这从齐盖在画上的一方方朱白印文也可见出,诸如"相思""梦想芙蓉路八千""归梦看池鱼""客久思乡""往事思量著""望白石家山难舍""客中月光亦照家山""故里山花此时开也"④等。

这也就切实回应了齐"变法"纲领中的两个"自":"自出新意"与"自制红花墨叶"。"自出新意"在齐57岁"自记"中又简称"己意",谓"余作画数十年,未称己意,从此决定大变"。⑤ 齐57岁正值1919年,这不仅佐证齐"变法"始于1920

① 齐白石:《偶吟》,《白石诗集续集》,《齐白石诗集》,桂林:广西师范大学出版社,2009,第263页。

② 夏中义:《从〈白石诗草〉看齐白石"诗画同源"——艺术史应还他一个"百年公论"》,2018年中国文艺理论学会理事会年会暨"中国文论的价值重估、原创推动与阐释深化"国际学术研讨会(福州)论文集下册,第177-194页。

③ 引文同上。

④《齐白石谈艺录》,第62-63页。

⑤《齐白石谈艺录》,第30页。

年的说法大体不错，更佐证驱动齐“变法”的那个“己意”或“自出新意”，确是齐1917年离湘北漂后才酿成的不无艺术史意谓的重大事件。其要点，即在开始庄重地将那“乡愁-乡恋”双重情结视作最值得珍惜的创作源头来善待，这也就是齐性灵须臾不容切割、情系故土的“红花墨叶”。

“红花墨叶”，乍看这仅属水墨题材（画风）之变异；若细看，则势必带动起水墨技艺（画法）之变异。这就是说，当齐不仅蘸着砚墨、同时也蘸着心血乃至噙在眼角的泪滴、在即兴挥洒其烂熟于心的“红花墨叶”时，这还是循规蹈矩“背书”式绘制吗？不，那是齐在动情地忆念被湮没甚久的内心故事，那是完全可能被现场的灵感氛围所浸润、近乎自动地被抑扬顿挫地推着走的。这儿已丝毫没了工笔式的字斟句酌，也没了木刻画谱式的标准形制。那种全被创作现场的灵感带着走、令画家莫名地沉酣于痛快的即兴画法，就是齐最神往、最得意的“写意粗笔”，因为这种画法与齐最想画的“红花墨叶”气息相契。

但又不宜把“红花墨叶”与“写意粗笔”的惺惺相依，轻率地归结为“内容决定形式”。教科书式的“内容决定形式”，其表述有两条软肋。软肋一，是视“形式”为纯服务性存在，故除了召之即来地服务“内容”，并无独立于“内容”之外的特殊“意味”（李泽厚将“形式”赖以存在的独特生命界定为“意味”，内涵“审美情趣”与“生命意绪”[①]）；由此带来软肋二，因教科书惯于将“形式”当作“内容”的简单派生物，故有怎样的“内容”便天然生出怎样的“形式”，“内容”属第一性，“形式”属第二性，这就不仅会傲慢地将文艺史上的“形式实验”一概贬为无涉宏旨的雕虫小技，并也将在美学上屏蔽对有艺术史份量的“形式创新”之发生及完善作深度探究（仿佛“形式”形同天上掉下来的、永远可让艺术家取之不尽、用之不竭的现成资源）。若对齐的“写意粗笔”（形式实验）也作如是观，则也就解释不了这对艺术史现象：一是齐为何到1919年才非立誓尝试“写意粗笔”不可？二是齐为何会对“写意粗笔”画虾（从试验到成熟）乐此不疲地耗二十年？好在齐是纯粹艺术家从不轻言教义，故他才可能质朴地、亦实事求是地借吴昌硕的话来告诫门人：“小技拾者则易，创造者则难。欲自立成家，至少辛苦半世……”[②]究其因，无非是当齐痛感再凭“簪花工笔”去表现他最想寄喻的“乡愁-乡恋”情结，要么不够用、要么不适用时，那尊悬在他胸口的“欲自立成家”的“变

---

① 李泽厚：《“有意味的形式”》，《美的历程》，北京：文物出版社，1981年，第15－31页。

② 齐白石引吴昌硕语告诸门人，《齐白石谈艺录》，第29页。

法"之钟也就被敲响。诚然这又意味着须抵押岁月,"至少辛苦半世"。齐是这般说,也是这般做,能以身作则。

这用白石箴言来概括,即"吾画自画"。[①] 这儿有两个"画"字:"吾画"是指水墨题材,即齐最想表现(寄喻)"乡愁-乡恋"情结;"自画"则指水墨技法,亦即齐最器重、最具"白石品牌"效应的"写意粗笔"。换言之,也就是要用白石笔墨,画白石花鸟。

明乎此,也就不难明白,"梅兰竹菊"作为文人画(自明、清至民国)经六百年不衰的"经典"题材,为何到了"变法"后的齐眼里,反倒变得不"经典"了?症结仍出在齐最想表现(寄喻)的"乡愁-乡恋"情结上,相形之下,历代先贤(从陈淳、徐渭、石涛到吴昌硕)所青睐的"梅兰竹菊",在更忠于"自我表现"的齐那儿,也同样显得不够用或不适用。而且,引人省思的是,即使齐也画"菊梅兰"(他不喜画竹,嫌竹线条平直,表现力欠佳),然"菊梅兰"在其花草(题材)排行榜上并未名列前茅。有人统计齐画过的花草约 78 种,傲居榜首的是名不见经传的野草"雁来红(又名老少年、老来少)",至于先贤心仪的"菊梅兰"则在排行榜仅名列第 4、第 7、第 22。[②] 更有趣的是,虽然同样被先贤看好的"荷"在其排行榜俨然榜眼(仅次于"雁来红"),但齐画荷偏又画得与先贤不一般,这很值得咀嚼。

先贤(如吴昌硕)画荷,特点有二:要么隐喻士大夫"出污泥而不染"的道德洁癖;要么寄托读书人"不风自香"的品格优越。齐更心仪秋季"残荷儿瓣红",[③]这倒无可厚非,因为齐艺术上属"大器晚成",吴昌硕卅岁习字石鼓文,五十岁已画得惊艳任伯年,但齐的画经"变法"才渐入佳境,届时已年近古稀。故齐格外钟情"残荷"的老而弥坚、枯而弥香,也就不难解。比如,"不染污泥迈众芳,休嫌荷叶太无光。秋来犹有残花艳,留着年年纸上香";[④]又如,"颠倒纵横早复迟,已残犹有未开枝。丹青却胜天工巧,留取清香雪不知";[⑤]再如,"荷花身世总飘零,霜冷秋残一断魂。枯到十分香气在,明年好续再来春"。[⑥]

---

① 齐白石 85 岁前后题画《毕卓盗酒》,《齐白石谈艺录》,第 40 页。

② 郎绍君:《下笔如神在写真——齐白石的花鸟画》,《齐白石画集》上卷,北京:人民美术出版社,2013年,第 1 页。

③ 齐白石:《残荷》,《白石诗草二集》卷四,《齐白石诗集》,桂林:广西师范大学出版社,2009,第 114 页。

④ 齐白石:《题画秋荷》,《白石诗草二集》卷四,《齐白石诗集》,桂林:广西师范大学出版社,2009,第 115页。

⑤ 齐白石:《画残荷》,《白石诗草二集》卷四,《齐白石诗集》,桂林:广西师范大学出版社,2009,第 116页。

⑥ 齐白石:《枯荷》,《白石诗草二集》卷四,《齐白石诗集》,桂林:广西师范大学出版社,2009,第 116 页。

最能把齐与先贤在画荷一案相区别、或最具辨识度的界限恐怕是在，在中国水墨艺术史上，大概惟独齐才能将其“乡愁-乡恋”情结所弥散的心灵乐章，从“始以消魂”→“继则憧憬”→“转而惆怅”→“终于忧伤”，倾空诉诸于宣纸与笔墨，而联缀成千古一绝、近乎《梁祝》般燃情的荷莲叙事。

“始以消魂”，是悠远的、渐从迷茫思绪中透出的清新柔板：“人生能约几黄昏，往梦追思尚断魂。五里新荷田上路，百梅祠到杏花村”。[①] “继而憧憬”，是欣悦得让少年心跳得像小鹿、然又不无掩饰的不太快的快板：“少时戏语总难忘，欲构凉窗坐板塘。难得那人含笑约，隔年消息听荷香”。[②] “转而惆怅”，是矜持的温婉，是垂肩低眉的无声胜有声，是心心相印得无需口舌，但又洞明彼此皆无奈的那种默然：“闺房谁扫娇憨态，识字自饶名士风。记得板塘西畔见，蒲葵席地剥莲蓬。”[③]“终于忧伤”，那是美人迟暮，韵华不再，当她俏丽得像“小荷才露尖尖角”时未必能驾驭自身，待她勘破了岁月人生，那“无可奈奈何花落去”的挽歌却已回响：“中妇过池旁，鬅头暗自伤。长思看容鬓，无地可梳妆。昨日荷叶青，今朝荷叶黄。青时难作镜，黄破那来光”。[④]

不讳言这串从题画诗读出的虚拟故事，若就其每一叙事元素来说，皆有本事的根扎在齐的湘潭。且不说诗中屡屡闪现的“荷田”“板塘”“百梅祠”“杏花村”，本是白石自传中能逐一证实的风物地点；[⑤]即使是那位在诗中隐隐绰绰地走完情殇之路的女角儿，也未必没有原型。只是齐吟诗绘画，不用像人物纪实一般受制于单个模特儿，齐是在终生难忘的情缘追忆中叠出了“这一个”婉约得很凄美的“典型”。所以称为“典型”，无非说“这一个”未必仅指一个，然有关往事又足以令她成了符号。这就是齐在1948年(时86岁)脱稿的自传所念念不忘的那位村姑(正值豆蔻芳华)，她出现在齐1902年(时40岁)即将出门远游西安的前夜：

---

① 齐白石：《新荷感往事》，《白石诗草二集》卷四，《齐白石诗集》，桂林：广西师范大学出版社，2009，第116页。

② 齐白石：《家山杂句》六首之二，《白石诗草二集》卷五，《齐白石诗集》，桂林：广西师范大学出版社，2009，第147页。

③ 齐白石：《梦逢故人》，《白石诗草续集》，《齐白石诗集》，桂林：广西师范大学出版社，2009，第252页。

④ 齐白石：《题画枯荷》，《白石诗草二集》卷四，《齐白石诗集》，桂林：广西师范大学出版社，2009，第117页。

⑤《白石老人自传》，第46页。

有一个十三岁的姑娘,天资很聪明,想跟我学画,我因为要远游,没有答允她,她来信说:"俟为白石门生后,方为人妇,恐早嫁有管束,不成一技也"。我看她很有志气,在动身到西安之前,特地去跟她话别。想不到她不久就死了,这一别竟不能再见,正是遗憾得很。十多年后,我想起了她,曾经做过两首诗:"最堪思处在停针,一艺无缘泪满襟。放下绣针申一指,凭空不语写伤心"。"一别家山十余载,红鳞空费往来书。伤心未了门生願,怜汝罗敷未有夫"。我平生念念不忘的文字艺术知己,这位小姑娘,乃是其中的一个。[①]

做足了上述功课,再来比较齐关于"荷莲叙事"的两幅图《荷塘》与《莲蓬葵扇》,想必回味不薄。

《荷塘》系齐1930年代中期作品(私人藏,尺寸不详),[②]扑面而来的是彩墨立轴的空阔水面,疏密有致地撒落红荷墨叶无数,这酷似"出污泥而不染"的青衿童子突然挤满板塘,这更像碧空婷婷袅袅地飘下成群的霓裳天仙。粗看此图骤然将花卉扩容成山水之创意,大概是受惠于室外写生,但此画左侧的狭长题诗又在提示观者,这分明是齐栖居燕京时对板塘逸事的深情忆念所致。图右下角的那排水榭凉窗,不就是画家在兑现其年少时让"那人"隔年来观赏荷塘之诺言么?这是多么值得憧憬的、绚烂得令人些许晕眩的画面,恐怕你耳畔会漾起肖斯塔科维奇的青春恋曲,欢畅的旋律不时溜出一串俏皮的滑音。

再看《莲蓬葵扇》图,会让你尖锐地领悟何谓"绚烂归于平淡"。此图系齐1930年代初期作品(78.5 cm×44 cm),[③]纯水墨,构图极简:除却上端诗跋,一柄葵扇占了三分之一画面,画中间有三个半球状墨色莲蓬,其中两个一垂一举地布满莲子,皆颗粒壮硕得欲挤破外裹的青皮,而裸露其白玉般诱人的丰满。相形之下,那柄席地而卧的素白葵扇虽大却薄,且破相。画家似在传递某种诡异的紧张:一方面是莲蓬所郁勃的向上的生命美丽;另一方面是葵扇所固执的朝下的命运阴郁。冥冥中将注定那对莲蓬虽满怀憧憬,却终究会夭折。但又谁也不怨谁,因为谁也没对不住谁,只错在命运。故彼此间唯一能做的,是休止符式的静默相对。一切皆在无言中。沉寂、肃穆到令人艰于呼吸,以致第三只莲

① 《白石老人自传》,第48页。
② 《齐白石画集》上卷,第70页。
③ 《齐白石画集》上卷,第52页。

蓬竟因不忍转过脸去，露出了黑乎乎的后脑勺。这儿没有萧的叹息，二胡的呜咽，有的只是对命运的淡然承受，彼此间温润宽厚依旧。既然说什么皆多余，那就别说，只静得像活雕塑"蒲葵席地剥莲蓬"吧。既然白玉般美丽的莲子再也没有开花、结果的未来，那就让它赤裸裸地埋在各自心底，烂在那里吧。这很容易让人联想沈从文《边城》里的老艄公及其翠翠，这对小说人物所演绎的古道柔肠也是深挚仁厚如此，永远如此。

总之，无论《荷塘》"绚烂"也罢，还是《莲蓬葵扇》"平淡"也罢，说到底，此皆萌生于齐的"乡愁-乡恋"情结，是"花开两朵，各表一枝"而已。故当画家性灵的每道缝隙渐被"乡愁-乡恋"的质朴情意所溢满，齐 40—55 岁间曾追慕的清人朱耷（又名"雪个""八大山人"）的高冷古逸之画风，也就将被"变法"所冲淡。所以论及"变法"，在说明用"写意粗笔"扬弃"簪花工笔"之同时，还宜说明此"技"（画法）层面所以变异之内驱力，确是源自齐在"艺"（画风）层面渴望以乡恋虫草的温情仁心来转换自己对冷逸雪个的仰慕。

这不是说齐在北漂前心仪雪个拟属虚词。齐九十高龄还在自述"白石四十后""与雪个同肝胆，不学而似，此天地鬼神能洞鉴者，后世有聪明人必谓白石非妄语"，[①]后学当慎思再三。但又须设一界线：当齐甚感佩雪个在笔墨创新时有空前胆魄（所谓"此翁无肝胆，清掷一千年"[②]），这并非说雪个那白眼乌鸦般寒气彻骨、傲世不屑的冷逸画风，齐也能学到家。既然被"乡愁-乡恋"所纠缠的白石骨髓里绝无雪个的家破国亡之大痛大辱，既然白石因离乱伤时所酿成的情感之浓烈与雪个相比，酷似泪与血比无大可比性，简言之，既然齐的性灵深处并没活着一个血痕斑驳的皇室后裔，即使齐再竭力"追步八大山人，自谓颇得神似"，[③]但燕京依旧不买账。"冷逸如雪个，游燕不值钱"。[④] 这是齐的自嘲，倒也符合史实。

说齐学不了雪个的冷逸画风，最生动、最确凿、最雄辩的铁证是在齐画了一辈子的禽鸟鱼虫，却几乎没画过一枚最具雪个招牌的"乌羽白眼"。[⑤] 人民美术 2013 年版《齐白石画集》上卷选辑画家 1893—1947 年的花鸟写意计 207

---

① 齐白石：《秋梨细腰蜂》图（25 cm×35 cm，1919 年，私人藏）题跋，《齐白石画集》上卷，第 15 页。

② 齐白石 85 岁再提 58 岁所画册页，《齐白石谈艺录》，第 29－30 页。

③ 《白石老人自传》第 72 页。

④ 齐白石 85 岁再提 58 岁所画册页，《齐白石谈艺录》，第 29－30 页。

⑤ 齐白石《幽禽》图（29.5 cm×44 cm，1917 年，陕西美术家协会藏）有模拟雪个冷逸画风之痕，然也未高冷到"翻白眼"。《齐白石画集》上卷，第 14 页。

幅，其中70幅画了虫类（含蟋蟀、蛾、蚕、蝶、蜂、天牛、蜻蜓、蚂蚱、甲虫、蝈蝈、蝼蛄、蝉、螳螂、蟑螂），30幅画了鱼类（含鲩鱼、虾、蟹、金鱼、蝌蚪、青蛙），19幅画了鸟类（含鹊、雁、白头翁、翠鸟、雏鸟、八哥、麻雀、鹌鹑），15幅画了禽类（含鸭、鸡、小鸡、幼鸭、鹰），8幅画了兽类（含牛、家鼠、松鼠、猴），占画册作品总量的三分之二强，确实没有一幅禽鸟鱼虫是对齐所寄情的故土江湖“翻白眼”的。连正在垂涎草虫的公鸡眼中也露着笑意，连在红烛下偷窥烛油的鼠目也滴溜溜地萌得可爱，再想令齐厮守雪个不离不弃，也强人所难。

三、变法三：从乡土画匠到千秋传人

对齐的诗画读得愈细深，对《白石诗草》与其花鸟写意的心源关系梳理得愈清晰，就愈愿采信这一观点：即真能让齐从乡土画匠从根本上拐向吴昌硕（1844—1927）后的中国水墨传人的那个“变法”宛若三套车，其动力肯定不仅来自“技（画法）”“艺（画风）”这两匹马，还应有第三匹领头的马，它能始终牵引“变法”不偏离“道（活法）”变异这条中轴线。这就是说，若无“道（活法）”变异作为齐“变法”的终极性动能，而只靠“技（画法）”“艺（画风）”之变异，难免会出现这两种境况：要么充其量是使齐从一个非著名“北漂”变脸为帝都瞩目的老“凤凰男”角色（但绝不可能活着便跻身近七百年以降的中华水墨先人祠，而与陈淳、徐渭、石涛、八大及吴昌硕并肩站成一排）；要么被种种窘境所迫，连“技（画法）”“艺（画风）”变异本身也难以为继，半途而废。

一个有幸能成大学问或大事业的巨子之所以迥异于俗子，其根基性差别，即在当巨子追求人生目标时能比俗子多一口气，此“气”近乎孟子所说的无涉功利性“恒产”之“恒心”，又曰“持志”。“志”之特征在于，不再世故地将生命汲汲于利禄功名，而立誓让自己所倾心的事业（专业）因为有我的存在而变得别样的精彩，甚至该事业（专业）在给定时空所可能达到的历史峰值，将以其姓名来命名。于是其姓名也就成了象征或符号，它不仅属于他个人，同时属于该民族国家乃至人类世界，成为有识者皆可分享或仰望的高峰，以期唤醒每颗愿意觉悟的心灵对其美丽人生之想象，不甘被日常琐碎所囿。

齐“活法”变异之要旨正在此。否则，便很难解释在当时人均寿命不满六十的国度，齐为何偏在年近六十时还异想天开地要拼“变法”十载？动力何在？定力何在？在坊间眼中，这岂非自讨苦吃，犯不着，既无指挥刀在威逼，也无金圆在挑逗，更不见政要、财阀许诺他若成功，将荣华富贵、封妻荫子、鸡犬升天之类。这说到底，纯粹是齐还想在有生之年做一件最值得他做、既"可爱"又"可信"、[①]既可以驾驭、又可能做得卓越的事儿，于是也就任性地、决绝地把残剩岁月当作最后探险，义无反顾地抵押了。这种将自身生命当作至圣至美的艺术品来创造的"活法"，绝非坊间所能认同，也不符合齐在当乡土画匠时所娴熟的日常惯例(那年头是谁给钱让齐画什么，他就画什么)。也因此，当齐后来忆及草间卖艺生涯，会羞愧"仙人见我手曾摇，怪我尘情尚未消"。[②] 齐变异"活法"显然是想告别这一生命样式，而转向用自己探寻的新笔墨(画法)来画心爱的题材(画风)，这已无涉功名利禄，而是想"自娱"，[③]根在"心安"，其诗云："胸无尘土自心安，诗画娱情意更闲。羡汝汉阳高隐者，开窗隔水对龟山"。[④]

若把齐"活法"变异纳入当下语境，会有人将此与"三观(世界观、价值观、人生观)扯到一起。齐在他的年代更习惯讲"三世"(前世、现世、来世)。齐的"活法"变异之涵义，倒恰巧与"三世"说的逻辑维度相对应，可被扼要地概括为"三不"："现世性宠辱不惊"，"前世性认祖不移"与"来世性传人不懈"。简言之，齐"变法"后想这般活：为了能给艺术史留下一个"千秋传人"形象(来世性)，齐更崇敬水墨先祖谱系(前世性)，而不太在乎日常人伦境遇中的毁誉荣辱(现世性)。

(一) 现世性"宠辱不惊"

这拟分"宠""辱"两点来讲。先讲"宠"。最典型例子，是1922年陈师曾替齐的水墨作品在日本卖出高价(一幅一尺见方的胭脂杏花图就赚了一百银元，而当年其扇面在北平琉璃厂标价每幅两银元也甚少人问津)，这当让齐在感恩师曾之际，也为自己走红海外而感奋，"百金尺纸众争夸"，"海国都知老画

---

① 王国维《静庵文集续编》序(1907年)，《王国维文学美学论著集》，周锡山编校，太原：北京文艺出版社，1987年，第244页。

② 齐白石：《画华岳图题句》，《白石诗草二集》卷五，《齐白石诗集》，桂林：广西师范大学出版社，2009，第147页。

③ 齐诗云："自娱岂欲世人称"，齐白石：《答徐悲鸿并题寄江南》，《白石诗草二集》卷八，《齐白石诗集》，桂林：广西师范大学出版社，2009，第212页。

④ 齐白石：《寄门人王文农》，《白石诗草续集》，《齐白石诗集》，桂林：广西师范大学出版社，2009，第285页。

家”。[①] 但很快齐内心就有微妙变化，所谓“复惭然”也，似有某种难为情或不安。因为他比谁都明白，与他想历经“变法”而画出真正杰出的经典相比，那幅胭脂涂抹的杏花图实在不算什么，于是，他竟转而为其首次扬名海外而“羞煞”。[②]

嗣后齐一再告诫自己头脑宜清醒，切忌与忘情追捧的粉丝一般见识，这只会让他羞愧乃至厌烦。齐把那些未必懂艺术的追捧称作“虚誉”“浮名”。比如“异地逡巡忽十年，厌闻虚誉动幽燕”；[③]又如“精神费尽太痴愚，何用浮名与众俱”。[④] 齐甚至质疑粉丝令其“虚名流播遍人间”的时尚化冲动，乍看是在抬举画家，其实未必不在折损艺术创造之尊严，因为其内心很可能误将艺术形同儿戏，分不清画家之挥洒水墨与孩童“拾取黄泥便画山”[⑤]有何区别。

也因此，齐颇忌讳画家媚俗，宛若轻薄女借胭脂涂脸求悦己者容。齐当深知坚执艺术尊严，须预支代价：“衣上黄沙万斛，塚中破笔千枝。至死无闻人知，只因不卖胭脂”。[⑥] “胭脂”在此成了“媚俗”符号。齐将此诉诸彩墨，也就有《红菊》之反讽：“黄花正色未为工，不入时人众眼中。草木也知通世法，舍身学得牡丹红”。[⑦] 故当真轮到齐画牡丹时，他竟宁肯拒绝胭脂，要么画墨牡丹，要么画白牡丹，有诗为证。比如《画墨牡丹》：“不借春风放嫩芽，指头常作剪刀誇。三升香墨从何著，化作人间富贵花”。[⑧] 又如《画白牡丹》：“垂老无饥事太难，时宜合尽总痴顽。翻将破秃三钱笔，洗尽胭脂画牡丹”。[⑨] 为了强调其洁癖，齐有时画故园芙蓉也刻意不染指胭脂：“谁为乞取银河水，洗尽胭脂去世华。不与娇娃

① 齐白石：《卖画得善价复惭然纪事》，《白石诗草二集》卷六，《齐白石诗集》，桂林：广西师范大学出版社，2009，第163页。

② 齐白石：《卖画得善价復惭然纪事》，《白石诗草二集》卷六，《齐白石诗集》，桂林：广西师范大学出版社，2009，第163页。

③ 齐白石：《纪事》，《白石诗草二集》卷二，《齐白石诗集》，桂林：广西师范大学出版社，2009，第79页。

④ 齐白石：《门下徐肇琼曼云求题画册二首》之二，《白石诗草续集》，《齐白石诗集》，桂林：广西师范大学出版社，2009，第246页。

⑤ 齐白石：《画山水》，《白石诗草二集》卷四，《齐白石诗集》，桂林：广西师范大学出版社，2009，第125页。

⑥ 齐白石：《题画墨牡丹》，《白石诗草二集》卷二，《齐白石诗集》，桂林：广西师范大学出版社，2009，第66页。

⑦ 齐白石：《红菊》，《白石诗草二集》卷四，《齐白石诗集》，桂林：广西师范大学出版社，2009，第111页。

⑧ 齐白石：《画墨牡丹》，《白石诗草二集》卷四，《齐白石诗集》，桂林：广西师范大学出版社，2009，第118页。

⑨ 齐白石：《画白牡丹》，《白石诗草二集》卷四，《齐白石诗集》，桂林：广西师范大学出版社，2009，第118页。

斗容色，生来清白作名花”。[1]

现世性“宠辱不惊”讲了“宠”，再讲“辱”。

“辱”即势利性妒才。京华艺坛不乏势利小人。当初齐其貌不扬地栖居皇城根，势利者以衣帽取人，从不青眼看齐。齐后因“变法”而画名雀起，势利者又如丧考妣一般难受。齐在1920年代画《芙蓉游鱼》图这般题跋：“余友方米章尝语余日，吾侧耳窃闻居京华之画家多嫉于君。或有称之者，辞意必有贬损，余犹未信。近晤诸友人面白余画极荒唐，余始信然。然与余无伤，百年后来者自有公论”。[2] 齐对势利性嫉才从不畏惧，还为其弟子壮胆：“世人如要骂，吾贤休嚇怕”。[3] 在齐看来，那拨势利鬼无非是武大郎开店，生怕人家比其高大，尤其容不得齐因艺术创新而赢得海内外青睐，恨不能令天下丹青一律“依样画葫芦”，这样他们也就不担心有人动其饭碗了。于是齐又生灵感画葫芦了：“风翻墨叶乱犹齐，架上葫芦仰复垂。万事不如依样好，九州多难在新奇”。[4] 在中国做艺术，既贵在创新，也难在创新，齐因创新而鹤立鸡群，鸡群顷刻变矮，它们不想啄死你才怪。然齐未必会因此而放弃特立独行，亦不让自己的艺术寄人篱下。齐这般《题画篱外菊》：“黄菊独知篱外好，著苗穿过这边开”。[5] 齐甚至遐想菊若生独立灵魂，它宁肯被盆栽，也不愿依附陈腐藩篱：“挥毫移向鉢中来，料得花魂笑口开。似是却非好颜色，不依篱下即蓬莱”。[6]

(二)前世性“认祖不移”

“与世相违我辈能”，[7]这是齐的夫子自道。齐也体悟前驱之苦，莫大于孤，因为庸众大多囿于世故，故其独立性大抵不如一株《新笋》：“带得清香出土来，

---

① 齐白石：《初见白芙蓉》，《白石诗草续集》，《齐白石诗集》，桂林：广西师范大学出版社，2009，第251页。

② 齐白石《芙蓉游鱼》图（136 cm×34 cm 约20世纪20年代，中国美术馆藏），《齐白石画集》上卷，第27页。

③ 齐白石：《李生呈画幅，戏题归之》，《白石诗草二集》卷七，《齐白石诗集》，桂林：广西师范大学出版社，2009，第198页。

④ 齐白石：《题画篱外菊》，《白石诗草二集》卷四，《齐白石诗集》，桂林：广西师范大学出版社，2009，第107页。

⑤ 齐白石：《画葫芦》，《白石诗草二集》卷三，《齐白石诗集》，桂林：广西师范大学出版社，2009，第95页。

⑥ 齐白石：《画鉢菊》，《白石诗草二集》卷三，《齐白石诗集》，桂林：广西师范大学出版社，2009，第104页。

⑦ 齐白石：《题某生印存》，《白石诗草二集》卷七，《齐白石诗集》，桂林：广西师范大学出版社，2009，第195页。

心虚节劲异凡材。诸君决不如春笋，当路逢人肯避开”。[1] 意谓当路笋性倔，断然不甘逢人即避(末句“肯”拟读“不肯”)。

当大地没了太阳，夜行者自会仰望星光。当齐苦于在“现世”难觅知音(除了陈师曾、徐悲鸿)，他就不免托梦到“前世”去拜谒水墨先祖。“下笔谁教泣鬼神，一千余裁只斯僧。焚香愿下师生拜，昨夜挥毫梦见君”。[2] 这是齐为石涛画像的题诗。“青藤雪个远凡胎，老缶衰年别有才。我欲九原为走狗，三家门下转轮来”。[3] 这是齐对“前世”水墨三祖的竭诚叩拜，期间“青藤”即明代徐渭，“雪个”即清代八大山人，“老缶(庐)”即清末民初吴昌硕——皆属齐心里最仰慕、最崇敬、最具天赋的水墨先贤，其永垂千古的艺术史重量，即使是亿万凡胎所叠出的体重总和，也无可比拟。有意思的是还有“走狗”这一诙谐意象，原典出清代郑板桥，郑因远慕明代徐渭，故其印文有“徐青藤门下走狗郑燮”字样。时光流转到民国，齐野性澎湃，竟欲下九泉轮转到三祖门下当“走狗”，可鉴齐对水墨认祖不移之心已臻赤诚。

前世性“认祖不移”之触发机缘，当初是源自天津美术馆来函之征诗文，期盼齐能以长老之尊来为后学“略告古今可师不可师者”。若仅仅流于浅阅读，则“昔者尚存吾欲杀，是谁曾画武梁祠”[4]这两句，齐似只在说一个有涉“技法”的故事。但若能潜心于深阅读，读懂齐的借古喻今之用心，这无异于在提醒民国艺苑若一味拘泥于纤巧工笔，那么，梁武祠画像之“古拙绝伦”传统势必匿迹于现代。这也就意味着青藤、雪个、缶庐为谱系的中华水墨所以能蔚然而成泱泱大观，其背后分明还埋着另个“活法”旷世的根基性命题。这也就是说，若青藤、雪个、缶庐在生前也像俗子一般畏惧于坊间嫉才之咒，他们纵有超迈之才，怕也将湮没于凡庸。也因此，传承水墨先祖之遗业，后学当不仅仰慕其超迈之俊才，更应追认其旷世之厚德，惟厚德才载得起百世之芳、万古之物，宛若石垒铜铸的纪念碑与天地同在，与日月共光。

---

① 齐白石：《新笋》，《白石诗草二集》卷四，《齐白石诗集》，桂林：广西师范大学出版社，2009，第121页。

② 齐白石：《题大滌子画像》，《白石诗草二集》卷三，《齐白石诗集》，桂林：广西师范大学出版社，2009，第102页。

③ 齐白石：《天津美术馆来函征诗文，略告以古今可师不可师者，以示来者》四首之四，《白石诗草二集》卷八，《齐白石诗集》，桂林：广西师范大学出版社，2009，第209页。

④ 齐白石：《天津美术馆来函征诗文，略告以古今可师不可师者，以示来者》四首之四，《白石诗草二集》卷八，《齐白石诗集》，桂林：广西师范大学出版社，2009，第209页。

(三) 来世性"传人不懈"

假如说,现世性"宠辱不惊"是导致"心灵脱俗",前世性"认祖不移"是觅得"圣贤尺度",那么,来世性"传人不懈"当属齐对此尺度的"意义操作",以期让自己在日常人伦语境中也能像缶庐一般,切切实实地活出一座昭示未来的人格纪念碑。这么概述齐的"活法"变异之要义,夸张否?不,笔者仅仅是在用论文转述其韵文早吟诵过的自我期许而已。谓予不信,请读齐八十岁时的自白:"园丁一技用心殊,推石和泥肖鄙夫。因羡缶翁身后福,铸铜千古占西湖"。[①] 那是齐在唱酬国立艺专于杭州西湖为他做的两尊雕像,当然也很享受。

自我期许"纪念碑"是齐在晚年激励自己创造最后的辉煌,故检索其晚年诗章,频频出现的一对关键词组,即"百年公论"与"千秋传人"。诸如"百年以后见公论,至尺量来有分寸";[②]"雕虫岂易世都知,百年公论自有期"[③];"炎窗冰砚犹挥笔,六十年来苦学殊。污墨误朱皆手迹,他年(即百年——引者)人许老夫无"。[④]

"百年"即"艺术史"。一个画家有无超越性的艺术史襟怀,其重要性,绝不亚于一个教徒内心是否真活着上帝。此即"信仰"。真能在日常语境体悟"与上帝相遇"的信徒想必谦恭内敛,他会铭记在上帝面前,任何个体人性皆不可能修炼到圣洁无暇,故他绝不准自己过分张扬乃至虚妄。一个有艺术史襟怀的画家亦然,他熟识真能标志艺术史峰值的那些先祖的高度及限度,他生命的最高意义就在尽可能地接近且超越先祖的高度,同时尽可能地规避或修正先祖的限度,借此让自己能攀上先祖的肩头也成为巨匠而望得更高远。退一步,即使"虽不能至,心神往之",至少已亲证自己真尽力了,也就心安,没白活。

故"纪念碑"式的艺术史襟怀,是在让齐为"活出意义"而作终极性拼搏。有此精神打底,现世宠辱在他眼中,也就不可能不变渺小,小到忽略不计。这

---

① 齐白石:《题艺术学堂学生画刊,兼谢学堂赠余泥石二像》三首之三,《白石诗草续集》,《齐白石诗集》,桂林:广西师范大学出版社,2009,第270页。

② 齐白石:《题姚华画幅》,《白石诗草二集》卷八,《齐白石诗集》,桂林:广西师范大学出版社,2009,第204页。

③ 齐白石:《门人画得其门径,喜题归之》两首之二,《白石诗草二集》卷八,《齐白石诗集》,桂林:广西师范大学出版社,2009,第217页。

④ 齐白石:《年八十,枕上语》,《白石诗草续集》,《齐白石诗集》,桂林:广西师范大学出版社,2009,第271页。

用齐的七言来说，即"微名不暇与人争"。[1] 这儿有两层意思：其一，齐不屑与势利者争，实也是那拨势利者已猥琐或油腻到不值得去与他们争；其二，齐也就正好腾出宝贵时间去做他最爱的事，纵然像老牛般"砚田自食力""犁耙不下肩"，[2]他也情愿，至少可以回避势利者污染其心境。也因此，来世性"传人不懈"对齐来说，也就是无怨无悔地再在肩头套一个艺术史使命的曲轭，迈向人生终点。

齐很清楚"千秋传人"这一名分虽光荣然又极难担当，因为这明摆着是要他不留退路地抵押一辈子。但齐在心理上已经准备好了，否则，他就不会这般吟诵："是孰才华一代新，千秋还要一生心"。[3] 这表明齐已明白一个人能否担当"千秋传人"角色，这并不单纯地取决于他有否绝代才华；换言之，个人之才华绝代与否这仅仅是一己之事，然"千秋传人"所承担的使命则显然是超越个体乃至超越其时代界限的。这就令"千秋传人"不能不扛起更凝重且神圣的道德责任，而无权苟且或退缩，只能孤身打拼到最后一息。因为能被艺术史选中而当"千秋传人"者，不仅在事实上他已活着进入了艺术史，而且还意味着艺术史可能抵达的新的峰值，实质上是得看这位"千秋传人"能否创造出艺术史的新高。当艺术史就这样责无旁贷地活在他身上，于是，他的高度客观上也就在象征艺术史的高度。于是，齐除了更自律、更勤奋、更拼老命外，任何企图引诱自身"荒嬉"[4]的闪念，皆会令己歉疚。

若真正读透了这一点，再去细味齐言及"传人（替人）"时的诗句，也就深意自生：比如"堪笑同侪老苦勤，鼠须成家世无闻。传人自古由缘定，本事三分命七分"；[5]又如"深耻临摹夸世人，闲花野草写来真。能将有法为无法，方能龙眠作替人"。[6] 这就逼迫齐在日常语境活得更纯粹，"没有最好，只有更好"。故当

---

① 齐白石：《北海晚眺》，《白石诗草二集》卷六，《齐白石诗集》，桂林：广西师范大学出版社，2009，第167页。

② 齐白石：《石边题句》，《白石诗草续集》，《齐白石诗集》，桂林：广西师范大学出版社，2009，第270页。

③ 齐白石：《邵逸轩国画研究所周年征诗文，赠三绝句》之三，《白石诗草二集》卷八，《齐白石诗集》，桂林：广西师范大学出版社，2009，第215页。

④ 齐白石：《题〈循环图〉四首》之二，《白石诗草续集》，《齐白石诗集》，桂林：广西师范大学出版社，2009，第269页。

⑤ 齐白石：《胡冷厂临陈师曾山水相赠，题一绝句》，《白石诗草二集》卷五，《齐白石诗集》，桂林：广西师范大学出版社，2009，第145页。

⑥ 齐白石：《题门人李生画册二绝句》之二，《白石诗草二集》卷七，《齐白石诗集》，桂林：广西师范大学出版社，2009，第201页。

他赞许某弟子能潜心于艺："年少能有心似铁，芒鞋不出旧京门"，[①]究其本质，也是在确认该弟子从本师尊所学到的不仅有"技法"，也有"活法"在焉。"诸君不若老夫家，寂静平生敢自夸。尽日柴门人不到，一株乌臼上啼鸦"。[②] 正因为齐作为师尊，他期盼弟子能做的，他早身先士卒了，这已成其日常生态了，终日柴荆无人喧，故乌臼啼鸦也就不惊飞。齐有时也突发奇想："我欲远离尘俗事，入岩求与野狐居"，[③]纯粹委身艺术，要么"炊烟人不知，长共白云起"，[④]要么"溪头一日东风雨，流去桃花也不知"[⑤]——这皆在表征这位历经"变法"的老画家，愈臻晚境，愈当得起"千秋传人"这一名分，这用兰波的诗句来说是"生活在别处"；若用王国维的诗学来说则是活出了"境界"。诚然，这并非说一个画家若有生命样式之纯度，便定能享有艺术巨匠的高度；但通过细深考辨齐的"变法"全程，至少能见证齐若无"活法"变异之纯度，则昔日那位乡土画匠绝不可能无端地赢得艺术巨匠的高度。

---

① 齐白石：《题门人画百花长卷》，《白石诗草二集》卷七，《齐白石诗集》，桂林：广西师范大学出版社，2009，第 201 页。

② 齐白石：《自誇》，《白石诗草二集》卷七，《齐白石诗集》，桂林：广西师范大学出版社，2009，第 197 页。

③ 齐白石：《峭壁丛林图》，《白石诗草二集》卷六，《齐白石诗集》，桂林：广西师范大学出版社，2009，第 154 页。

④ 齐白石：《松壑腾云图》，《白石诗草二集》卷六，《齐白石诗集》，桂林：广西师范大学出版社，2009，第 154 页。

⑤ 齐白石：《喜崖上老人过借山》，《白石诗草二集》卷一，《齐白石诗集》，桂林：广西师范大学出版社，2009，第 47 页。

好的文学与坏的艺术家

刘佳林

林奕含幼年遭遇性侵，她把这段梦魇般的经历写入《房思琪的初恋乐园》，最终不敌重度抑郁，自缢身亡。

这一事件引发诸多社会性思考及行动，也让文学的品格与功用成为争论的焦点：文学是真善美、文以载道还是勾引以遂卑鄙欲望的骗人手段？艺术可以巧言令色或从来就只是巧言令色吗？写作或艺术的欲望究竟是什么？

面对林奕含的悲剧及其提问，我首先想到的是奥维德笔下的菲罗墨拉。《变形记》卷六讲到，菲罗墨拉被姐夫特柔斯强暴，又被割去舌头。遭凌辱摧残的菲罗墨拉满腔愤懑，她必须讲述，尽管已经无法言说，于是她织布时"在白地上用紫线织出了一篇文字，把她受到的屈辱都说了出来"。这匹布被带给了自己的姐姐普洛克涅，姐妹俩最终完成了对特柔斯的复仇。奥维德的这个故事在莎士比亚的《泰特斯·安德洛尼克斯》中得到征用和重写。泰特斯的女儿拉维尼娅被狄米特律斯和契伦奸污，强奸犯残忍地割去其舌头、砍断其手臂。凶手显然得意于自己对受害人表达能力的剥夺，他们说："现在你的舌头要是还会说话，你去告诉人家谁奸污你的身体，割去你的舌头吧。""要是你的断臂还会握笔，把你心里的话写出来吧。"受辱的拉维尼娅引导侄子翻开奥维德的《变形记》，并让父亲读到菲罗墨拉的故事，真相得以揭示，最终父亲和哥哥为她复仇成功。

类似的情节我们还可以在狄更斯的《双城记》中读到，陷身巴士底狱的梅尼特医生用自己的鲜血混合煤灰做墨，写下对贵族的控诉；德发日太太通过织毛衣记录统治者的罪行。所有这些故事都说明同样的道理，表达的欲望源于身心受到压迫或伤害后无法抹平的痛楚，不平则鸣，愤怒出诗人，即使被剥夺了正常的表达方式，受害人也会想方设法，一定要把自己的遭遇说出来。林奕含写作《房思琪的初恋乐园》，正是这种内在的驱动使然。

一、文学是一种突出

在诠释菲罗墨拉的故事时，刘皓明先生说："在主要西方语言中，'文'(英text/法texte/意testo/德Text)这个词均来自拉丁文单词texerre的被动分词中性形式：textum，即织就的东西，也就是纺织品，所以我们可以把斐洛墨拉的神话看做是对textum一词语义的戏剧化表现形式。""斐洛墨拉因失去发声的舌而不得不借助杼柚来表达，原本自然的语言器官被人造的工具杼柚(tela，stamina)替代了，而原本以声音传达的话语则被机杼所织造的纺织品(textum)替代了，因此说话的不再是舌头，而是杼柚。"[①]也就是说，"文"是通过机杼织造而成的纺织品，司纬线的梭子即杼与卷经线的滚筒即柚(后世多写做"轴")是我们表达的基本工具，所以汉语也常用机杼、杼轴来比喻文章的组织构思，而构思、布局别出心裁则是"自出机杼"。

事实上，生活中的不幸遭遇必须通过某种人造的、非自然的方式才能转化为文学艺术，这是文学艺术的内在规定性所要求的，否则就是直白的叫喊或发泄。针对许多艺术家、作家认为艺术就是内心感情的直接传达、是自我表现的说法，苏珊·朗格指出："发泄感情的规律是自身的规律而不是艺术的规律。""纯粹的自我表现不需要艺术形式。"[②]日常生活中各种情感反应的宣泄与表达都是即时的、直截了当的，无需深思熟虑，但这些表达本身很难说是艺术的，如果谁在日常生活中用艺术的方式来表达，那反倒有矫揉造作之嫌。因此，"以私刑为乐事的黑手党徒绕着绞架狂吼乱叫；母亲面对重病的孩子不知所措；刚把情人从危难中营救出来的痴情者浑身颤抖，大汗淋漓或哭笑无常，这些人都在发泄着强烈的情感，然而这些并非音乐需要的东西，尤其不为音乐创作所需要。"任何情感都必须借助种种媒介加以形式化之后，才成为艺术，就像菲罗墨拉的屈辱通过机杼的编织成为可读之文一样。生活向艺术的升华可以去除原生态时的粗粝芜杂，产生必要的审美距离，增加感受的难度与长度，从而成为效果强烈同时可以被普遍分享的艺术作品。这些加工过程不是巧言令色，而是必

① 刘皓明：《小批评集》，南京：南京大学出版社，2011年，第21页。

② 苏珊·朗格：《哲学新解》，转引自苏珊·朗格《情感与形式》"译者前言"，北京：中国社会科学出版社，1986年，第9页。

要的艺术手段。当然,林奕含所质疑的艺术之“巧言令色”也在这种过程中有了潜入的可能空间。

从自然的向人为的跃升可以用冯廷巳的那句著名的词来概括:“风乍起,吹皱一池春水。”风乍起,吹皱一池春水,干卿底事?它关涉的恰恰是文学之为文学的事,文学就是一池春水的“皱起”或“突出”。牟宗三先生曾用这句词解释康德的物自体、现象及人的感性之间的关系,说“现象依待于感性主体而成,即当一个东西和感性相接触,就成为现象,现象是感性所挑起或所皱起的”,文学也如此,文学之缘情体物、“因文生事”都是生活经由语词的皱起、挑起或突出。

文的皱起或突出,会引来人们对文学表达之真实性的质疑,这种质疑最具代表性的表现是托尔斯泰对莎士比亚的批评。在托尔斯泰看来,《李尔王》的人物斗争“不是本乎事件的自然进程,不是本乎性格”,戏剧人物的处境安排非常不自然,李尔王奔走荒原时的那种暴风雨跟奥菲利娅头上的杂草等一样都是出于故意造作的结果。“莎士比亚笔下的所有人物,说的都不是他自己的语言,而常常是千篇一律的莎士比亚式的、刻意求工、矫揉造作的语言,这些语言,不仅塑造出的剧中人物,任何活人在任何时间和任何地点都不会用来说话的。”所以,在托尔斯泰看来,“莎士比亚不是艺术家,他的作品也不是艺术作品”。[1] 托尔斯泰是一个十分真诚的人,在艺术问题上,他采取的是向生活还原的做法,当他发现莎士比亚的戏剧在这种还原式观照中处处是造作的痕迹时,他当然会予以彻底的否定。但就生成过程而言,艺术与生活之关系是不可逆的,我们不能将一幅油画还原成一堆颜料,然后说这些五颜六色的朱砂、石绿、钛白、铬黄不是人的肤色、服饰,所以构不成一件肖像画;我们也不能邀请观众进入幕后,指着正在卸妆的演员安慰说,苔丝狄蒙娜活了过来。艺术在“皱起”或“突出”中构成想象性的存在,我们可以从其纹路、皱褶探索其艺术的成败及成就的大小,但我们不能通过抹平而获得对其真谛的理解,所有这些抹平其实就是对艺术的抹杀与取消。托尔斯泰否定莎士比亚的另一个原因在于,莎士比亚的剧作“没有以宗教原则为基础”,这跟约翰生博士说莎士比亚的写作“似乎没有任何道德目的”一样,而晚年的托尔斯泰是非常强调艺术的道德责任的。与此相关的第三个可能原因是,在乔治·奥威尔看来,托尔斯泰不喜欢李尔王,是因为自己的性

① 列夫·托尔斯泰:《论莎士比亚及其戏剧》,见《莎士比亚评论汇编》,北京:中国社会科学出版社,1979年,第502、504、518页。

格、人生太像他,托尔斯泰渴望成为道德完美主义者,李尔王的存在对他的理想构成了反讽式的颠覆。这样,托尔斯泰对莎士比亚的评价问题不仅涉及艺术的真实性问题,也提出了艺术与道德之关系及艺术是否道德的问题。

二、诗性的正义

莎士比亚的剧本从不直接讨论道德问题,更不会塑造完美道德的榜样,相反,那段开启特里林关于欧洲文学真诚与真实之主题讨论的台词却是由那个饶舌的庸人波洛涅斯说出来的:“尤其要紧的,你必须对你自己忠实;正像有了白昼才有黑夜一样,对自己忠实,才不会对别人欺诈。”[①]在特里林看来,我们不能曲解波洛涅斯的这段话,说是他自私性格的一贯表现。“它让我们相信,在这一刻,波洛涅斯自我超越了,他在这一刻是仁厚而诚恳的。他认为真诚是美德的基本条件,他了解怎样能够达到真诚。”[②]一个人必须是真诚的,他要对自己忠实,不自我欺骗,这样他才不会欺诈他人,进而走向道德性的存在。由此出发,特里林爬梳辨析三百多年来欧洲小说、戏剧、哲学、精神分析学对真诚与真实问题的种种表达,把我们的认识与思考引向纵深。

从莎士比亚到莫里哀,从《拉摩的侄儿》到《少年维特的烦恼》,从奥斯汀的小说到华兹华斯的诗歌,从包法利夫人到库尔兹,从精神分析学到现代主义,文学始终关注主人公、文学自身及整个社会、文化的真诚与真实问题,文学从未因自身的“皱起”或“突出”而放弃或拒绝对这些问题进行思考。在无限多样的文学形态中,一些作品会直面社会的道德问题。特里林一针见血地指出,《拉摩的侄儿》“揭露了作为社会之基础的伪善原则,证明装模作样的社会存在必将导致人的正直尊严的丧失”。装模作样看似对己、对人都不过是无害的权宜之计,其实它败坏的是整个社会的道德基础,最终导致人不再保有正直尊严。包法利夫人固然是虚假的存在,她用“从最低俗无聊的浪漫主义作品中搜罗到的一连串廉价的意象”来编织自己的梦想,但“把生活建立在最优秀的文化事物之上,会导致一种特别的虚假,”这就是尼采所说的“文化庸人”,是用文化事物掩盖内在独立性缺乏的故作姿态。而《黑暗的心》中的库尔兹则通过退回野蛮状态“触及了人们所能探及的文明构架的底层,触及了关于人的真理的底线,人性的最核

---

① 莎士比亚:《哈姆莱特》,第一幕第三场。

② 莱昂内尔·特里林:《诚与真》,刘佳林译,南京:江苏教育出版社,2006年,第5页。

心,他黑暗的心",[1]他身上的阴森真实之光烛照的不仅是欧洲殖民者的残忍,还有欧洲文明的伪善与欺骗。特里林的基本结论是,我们的真诚与真实问题与"社会"的出现相关,我们在跟社会权力及金钱对抗周旋的过程中不断演绎变换着我们的自我,诚实的、分裂的、庸俗的、异化的自我都是对抗周旋的产物。

特里林的深刻论述在揭示欧洲文学与道德之复杂关系的同时,容易给我们造成一种错觉,似乎在17世纪初或所谓的"社会"出现之前,文学是不承载道德责任的,其实不然。诗性正义从诗的诞生之初就萌生了,在众多的变形故事中,菲罗墨拉变成了一只夜莺,这是对她的歌声符合正义伸张的形象说明。亚里士多德论述悲剧引起恐惧与怜悯问题时,规定了几种不应该的情况:"第一,不应写好人由顺境转入逆境,因为这只能使人厌恶,不能引起恐惧与怜悯之情;第二,不应写坏人由逆境转入顺境,因为这最违背悲剧的精神——不合悲剧的要求,既不能打动慈善之心,更不能引起怜悯或恐惧之情;第三,不应写极恶的人由顺境转入逆境,因为这种布局虽然能打动慈善之心,但不能引起怜悯与恐惧之情,因为怜悯是由一个人遭受不应遭受的厄运而引起的,恐惧是由这个这样遭受厄运的人与我们相似而引起的。"[2]亚里士多德在这里阐述的恐惧与怜悯之情是悲剧的艺术效果,这种效果恰恰是诗性的正义。所以,《李尔王》虽然表现的是罪恶的车轮一旦开动、无论好人还是坏人都归于毁灭这样巨大的悲剧主题,但野心家爱德蒙在被哥哥爱德伽刺中后,他向命运低下了头并说出了一句极富深意的话:"天道的车轮已经循环过来了。"哈罗德·布鲁姆认为,这是爱德蒙来得过迟以至于没有实际意义的悔过。对悲剧中的人物来说,这样的悔过确实没有意义,但对剧场中的观众及《李尔王》的读者来说,爱德蒙所说的"天道的车轮已经循环过来了"恰恰具有诗性正义的意义,"爱德蒙这个形象表明,不能沿着此路走下去。"[3]

三、文学展现欲望也审视欲望

艺术的表达源于表达的欲望,但它必须符合诗性正义;勾引是一种欲望,但勾引是以自我满足为目的的,而且勾引者总是企图掩饰这种卑劣的欲望,因此

---

① 莱昂内尔·特里林:《诚与真》,刘佳林译,南京:江苏教育出版社,2006年,第34、97-98、101、107页。

② 亚里士多德:《诗学》,罗念生译,北京:人民文学出版社,1997年,第37-38页。

③ 哈罗德·布鲁姆:《神圣真理的毁灭:〈圣经〉以来的诗歌与信仰》,刘佳林译,上海:上海人民出版社,2013年,第92页。

勾引欲望的表达不是艺术，充其量是一种坏的艺术。基拉尔的《浪漫的谎言与小说的真实》令我们相信，伟大的小说家会选择欲望作为小说的主题，它们向读者展现欲望的千姿万态，同时也对欲望加以审视，并引领读者走向超越。

堂吉诃德、堂吉诃德所要行侠的对象以及堂吉诃德所模仿的游侠骑士阿马迪斯构成欲望的三角关系：主体、客体和介体。主体可以直接地表达欲望，也就是说无需通过作为中介的介体，菲罗墨拉、林奕含完全出于内在的冤屈而表达愤慨，在基拉尔眼里，她们就是本能的人；但包法利夫人从浪漫主义小说编织了自己的爱情梦想，从而在她自己的生活中寻找浪漫情人，驱使她行动的欲望是外生的、虚荣的，基拉尔将这样的人称之为准人（sous-homme）。不但在《堂吉诃德》《包法利夫人》中，在《红与黑》《地下室手记》《群魔》《追忆逝水年华》等多部小说中，基拉尔都看到了形态各异的三角欲望的表演。基拉尔"用浪漫的这个词指那些反映了介体的存在却没有揭示介体的作品，用小说的这个词形容那些揭示了介体存在的作品"，[①]他认为，小说与浪漫文学的区别就在于，小说家向读者揭示，经由介体而引发的欲望是一种模仿或抄袭，是非直接的、他者的，因此是虚假的、乏力的；而浪漫文学虽然也反映了这些介体，却未能对此加以揭示，从而陷入一种欺骗与自我欺骗的状态。小说或者说好的小说应该包含这样的揭示。

斯丹达尔以虚荣为主题，普鲁斯特以攀附为主题，他们都在揭示主人公的欲望幻想的过程。构成欲望之中介的介体可以远离主人公的生活，这是外中介，比如阿马迪斯之于堂吉诃德；那些就在主人公的生活中活动的介体是内中介，比如德瑞那夫人就是玛蒂尔德小姐渴望于连的介体，三角恋爱，羡慕与嫉妒，都构成内中介。甚至还出现一种双重中介或互为中介的情况，这时客体已经不重要，"浪漫主义爱情不是对他者的献身，而是两颗对立的虚荣心之间展开的无情战争。"中世纪的传奇故事所写的相互爱慕的爱情故事即"不是从他人出发，而是从自我出发"的两颗自恋心的虚假的相互性，因为在福楼拜看来，"两个人绝不会同时爱对方"。[②] 如果说神权的时代、王权的时代我们还可以限制欲望及其表演的虚假性程度，到了现代时期，贪婪导致我们陷入欲望性竞争的万丈深渊，人在互为上帝的模仿中越来越堕向虚无，陀思妥耶夫斯基、普鲁斯特的

---

① 勒内·基拉尔：《浪漫的谎言与小说的真实》，罗芃译，北京：生活·读书·新知三联书店，1998年，第16页。

② 勒内·基拉尔：《浪漫的谎言与小说的真实》，第114页。

作品向我们揭示的就是这样的危险。我们可能会为欲望苦修，通过虚伪的掩盖暗中指望欲望最终的满足；我们又会表现出一种纨绔风，装出一副若无其事、漠然置之的样子，我们在互为主奴、互相施虐与受虐的过程中不断堕落："每个人……对走在旁边或者迎面而来的人，都假装高视不顾，让人家觉得他心无旁骛，但是他的目光却暗扫过去，生怕冒犯对方，实际上时时和对方的目光相撞，纠结不开，因为那一方也在同样矜持的外表下，以同样的掩饰注意他。"①

小说家通过揭示欲望演绎最终导致的虚无告诉读者，我们必须放弃介体，放弃对他者神性的崇拜，"人物在放弃神性的同时就放弃了奴隶性。生活的各个层面都颠倒了，形而上欲望的作用被相反的作用替代。谎言让位于真实，焦虑让位于回忆，不安让位于宁静，仇恨让位于爱情，屈辱让位于谦虚，由他者产生的欲望让位于由自我产生的欲望……。"②这是小说的诗性正义与道德意义，它让我们避免成为赝品，要我们保持独立不依。

四、文学有好坏，艺术家有优劣

"我们变成这样那样，全在于我们自己。我们的身体就像一座园圃，我们的意志是这园圃里的园丁；不论我们插荨麻、种莴苣、栽下牛膝草，拔起百里香，或者单独培植一种草木，或者把全园种得万卉纷披，让它荒废不治也好，把它辛勤耕垦也好，那权力都在于我们的意志。"这是《奥瑟罗》中的那个野心家伊阿古的一段台词，却道出了我们跟自己的关系，我们就是我们自己的艺术家和园丁。在我们走出赝品的危险境地时，我们又面对新的荆棘丛，因为我们可能会像伊阿古那样，成为坏的园丁或艺术家。

《房思琪的初恋乐园》的推荐书评中，有一篇题为《罗莉塔，不罗莉塔：21世纪的少女历险记》。该书封底又摘有这样的推荐语："纳博可（原文如此）夫和安洁拉·卡特的混生女儿。"这些都把林奕含与纳博科夫无可分割地相联系。无论读者如何看待台湾书评人及出版人的这些说法及其用心，但纳博科夫所塑造的失败的或坏的艺术家形象有助于我们继续深入本文的思考。

《洛丽塔》中的亨伯特被称为"失败的艺术家"。他把病态的疯狂视为天才的想象，把自己打扮成钟情的浪漫主人公，把对他人的粗暴侵犯视为爱的施与，

① 勒内·基拉尔：《浪漫的谎言与小说的真实》，第106页。
② 勒内·基拉尔：《浪漫的谎言与小说的真实》，第310页。

他陷入极度自私的唯我论，把整个世界视为自己欲望的对象。在因嫉妒杀人之后，他又试图通过写作来为自己辩护，让自己不朽。亨伯特这种完全无视他人感受、将自己的欲望和意识强加于人的做法就是一个坏的艺术家粗暴地对待艺术题材及主题的行为，而李国华用文学的幌子来掩盖自己卑鄙的淫欲并引诱未成年少女的行为则是对文学的盗用与亵渎。

文学有好坏，艺术家也有优劣。一个优秀的艺术家，一部好的文学作品首先应该能够明确艺术与生活之间的界限，始终保持艺术自身的幻象，这是王尔德、纳博科夫坚持认为文学即谎言的主要原因。优秀作家和作品总能激发起读者的想象力。苏格兰古典学者威廉·理查森说，莎士比亚是"戏剧的普罗透斯，他将自己变成每一个角色，随意进入人性的每一种状态"，[①]正是对丰富人性尽可能多的展示，为读者揭示了存在的种种可能，锻炼着读者感同身受的审美同情，莎士比亚才能"不属于一个时代而属于所有的世纪"。好的文学应该引导读者对细节进行充分的鉴赏。纳博科夫始终强调"科学家的热情和艺术家的精确"，科学不能离开热情，而诗也必须追求精确。文学的精确主要表现在细节之中，"胜过一般的那种细节的优越性，比整体更生动的部分的优越性，小东西的优越性，一个人带着欣然颔首的神情凝视致意，而芸芸众生却在某种共同力量的驱动下奔向某个共同的目标"。[②] 遗憾的是，我们的文学趣味更多时候是粗食者的趣味，甚至是伪善庸俗的趣味，我们经常用非文学的东西，用铿锵有力、慷慨激昂的东西，用各种故作高深的概念化的东西掩盖我们贫乏疲软的审美能力和粗枝大叶的审美趣味，而我们的道德水平恰恰在这种没有长进的审美活动中不断退化。在纳博科夫看来，对细节的热爱其实是一种美德，是一种善。"对琐事表示惊奇的能力——不管迫在眉睫的危险——灵魂的这些旁白，生命书卷的这些脚注，是意识的最高形式，正是精神的这种孩子气的好奇状态，如此迥异于常识及其逻辑，我们才懂得这个世界是好的。"由丰富而具体的细节构成的世界是好的，"'好'就是某种具体得非理性的东西"。[③] 我们平时所谓的好坏已经是一种抽象后的品质，是一枚流通太久的硬币，而细节则使好坏具体化，对世界

---

① William Richardson, *A Philosophical Analysis and Illustration of Some of Shakespeare's Remarkable Characters*, 38, See James Engell, *The Creative Imagination: Enlightenment to Romanticism*, Cambridge, Massachusetts: Harvard University Press, 1981,8.

② Vladimir Nabokov, *Lectures on Literature*. Ed. Fredson Bowers, New York: Harcourt Brace Jovanovich/Bruccoli Clark, 1980,373.

③ Ibid, 374,375.

之好的把握就是对细节的把握，能够对细琐的事情表示惊奇，这是一个人的审美能力，也是他的道德基础。

好的文学、优秀的艺术家始终坚持艺术即游戏的精神。席勒在《美育书简》中说，艺术的善行之一就在于，它战胜了“责任和天命的严肃认真”，他认为“单纯游戏”的审美活动才是人的真正活动：“唯有当他是充分意义的人时，他才能游戏，唯有当他游戏时，他才是完人。”[①]马克思也反对我们过分沉溺于对财富等容易导致异化的事物的追逐，而肯定自由的游戏精神：“你越少是，你表现的生命越少，你越有，你的外化的生命就越大，你的异化本质也积累得越多。国民经济学家把从你那里夺去的那一部分生命和人性，全用货币和财富补偿给你，你自己不能办到的一切，你的货币都能办到：它能吃，能喝，能赴舞会，能去剧场，能获得艺术、学识、历史珍品和政治权力，能旅行，它能为你占有这一切……但是，尽管货币是这一切，它除了自身以外不愿创造任何东西，除了自身以外不愿购买任何东西……”[②]我们对外在事物的拥有越多，我们作为生命主体的自由就越少。在《美育书简》里，席勒说：“什么现象表明野蛮人已踏入文明的门阈呢？不论我们探索历史至多么的深远，在一切摆脱了动物状态的奴役生活的民族中间，总有这样的现象：喜欢假象，爱好装饰和游戏。”[③]游戏既是外在的自由，也引导我们的内心走向自由。这就是艺术的意义。

海德格尔说：“艺术的本性是诗。诗的本性却是真理的建立。”[④]诗的价值恰恰在于它所建立的真理，但诗之建立真理与哲学之建立真理是不同的，一座希腊神殿并不反映或再现神的世界，而恰恰是凭此神殿，神得以现身于神殿之中。也就是说，诗篇自身通过“皱起”或“突出”，构成一座神殿，真理因此在其中现身。所以诗不是镜子式的反映，也不是工具性的运载，诗自在自为，而就在这种向诗成为的过程中，真理成为诗的内在组织。亚里士多德说：“写诗这种活动比写历史更富于哲学意味，更被严肃地对待。”佛朗·霍尔就此解释道：“诗人不仅像柏拉图所说的那样只是摹仿自然中的事物，而是实际上达到了更接近‘理式’的境界。”[⑤]他们所阐明的就是这样的道理。

---

① 席勒：《美育书简》，见《缪灵珠美学译文集》(第二卷)，章安祺编订，北京：中国人民大学出版社 1998 年，第 107 页。

② 马克思：《1844 年经济学哲学手稿》，北京：人民出版社，1985 年，92 页。译文略有不同，作者注。

③ 席勒：《美育书简》，第 204 页。

④ 海德格尔：《诗·语言·思》，彭富春译，北京：文化艺术出版社，1991 年，第 70 页。

⑤ 佛朗·霍尔：《西方文学批评简史》，张月超译，南京：南京大学出版社，1987 年，10－11 页。

基拉尔也认为，小说的结尾是真实的神殿，主人公往往在结尾完成忏悔，回归真实，所以“真正伟大的小说都诞生于这个至高无上的时刻，并且又返回这个时刻，有如整个一座教堂，既以祭坛始，又以祭坛终。一切伟大的作品，其构成都仿佛大教堂。”[①]撇去基拉尔的宗教内涵，他所传达的其实也就是小说的真理性内容。小说如果缺少了这最后的环节，就未能真正完成实际生活向艺术的跃升，小说的救赎性意义也就难以实现。

面对林奕含真实不虚的生命悲剧，以上的文字都是侈谈；但面对《房思琪的初恋乐园》及其关于文学的怀疑与提问，我们的思考就成为必须。

---

① 勒内·基拉尔：《浪漫的谎言与小说的真实》，第325页。

走向“气韵”“意境”的“滋味”说

——中国传统艺术审美范畴体系再思考

易存国

中国传统审美文化既从整体意义上重视“和谐”，亦讲究“滋味”的涵咏。季羡林先生曾经试图从“味觉”出发来重新理解中国传统美学思想，笠原仲二也试图从“味觉美”来探讨古代中国人的审美意识。本文在借鉴前贤基础上，力图从中国传统文化及其审美思路出发，深描与解析“滋味”的人文内涵，由此提出“滋味”与“气韵”“意境”之间的相关性，继而得出其与中华艺术的审美精神内通这一观点，对中华传统艺术审美范畴体系做出创新思考。

一、感觉的基础：“羊大为美”

日本学者笠原仲二在《古代中国人的美意识》中写道：

> “美”字的写法，自古以来即从“羊”从“大”，所以关于“美”字的本义，关于中国人的美意识的起源，有人直接从对所谓“羊大”所表示的羊的姿态的感受去解释，又从那样的羊给牧羊部族以幸福感方面去理解，还有如《说文》那样，从肥羊肉之“甘”的味觉感受方面加以解释。……如果我们把中国人的美意识的起源，同他们古代的日常生活经验联系起来考虑，那么，无论由“美”字从“羊”从“大”的构造方面看，还是由纯理论的角度考虑，都可以发现，最原初的美意识……就在围绕所谓“羊”“大”的姿态性而产生的各种生活感情之中。……这样的事实，有力地证明了中国人最原初的美意识确是起源于味觉美的感受性。[①]

---

① [日]笠原仲二：《古代中国人的美意识》，北京大学出版社，1987年，第3-5页。

从上引论点可见，笠原仲二在予我们以启示的同时，似有必要再做进一步论证和分析。众所周知，华夏民族同世界上其他民族一样，在早期同样经历了一个图腾崇拜和巫术礼仪这一阶段，而聚集在“龙飞凤舞”旗帜之下的氏族集团融合了不同的“图腾部落”，其中即有“羊”图腾。由于图腾往往同当地的人类生产和生活关系密切之缘故，而“羊”在早期人们的经济生活中亦占有重要地位，所以“羊”在华夏文化中亦占有重要的一席之地。

《说文》释“羌”为西戎牧羊人也。可见，“羊”较早即主要代表早期华夏中“西戎”这一部落。值得注意的是，“西部”在中国早期文化迁演中出现的频律较高，学界亦有人提出“华夏正音出于中国西部”之说。[①]《说文》云：“美，甘也。从羊，从大。羊在六畜主给膳也。美与善同意。”[②]对于这一说解，后人主要有三种理解。第一种是宋初的徐铉，他说：“羊大则美，故从大。”[③]第二种看法出自近人马叙伦《说文解字六书疏证》一书，他说道：“徐铉谓羊大则美，亦附会耳，伦谓字盖从大，芊声。芊音微纽，故美音无鄙切。《周礼》美字皆作媺，意为“色好”。是美为美之转注异体，媺转注为媺。从女，媺声，亦可证美从芊得声也，芊芋形近，故讷为羊；或羊古音本如芊，故羊从之得声。当入大部，盖媺之初文，从大犹从女也。”第三说见于今人萧兵，他认为，美的原来含义是冠戴羊形或羊头装饰的大人。因此，最初是“羊人”为美，而后衍化为“羊大则美”。[④] 李泽厚和刘纲纪所著的《中国美学史》(第一卷)采萧说。第一种观点为后来诸说提供了靶标，第二种观点为笠原仲二所驳倒，第三种观点自提出至今已成学界共议的话题。

本文认为，若联系到“羊”当时所从属的图腾乐舞和巫术祭祀等历史场景看，“羊大”“羊人”二者则具同一内涵而显现出不同的侧面。亦即是说，“羊”既因其与氏族图腾相连，故而“大”人(巫师或酋长)是后世“美”之初义，亦因其“羊”之“甘”，“在六畜主给膳也。”所以，“羊”亦因之而“美”。可见，“美”字的分界不在于“羊人为美”还是“羊大为美”，而关键在于对“大”字本身的复合理解而分衍出不同的侧面。如果非要找出“美”字发展的历史线索，我们似乎可以说，“美”是一个瞬间完成的意念，而前期形成的味觉积淀为“羊”之“美”打下了基

① 牛龙菲：《古乐发隐》，兰州：甘肃人民出版社，1985年，第385页。

② 许慎《说文解字》，徐铉注，北京：中华书局，1963年，第78页。

③ 许慎《说文解字》，徐铉注，北京：中华书局，1963年，第78页。

④ 萧兵《〈楚辞〉审美观琐记》，《美学》第三期，上海：上海文艺出版社，1981年，第225页。

础。因此，先“羊大为美”(大羊之美)，其后才“羊人为美”(大人之美)。毫无疑问，早期人类正是由于有了自然生理的感觉快适，才在此基础上为文化主体的精神情绪夯实了感性满足的理性基础。循此，我们认为若把李泽厚、刘纲纪先生的观点稍作变动，可能更符合“美”之发展的真相，也才符合“味”的衍生路径，即：

> “美”由羊大(原文为“羊人”)到羊人(原文为“羊大”)，由感官满足(原文为“巫术歌舞”)到巫术歌舞(原文为“感官满足”)，这个词为后世美学范畴(诉诸感性又不止于感性)奠定了字源学的基础。[①]

“味”作为生理感觉快适的基础，是先于理性认知的。由是，“美”便经由“味”(“羊大为美”)而走向了“大人”(“羊大为美”)。

美国美学家帕克说得好：“感觉是我们进入审美经验的门户；而且，它又是整个结构所依靠的基础。”[②]嗅觉、味觉、触觉和动觉等在人的审美感受中可以发挥不容忽视的作用。心理学实验表明：如果只有嗅觉、味觉、触觉而失去视觉、听觉，对象会在感受中成为一片混茫而不可理解；然而，如果仅有视觉、听觉，失去其他感觉(来确证)，对象则会在感受中显得似乎可以理解却又显得模糊、虚幻而难以确定其是否客观存在。诚如马克思所言：“只是由于人的本质客观地展开的丰富性，主体的、人的感性的丰富性，如有音乐感的耳朵、能感受形式美的眼睛，总之，那些能成为人的享受的感觉，即确证自己是人的本质力量的感觉，才一部分发展起来，一部分产生出来。因为，不仅五官感觉，而且连所谓精神感觉、实践感觉(意志、爱等等)，一句话，人的感觉、感觉的人性，都是由于它的对象的存在，由于人化的自然界，才产生出来的。”[③]由于人的感觉的丰富性，人类的审美经验就有了基础和出发点。这正是建基于审美对象及其人类生理感官的科学性(同)之上的再度心理演绎(不同)。可见，审美感觉是物理化学结构、生理感受结构和社会心理情感结构三者之间的有机契合。

例如，我们在欣赏乐曲《多瑙河之波》时就会因为其连续的上滑音而唤起某

---

① 李泽厚、刘钢纪主编，《中国美学史》，第一卷，北京：中国社会科学出版社，1984年，第81页。本文在此做一商榷性措置理解。

② [美]帕克：《美学原理》，北京：商务印书馆，第50页。

③ [德]马克思：《1844年经济学哲学手稿》，北京：人民出版社，2000年，第87页。

种鲜明的视觉感受和筋肉的运动感。中国传统古琴曲《阳关三叠》中一唱三叹、一波三折的韵味，同样可以唤起更加丰富得多的情感色调来，它以其独特的简洁、沉郁、低回的曲调传达出某种戏剧般的综合感觉效应，从而在音乐之外有了较充分的展开，对诗与画的情境也在音乐上作了更多的铺展。从这种意义上言，“味觉”感受同样可以唤醒更多、更深的审美意蕴。

二、生活的整全：由“味”而“和”

人类饮食文化发端于结束饮血茹毛的时代，而这无异于文明创化的初步。在这一人类文化发祥的端口，取食系统的形成与专门盛放饮食器具的出现是其两个必要条件。据研究，早在近8000年前，由于四块丰碑（即用火、种植业、养殖业和制陶业）的奠定，中华民族的饮食文化就开始了。[①]

先秦时期，不仅出现了作为饮食文化核心的美食、美味、美器，亦出现了与其相适应的相关烹饪史料记载等，如《尚书》《左传》《诗经》《吕氏春秋》《周礼》《黄帝内经》及先秦诸子著作中均有反映，如《吕氏春秋·本味》中列举了战国至秦初天下的美食，如“肉之美”“鱼之美”“菜之美”“和之美”“饭之美”“水之美”“果之美”等，基本囊括了当时各种美味。由于对“美味”的重视，渐次出现了以孔子为代表的“色恶，不食。臭恶，不食。失饪，不食。不时，不食。割不正，不食。不得其酱，不食。”[②]可见，以食“味”的纯正与否联系到人生态度乃至上升到生活哲学的高度来考虑已然透露出华夏审美文化风尚之端倪。此后，孟子也对此从理论上做了进一步阐发，他说：“口之于味也，有同耆焉；耳之于声也，有同听焉；目之于色也，有同美焉。”[③]从而将常人以味觉快感的饮食文化打上了审美光环，并引申到精神生活的享受上来。孔子本人也有以音乐之美来比拟“味”觉的例子，如“在齐闻韶，三月不知肉味，曰：‘不图为乐之至于斯也！’”这或许即是后世以“味”品艺之滥觞。在孔子看来，他之所以重“味”，不仅因美感确乎有着生理快感作基础，而且其所引起的“快感”已然超越了生理感觉的基础性满足，从而具有了一种延续性，“乐”唤起的满足具有深厚的理性意义从而深广得多。日人今道友信在《东方的美学》第三章《孔子的哲学》中对此作了一定分析，他说：

---

① 陶文台等注释《先秦烹饪史料选注》，北京：中国商业出版社，1986年，第2页。

②《论语·乡党》。

③《孟子·告子章句上》。

> 味觉在生活中是一种最强和最不容易失掉的感觉；三个月是象征性的语言，形容时间长；肉是美味的食品，代表最难忘的东西。三个月连味觉都忘掉了，是说他的精神已从形体的世界即肉体世界中解放了出来，是说他的精神已因韶乐的杰出艺术而达到了概念上的纯粹的超越：沉醉。

需要引起注意的是如下三点：其一，孔子始终追求的是生活的超验化、艺术化，其“吾与点也”即标明他强调的是人生与艺术感觉的同一，既如此，作为人生之必需的“美食”当然是不可多得的例证。其二，以“乐”之精神性超越来比拟“肉”之美味的忘却亦提醒人们积极入世之时断然不可失却理想的信念，不可太执着于一己之私和生理官能的满足，而这恰好是与“修身—齐家—治国—平天下”一脉相通的，是与“礼乐文明”相联系的，也同样与“诗教”与“乐教”处于同一系统。其三，“乐”之“和”与“味”之“和”有其本质上的相似性。有史料佐证，周代文献上讲烹饪为“割烹”，即切割毛食再掺和以烹的过程，其中最重要的一道菜即是“羹”（注意这一“羹”字，乃小“羊”加水用火以“烹”），“羹”乃以味道调和为特征的汤汁（“味”尽在其中而匿其形）。《左传》昭公二十年（公元前520年）记载，晏子对齐侯辩“和”与“同”时的一段话很显然将“味”与“声”二者紧密地结合起来了：

> 和如羹焉，水，火，醯，醢，盐，梅以烹鱼肉，燀之以薪，宰夫和之，齐之以味，济其不及，以泄其过。君子食之，以平其心。君臣亦然：君所谓可，而有否焉，臣献其否以成其可。君所谓否，而有可焉，臣献其可以去其否。是以政争而不干，民无争心。故《诗》曰：“亦有和羹，既戒既平，鬷嘏无言，时靡有争。”先王之济五味，和五声也，以平其心，成其政也。

由于“味”与“乐”和“政”的关系，中国饮食文化的发达实则是中国儒家文化哲学推波助澜和有意为之的某种结果。后世中华饮食文化以美食、美味、美器、美境而唤取“美感”，实属必然。孟子说“食必常饱，然后求美”并非仅有历史唯物主义的因素，而且有着更为内在的对人生境界的创化追求意识。由“味”而“和”到“品”不仅是人生的闲适和惬意，更是一种“吾与点也”的审美境界，它与金圣叹二十余个“不亦快哉！”在精神上是相通的。同理，它与中国传统审美范畴中的“意味”“蕴味”“余味”“趣味”“品味”“玩味”“体味”“兴味”等一系列范畴乃出于同一母体，讲“味”而不止于“味”求的是韵外之致，味外之旨，这也正是孟子所云“饮食之人无有失也，则口腹岂适为尺寸之肤哉?”张光直先生曾发问说，“中国古代文明的本质是不是透过古代中国人自己使用或享宴宾客的饭菜而以准则的形式表现出来呢?”答案是：可以。如果没有传统中国人的“味”观，“满汉全席”和中华饮食文化的几大菜系不至于如此美轮美奂。而且，“饮食”不仅作为立于现世之人的操守准则和衡量标准，更是招待逝者的最好手段(如祭奠上的供品)，如《楚辞·招魂》诗即有用精美的菜肴呼唤逝去的生灵返回现世而享祭等，又如：

> 贤哉回也！一箪食，一瓢饮，在陋巷，人不堪其忧，回也不改其乐。(《论语·雍也》)
>
> 子曰：饭疏食饮水，曲肱而枕之，乐亦在其中矣。(《礼记·檀弓》)
>
> 以万乘之国伐万乘之国，箪食壶浆以迎王师。(《孟子·梁惠王章句下》)

“食”之重要，不仅在于“食以养生，以畅为福”(张英)，关键还在于“人所贵重者食也，食所贵重者时也。”至于以酒佐餐更是“重时”之举，它既可以“何以解忧，惟有杜康”(曹操)，亦可以欢会佳聚之时“一醉方休”。重“食”(时)而来的饮食行为即成为华夏氏族神圣的仪式，对先人以祭祖，对后人以启教，对君王则“以平其心，成其政也”，所谓“五味实气，五色精心，五声昭德。”(《国语·周语》)。结果是，歌舞音乐的伴奏就成为大型飨宴活动之不可或缺之物(唐时“燕乐”即“宴乐”)，食客们以“养”“生”的方式达到了“养”“性”的目的(注意要“和”“中”而不能过)，即“口内味而耳内声，声味生气，气在口为言，在目为明，言以信名，明以时动；名以成政，动以殖生，政成生殖，乐之至也。若视听不和，而有震眩，则味入不精，不精则气佚，气佚则不和，于是乎有狂悖之言。”(《国语·周语》)。这种“政成生殖，乐之至也”就达成了“味以行气，气以充志，志以定言，言以出令”(《礼记·曲礼》郑注)的“味和”“声和”“气和”“心和”“政和”的内在逻辑，也最终被纳入到社稷纲常的实践理性轨道，由是与“文以载道”的观念统一了起来。

三、礼崩乐坏：由“味”而“淡”

春秋战国之际是一个“礼崩乐坏”的时代，但同时也是审美趣味顺应时代变革而变化的时代。循此，我们试图通过“味”与“乐”的关系梳理去把捉新的审美轨迹。众所周知，中华民族自古以来即称为“文明之邦”、“礼乐之邦”，盖因“礼”与“乐”正是矩度早期华夏文化的两大支柱，而这两大支柱具化为后世的“礼教”与“乐教”。广义的“乐”（含“诗”）即发端于中国早期饮食文化，有《礼记·礼运》为证：

> 夫礼之初，始诸饮食。其燔黍捭豚，污尊而抔饮，蒉桴而土鼓，犹若可以致其敬于鬼神。及其死也，升屋而号，告曰：皋！某复！然后饭腥而苴孰。故天望而地藏也，体魄则降，知气在上，故死者北首，生者南乡，皆从其初。

“礼”源于中国饮食文化行为是没有疑问的，问题在于，中华先民每每饮食前行祭，乃是为了不忘先圣教民稼穑之功，所谓“祭先也，君子有事不忘本也。”疏曰：“君子不忘本，有德必酬之，故得食而种，种出少许，置在豆间之地，以报先代造食之人也。”（《礼记·周官·膳夫》）。“礼，饮食必祭，示有所先。”（《礼记·周官·膳夫》注）。“虽疏食菜羹，必祭。”（《论语·乡党》）。饮食之前的祭祀活动不断举行，即形成一整套固定而不断完善的仪规，遂发展成为后来的“礼”。人们日常食器亦充当了祭器和礼器。因此说，“礼”从其产生的那一刻起，就同先民们的饮食活动紧密地联系在一起。

《说文》云：“味，从口，未声”，意为“滋味”。而“未”的本义，《说文》释为“味也，六月滋味也。”《史记·律书》云：“未者，言万物皆成，有滋味也。”可见，“味”与“未”音义相同。笠原仲二说：“在古代，读无鄙切的字，其义一般是表示饮食的滋味。而所谓‘滋味’，又是从口含食物之意引申而来的，一般是表示‘口有甘味’的意思，并且，……‘滋’有‘美’的意义，再考虑到前面所说的‘美’‘味’有双声关系，那么我们就可以明白，一般所说的‘口好味’（《荀子·王霸》）的‘味’，与所谓‘滋味’、‘甘味’或‘美味’是同义词，滋、甘、美、味，古来都是意义相近的词。而这些事实更清楚地说明了‘美’与‘甘’通训；并证明‘美’本来是表示味觉的感受性的文字。”[1]

---

① ［日］笠原中二：《古代中国人的美意识》，北京：北京大学出版社，1987年，第5页。

由于以“味”为“美”理念的形成，由“味”而起的礼文化亦日渐成熟，“五味”与“五色”“五声”就连缀在一起，日渐成为人们生活中联袂而行的范畴。“味”，“声”，“色”同中国早期阴阳五行学说紧密相关。就“声”而言，“五行”之“金”“木”“水”“火”“土”则分别对应“五声”之“商”“角”“羽”“徵”“宫”。而这种对应关系又无疑是与乐器的演奏发声和乐器制造所用的材料有一定关系的。这种用一定的规范以统之的努力正是朝向理性之“礼”靠近的征兆。《左传》昭公二十五年记载子产的话：

> 夫礼，天之经也，地之义也。民之行也。天地之经，而民实则之。则天之明，因地之性，生其六气，用其五行。气为五味，发为五色，章为五声。淫则昏乱，民失其性。是故为礼以奉之。为六畜、五牲、三牺，以奉五味。为九文、六采、五章，以奉五色。为九歌、八风、七音、六律，以奉五声。……

从“乐”看，“禮”从示，从豊，豊亦声。继而发展为“樂”。在早期，从属于“樂”之“鼓”常用于祭礼活动，“鼓人掌教六鼓四金之音声，以节声乐，以和军旅，以正四役；教为鼓而辨其声用。以雷鼓鼓神祀，以灵鼓鼓社祭，以路鼓鼓鬼享。”[①]不仅是“鼓”，其他饮食器如“缶”，及其从“缶”之器（如“甌”等），乃至从“皿”之饮食器亦用以敲击而成为“以相娱乐”的乐器。于是，由娱神、娱他而娱己，“乐”的内涵与形制日渐定型化、系统化。“礼”与“乐”便成为中国饮食文化背景之下所从出的文化规范系统，二者从发源到日后逐步推进都是相辅相成的，而这决定了“礼别异、乐和同”的文化理念。

不料想，臻成系统的“周礼”嗣后遭遇了“礼崩乐坏”。太重视“五色”、“五声”和“五味”也就是“淫”而走向了“礼”的反面，对形式化的追求与官能享受的过度满足必然要走向其反动，最后终于发展出源于“味”但又具有其质的规定性之审美范畴的出现——淡。老子说道：

> “五色，令人目盲；五音，令人耳聋；五味，令人口爽；驰骋畋猎，令人心发狂；难得之货，令人行妨。是以圣人为腹不为目，故去彼取此。”[②]

---

① 《周礼·地官》。

② 《老子》第十二章。

由于“五味，令人口爽”导致的结局不是“圣人为腹不为目”，所以，老子提出了“淡”这样一个对“味”加以限定的审美范畴。他说：“道之出口，淡乎其无味，视之不足见，听之不足闻，用之不足既。”[①]“无味”亦是一种“味”，而且是一种大味、至味，正如“大音希声”一样，它是一种很高的品评境界。这里的“味”既不是吃东西的味道，也不能理解成“听人说话（言语）的味道”，[②]它其实即是一种对“道”的另一种不得已而为之的描述方式。这种“无味”是一种至高的品味，一种审美的“平淡”趣味，一种王弼所说的“以恬淡为味”，亦即老子自己所谓“恬淡为上，胜而不美。”[③]此后，人们不难发现一大串追求恬淡趣味的文人，最具代表性的莫过于晋之陶潜，唐之王维、司空图，宋之梅尧臣、苏轼等。

可以说，从“味”的观念出发，逐渐由“和”而逐渐分离出具有华夏艺术独特味道的审美风格和美学范畴：平淡“滋味”。

四、审美追求：“淡然无极”

“滋味”，明确作为一个审美范畴的提出，最早见于齐梁时代的钟嵘，其《诗品·序》中即有“使味之者无极，闻之者动心，是诗之至也”的说法。颇富有意味的是，钟嵘论诗之“滋味”亦见于嵇康的《琴赋》“滋味有猒，而此不倦。”而向来以“越名教而任自然”自居的嵇康之“滋味”却出典于《乐记》中“清庙之瑟，朱弦而疏越，一倡而三叹，有遗音者矣。大飨之礼，尚玄酒而俎腥鱼，大羹不和，有遗味者矣。”这段话无疑受到了老子“为无味”的影响。作为诗家的钟嵘何以标举“滋味”说，其真意何在？他在《诗品·序》中有段话：

> 气之动物，物之感人，故摇荡性情，形诸舞咏。照烛三才，晖丽万有。灵祇待之以致飨，幽微藉之以昭告。动天地，感鬼神，莫近于诗。

此外，在《诗品上·魏陈思王植诗》《诗品上·晋黄门郎张协诗》《诗品中·晋中散嵇康诗》《诗品中·晋弘农太守郭璞诗》《诗品中·宋征士陶潜诗》《诗品中·宋光禄大夫颜延之诗》《诗品下·序》《诗品下·晋骠骑王济》等记载有大量“弥善恬淡之词”等。

---

① 《老子》第三十五章。
② 叶朗：《中国美学史大纲》，上海：上海人民出版社，1985年，第33页。
③ 《老子》第三十一章。

我们认为，钟嵘所论固然皆诗家，但实际上他是借整理诗章而统一品鉴趣味，并以此确立为文及品文标准。通过回溯诗史，经过爬梳和诸方家作品释读，钟嵘终于找到了一个出乎其外又入乎其内的范畴：滋味。他实则更是为了达到其“深从六艺溯流别也。……则可以探源经籍，而进窥天地之纯，古人之体矣。”[①]而这最终是为了找寻一种古朴的味道——“遗味者矣”。

为何钟嵘不选其他，而独挑上了诗呢？本文的回答是：“诗”与“韵”“意”相关，“诗”不仅是“诗”，还与“诗乐舞”与“情”相关联，这是他选择当时朝野上下竞相赋咏之“诗”的内在动因。用他的话来说，即是“使穷贱易安，幽居靡闷，莫尚于诗矣。”[②]

此外，“诗”与“味”有着十分相似的特性，这亦是他以“诗”论艺之本原所在。诗与味一样具有直感性和体验性，通过“诗”可以借助“气”来直接诉诸于人的感觉、知觉、联觉、悟觉。而且，“诗”的涵泳也如同“味”的多义性一样具有强烈的主体性特征，有着鲜明的个性特色，“诗无达诂”恰好说明了“谈到趣味无争辩”这一名言。且“诗”和“味”同样又都趋向于一种高“品味”（品位）的追求，这种“高”无疑是脱略于形迹的无味之味、无诗之诗了。既然“最高超之诗人不作诗”之实际不可能，那么只能通过渐次靠近其“至味”的“淡”才为当行，这正是钟嵘提出“滋味说”的宗旨。换言之，钟嵘提出“滋味说”旨在追求一种艺术审美的理想标尺，并希望以其来统一、纯化并提升大众的品鉴水准。

钟嵘的良苦用心在后世拥有了众多拥趸，其中，提出“不着一字，尽得风流”的唐诗论家司空图即以其《二十四诗品》承绪了“味”论同时下启了“意境”，他说：

> 文之难，而诗之难尤难。古今之喻多矣，而愚以为辨于味，而后可以言诗也。……诗贯六义……王右丞、韦苏州澄淡精致；格在其中，岂妨于遒举哉？……然后可以言韵外之致耳。……倘复以全美为工，即知味外之旨矣。[③]

“味”的出现与“象外之象”联系的方法是“味外之旨”，求外之意正是意境的根本。元人揭曼硕说得好，“司空图教人学诗须识味外味……要见说少意多、句

① 章学诚：《文史通义·诗话》上，北京：中华书局1994年，第559页。
② 吕德申：《钟嵘诗品校释》，北京：北京大学出版社1986年，第52页。
③ 北京大学哲学系美术教研室编：《中国美学史资料选编》上册，北京：中华书局，1980年，第316页。

穷篇尽，目中恍然别有一境界意思。而其妙者，意外生意，境外生境。风味之美。悠然甘辛酸咸之表，使人千载隽永，常在颊舌。”这段话力透纸背，洞穿了“味”与“意境”的关系。有唐以来，“味”与“意境”在某种程度上呈现出交叉使用的现象，只不过“味”作为导引和隐喻，而“意境”则低开高走，逐渐趋达形上境界，但二者底蕴是相通的，如《东坡题跋》上卷《评韩柳诗》：

柳子厚诗在陶渊明下、韦苏州上。退之豪放奇险则过之，而温丽靖深则不及。所贵乎枯澹者，谓其外枯而中膏，似澹而实美，渊明、子厚之流是也。若中边皆枯澹，亦何足道？佛云：“如人食蜜，中外皆甜。”人食五味，知其甘苦者皆是，能分别其中边者，百无一二也。

“味”作为一种自觉的审美追求，亦见于其他艺术类型，如《苏东坡集》前集卷二十三《书黄子思诗集后》云：

予尝论书，以为钟、王之迹，萧散简远，妙在笔画之外，至唐、颜、柳，始集古今笔法而尽发之，极书之变，天下翕然以为宗师，而钟、王之法益微。至于诗亦然。……独韦应物、柳宗元发纤秾于简古，寄至味于澹泊，非余子所及也。

“至味”表达的正是一个有味、有余味而不可刻意追求的自然之趣，达到某种“天地之道”的化境，这样真正将艺术的追求返回到“道”的本一上去了。

看看汤临初的《书楷》，再看看庄子，自会惊叹其间达到如此高度的契合，当不是巧合。汤临初说：“书贵质不贵工，贵淡不贵艳，贵自然不贵作意，‘质’非鄙拙之谓也，清庙明堂，大雅斯在是已；‘淡’非浮易之谓也，大羹玄酒，至味存焉是已。‘自然’非信手放意之谓也，不事雕琢，神气浑全、繁简一致是也。”而《庄子·刻意》曾云：“淡然无极，而众美从之，此天地之道，圣人之德也。故曰：夫恬淡寂寞，虚无无为，此天地之平而道德之质也。故曰：圣人休休焉，则平易矣；平易则恬淡矣。……虚无恬淡，乃合天德。”

“味”的纯真、天然、素朴、高古即“生”的超越技法之工，由是便进入了理想之境，这亦是中国文人画的最高境界，恽南田说，“笔墨简洁处，用意最微，运其神气于人所不见之地，尤为惨淡。此唯玄解能得之。”他以倪云林为例说：“云林通乎南宫——此真寂寞之境，再着一点便俗！”明人沈野论篆刻，亦引“淡”说：

> 印章亦有禅理，不著声色，寂然渊然，不可涯涘，此印章之有禅理也；形若飞动，色若照耀，忽龙忽蛇，望之可掬，即之无物，此印章之有鬼神也；尝之无味，至味出焉，听之无音，元音出焉，此印章之有诗者焉。

“淡”并非空无寂寞之音，而是妙境的元气流动之拙（“大巧若拙”）。“淡”是一种动中的极静，它唤起人们原初的纯朴感知，将后天理性的程式压抑到最低，排拒矩度之外，从其本真之“况味”经过流动之“气韵”而化为境外之意。所以，“淡”实乃动静合一，目的与手段之统一，它借助其形式手段的古拙和荒疏简远的境外流动之气，表达了艺术的最高境界，浑然统一在以“气韵”为本体，以“意境”为旨归的“淡”味之上。李日华说得好：“绘事必以微茫惨淡为妙境，非灵阔澈者不易证入，所谓气韵必在生知，正此虚淡中含意多耳！其他精刻逼塞，纵极功力，于高流胸次间何关也。”

中国传统文化惯于以人论艺，反之亦然。“滋味”作为审美范畴之一自然与人生相关。所谓“人生况味”正是对个体生命的透视，“过尽千帆皆不是”的“至味”将艺术的境界与人生的苍茫宇宙感、时间观拉在了一起，从而走向了对现实与个体存在的超越，走向了不朽，进而走向了艺术与人生的巅峰状态，并通向哲理意蕴层。这是艺术作品最深层、最独特，也最显示创造能力的境界。透过“味”，审美主体一步步由审美感知、情感想象、理性冥思、悟性通达直至深层底蕴，在超越语言——文本层面，跨越社会——历史层面，浸润言外之意、味外之旨中去涵泳其超时空的永恒价值和人生宇宙情调。宗白华先生说：“这是艺术心灵所能达到的最高境界！由能空、能舍，而后能深、能实，然后宇宙生命中一切理一切事无不把它的最深意义灿然呈露于前。‘真力弥满’，则‘万象在旁’，‘群籁虽参差，适我无非新’（王羲之诗）。”①

综上所述，由感官之“滋味”走向文化“品味”，借由“淡味”的追求并逐渐过渡到自觉追求“气韵”“意境”，这种渐次濡化的文化审美传统构成了一条清晰的文化理路，并成为日后臻成系统的美学范畴系列，“滋味”在其中起到了重要的原发性作用。

---

① 宗白华：《艺境》，北京：北京大学出版社，1987年，第180页。

审美批评的限度与可能

——从批判理论看当代审美批评的建构

施立峻

如果我们把自20世纪90年代开始，并一直延续至今的审美批评看作是一个连续不断的建构过程的话，那么，在这个过程中已经存在了两个互有不同，但又彼此联系的阶段：社会批判与文化批评阶段。本文试图揭示社会批判的缘起和文化批评的选择，以及批判理论在建构当代审美批评方面有益的启发。由于批判理论既充当了社会批判的理论前提，也构成了文化批评告别社会批判的反思性理论对象，因而，批判理论在逻辑与历史两个层面参与到了当代审美批评的历史过程之中。本文愿意尝试以批判理论的当代影响为视角，探讨审美批评的当代建构如何从社会批判过渡到文化批评的内在理论逻辑，继而展望新的审美批评得以建构的可能性途径。

一、社会批判的美学

20世纪90年代开始，市场化的经济转向带动了整个社会文化的转型与变化，90年代初，中国社会的变化在文化领域中获得了醒目的体现："流行音乐、卡拉OK替代了古典音乐，迪斯科替代了芭蕾舞，通俗文学替代了严肃文学"。[①] 这是一种从未展现的文化形态，它不仅越来越活跃，并且跨越了80年代以来的文化格局，产生了广泛的辐射力。因此，人们有理由把这样一个界分性的文化形态看作是一个新的文化时代到来的结果，这个时代也被文学批评家称之为"大众文化时代"。文化精英把这种文化叫做"大众文化"，在命名的同时也对自身的立场做出了严格而骄傲的界定，显然，区分和界定的目的在于对大

---

① 尹鸿：《大众文化时代的批判意识》，《文艺理论研究》1996年第3期，第76页。

众文化展开否定性的批判。

从这个时候开始，当代中国美学对批判理论的态度从单纯的理论译介转向“武器的批判”，即直接将批判理论的思想资源作为批判当代中国大众文化的理论依据。这个时期，前期批判理论家，如阿多诺、马尔库塞等的部分理论思想在批判性话语中得到了忠实体现，也是从这个时候开始，批判理论的社会批判参与到中国当代美学的批判性历程中来，并在相当意义上影响了20世纪90年代以来的当代文化批判的历史走向。

可以认为，进入到20世纪90年代以来的中国当代美学不是从理论的逻辑意义上选择了社会批判的美学，而是社会的变化推动美学在上个世纪90年代与社会批判的美学进行了对接。这种对接带动了美学在个体与社会、自律与他律、审美与价值等相关问题上的对立和紧张。尹鸿在《大众文化时代的批判意识》一文中认为：从80年代中期开始，中国社会政治/经济发生了深刻变化，中国民众经久不衰的政治热情开始退潮，消费主义观念大行其道，并且进入文化领域，渗透到文化的创造和传播过程中，于是，中国主流文化开始了一个巨大的转折，无论是国家意识形态文化还是启蒙主义的知识分子文化，都或者悄然退出或者被挤出文化舞台的中央，大众文化以五彩缤纷的形式强有力地进入舞台的中央，人们有理由把这样一个时代称作是一个“大众文化的时代”。[1] 显然，对大众文化时代的叙述帮助人们建立了一种新的历史批判的视野，这种视野要求人们把大众文化看作当代社会变化的非逻辑的产物，由此，文化批判者也为自身的批判立场找到了一个理性视角，这个视角显然不是从文化形态的“内部”来展开并分析其得失与利弊的，而是把大众文化看作是当代社会的问题之一种来看待。

由理性视角所构成的文化批判与作为历史产物而新生的“文化时代”之间的冲突不是日趋缓和，而是愈加激烈，这表现在上个世纪九十年代初发生的“人文精神”大讨论中。作为参与范围广泛的文化讨论，它显示了社会的变化在人们观念中的价值构成与价值冲突。这种观念构成既包括那些被叙述出来的观念和未被语言所叙述，但牢固地存在于人们的头脑中，并在价值选择和行为活动方面间接体现出来的观念。

“人文精神”大讨论没有获得观念共识和统一方案，相反，它把人们在“何谓

① 尹鸿：《大众文化时代的批判意识》，《文艺理论研究》1996年第3期，第76页。

人文精神"方面的差异显示和放大了。在这种被显示的表象的背后,是一个被强调的张力结构:一方面,中国社会的变化已经无法通过固有的价值观念来衡量,也无法通过一个固有的价值结构来约制社会的失范和人们的欲望爆发;另一方面,知识分子,尤其是人文知识分子在观念世界的优先地位也遭到了颠覆,人文知识分子的声音不仅十分微弱,而且还遭到了嘲讽和讥笑。这两个方面的力量反向性地构成了一个新的文化或社会空间,这是一个范围广大的空间,一切预留的空间都不再具有优先性,一切观念的合理性都需要重新检验它的有效性。然而,在这个新的文化和社会空间中,人文知识分子却意外地成为了一个需要重新检验的对象,而这一点却是人文知识分子本身所不能认同的。所以,人文知识分子迫切地需要对时代和社会展开一次全面的社会批判。这种批判面向的是整个社会发生的整体性变化。法兰克福学派的批判理论正是在这样的精神焦虑中以其社会批判的形象成为人文知识分子视野中最具力度的精神遗产。

批判理论在三个层面上为当代社会批判提供了思想资源和理论支持:

首先,批判理论所大力倡导的人的感性本体的人学基础成为社会批判的价值依托。马尔库塞并不是把人的整个存在仅仅看作是感性存在,而是把人的感性存在看作是人的整个存在的出发点和不可剥夺的前提。这个前提使美学的社会批判具有了一个从人出发指向社会的批判的释放点。

其次,批判理论对现代工业社会带给人们在精神状态上的负面影响具有深入的研究,这种研究成为美学的社会批判的理论基础。马尔库塞对现代社会的"单向度的人"的揭示、霍克海默和阿多诺对"文化工业"的批判、本雅明对机械复制时代艺术"韵味"的消失的分析都在很大程度上为社会批判确立了批判的指向。

再次,批判理论的社会指向和伦理关怀也为社会批判的美学提供了一种价值参照。马尔库塞的那种寻求人的感觉解放的美学激情在社会批判的中心确立了一个价值的中心,围绕着这个中心凝聚了理性、价值和关于人的尊严的全部期待。

可以明确的是,批判理论对当代美学的社会批判而言,不是"起源"的意义,而是"建构"的意义。对于当代中国美学而言,社会批判作为美学的价值选择,既体现了人文知识分子在社会体制转型的过程中试图努力把握时代发展的要求,也体现了他们在把握社会变化的过程中从情感到理智上的茫然与痛苦,社会批判的美学表述的正是这种道德的痛苦和情感的苦闷。这种理智与情感交织的体验并没有在随后到来的“文化批评”潮流中消失，而是在现代媒介传播的兴起和现代电信技术对人的精神世界产生了负面影响的新历史问题中，围绕着诸如“审美的日常生活化”“图像论”与“文学危机论”等话题，展开了不间断的对话与论争，他们强调人在“欲望化”和“图像化”的时代中应该坚守人的道德良知这一根本性的立场。

二、文化批评的“历史主义”

与社会批判相比较，文化批评者对当代中国大众文化的崛起与影响则抱有相对宽容的态度。值得注意的是，文化批评者的这种对待大众文化的“宽容”态度并非在“起始”的意义上就是如此。在他们进行文化批评工作之前大都是积极的社会批判者。我们就以文化批评的主要代表者陶东风先生为例。陶东风先生是最早使用法兰克福学派的批判理论展开对大众文化的批判的学者。在1993年《文艺争鸣》的第六期，他发表题为《欲望与沉沦——大众文化批判》的文章。认为：大众文化提供的是一种虚假满足并使人们丧失基本的现实感和批判性，从而有利于维护极权统治；文章认定，大众文化的文本是机械复制的，因而也是贫困的，既缺乏深度也缺乏独创性；对于那些大众文化的观众与读者来讲，则是缺乏积极性和批判性的，他们不能对文本进行积极的选择性阅读，因而，在文本阅读中的满足基本上就是一种虚假满足。[①] 这种分析没有涉及大众文化产生的历史语境和现实的展开方式，更没有对批判理论产生的历史语境和这一理论的具体针对性做出具体的分析，因而，无论是批判的展开与运用都存在着过于“抽象化”的问题。几年以后，伴随着当代文化批判的深入，陶东风的思路发生了比较大的变化，开始做出比较大的调整。显然，文化批评者不满足于把关注的焦点停留在大而化之的道德诉求之上，他们希望在当代社会现代转型的文化语境中把问题落实在具体的环节上。从社会批判向文化批评的转向，这其中，与其说体现的是文化价值的转向，不如说是文化立场的位移。之所以会发生这种位移，一个重要的原因在于，部分人文知识分子不再满足于对当代文化以“大众化”“欲望化”和“技术化”等标签进行归类与批判，而是用历史分析的方法分析与证实其合理性。这种位移决定了文化批评的发生，也决定了文化

① 陶东风：《欲望与沉沦——大众文化批判》，《文艺争鸣》1993年第6期，第14页。

批评与社会批评之间不同的美学立场。

文化批评之所以放弃了早年奉行的道德化的社会批判路径，一个重要的原因在于认识到了这种社会批判所坚持的“不变”的道德批判立场很难把握时代的变化，进而导致与自己的批判对象的隔膜。社会批判的道德批判话语在审美批评过程中不仅存在着远离审美事实本身的问题，也存在着将审美问题日常化的弊端。人们在“人文精神”大讨论和“审美的日常生活化”、“图像论”与“文学危机论”等论争中看到，一方面是文学的“图像化”、“身体叙事”和“欲望表达”的普遍化，另一方面是社会批判者声嘶力竭的呐喊、呼吁、捍卫以及这种呐喊、呼吁和捍卫的无效。社会批判者从来也没有怀疑过自己这种批判的真理性，既然批判已经体现了确信不疑的真理性，那么，为什么真理面对如此情境竟然如此脆弱和无助？正是这种疑问促使文化批评者开始做出改变。

文化批评者把当代中国大众文化的发展看作是中国社会开始发生现代转型的一个具体表征。所以，文化批评的任务以及所需要解决的问题都不像过去那样简单，这不仅意味着文化批评者需要解读的对象是整个社会历史变局中的一个过程或细节，而且，在这种细节或过程的背后可能蕴含着中国社会的普遍性变化。这样，对文化批评者自身的思想资源和理论准备必然是一种比较大的考验。文化批评者不仅面对着一个正在到来的新的文化时代，同时也在面临着文化批评者自身“言说的艰难”[①]困境。这种“艰难”，既来自中国当代文化和现实历史的复杂性，也来自批判立场与批判对象之间的不对称。尽管这个时期人们在对当代中国大众文化展开批判时借用了法兰克福学派的批判理论这一现有的思想资源，[②]但是批判者在运用这一理论进行批判时对这一理论的了解往往是局部的、有限的，缺乏对这一理论的美学渊源和适用条件作审慎的推敲和考察，因而在批判的实际运用中对批判理论做出的是简单化的，有些甚至是先入为主的、臆断性的解释。不仅如此，对法兰克福学派批判理论的“借用”也影响到了对批判对象的仔细研读和细致分析，值得关注的是，人们对这一时期中

---

① 陶东风：《社会理论视野中的文学与文化》，广州：暨南大学出版社，2002年，第124页。

② 这一时期有关的著作有：陈刚的《大众文化的乌托邦》（作家出版社，1996年），肖鹰的《形象与生育——审美时代的文化理论》（作家出版社，1996年），黄会林（主编）的《当代中国大众文化研究》（北京师范大学出版社，1998年），王德胜的《扩张与危机——当代审美文化研究》（中国社会科学出版社，1996年），王德胜的《文化的嬉戏与承诺》（河南人民出版社，1998年）等。这些著作中没有一部不是依据法兰克福学派的批判理论来展开当代中国大众文化批判的，而对法兰克福学派的批判理论资源的运用也主要集中在《启蒙辩证法》中的“文化工业”理论上。

国当代大众文化特征的概括也基本上来自法兰克福学派批判理论的论断。这样一来，文化的社会批判者既没有看清楚批判的对象，也没有看清楚批判者自身，这种双重的“盲视”形成了在社会批判与当代文化现实之间的“恶性关系”：一方面是社会批判者的痛心疾首，另一方面是当代文化的依然故我，甚至愈演愈烈。

转型期中国社会的变革已经发生了哪些变化？在这些变化的背后正在被揭示的本质性问题是什么？当代中国人文知识分子应该做出怎样的选择？这些问题的提出使文化批评的立足点从过去的道德吁求者转向成为中国社会的整体发问者和人文知识分子立场的重建者。虽然这一角色变化还没有从根本意义上取代道德吁求性的社会批判，但是对形成文化批判与批判对象之间的“良性关系”是有所推动的。

对大众文化的学术论争触动了文化批评者重新思考法兰克福学派的批判理论，并改变简单“搬用”批判理论的做法，这一改变还有一种更高的追求，即：试图建立文化批评与当代文化现实的“良性关系”，改变社会批判与当代文化现实之间的“恶性状态”。这种改变的具体工作落实在对法兰克福学派批判理论的语境和具体性做出分析这一工作上。在陶东风先生看来，法兰克福学派的批判理论对当代大众文化的批判有一个目的：那就是对以“总体性”为内含的极权统治的批判，这种批判体现在文化领域就是对以“总体性”为内在本质的群众文化的批判。所以，批判理论对现代工业化社会文化产物的批判有着特别的批判指向，而这种批判指向与当代中国进入90年代以来对大众文化的批判不仅存在着语境上的差异，也存在着性质上的不同。20世纪90年代以来大众文化的发展不是“总体性”的结果，更不是总体性的表征，而恰恰是对过去一体化的文化现实的反拨，它体现了中国社会现代化的要求和渴望，也表达了人们在日常生活层面上对其日常生活欲求的“辩护”，同时也在一定程度上推动了中国社会政治文化的民主化。所以，文化批评认为，从道德理想主义、审美主义或宗教性价值尺度出发来完全否定世俗化和大众文化是不可取的，理解与评价世俗化和大众文化首先必须有一种历史主义的视角，这种批判视角立足于中国社会的历史转型来分析和审视当今社会文化问题，强调联系中国的历史，尤其是联系新中国成立30年的历史教训来确定中国文化的发展方向。文化批评从历史分析的意义出发，肯定了世俗化和大众文化在推进中国社会政治民主化和文化多元化方面具有积极历史意义。西方批判理论的运用实际上无法承担当代文化批评的任务，具体地说，就是它无法适应于改革开放以来当代文化发展的实际状况。

这种历史主义眼光要求文化批评从社会发展的历史角度出发来探讨文化问题，历史主义的角度总是能够看到理念角度所无法看到的面貌。比如，陶东风先生认为，从20世纪80年代开始的中国社会的世俗化和商业化以及它的文化伴生物——大众文化和消费主义，不仅出现在长期的思想禁锢和与意识形态一体化被松动与瓦解之时，而且事实上成为一体化文化体制的批判性和否定性力量。[①] 显然，这里出现了两种不同的观察与反思大众文化的方式，通过两种不同方式差异性的比较，文化批评突出了历史主义的文化批评策略，并显示了这种策略的优越性。作为这种策略的延续，文化批评放弃批判理论转而寻求新的西方当代理论资源，并使其成为文化批评新的思想资源，当代西方文化研究理论和布迪厄的"场域"美学理论在这种条件下开始加入当代中国大众文化的批评性工作中来，并使文化批评体现出"历史主义"的分析视野。

三、审美批评

从"历史主义"的视野出发，文化批评把大众文化看作是中国社会世俗化这一现代历史进程的表现。既然是一种历史的选择，大众文化作为这种选择的结果体现的是历史的逻辑，也就是权力的逻辑及其结果。这一变化在更深的层面上形成了社会结构中世俗秩序与超越秩序的紧张，进而形成了文化资本的争夺。行动者由其拥有的资本而获得其在场域和社会空间中的地位，所以，地位之争实际上就是文化资本的拥有量和相对值的争夺。从这种视野出发，文化批评的历史主义视野展开的是历史的权力逻辑以及这一逻辑的天然合法性。尽管"文化资本主要存在于知识和文化生产的领域，它往往不具物质资本那样的可触摸性，但在社会支配与社会关系的生产和在生产中同样十分重要。"[②]需要注意的是，文化批评并非在主张一种历史权力论，也没有把针对当代中国世俗化的解释逻辑放大到所有的历史阶段。文化批评的真正意图在于从当代中国文化现代转型的意义上揭示社会世俗化的现代性意义，并把这一意义放大到文化领域中来。文化批评希望做到的是从文化的层面确立大众文化所代表的世

---

① 陶东风：《大众消费文化研究的三种范式及其西方资源——兼答鲁枢元先生》，《文艺争鸣》2004年第5期，第13页。

② 陶东风：《社会转型与当代知识分子》，上海：三联书店，1999年，第158页。

俗精神理应获得文化的肯定。虽然,文化批评也在期待社会世俗化所带来的文化的多元化,但是,文化的多元化依靠社会世俗化恐怕难以得到顺利实现。社会世俗化难以成为文化多元化的主导性力量。从中国当代大众文化的发展过程来看,在20世纪80年代初期具有消解政治一体化的客观作用,然而,这种力量并没有在更深的层次上带动中国社会现代化的进程,所以,仅凭这样一种力量难以实现文化批评所期待的文化多元化。

与此同时,另一种潜在的危险也在潜滋暗长。文化批评在阐释历史逻辑的文化建设性时既没有严格限定这种逻辑效力的限度,也没有界定历史逻辑与价值逻辑的关系,那么,当文化批评把讨论问题的重心放在"大众文化"、"世俗社会"与"日常生活"时,它就不可避免地受到来自社会与文化的两个方面的质疑。文化批评者固然可以把这种来自两个方向上的限制看作是中国社会现代文化转型中的历史悖论,但是,有一个问题却是无法忽略的,即:审美的内/外关系问题。在这个问题上集中了来自社会、心灵、历史、价值的诸多关系,而且,审美体现各种不同关系的同时也在以自身的历史形式来彰显审美的特质,所以,文化批评把审美看作是美学的"内部研究",实际上把审美内在化为意识,同时也把审美的体现压缩为作品的形式,因而,在文化批评的视野中,审美批评不是被看作道德批评,就是被等同于作品的内部研究和形式研究,从而取消了审美作为历史逻辑在现代性历史中的积极存在。从社会批判向文化批评的位移,至少表明,审美的批判性从人性的道德良知向历史性的理性判断转移,这种审美判断的合理性在多大程度上可以被"审美性"的标尺所容纳,暂时还是一个难以判断的问题。不过,文化批评的"历史主义"视野虽然试图保存话语在叙述中的实存信息,却不能一厢情愿地把文化的历史叙述与历史批判很融洽地结合成为一个整体,这不能不说是一个深刻的遗憾。

如果说,法兰克福学派的批判理论与作为社会批判而展开的当代美学之间存在着错位性关联的话。那么,这种"错位"在文化批评中并没有得到扭转,也没有得到本质性的改变,这表现在文化批评者在进行社会批判时同样满足于借用社会批判理论关于人的尊严与价值的论述,而忽视了在批判理论的具体指向和这一批判所得以展开的理论基础之间的关系。自然,文化社会批判的结果不仅无法把美学带向更具有前瞻性的美学问题探讨,而且还在文化批评的内部形成了"历史主义"视野与道德批判的对立与分裂。

由此看来,从审美出发走向审美理论的建构不失为一种合理的选择。在批判理论那里，审美既不是软弱的避世遁途，也不是狭隘的“内在化”空间，而是有着宽阔的历史意识和积极的介入品格的实践活动，这决定了审美总是从个体的内在性出发不断地指向社会性的价值指向，是一种不断地捍卫个体自由，又不断地见证社会合理性的价值标尺。对于批判理论来说，审美是一个人不放弃自我的标志，也是人类不放弃历史与世界的标志。如果说，批判理论的社会分析往往体现出一种理论的锋芒和锐气的话，这多半是因为批判理论于感性个体的解放中所寄予的理论期待异常醒目的缘故。当马尔库塞把人的感性存在看作是人的整个存在时，他并非把人仅仅理解为这种感性存在本身。虽然感性存在有时表现为人的情欲与生理需要，不过，马尔库塞恰恰把它看作是人的现实活力与自发性的体现。所以，从这个意义上说，建基于个体性概念上的“感性”本身就是一个本体论概念。法兰克福学派的社会批判理论有理由把这种个体的感性基础追溯到人作为类概念而存在的唯物主义的本源性基础中去，因为，感性不仅与生命的个体性相关联，而且还与生命的活跃本质相关。感性激发了全部生命的活力，一切理性的有为形态与秩序结构都离不开这种看似“紊乱”与“嘈杂”的生命原态。相对于马尔库塞，哈贝马斯选择了理论建构的途径，他通过建立文化和社会的规范基础来分析和批判现代社会的结构和文化。这种考察兼顾了理论的考察和历史的关注，试图从西方社会理论的发展上去展现交流行动理论在现代性的现实语境中的可能性。这是一种有别于传统理论社会科学和实证社会科学的批判性的社会理论。

无论是从理论的建构来形成新的审美批评，还是在审美批评的视野中建构新的审美理论，美学对现实都构成了不可逃避的“批判”的关系。在这种“批判”关系中，蕴含着的是世界—批评—美学的三者关系，而不是单纯的美学与现实或美学与批评的二者关系。这就决定了审美批评不仅是一种策略或方法，而且是一种功用与途径，就其功用而言，保证了美学不会把自己限定在一个划定了时间域限的“条件”里面，也不会满足于将“条件”自身普遍化为不可超越的前提；就其途径而言，则保证了美学对问题的关注。任何出色的美学理论都是来源于事实并回归于事实本身。这决定了审美批评不仅要概括审美事实，而且还要反过来帮助我们证明并说明审美事实的存在。这是审美批评的活力所在，也是审美批评沟通美学与现实的效用所在。说到底，审美批评强调以批评的方式来建构审美自身，也同时以批评的方式来展开审美与社会、历史的对话。

“文艺科学”概念的变异
——以宗白华、李长之为例

张蕴艳

一、“文艺科学”概念的德国前史

1940年代初，宗白华在为李长之的译作《文艺史学与文艺科学》（德国玛尔霍兹编）写的“跋”中，曾标举德国学者治学精神曰：一是富于哲学精神，好追问形而上学的问题；另一方面极端精细周密，“不放松细微末节”，赞扬李的此本译作也有这个特点。[①] 其实“文艺科学”作为近代德国艺术史的一个新概念，[②]被他们所共同推举，隐含着他们对人文学术科学求真的态度。他们是一方面追求人文学术的精神性，一方面追求人文学术的科学性，一种从事学术研究时的科学精神、科学态度与科学方法。或者说，对人文学术精神性的追求，就是他们对人文学术科学性的一种追求。但“文艺科学”（Literaturwissenschaft）作为一种狭义的学科概念，又并非完全等同于宽泛而言的人文学术的科学性，而是有自己特定的问题域和方法论。首先“Literaturwissenschaft”这个词译作“文艺科学”是否恰当，是可商榷的。但鉴于上下文对“科学性”的强调，译为“文学研究”难以突显这一语境，所以笔者还是沿用“文艺科学”的翻译。[③] 而且在德国教授舒尔慈的跋文里，也说明本书是讲近代德国文艺科学的潮流的，是就方法论的原理和知识论的基础而探讨其内在的趋势。[④] “原著者序”就说得更清楚，称本书目的首先是为给读者呈现现代德国正起作用的“精神力量之一种概念”；其次

---

① 李长之：《李长之文集》第九卷，于天池、李书编，石家庄：河北教育出版社，2006年，第136页。

②《宗白华全集》第二卷，林同华主编，合肥：安徽教育出版社1994年，第186页。

③ 笔者请教过方维规教授，他认为译为“文学研究”更恰当。

④ 同上，《李长之文集》第三卷，第141页。

“就是想对现代文艺史的方法论上之混淆与纷乱状态予以澄清”；而最终“则殿之以我们精神现状上之当如何明朗与如何确定的讨论，这是就文艺史——它在现代直然是民族生存以深刻的震撼的——之不只有一种学术的任务，而且有一种精神政治性的任务言而然的，我们希望自这文化政治的目的出发而新生命与新课题予以获得”。[①] 由于作者指出本书不以致力于文艺科学的专门研究为职志，而以方法的建立为旨归，所以文艺科学的德文词虽亦可译为“文艺研究”，但为突出其研究的精神层面、方法及方法论计，沿用“文艺科学”还是具有合理性的。更重要的是，由著者序可见，“文艺科学”具有自己的问题意识。一是有关“文艺科学”本身的问题；二是与文艺史学的关系问题。而这两种问题统一于精神史与方法论的探讨。李长之介绍说作者玛尔霍兹曾在柏林大学学习，在牛津作过研究。曾参加魏玛版《歌德集》的编订。后著有《自传史》(1919)，《德国敬虔主义》(1920)，1917 年创刊《高等学校》杂志。《文艺史学与文艺科学》作于1923 年，还著有《朵斯道益夫斯基评传》，均受好评。此外他还著有《经济与基督教》《德国现代文学》，并担任“文化政治”的工作，报纸主笔，演讲等。演讲主题含《现代精神生活的转变》《德国世界观的派别》《二百年来的青年运动》《大都市的人》《国家与社会的文化政治学》《欧洲的精神机构》等。[②] 精神史同样是作者关注的一个焦点。1930 年四十岁时去世。

李长之在《文学研究中之科学精神》一文中，首先是在广义上，从文学研究的科学性上界定“文艺科学”的特性：“在文学研究上，文学却是科学的对象之一。所谓科学的对象者，就是说当以科学的精神治之：须客观，须分析，须周密，须精确，最后，更须寻出其普遍而妥当性的原理原则。这最后一步，乃是进入哲学了，所以厄尔玛廷格(Ermatinger)辑了一部文学论文集，便称之为《文学科学之哲学》，这是很可以代表这种精神的”；“文学科学之成为科学，在其科学精神，而不在其仅仅利用科学知识。像泰恩一般人之用种族，环境，气候来解释文学，便是只在利用科学知识而已，其他如卢布林斯基之利用社会学，弗洛伊德之利用心理学者亦然。他们的贡献，只可说是自然科学或者社会科学的应用。在这种场合，文学研究依然是其他科学的附庸，并不曾成为一种独立科学”[③]；而就狭义“文学科学”而言，“文学成为独立科学，就要有她自身的确切概念，专门术

① 李长之：《李长之文集》第九卷，第 138 页。
② 同上，《李长之文集》第三卷，第 144－145 页。
③ 同上，《李长之文集》第三卷，第 137 页。

语，并其自身的原理原则”[1]；“文艺科学”的发展分三期。第一“综合”期，是唯心论哲学期，代表人物如歌德，是“近代文艺科学的创始者”；第二“分析”期，是实证主义期，代表人物是舍洛（Wilhelm Scherer），影响较大，窄而深的研究；第三重归“综合”期，是新黑格尔主义期，也是新浪漫主义运动期，代表人物可推狄尔泰。至作者写作时代（1923年）还处于这一派的支流。这是文艺科学上的三个“大波澜”。[2] 李长之最为关注的是第三个时期。

就狭义的“文艺科学”本身的问题而言，《文艺史学与文艺科学》通过回顾文艺史，最终提出了研究近代德国文学史之门径的问题。在首章探讨“科学的文艺史之建立”时，玛尔霍兹推重赫尔德、莱辛和歌德等人，尤重歌德《诗与本事》（《诗与真》），认为它虽在方法上还有诸多含混之处，但是是“文艺史的现象之近于科学的叙述的第一次尝试”，认为它“对于半世纪的批评工作中之美学的成绩有一个总的把握”。[3] 此外他还举了考白石坦（Koberstein）、日尔温奴斯（Gervinus）等浪漫派文学史、文化史家的历史科学研究为例，追问文艺进展与民族精神演进的关系，精神史与形式史的关系。考白石坦（Koberstein）、日尔温奴斯（Gervinus）之后，舍洛（Wilhelm Scherer）第一个把德国文学史的长卷给以科学的陈述。舍洛靠近实证主义学说，把文艺科学的进展看作是自然科学思想对作为精神科学类型之一的文艺史的入侵。此外海姆（Haym）和狄尔泰则由浪漫主义走到新浪漫主义，李认为是新的“文艺科学的雏形”。[4]

李长之更为关注的，也是玛尔霍兹论述的一个重点，是“新浪漫主义”与“精神科学”的关系。“文艺科学”从上述萌芽期到发展期，实是从“实证主义”到“新浪漫主义”，“新浪漫主义”是“文艺科学”作为“精神科学”的主要形态。“新浪漫主义”与“精神科学”这一关系又涉及第二个问题：即文艺史学与文艺科学的关系。探讨此问题还是得从历史谱系的追溯开始。当实证主义、自然主义在十九世纪晚期开始用精神科学的范式来观照世界之后，精神科学进入转折期。形而上学被当作一种“生命力量”（Lebensmacht）而复活。[5] 动机源自自然科学与精神科学的划分新界限的讨论。倡始者为文化哲学派的温德耳班德

---

① 同上，《李长之文集》第三卷，第137页。
② 同上，《李长之文集》第三卷，第142－143页。
③ 同上，《李长之文集》第九卷，第148页。
④ 同上，《李长之文集》第九卷，第185页。
⑤ 同上，《李长之文集》第九卷，第178页。

(Windelband)与里克尔特(Rickert)。这一讨论涉及历史学、社会学、艺术史、国家经济学等多个学科,马克斯·韦伯、西美尔等都参与了论争。[①] 这一整体的转折以"新浪漫主义"(Neuromantik)的文化运动命名之。"新浪漫主义"之前的时代以"自然"(Natur)的概念为核心,"新浪漫主义"之后的时代则围绕着"文化"(Kultur)这一关键词。是以精神科学方法为基础对十九世纪浪漫主义与唯心主义文化的再强化。[②] 思潮转折的代表性人物是尼采,美学理论的储备来自狄尔泰、厄恩斯特等,[③]而在材料与方法上真正完成新浪漫精神的是尼采弟子里喀答·胡哈《浪漫主义之兴盛期》(1899)、《浪漫主义之扩张与衰亡》(1902),和狄尔泰材料的整理者奥斯喀·瓦耳策耳《德意志的浪漫主义》、《论浪漫主义》。作者介绍说里喀答·胡哈的著作呈现了文化综合(Kultursynthese)、文化整体(Kulturganzen)、文化形而上学(Kulturmetaphysik)的趋势,其类型论(Typologie)的文化表现方式对狄尔泰、西美尔、齐格勒、潘维慈、斯宾格勒等人的文化形态学(Kulturmorphologie)等理论影响显著。[④] 并且胡哈还是第一次把新浪漫主义精神应用于文艺史资料的一人。另一位以新浪漫主义精神研究文艺史的是瓦耳策耳,受狄尔泰影响,以文化哲学和文化形态学为研究课题。狄尔泰的《体验与诗》、《精神科学导论》等书,以莱辛、歌德、诺瓦利斯、荷尔德林、施莱尔马赫等为例证,正是文化哲学的研究路径,其"形上学的心理学"与舍洛学派实证主义的、经验的心理学迥异。受狄尔泰文化哲学影响的瓦耳策耳,也承接了浪漫主义人生哲学与艺术哲学的有机整体的思想。作者认为,正是狄尔泰唤起了"科学的文化哲学",[⑤]与胡哈和瓦耳策耳一起为世纪之交的文艺史的方法与叙述即精神史作出了代表性贡献。狄尔泰决定了这一新浪漫主义文艺史方向。文艺史学含文艺家史、作品史(含材料史、内容史、形式史,三者也可统称风格史)、文化史三方面。[⑥]

李长之还指出,除狄尔泰诸人之外,"文艺科学"的概念在现代德国还有不少代表性的讨论,除强调"文艺科学"的"科学性"之外,更注重"意义"与"精神"的维度。这同样得之于黑格尔和狄尔泰的影响。如《文艺科学中之周期原理》

① 同上,《李长之文集》第九卷,第179页。
② 同上,《李长之文集》第九卷,第180页。
③ 同上,《李长之文集》第九卷,第185页。
④ 同上,《李长之文集》第九卷,第186页。
⑤ 同上,《李长之文集》第九卷,第187页。
⑥ 同上,《李长之文集》第九卷,第196页。

(分三期发表于1946年《北平时报》文园第三期、第四期和第六期)[1]介绍艾玛廷格尔编辑《文艺科学之哲学》中的第三篇,作者为黑格尔派的海尔博尔特·席萨尔慈(1896—?)。《文艺科学中之周期原理》是文学史与精神史交融的研究,不仅聚集材料,也注重材料的分类、阐释。简而言之,是文学史的哲学化,或者说,是"关系生命现象的文学史",从演化中寻求其"律则"。[2] 他认为黑格尔的历史哲学隐藏的是给历史上的一切创造性生活"赋予意义"的一种体系,而他要做的是"实际历史的,生命科学的,精神科学的'寻求意义'的一种体系"。即黑格尔"把历史化身入于他的概念世界",[3]而席的黑格尔派则以概念为工具,而用之于历史(文学史)。为此,席给文学史重新定义:"它是现在生命之学,是一切现在生命之学,是永恒的现在的生命之学,也是与生命相联系,为生命所贯穿之学"。[4] 这些表述都未离开黑格尔-狄尔泰的思想脉络。

二 "文艺科学"概念的谱系传承

由上可见,"文艺科学"的概念,离不开狄尔泰及其新浪漫主义美学观的关系。正是狄尔泰"精神科学"的奠基性作用,才有了对人文科学应具有自然科学的精确性那样的精确性要求。但新浪漫主义对浪漫主义的再强化也表明,"文艺科学"并不满足于实证主义、自然主义和经验心理学,也不是康德的先验论,而是将经验进行再综合后再运用于文艺史,建立体验性的"形上学的心理学",建立统一、联系整体的精神史的谱系,从而强化了浪漫主义的有机思想。

"文艺科学"这一概念也激起了当时中国学者的一些反响。该书"译者序二"[5]指出,此书在中国有两个抄本,第一次的抄本因香港失陷下落不明。第二个抄本即1942年付印的版本(该文写于1942年7月17日),是重校后的重抄本。除谈到该书优长外,他还介绍说钱歌川也写有介绍文艺科学的文章《文学科学论》。此外,李长之老师杨丙辰也有文章介绍,名为《文艺—文学—文艺科学—天才和创作》,发表于1934年他们办的《文学评论》第一、二期。李是受杨

---

① 同上,《李长之文集》第三卷,第506页。
② 同上,《李长之文集》第三卷,第507页。
③ 同上,《李长之文集》第三卷,第508页。
④ 同上,《李长之文集》第三卷,第510页。
⑤ 同上,《李长之文集》第九卷,第137页。

启发翻译此书的。《文学评论》的创刊，以提倡文艺科学为事，发刊词即是李起草的。宗白华也赞赏他此书，鼓励他翻译。[①] 李长之自己在译作《文学史和方法论》[②]中，其"译者的话"介绍说作者是当代美学泰斗，《大英百科全书》中的美学一项，即出自他的手笔"。[③] 作者认为，"一个文学科学（Literatur Wissenschaft）中的专家，经过研究和思索的许多时候以后，便不得不再当个哲学家，至少是艺术哲学家了，然而就在这特别的哲学的领域，他也还不能止而不前，因为，在一方面，倘若他真要有一个充分的清晰的艺术概念，他必须把它从别的精神的和实在的形式分清，那就是说，所有其他的形式，都该有个充分清楚的概念"，[④]作为方法，"文艺科学"的概念是和狄尔泰"精神史"的方法分不开的。这就要更具体地论及狄尔泰"精神科学"、"精神史"及德国新浪漫主义对宗白华、李长之等人的影响。

狄尔泰是"精神科学"概念的集大成者，在他之前，德国学界也用过"精神科学"一词，不过是单数形式。狄尔泰的"精神科学"一词却是复数性的，是涵括了人文科学又远非人文科学能企及的概念。自他的《精神科学引论》（第一卷）[⑤]初版以来，"精神科学"（Geisteswissenschaften）构成了一个与自然科学并列发展的独立整体，狄尔泰认为人们对待这些独立整体的学科的实践活动，"植根于人类的自我意识所具有的深度和总体性之中。即使在着手对人类精神的起源进行研究以前，人就在自己的自我意识内部发现了意志的至高无上、发现了与行动有关的某种责任、发现了使所有各种事物都受思想支配的能力、发现了从其个人自由的堡垒内部出发抵制所有各种侵害的能力"，[⑥]正是这种发现使人与自然界的其他部分区别开来，从自然界的王国之中分离出了一个历史的王国"。[⑦] 而在人类的历史王国里，个体的科学是社会历史实在的构成成分，对这些具有生理和心理的生命单元的个体进行研究构成了最根本的一组精神科学。[⑧] 狄尔泰由对个体人的研究，又进一步扩展为对整体性的民族的"系谱学

① 同上，《李长之文集》第三卷，第146页。
② 连载于1933年1月9日和1月10日《北平晨报》北晨学园四三九、四四〇号。
③ 李长之注曰，该文系1931年5月21日"近代文学史方法研究国际会议"的演讲，载于《德国文学及思想季刊》第十卷第四期。
④ 同上，《李长之文集》第十卷，第329－330页。
⑤ 《精神科学引论》初版于1883年。
⑥ 威廉·狄尔泰：《精神科学引论》第一卷，童奇志、王海鸥译，北京：中国城市出版社2002年，第18页。
⑦ 同上，《精神科学引论》第一卷，第19页。
⑧ 同上，《精神科学引论》第一卷，第52页。

根源"分析。[①] 狄尔泰创立的精神科学与精神史,与传统社会科学或人文科学的分类相比,其精神科学范式一是更注重在归纳历史内容的基础上肯定精神形而上的地位;二是以自然科学要求的精确性来规范人文与社会科学,更注重整体性、发展性与联系性的原则。

狄尔泰对宗白华的影响是多方面的,比如宗白华的"同感说"、"象征论"等,都能找到狄尔泰的影子,但这不是本文探讨的重点,姑且略过。不过由宗白华"意境说"可见,"文艺科学"的方法却是深入其心的。宗白华美学与文论的集大成之作,《中国艺术意境之诞生》当是不可或缺的一部。笔者在比较其初稿与增订稿中发现,两者有很大的不同。《中国艺术意境之诞生》初稿[②]与《中国艺术意境之诞生(增订稿)》[③]的不同,从外在文本层面看,主要是关于核心概念"意境",原稿的定义仅指"造化与心源的合一",是"一切艺术的中心之中心"[④];而增订稿细分了人与世界关系的六个层次或境界:功利境界、伦理境界、政治境界、学术境界、艺术境界和宗教境界;对各种境界承担的功能作了区分,认为"艺术境界主于美",而"功利境界主于利,伦理境界主于爱,政治境界主于权,学术境界主于真,宗教境界主于神"[⑤];初稿与增订稿除了内容的差异,两者在如何写上也是不同的。初稿囿于对中国传统美学风貌的描述与概括,更近于传统印象式的批评笔记;而增订稿中强化的中西比较意识,也使他更注重文章本身的逻辑结构,更多地采用条分缕析的论证方式,科学思维的介入即便不是取代了艺术思维,至少也是与之并驾齐驱。从中可见作者借助"意境说",虽论述的是中西艺术中的终极关怀与宗教精神,但科学的研究意识是非常自觉的。事实上,科学与宗教,是宗白华从"少年中国"时期就已深入探究的命题。体现在此增订稿中,就是对"意境说"("境界论")内在超越精神的追索,以及对其外在表达式上如何更具科学性、客观性的努力。宗白华40年代成熟期的文论与美学思考,既与其受狄尔泰的精神科学的影响有关,也与他早年就确立的对科学与宗教关系、科学与宇宙观、人生观的关系的理解有关。其对文艺的科学性的态度,从1920年代到1940年代,具有连贯性、一致性。

---

① 威廉·狄尔泰,《精神科学引论》第一卷,第72页。
② 宗白华,《宗白华全集》第二卷,第326-338页。
③ 同上,《宗白华全集》第二卷,第356-374页。
④ 同上,《宗白华全集》第二卷,第326页。
⑤ 同上,《宗白华全集》第二卷,第358页。

比如在科玄问题上，早年宗白华批评了莱布尼兹的世界乐观论，提倡"超世入世派"。宗认为，"超世入世派，实超然观之正宗……其思想之高尚，精神之坚强，宗旨之正大，行为之稳健，实可为今后世界少年，永以为人生行为之标准者也"。[①]（这与胡适借莱布尼兹引出自己"淑世主义"的人生观不同，宗更强调内在自我的精神超越的问题；从外在社会改造维度看，宗白华在《我的创造少年中国的办法》（笔名宗之櫆）一文中指出，他之创造"少年中国"，是要"在山林高旷的地方，建造大学，研究最高深的学理，发阐东方深闳幽远的思想，高尚超世的精神，造成伟大博爱的人格，再取西方的物质文明，发展我们的实业生产，精神物质二种生活，皆能满足"。[②] 这也体现出精神文化维度上的改造的旨意，而非胡适的从"小我"到"大我"的社会制度方向的改造。除了胡适，他与陈独秀的论争则可更直接地看出宗白华与启蒙一派的异同。宗与陈两人在要求《少年中国》杂志坚持"科学的精神"和"学理的价值"上并无太大的差异，分歧在于，一是对唯物派的人生观宇宙观的不同态度，比如宗白华早年倚重叔本华和柏格森学说，从直觉说和创化论中汲取理论资源；而陈独秀在科玄论战中是尖锐地批评了柏格森的创化论，即便是与他同样站在科学派立场的胡适丁文江，他也批判他们的唯物论不够彻底，认为胡适自称的"科学人生观"还是唯心论的；二是对德国现代哲学的褒贬不一。宗白华质疑陈独秀把德国哲学看成是"离开人生实用的幻想"的看法，他举例说德国唯心主义哲学家奥伊肯（此人李长之也很推崇）的人生哲学，"他那种热烈的感情，探究人生实际的价值和意义"，他反问说，难道是"离开人生实用的幻想么？"[③]不过宗白华虽与胡、陈等启蒙派有种种思想分歧，他本身还属五四启蒙一派，只不过他更注重启蒙思想与人类形而上关怀相关联的问题，并希望以学术化的方式回应之。

宗白华之后的谱系延续，这就不得不提到宗白华对李长之的影响，大体包含几个方面：一是他们对歌德、席勒等德国作家、哲学家、美学家的解读，有不少共性。宗白华借歌德说明"生命在永恒的变化之中"的精神内涵，[④]与李长之对歌德的解读有不少相似处。且李长之明确指出，他是接受了考尔夫歌德传记的

---

① 宗白华，《宗白华全集》第一卷，第25页。
② 同上，《宗白华全集》第一卷，第38页。
③ 同上，《宗白华全集》第一卷，第140页。
④ 同上，《宗白华全集》第二卷，第7－9页。

精神史方法。[1] 李长之所述的以精神史的方法理解歌德这一生命个体，也是宗白华的思考方式；

二是宗白华为李长之著作和译作写了多篇的序，内容涉及思想史、美学、文化、艺术与文论多方面。如《〈艺术领域中的绝对性必然性与强迫性〉编辑后语》，针对现代哲学领域把"真"、"善"、"美"解释作某种特定社会心理和意识形态的倾向，肯定它们的"绝对标准"，批驳某种文化价值相对主义的倾向，以建立人生行动的基础。宗白华肯定李长之将此问题向艺术领域内作了发挥[2]；又如《〈中国美育之今昔及其未来〉编辑后语》，用李长之赞蔡元培的话赞李长之"他之了解古人，皆深入而具同情"[3]；

三是与宗白华和李长之有共同学术交游的同好、或他们共享的德国思想资源对李的影响。如他们共同的朋友方东美，他对斯宾格勒名著《西方的没落》的解读，他标举斯氏"文化者，乃心灵之全部表现"的文化观，都影响了后两位。再如宗白华为唐君毅而写的文章：《〈中国哲学中自然宇宙观之特质〉编辑后语》，赞扬唐精辟地解剖了"中国精神"[4]；他的《〈心灵之发展：献与生活路上之同路青年〉编辑后语》，赞唐作《由常识到哲学》是给青年以"精神的食粮"[5]；又有《〈心灵之发展(续)〉编辑后语》，指出，能否从唯物的宇宙观里寻回自己的心灵，从而'不致堕入理智的虚无或物质的奴隶，而在丰满的充实的人格生活里，即爱的生活里，收获着人生的意义。'赞唐把近代自然科学和唯物论忽略的这一精神人格的要义发挥了出来。[6] 这些可能都给李长之以启示来写作古代先贤的传记批评；而宗白华为梁宗岱而写的《〈屈原之死〉编辑后语》，认为纪念屈原空前热烈的时代氛围"象征着我们经过这伟大的抗战重新认识了伟大奔放的热情和想象力的价值——新浪漫精神起来代替'伪古典主义'(真古典主义我不反对)和浅薄的现实主义(真正深透博大创造性的现实主义，我不反对)。"赞扬梁以"深厚的心灵和丰富的绪感""体会到古人真正精神与价值所在"，并从"纯学术立场"指出："生命才能了解生命，精神才能了解精神，近代历史学家狄尔泰如是

---

① 李长之，《李长之文集》第九卷，第213页。
② 同上，《宗白华全集》第二卷，第246页。
③ 同上，《宗白华全集》第二卷，第262页。
④ 同上，《宗白华全集》第二卷，第242页。
⑤ 同上，《宗白华全集》第二卷，第289页。
⑥ 同上，《宗白华全集》第二卷，第290页。

说"。[1] 这更是直接与李长之形成对话(因为李长之也写有对梁宗岱《屈原》的评论),[2]且都以狄尔泰为参照标准。因而联接他们的精神纽带,狄尔泰及其"精神科学"、"文艺科学"的作用,是不可小觑的。

三 "文艺科学"概念的中国后史

1949年后,宗白华与李长之如何看待文艺、精神与科学的关系?如何看待"文艺科学"的概念与方法?宗白华鲜有直接论述"文艺科学"的文字,但对文艺、精神与科学的关系的思考却是伴随其思想历程的早期到后期。宗白华的《康德美学思想述评》[3]介绍康德美学体系的两个来源,德国唯理主义的继承者鲍姆加登,和英国经验主义心理分析思想家布尔克(E. Burke)。鲍姆加登继承了莱布尼兹的美学见解,莱布尼兹继承发展了十七世纪笛卡尔、斯宾诺莎的唯理主义世界观,企图用严整的数学体系统一关于世界的认识,感官面对的表象世界是模糊的,是认识活动的出发点,当它由"低级的"感性认识努力去完满地反映世界的和谐秩序时,就不但是真的,也是美的。美学(Asthetik),就是关于感性认识的科学。鲍姆加登把它系统化为一门新科学,并给予命名,建立了美学的科学,填补了唯理主义哲学体系的一个漏洞和缺陷,即感性世界的逻辑。鲍姆加登的后继者迈耶(G. E. Meyer,此人李长之也经常提及)把审美直观引发的情绪愉快叫作"审美的光亮",若感性的清晰达到最高峰,就是"审美的灿烂",就是美的多样统一,一种"完满"的境界。[4] 到康德这里,直观的现象世界就是审美的境界。但宗白华又认为,康德继承了鲍姆加登美基于情感的说法,但反对他的完满的感性认识即是美的理论,认为"康德把认识活动和审美活动划分为意识的两个不同的领域,因而阉割了艺术的认识功用和艺术的思想性,而替现代反动美学奠下了基础"。[5] 这是他考察的德国唯理主义一脉。而经验主义一脉,他谈到绘画领域自然主题从宗教领域中独立的历史,歌德席勒对文艺问题的探讨,莱辛拉奥孔对文学与绘画的区分等等,艺术的感性材料、艺术表现特点、艺术发展规律是一些思想家讨论的重点。宗认为从心理分析来把握审

① 宗白华:《宗白华全集》第二卷,第291页。
② 李长之:《李长之文集》第三卷,第212页。
③ 同上,《宗白华全集》第三卷,原载《新建设》1960年第5期,第351页。
④ 同上,《宗白华全集》第三卷,第353页。
⑤ 同上,《宗白华全集》第三卷,第354页。

美现象是“比较踏实的科学地研究美学问题的道路”，主要是英国哲学家的发展。如何姆(休谟)分析美的印象所引起的心灵活动，发展出情感作为心灵生活的独立区域的学说，后经康德系统化。对此理论的具体说明，宗白华特意捻出休谟的“意境说”说明之。[1] 即他认为若要完全理解审美印象的性质，就要把由实际事物所激起的情绪和一个对象仅在“意境”里所激起的情绪(如绘画或音乐)区别开来。但宗白华认为休谟没有解决审美印象的普遍有效性问题，被康德继承后建立了先验的唯心主义美学。休谟之外，康德提到较多的是英国思想家布尔克(1729—1797)，布尔克认为“伟大”的力量不能用理智来把握，因此艺术创造和欣赏需投入整体的心灵活动和想象力活动。[2] 康德很赞赏布尔克的观点。康德对上述两个支脉的继承形成了他的审美理论。宗白华认为其贡献在于他第一次在哲学历史里严格地系统地为“审美”划出一独立的领域，强调审美领域的“主观能动性”，[3]但问题在于，“结果陷入形式主义主观主义的泥坑”。[4] 宗白华在此处对康德的批判隐含的一个问题是，他如何能够仅仅孤立地批判康德而不及其他那些影响了康德的美学思想传统？这里还是表明他的批判缺乏逻辑自洽性。但批判了康德，康德之后的追随者以及新康德主义者在宗白华看来也就不攻自破了。

对康德的批判与对马克思主义唯物论的肯定是1949年以来宗白华美学的两个面相。其《西洋哲学史》(手稿约写于1946—1952)第一章导论“关于作为科学的哲学史诸问题”提出，“建立作为科学的哲学史，这任务和建立唯物辩证法、逻辑学的任务，紧密地结合着。但是，哲学史和逻辑学的这一结合，却和它们在黑格尔手中的结合不同。”黑格尔逻辑学比起哲学史，是基本的，发源的东西，其内容，是“世界和有限的精神被创造以前，已经在其永远的本质上存在着的神的表现”，哲学史是“发生于特殊经验形式下”的纯粹理念的逻辑发展。宗白华借用列宁的说法，认为辩证法的唯物论体系的逻辑学，是“对世界的认识的历史之总计、总和、结论”。所以两者是唯心论和唯物论的区别。认为辩证法的唯物论，立脚在模写说(反映论)上。只有唯物论，“才正确地结合着哲学史和逻辑学，正确地统一着历史物和逻辑物。哲学史要立脚在历史和逻辑的这一唯物

---

① 宗白华，《宗白华全集》第三卷，第356页。
② 同上，《宗白华全集》第三卷，第357页。
③ 同上，《宗白华全集》第三卷，第359页。
④ 同上，《宗白华全集》第三卷，第364页。

论的统一上，才成为科学”。[1] 但他又认为，“辩证法唯物论的成立过程，绝不是唯物论一律单纯自己的发展过程。现实上，那是两相对立的唯物论和唯心论的斗争史过程，唯物论和唯心论的对立及斗争，在辩证法的唯物论确立后，也还继续着，不仅还在继续，而且更残酷起来了”。[2] “一切唯心论，都是宗教的党羽，宗教的哲学拥护者……唯心哲学和宗教直接结合着，它就是所谓‘科学的僧侣主义’”，[3]“作为科学的哲学史，定要站在这一理解上，把哲学的历史，当作唯物论和唯心论的斗争史来叙述。……最重要的是：斗争的胜利属于唯物论”。[4] “黑暗时代”的中世哲学（教父哲学、经院哲学）、黑格尔之后的唯心哲学、新康德主义、新黑格尔主义、生命哲学、现象学、解释学，都是黑格尔辩证法的唯心论的理论退步。[5]

在其《近代思想史提纲》[6]（草稿，后又有《中国近代史提纲》，同样编入宗白华全集，作者在提纲标题下注曰“北京新哲学研究会编”[7]）第三章“马克思主义的科学社会主义理论”，作者进一步提出，在马恩手里，“社会主义变成为科学。科学社会主义是以关于社会历史的发展规律的科学研究为基础的社会主义。”他引列宁《怎么办》说：“问题只能是这样：或者是资产阶级的思想体系，或者是社会主义的思想体系。这里中间的东西是没有的（……）因此，对社会主义思想体系的任何轻视和任何脱离，都意味着资产阶级思想体系的加强。”并且指出，社会主义的思想意识，不是“从自发运动中自流出来的，而是从外面灌输到工人运动中去的。这个意识是从科学中生长出的，”而所谓“科学”，是“正确反映社

---

① 宗白华，《宗白华全集》第二卷，第480－481页。

② 同上，《宗白华全集》第二卷，第487页。

③ 同上，《宗白华全集》第二卷，第491页，作者注曰他还另著《无神论》及《现代宗教批判讲话》，因未找到手稿，全集未收。

④ 同上，《宗白华全集》第二卷，第492页。

⑤ 同上，《宗白华全集》第二卷，第497页。

⑥ 同上，《宗白华全集》第三卷，第32页。

⑦ 可参看《中国新哲学研究会创建始末》一文，发表于2015年08月24日，来源：中国社会科学报，作者：赵建永。据作者介绍，张岱年回忆该研究会主要由汤用彤先生和胡绳先生领导。1951年1月28日，中国新哲学研究会举行座谈会讨论毛泽东的《实践论》。汤用彤在会上建议在北大、清华等校开设“近代思想史”课程。可能这就是宗白华讲演并写作“中国近代思想史”的动机。汤用彤认为马克思主义已取代旧哲学占据了主导地位，没有旧哲学也就无所谓新哲学，所以新的哲学会不必有“新”字。因此，在成立大会上，拟议的“中国新哲学研究会”名称简化为“中国哲学会”。1952年，中国哲学会会刊《哲学研究》创刊，后来演变成为《哲学研究》杂志和《光明日报》哲学版。该会会址先设在北京大学，后改设在中国科学院哲学研究所。1966年后，该会停止活动。

会物质生活发展需要的先进理论”,这是“马克思列宁主义的力量和生命力的依据”。[①] 由是作者就陷入了循环论证的怪圈:社会主义的思想理论在马恩手里变为科学,而科学社会主义的先进理论是马列主义的力量的依据。所谓“科学”,就被断定为政治正确。由思想统一出发,作者批判了托洛茨基、布哈林等“左”“右”不同倾向的异见者,并介绍了列宁《唯物主义和经验批判主义》(1909)对“马哈主义”(今译“马赫主义”,又称“经验批判主义”,19 世纪末 20 世纪初主观唯心主义哲学派别)的批判,[②]认为“马赫主义”“故意使实践与科学分离,与真理分离,把实践庸俗化”;把“科学”的理论视作高于“实践”,实质是“康德的不可知论的旧路”。[③] 故而接下来他又顺理成章继续批判了康德哲学,认为调和唯物论与唯心论是康德哲学“失败了的企图”,认为康德“委曲科学,迁就宗教”,“贬低知识,是为了给信仰开辟地盘”,他是近百年来“科学-唯心论”运动的始作俑者。新康德派继承康德余脉,“为政治的需要,进一步调和康德主义与马克思主义,抛弃马克思的精华,将马克思主义曲解成修正主义,曲解成资产阶级可以接受的世界观”。[④] 由于狄尔泰带有新康德主义的色彩,自然也被他一并如洗脚水一样倾倒了。由上可见,他借列宁的话批判的诸种唯心主义,聚焦点一是在是否具有“科学性”上;二是与“唯物”“唯心”“科学性”相关,聚焦于诸种主义对待宗教的态度,即“无神论”还是“有神论”。如他批判“马赫主义”及其祖师休谟和康德“向宗教屈膝”,认为经验批判主义所谓“无论与有神论或无神论都不矛盾”之说是一种谬论,[⑤]认为只有无产阶级政党的世界观才是科学的,因为它强调哲学理论与革命实践的一致性,强调哲学与政治的一致性,强调“唯物论哲学与宗教的不可调和的矛盾”。[⑥]

如果说宗白华还只是在一般的“科学”的意义上批判“文艺”,那么李长之的自我批评与反省是直接针对狭义的“文艺科学”的。但有意思的是,即便他与宗白华都改宗唯物主义与无神论,开出的应对药方却是迥异,显示了他们的这套话语内在的逻辑矛盾或思想含混。如早年李长之的《批评精神》一书中《论人类命运之二重性及文艺上两大巨潮之根本的考查》认为:宿命论者,虚无论者,往

---

① 宗白华,《宗白华全集》第三卷,第 54－55 页。
② 同上,《宗白华全集》第三卷,第 79 页。
③ 同上,《宗白华全集》第三卷,第 86 页。
④ 同上,《宗白华全集》第三卷,第 97 页。
⑤ 同上,《宗白华全集》第三卷,第 98 页。
⑥ 同上,《宗白华全集》第三卷,第 99 页。

往是唯物的。[1]"大凡一个唯物论者,总是那样虚无、实际,而一个唯心论者,就又都那么耽于幻想,生活于自己的世界……能不能一个人是唯物的,又有许多幻想呢?又能不能一个人极其唯心,却是虚无主义者,宿命论者呢?这是绝不能的;所以然者,这是两个有着心理背景的各成体系的精神,而不能相混故。"他也看到马克思晚年,"认识到其学说中缺少伦理和认识论"。[2]论及文艺,认为浪漫与写实,是唯心与唯物两种哲学观在文艺上的体现。[3]而1949年后,李长之不赞成把文学史看成现实主义和反现实主义的斗争史,但理由还是从维护现实主义独尊的角度提出的,反对庸俗地理解列宁的两种文化斗争观,认为"统治阶级"文学和"人民"的文学虽对立,但文艺创作的情况也复杂,都各有现实主义的、非现实主义、反现实主义。[4]这显示他还想稍稍维护一下文学的独立性;但他又补充说,现实主义和反现实主义斗争史的提法,"容易使人产生一种错觉,以为现实主义和反现实主义是势均力敌的";并且"反而掩盖了文学史真正的斗争——残酷的斗争。特别在中国文学史上,统治阶级压迫人民的文艺的时候,何尝有什么主义?何尝有什么作品,他们是禁、烧、杀"[5](1956.10.8)。这一主张就与宗白华旗帜鲜明的立场迥异了。

在李长之的《现实主义和中国现实主义的形成》一文中(发于1957年《文艺报》),他还提出有没有必要区分"广义的现实主义"和"狭义的现实主义"的问题。[6]广义的是说在中国文学开始时就开始,如认为现实主义开始于《诗经》;狭义的指中国现实主义在中国文学发展的特定阶段才开始,如有的认为开始于《金瓶梅》,有的认为开始于杜甫。他认为偏于一端许多文学现象都解释不通。偏于狭义,抹杀了中国文学开始之时的高度,文艺政策不答应,偏于广义,说不清中国现实主义的特定形成时期,若肯定始于杜甫,司马迁又不答应,广义和狭义互相攻讦,逻辑上和文学史实上就难以自洽了。李试图引入"广义"、"狭义"之分弥补这一矛盾。把"广义"现实主义界定为"忠实而感人地反映现实的作品";"狭义"现实主义界定为"是带有鲜明的、近代的、亦即具有在资本主义社会中才可能产生的观察方法和描写方法的产物",即"恩格斯所指的现实主义",

---

① 李长之,《李长之文集》第三卷,第65页。
② 同上,《李长之文集》第三卷,第67-68页。
③ 同上,《李长之文集》第三卷,第71页。
④ 同上,《李长之文集》第三卷,第542页。
⑤ 同上,《李长之文集》第三卷,第543页。
⑥ 同上,《李长之文集》第三卷,第544页。

"指具备细节真实，典型环境下的典型性格的真实，而细节、性格和环境又是有机地连在一起，忠实地再现现实的作品。"，他还将这种现实主义与"社会主义现实主义"作了区分，因为前者"不可能根据正确的科学世界观，用社会主义精神来教育人民"。[①] 这里同样体现出他与宗白华既统一又略有差异的立场。统一之处在于都由唯心论转向了唯物论，放弃了"文艺科学"的主张，不同在于，李长之还稍稍保留了一些对科学性、学术性的追求，希望在学理上能将这套"中国现实主义"的理论说通。

宗白华、李长之之外，还有没有美学家和批评家持"文艺科学"的观念和意识？他们后来有没有变化？从唯心论到唯物论，他们面临的问题是否和宗、李具有一致性？是否像宗李一样蕴蓄着丰富的矛盾和困惑？这需要引入老舍、朱光潜、梁宗岱等更多个案来探讨。不过从宗白华与李长之在1949年后对待"文艺科学"与"马克思主义唯物论"同中有异的态度，还是显示了1949年后知识分子学者在"唯物""唯心"争战中的矛盾心态，以及对持守还是放弃"文艺科学"及文艺的"科学性"的复杂态度。

---

① 李长之.《李长之文集》第三卷，第546页。

“近现代通俗文学”概说

陈建华

自二十世纪八十年代以来，以“二十世纪中国文学”和“重写文学史”的观念为先声，中国现代文学史研究领域发生了巨大变化，无数被过去代表革命正典的文学史所忽视的作家、流派与刊物浮出地表，文学地图完全改观，文学史书写的理论与实践也万卉争艳，如“双翼齐飞”“民族国家文学”“多元一体的文学结构”或“多元共生体系”等论述呈现话语繁盛、学派纷呈的态势。[①]

所谓“近现代通俗文学”是“重写文学史”的产物，数十年来形成了一个新的现代文学研究领域。我要讲的主要围绕“通俗文学”的概念及其形成过程，另外我想着重介绍一些海外汉学的相关论著，说明“通俗文学”的研究现状，稍涉及研究方法问题。

需要说明的是，近年来国内有专门研究海外汉学的专家与机构，但对于近现代“通俗文学”这一块还不够重视。其实我提到的论著大多已有了中文译本，涉及如何阅读的问题。这里不可能作系统全面的评述，只是作一些提示。我想同学们都有志于学术，就像我们强调的，需要有国际视野。如果从事近现代“通俗文学”研究的话，要了解国际汉学的现状与走向，方能展开对话。当然，对于任何学术论述我们都需要有一种批评态度，这一点大家都懂的。

① 关于“双翼齐飞”说见范伯群主编：《中国近现代通俗文学史》，南京：江苏教育出版社，2010，第1－27页。“民国文学”，见张中良：《民族国家文学概念与民国文学》，广州：花城出版社，2014，与此密切相关的是有关“民国机制”的论述，见李怡：《民国机制——中国现代文学的一种诠释框架》，《广东社会科学》2010年第6期，第132－135页。“多元一体的文学结构”见朱德发、魏建主编：《中国现代文学通鉴（1900—2010）》，北京：人民出版社，2012年。“多元共生体系”，见陈思和、王德威主编：《建构中国现代文学多元共生体系的新思考》，上海：复旦大学出版社，2012年。

一、概念的成立:“鸳鸯蝴蝶—礼拜六派”与“通俗文学”

在古代,诗词散文代表高雅文学,戏曲小说是通俗文学,这大家都懂。虽然这是现代的理解,却大致合乎历史。到了现代,小说成为最重要的文学样式,文类当中并无雅俗之分;“通俗”一词出现在文论中,一般和文学的大众教育有关。如果牵涉到文学史的话,如郑振铎的《中国俗文学史》把古代的民歌、变文、宝卷等看作“俗文学”,小说不在其列。这很有趣,其实也是现代观念的一种体现。任何一种概念,如果和具体实践相联系,就会变得很复杂。

我说的“通俗文学”,与2000年出版的《中国近现代通俗文学》一书直接有关。此书由范伯群先生主编,是和他的苏州大学的研究团队写成的。“通俗文学”是一个新概念,具体是指“鸳鸯蝴蝶—礼拜六派”。这个包括两个流派的复合词本身有个历史演变过程,而“鸳鸯蝴蝶派”更为关键。它产生于民国初年,有些言情小说用文言写成,如徐枕亚的《玉梨魂》风靡一时;他在1914年创办了《小说丛报》杂志,刊登了大量同样风格的小说。因为他们喜欢运用古典诗词,常常出现“鸳鸯”“蝴蝶”之类的意象来比喻男女爱情,因此有人就戏称他们为“鸳鸯蝴蝶派”,不过作为文学史上的一大公案却与“五四”新文学运动有关。

1917年《新青年》杂志先后发表胡适的《文学改良刍议》与陈独秀的《文学革命论》之后,又发生了“五四”运动,于是形成以提倡白话文为标志的“新文学”运动。1919年周作人、钱玄同在《新青年》上撰文指斥《玉梨魂》之类的“鸳鸯蝴蝶派”小说是袁世凯推行“复古”的产物,和“黑幕”小说一样毒害青年。二十年代初沈雁冰(即茅盾)、郑振铎站在“新文学”立场上指斥《礼拜六》小说周刊的“消闲”与“金钱主义”的文学方针,把王钝根、周瘦鹃等人叫做“文丐”“文娼”。三十年代初瞿秋白、鲁迅等“左翼”作家把那些“旧”式文人统称为“鸳鸯蝴蝶派”,是一种“封建小市民文学”。

这么交代过于简单。的确,像包天笑、周瘦鹃这批文人以及他们所编刊的《礼拜六》《星期》等小说杂志从事以“游戏”“消闲”为主导的文学生产,宣扬“贤妻良母”“孝道”之类的传统价值,语言上使用白话,也不排斥文言。这些方面和主张“革命”的“新文学”运动背道而驰。其实这些“旧派”作家也宣扬爱国守法与纯洁的爱情,同情底层疾苦,语言与形式新旧混杂,适合市民的文化趣味,因此尽管他们一再遭到反对与攻击,仍然有很大的市场,如张恨水写了几十部小说,他的《啼笑因缘》被改编成电影,深受大众欢迎。

1949年之后，文艺领域政治挂帅，以"阶级斗争""社会主义现实主义"为纲，在一些新编的文学史里"鸳鸯蝴蝶派"被定性为"反五四逆流"，凡是与"旧派"沾边的作品几乎都看不到，即使有所提及，也被当作"反面教材"而加以严厉批判。值得注意的是，1962年已故魏绍昌先生编了一部《鸳鸯蝴蝶派研究资料》，标明是"内部资料"，供批判用的。书中收录了体现当年"五四"作家"战斗精神"的批评文章，也收录了有关鸳蝴派的历史资料及其代表作品。这本书似乎为"鸳鸯蝴蝶派"划出了地盘：时间上涵盖清末至1949年，有无数的报纸杂志和作者作品，有"南派"也有"北派"，内容包括社会、历史、家庭、神怪、言情、侦探、武侠，军事、滑稽、宫闱，等等，可说是蔚为大观。

八十年代以来，与改革开放的国策相一致，文学上逐渐解冻。1984年魏绍昌的《鸳鸯蝴蝶派研究资料》重版，不再是内部资料了。有意味的是增加了二十年代初袁寒云《小说迷的一封书》和文丐《文丐的话》这两篇文章，略微让人听到当年争论中"鸳鸯蝴蝶派"的声音。然而就在同一年，芮和师、范伯群等主编的《鸳鸯蝴蝶派文学资料》出版，更多地展示了新旧之争，收入了数十篇从各种杂志辑录的鸳鸯蝴蝶派的文章，这比魏书显示出一种更为开放、求实的态度。

事实上，苏州大学的芮和师、范伯群已经形成了一个研究鸳蝴派的团队，尤其是范先生，数十年坚持不懈，不断发表论文、组织会议、编选集和教材，阐述"通俗文学"的"正能量"。在八九十年代他主编的《鸳鸯蝴蝶—〈礼拜六〉派作品选》（人民文学出版社，1991；2009修订版）、《中国近现代通俗作家评传丛书》（南京出版社，1984）、《鸳鸯蝴蝶—礼拜六派经典小说文库》（江苏文艺出版社，1996）相继出版，这些仅几个例子，却使现代文学大为改观。

此时鸳蝴派文学在市场走红，各种选本争相出版，具学术价值的有于润琦主编的《清末民初小说书系》、袁进主编的《鸳鸯蝴蝶派散文大系》。魏绍昌也出版鸳蝴派文学选集，有趣的是在为"鸳鸯蝴蝶派"的"正名"方面学者之间出现互动的情况。1962年魏在《鸳鸯蝴蝶派研究资料》"叙例"中说："鸳鸯蝴蝶派亦名礼拜六派"。1989年范伯群在《鸳鸯蝴蝶派》一书中略论名称，指出历史上"鸳鸯蝴蝶派"另有"礼拜六派""民国旧派文学"之称，而长期来约定俗成地称为"鸳鸯蝴蝶派"。其后魏绍昌在《我看鸳鸯蝴蝶派》一书中谈到周瘦鹃等只承认自己是"礼拜六派"而不同意被列入"鸳鸯蝴蝶派"，在列举一些材料之后，魏认为"礼拜六派"遵奉"金钱主义"，也是以"游戏"为宗旨，二者并无实际分别，故仍主张统称为"鸳鸯蝴蝶派"。他又说文学上主张娱乐也"没什么不好"，鸳鸯蝴蝶是逗人喜爱的“美丽的小动物”，因此“鸳鸯蝴蝶派”是一顶“美丽的帽子”。[1] 1994年范伯群主编《中国近现代通俗作家丛书》时，在《总序》中改变提法，称“鸳鸯蝴蝶派—礼拜六派”为“近现代文学史上的通俗文学重要流派”。有趣的是在1997年出版的魏编十册本《鸳鸯蝴蝶派·礼拜六小说》（春风文艺出版社），也采用将二者连缀的提法，与他一贯使用不同。

这“鸳鸯蝴蝶派—礼拜六派”的称谓也是一种当代建构，如果回到历史语境，如著名文献学家郑逸梅指出“鸳鸯蝴蝶派”专指徐枕亚以及他所主办的《小说丛报》，这是民初旧派作家流行的看法。[2] 后来有人把“鸳鸯蝴蝶派”分为“狭义”与“广义”两类，夏志清就把徐枕亚看做“狭义”的“鸳鸯蝴蝶派”，其代表作《玉梨魂》运用了大量古典诗词，甚至带有骈文风格，与其他通俗作品很不一样。而“礼拜六派”指的是与《礼拜六》小说周刊有关的文人群体，如王钝根、陈蝶仙、周瘦鹃等人。在1960年代周瘦鹃否认自己是“鸳鸯蝴蝶派”，说自己是“十十足足的礼拜六派”。实际上“通俗”作家当中有不少小圈子，不一定能纳入“鸳鸯蝴蝶派—礼拜六派”。

为“鸳鸯蝴蝶派—礼拜六派”“正名”是重排文学史经典的过程，从魏、范之间的互动可见集体的努力，当然开放时代与文学市场都扮演了共谋的角色。因此2000年两厚册《中国近现代通俗文学史》见世，可说是水到渠成。在范先生主持下“近现代中国通俗文学国际研讨会”在苏州大学召开，贾植芳、章培恒、王德威、严家炎、吴福辉、郭延礼等诸位先生，皆为海内外学界的重要人物，参与共襄“通俗”盛举。此书在会上发布，不光凝聚了范先生及其团队的研究成果，理论上也具某种里程碑意义。卷首数万字“绪论”回顾了“通俗文学”受文学史排斥的历史与在新时期对其作重新评估的必要性。正如书中对晚清到1949年间各种文学样式——从社会言情、武侠会党、侦探推理、历史演义、滑稽幽默、通俗戏剧到通俗期刊，通过对通俗文学的发掘重现了五光十色的都市风景线、日常生活的丰富样态、市民大众的感情方式及其想象空间。以此为基础，范伯群声称“现有的中国现代文学史是一部残缺不全的文学史”，从而提出“双翼齐飞”说，即以往文学史只包括以“五四”为代表的“纯”文学，而一部理想的中国现代文学史也应该包括“俗”文学——“鸳鸯蝴蝶—礼拜六派”。

---

① 魏绍昌：《我看鸳鸯蝴蝶派》，台北：台湾商务印书馆，1992年，第1－11页。
② 参郑逸梅：《民国旧派文艺期刊丛话》，《郑逸梅选集》，第6集，第395－573页。

把现代文学分为“纯”“俗”两大块，自有其充分理由，虽然不无吊诡——不得不归咎于“正典”文学史的黑白分明的排斥机制。当然整个现代文学地图极为复杂，如吴福辉先生在《中国现代文学发展史（插图本）》里把现代文学分为四个“板块”：左翼文学、京派文学、海派文学和鸳鸯蝴蝶派，层次就比较多。尽管存在不同的理解，大家对于“通俗文学”是中国现代文学的重要部分这一点已达成共识，且成为教育体制中的一门重要学科，而范先生对于“大文学史”的呼吁表达出我们共同的愿景。

二、全球时代的汉学共同体

近年来对于“通俗文学”的研究风起云涌，关于林纾、韩邦庆、徐枕亚、包天笑、周瘦鹃、徐卓呆、李涵秋、程小青等作家的研究已相当可观，也有对《礼拜六》《红玫瑰》等杂志作专题研究的，也有对言情、滑稽、武侠、侦探等类型作探讨的，研究人员遍及欧美和两岸三地，这里难以作整体概括，仅以一些代表性著作为例，说明海外的“鸳鸯蝴蝶派”研究起始于上世纪八十年代初，几乎与大陆同步，从这一点来看，该派之所以能回归文学殿堂，乃由种种天时、地利与人和的条件所促成，与后现代与全球化的大环境有关，如海外人文学界蓬勃兴起的“上海热”、女性主义、跨民族跨语言研究及大众文化研究等，都直接间接与通俗文学有关。如雷勤风的《不敬的时代：中国新笑史》是一部以徐卓呆为代表的滑稽文学的专著，获得2017年亚洲年会的列文森奖，这类课题研究受到重视可见一斑。

先声夺人的是1980年出版的米列娜主编的论文集《从传统到现代——世纪转折时期的中国小说》，[①]该论文集高度评价了晚清严复、梁启超以来的“新小说”运动，肯定了小说作为最重要启蒙样式的历史性意义。论文集收入九篇论文，对李伯元《官场现形记》、吴趼人《二十年目睹怪现状》、刘鹗《老残游记》、曾朴《孽海花》等作品展开论述。有人批评此书并未摆脱鲁迅、胡适的看法。的确，鲁迅在《中国小说史略》中认为上述《官场现形记》等四大“谴责小说”代表了晚清小说的成就。但是这么批评低估了论文集所提出的关于晚清小说的艺术形式问题。事实上执教于多伦多大学的米列娜是捷克裔汉学家，早年毕业于布

① Milena Doleželová-Velingerová, ed. *The Chinese Novel at the Turn of the Century* (Toronto: Toronto University Press, 1980).

拉格的查尔斯大学，与东欧形式主义批评颇有渊源。她从七十年代开始从事晚清小说的研究，在《从传统到现代》中指出胡适等“五四”诸公认为这类旧小说具有结构松散等毛病，乃是观念上过于西化而轻视了中国文学传统以及这些小说的艺术价值。因此她强调必须重视中国小说的自身艺术特征，并且运用结构主义理论对晚清小说作形式分析，揭示其“文学性”，超越了雅俗的界线。最后一篇论文用同样方法分析向来被认为“嫖界指南”的张春帆的《九尾龟》，涉及“鸳鸯蝴蝶派”作品。虽然此书的视野不够开阔，但总体上甚获好评，如荷兰莱登大学的伊维德赞扬此书颇具挑战性，并为深入研究中国近代小说开启新途。

林培瑞的《鸳鸯蝴蝶派：二十世纪初中国城市的流行小说》一书于 1981 年出版，[①]可说是鸳蝴文学研究的开山之作。其实在 1976 年胡志德主编的《中国革命文学选集》中，周瘦鹃的短篇小说《行再相见》就是林培瑞翻译的，[②]那时他在普林斯顿大学读博。他的专著以“鸳鸯蝴蝶派”命名，以魏绍昌的《鸳鸯蝴蝶派研究资料》为线索，等于作一种发掘“被压抑的现代性”的工作。出自一种比较文化的视野，林培瑞抓住了鸳蝴派小说的“城市”特质，而英语“popular”是“流行”“大众”的意思，这就几乎把鸳蝴文学看做是和维多利亚时期“通俗”文学是平行发展的。林著对于鸳蝴文学的起源、作家群体、出版渠道及生产方式等方面作了系统叙述，资料方面相当翔实。据他的理解，“鸳鸯蝴蝶派”的主流是爱情小说，书中对张恨水的《啼笑因缘》等小说作了解读。

1984 年柳存仁主编的《中国中阶小说：从清代到民初》出版，[③]有翻译也有论文，涉及蒲松龄《醒世姻缘传》、李伯元《文明小史》、吴趼人《二十年目睹怪相状》、韩邦庆《海上花列传》、曾朴《孽海花》、徐枕亚《玉梨魂》与张恨水《啼笑因缘》等。英语“middlebrow”的本意指“平庸之辈”，而在这本文集里意谓处于雅俗之间。编者解释这些小说从唐传奇之后的中国小说传统而来，从传统眼光不属高雅文学。但不用“popular”或“鸳鸯蝴蝶派”，应当另有一番考量，大约不想把它们看作“通俗”的意思。那时候对于晚清小说的评价基本上以鲁迅的《中国

---

① Link, Perry. *Mandarin Ducks and Butterflies: Popular Fiction in Early Twentieth-Century Chinese Cities* (Berkeley: University of California Press, 1981, p.25).

② Link, Perry. "Introduction to Zhou Shou-juan's 'We Shall Meet Again' and Two Denunciations of This Type of Story." In *Revolutionary Literature in China: An Anthology*, eds. John Berninghausen and Ted Huters (New York: M.E. Sharpe, Inc., White Plains, 1976), p.12-17.

③ Liu Ts'un-yan, ed. *Chinese Middlebrow Fiction: From Ch'ing and Early Republican Era* (Hong Kong: The Chinese University Press, 1984 p.70.

小说史略》为基准,除了四大"谴责小说"之外很少得到好评,因此柳存仁的这本文集不无重新评估晚清小说之意。与米列娜的论文集相比,在选材上视野较为开阔,意在展示出从清代至民初多姿多彩的小说世界。

《海上花列传》的部分是张爱玲翻译的,那时她在港台已声名日隆,被奉为"祖师奶奶"。她对这部小说情有独钟,就其慨叹这部"杰作"一再被读者"摒弃"而言,为了弥补文学史的遗憾,把它译成英语,也要译成白话。后来范伯群把它看作"通俗文学"的源头,其在文学史上的地位越来越高。这本文集中收入夏志清的《论〈玉梨魂〉》一文,[①]他以《中国现代小说史》和《中国古典小说》两书而名闻遐迩,在该文中表示不能把"鸳鸯蝴蝶派"一棒子打杀,像《玉梨魂》便是继承了伟大的"伤感—艳情"传统的优秀小说,甚至觉得"五四"白话文盛行之后反而把抒情传统断送了。此外论文集还有林培瑞对包天笑作的访谈。

1991 年见世的周蕾的《妇女与中国现代性:西方与东方之间的阅读政治》一书以女性立场解读中国现代文学和文化,[②]给北美汉学界带来了一股理论与批评的冲击波。书中有一章专论"鸳鸯蝴蝶派"小说,对林培瑞和夏志清的研究提出批评,认为他们的内容与形式相对应的读法不能揭示作品的复杂性。在如何解读文本方面周蕾与林、夏很不同,不仅由于性别视角,也由于不同的理论背景。作为后现代氛围中崛起的一代,已融汇符号学、形式主义、结构主义等各种人文理论而形成一种文学与文化批评相结合的解读方法。在她眼中,林、夏那种"实用的和反映主义的文学观"代表了冷战时代的思维习惯,这方面她也并不讳言他们的意识形态"偏见"。如周蕾自言,她采取一种"比喻的"(allegorical)阅读法,即从鸳蝴派文学的内容与形式的裂隙中读出作品的深层意涵及其与社会的复杂关系。如她认为鸳蝴派小说大多具肤浅的道德训诫的倾向,且具重复、夸张、煽情等形式,使叙事含有碎片、戏仿的特点;在内容与形式之间存在某种"不可能性"。她反对那种"把粗糙地并列在一起的碎片纳入一个意义的整体"的读法,而主张探讨鸳蝴文学的"戏仿"功能,即"不仅是故事所'反映'或'批

---

① Hsia, C.T., "Hsu Chen-ya's Yu-li hun: An Essay in Literary History and Criticism." In Liu Ts'un-yan, ed. *Chinese Middlebrow Fiction: From Ch'ing and Early Republican Era*, 1985 p.199 - 240.

② Chow, Rey, *Woman and Chinese Modernity: The Politics of Reading between West and East* (Minneapolis: University of Minnesota Press, 1991). 中文版见周蕾:《妇女与中国现代性:东西方之间阅读记》(台北:麦田出版,1995);《妇女与中国现代性:西方与东方之间的阅读政治》,上海:三联书店,2008 年。

判'的社会问题,还有他们的表现形式和矛盾如何跟社会搭上关系"。[1] 这么说"形式"不仅仅有关修辞等表现手法,也与生产方式、意识形态与社会意义的问题,因此与文化研究搭界。

举解读《玉梨魂》的例子,或许可说明其"比喻的"解读方法。如林培瑞指出男主何梦霞是才情兼美、高度独立的"罕见的才子"。我们从小说中得到的就是这样的印象,而周蕾认为把梦霞看作"独立"于社会是"不正确的",应当看到他的"二重性":"因为他对那最能表达其怀才不遇的诗文的偏爱,是一种使他能跟社会契合的贵族品味"。《玉梨魂》里有一幕描写梦霞与梨娘互诉衷情,至黎明依依不舍地道别,夏志清说:"莎士比亚笔下的恋人已经做了一晚的爱,而中国的情人连手也未拉过"。这个显示他谙熟中西文学的细节,在周蕾看来就"政治不正确"了。她说:"夏志清论点的缺陷,不仅在于他假设'西方'式的肉体反应是最为普遍的感情表达方式,而且对于标准,他也抱有文化偏见"。这批评不无偏激,其实,正如她提到的,夏把《玉梨魂》称作"鸳蝶派文学的美学先锋"、"中国悠久的言情小说传统中绝顶佳作之一",这样的评价"标准"很难说出于西方偏见。尽管如此,周蕾的"比喻"式读法指向另一种思路:为什么徐枕亚刻意表现男女对肉体的禁忌?为什么"情人们以一连串的乔装方法,交换各种各样的物品来代替身体接触"?她更关注"形式"开展的过程,通过书信、书籍、手帕、照片、花朵、一绺头发、血书等"物件"表明两人的依恋,却永远是碎片的、含游戏性的,而不能达到真正的结合。周蕾认为这么表现是为了将欲望升华,否则"文人感情世界中的情趣就会消失殆尽",另一方面她指出梨娘的守寡是其个人的"自由"选择,有其经济能力的支撑,因此"不单纯是为了道德完善,而且还是为了保持有教养的高贵形象"。这些"比喻"式解读的结果不啻提供另一种思路,不乏富于启示的发现。

"鸳鸯蝴蝶派"或"鸳鸯蝴蝶—礼拜六派"的提法有其历史的理由,但有的学者感到困惑而加以质疑。如刘扬体先生在详细讨论"鸳鸯蝴蝶派"名称时提出"何必画地为牢",认为若将该派无限扩大,与民国所有旧派文学画等号的话,"那就无异于取消了'鸳鸯蝴蝶派'的存在"。[2] 更为尖锐的是德国学者金佩尔(Denise Gimpel),她在一篇研究前期《小说月报》的论文中认为现代学界流行

---

① 周蕾:《妇女与中国现代性:东西方之间阅读记》,第124-125页。

② 见《流派中的流派——"鸳鸯蝴蝶派"新论》,北京:中国文联出版公司年,1997,第71页。

的"鸳鸯蝴蝶派"一词含混不清,把1920年代之前的《小说月报》归之于"鸳鸯蝴蝶派"有误导之嫌,而且她根本认为"凡将此词当作分析概念来使用的都徒劳无功"。[①] 其实不仅是"鸳鸯蝴蝶派",像"五四""新文学"等概念也有同样的问题。如贺麦晓(Michel Hockx)在《文学史断代与知识生产——论"五四文学"》一文中提出:"要彻底了解民国时期的文学现象,就必须重新定位'新文学',把'新文学'视为许多不同创作风格的其中一支,并且以'平行阅读'的方式,重新检阅这些风格迥异的作品,方能对当时的实际情况有比较合符史实的观察。"[②]其实"鸳鸯蝴蝶派"和"五四"这两个词都有长长的历史,在当下语境里又有新的迷思,涉及立场和方法,因此如何正确使用是个问题。如今我们明白"五四"犹如一部多声道的交响乐,但谈起"五四",有的指鲁迅,有的指胡适,心目中各有自己的"五四",这种含混性似乎是一种学术常态。金佩尔另有《失去的现代性之声:一份中国通俗小说杂志的历史考察》一书,[③]是对1921年之前的《小说月报》的研究。她对该杂志中大量翻译作品作了一种"现代性"挖掘工作,旨在纠正我们对"旧派"的习惯认知。《小说月报》由商务印书馆出版,其编辑宗旨与《礼拜六》《小说丛报》不尽相同,因此不以"鸳鸯蝴蝶派"作为"分析概念"确属明智。然而如果把《小说丛报》作为研究对象的话,恐怕很难避免"鸳鸯蝴蝶派"的概念。因此学者应该知道这些概念的来龙去脉,使用时应当有所限定,知道自己在说什么,就能避免眉毛胡子一把抓。

三、"清末民初"研究

1997年王德威的《被压抑的现代性:晚清小说新论》出版,[①]从其产生的效应来看,他的"没有晚清,何来五四?"之论一时间不胫而走,使"晚清"一词具备了文学史分期的意味。该书对于晚清小说从邪狭、武侠、科幻到黑幕,展示了十

---

① Denise Gimpel, "A Neglected Medium: The Literary Journal and the Case of *The Short Story Magazine* (*Xiaoshou yuebao*), 1910 - 1914," *Modern Chinese Literature and Culture*, Vol. 11, No. 2(Fall 1999): 56 - 57.

② 贺麦晓(Michel Hockx)《文学史断代与知识生产——论"五四文学"》,载于北京师范大学文艺学研究中心编:《文化与诗学》第6辑,北京:北京大学出版社,2008年,第109 - 120页。

③ Denise Gimpel, *Lost Voices of Modernity: A Chinese Popular Fiction Magazine in Context* (Honolulu: Hawai'i University Press, 2001).

① *Fin-de-Siècle Splendor: Repressed Modernities of Late Qing Fiction, 1848 - 1911* (Stanford: Stanford University Press, 1997). 中译本见王德威著、宋伟杰译:《被压抑的现代性:晚清小说新论》,台北:麦田出版,2003年;北京:北京大学出版社,2005年。

九世纪末的光怪陆离的文学风景和空前激荡的艺术想象。从“被压抑的现代性”的书名来看，显然有意切入大陆“重写文学史”实践，回到历史现场作一番考古式挖掘的工作，揭示出晚清小说的“现代性”叙事欲望，让人刮目相看。如上面提到，八十年代以来对晚清小说已有不少新的研究，但没像《被压抑的现代性》那样对何种类型作了整体而丰富的描述，开拓出一片新的研究空间。

“鸳鸯蝴蝶派”是民国之后才有的，虽然在谈及其“通俗文学”渊源时，就得回溯到晚清，但毕竟不是主要的部分，在这意义上《被压抑的现代性》相当于鸳蝴文学的“前史”论述，当然对“通俗文学”研究起到了推动作用。此书之所以产生影响，还在于呼应了学界对于文学“形式”的重视。对于小说文本注重细读与形式分析，这方面作者是比较文学出身，师从刘绍铭、夏志清两位先生，不仅对于“新批评”、符号学、形式主义等文学理论驾轻就熟，且在分析中不时出现福柯、本雅明、布厄迪等人的理论话语。王德威一般不套用某一种理论作为整体性框架，而是根据具体个案作一种有限、有效的运用。这种融会贯通的方式避免了削足适履之弊，使理论发挥一种“洞见”的作用。另外他对邪狭、武侠、科幻到黑幕等各种小说的论述之中，引进了文学“类型”概念，这对于理解“通俗文学”是相当关键的分析范畴，比方把《海上花列传》《品花宝鉴》《海上繁华梦》等“邪狭”小说放在一起，在“套路”的比较中揭示作家之间叙事“技艺”的差异。

的确，“重写文学史”与改革开放的社会转型相一致，面临的问题包括：如何使文学摆脱政治的附庸而回到其自身、如何破除“正典”偏见而重建文学传统、如何使文学成为国民陶冶性情的“美育”之具等，同时要与西方理论接轨，进入或参与建构国际汉学共同体也是文学批评的当务之急。文学形式是焦点，它需要新的文学观念、新的文本意识、新的解读方法与新的语言。在这些方面，《被压抑的现代性》满足青年学子对于“形式”的需求。

晚清民初的小说大多被贴上类型标签，这是一个特别现象。颜健富的《晚清小说的新概念地图》一书中有一章专门讨论“乌托邦”小说，就跟“理想小说”这一类型有关。[①] 这一说法某种意义上受了《被压抑的现代性》的影响，是把“类型”与“新概念”相结合的一种研究。

柳存仁的《中国中阶小说：从清代到民初》似乎预示了“民国初期”的重要

① 颜健富：《晚清小说的新概念地图：从“身体”到“世界”》，台北：台大出版中心，2014 年，第 137－170 页。

性。的确，学者又发现民初文学的繁盛程度与晚清不相上下，于是“清末民初”也成为一个分期标志，如胡志德的《把世界带回家：清末民初对西方的挪用》一书中对朱瘦菊的《歇浦潮》的解读显示出对民初“通俗文学”的兴趣。另外从《新青年》与商务印书馆的《东方杂志》的传媒角度讨论陈独秀与杜亚泉之间围绕教科书与白话文的争论，揭示出“新”、“旧”观念的历史形成，其中政治、教育和文化资本扮演了重要角色。[1] 此书在清末民初的中西思想与文化交接的背景里考察现代思想、文学理论的形成、吴趼人的《恨海》等议题，说明中国是如何“挪用”外来资源来解决自身的问题的。

韩南的《中国近代小说的兴起》也是一本清末民初小说的论文集。[2] 作者对于中国明清小说的研究已成就卓著，因此显出文学史家的独特眼光。如指出梁启超的“新小说”观念源自 1895 年传教士傅兰雅在《申报》刊登征集新小说的活动，在运用小说来推动社会改革的主张方面也一脉相承。对吴趼人的小说分析中揭示“叙述者”的复杂功能，也是传统小说的现代表征。另外对“礼拜六派”主将陈蝶仙的研究也很精彩，认为其《他之小史》是和他妻子合作的，又指出他的自传体言情小说是一种创格，是现代浪漫文学的先驱。韩南先生对资料的详尽掌握与精确考证令人惊叹，事实上他在九十年代就开始清末民初小说的研究。显然他对陈蝶仙颇为欣赏，曾把《黄金祟》译成英文。

黄锦珠对于晚清的“小说观念”与“新女性”的主题各有专著，最近出版了《女性书写的多元呈现：清末民初女作家小说研究》一书，是个可喜的收获。可见作者的研究兴趣也朝“民初”移动。像邵振华、黄翠凝、吕韵清和高剑华这几位女作家早被历史遗忘，此书以作者多年寻访的资料为基础描述了她们的生平与创作。其中高剑华是《眉语》杂志的主编，其他编辑全是女性，黄教授通过资料的甄别考证对其中十位女作家作了确认，并对她们的作品有深入分析。该书也通过女性行旅、婚恋观、情爱书写等主题揭示出女性文学的多元声调和自我意识的微妙展现。这些研究填补了文学史空白，也显示出“民初”文学的某些新的特征。

---

[1] Huters, Theodore, *Bringing the World Home: Appropriating the West in Late Qing and Early Republican China* (Honolulu: University of Hawai'i Press, 2005).

[2] Patrick Hanan, *Chinese Fiction of the Nineteenth and Early Twentieth Centuries* (New York: Columbia University Press, 2004). 中文本：韩南著，徐侠译：《中国近代小说的兴起》，上海：上海教育出版社，2010 年，修订版。

讲了这些,何止挂一漏万,如胡晓真的《才女彻夜未眠:近代中国女性叙事文学的兴起》和《新理想,旧体例与不可思议之社会:清末民初上海"传统派"文人与闺秀作家的转型现象》两书,也是以女性视角来研究清末民初文学的。[1] 所谓"传统派"是"旧派"的别称,如《申报·自由谈》主编王钝根也是《礼拜六》主编,也跟通俗或鸳蝴文学有关。其他还有一些,如罗鹏和周成荫主编的《反思中国通俗文化》一书,[2]其前身是在2001年王德威组织的在美国哥伦比亚大学召开的"中国通俗文化新探索"国际研讨会的会议论文集。还有"通俗文学"的研究离不开也是在80年代开始发达的"上海热",即上海研究,比如李欧梵先生的《上海摩登》即代表著作之一,这方面要讲起来就更多了。

最后从实用角度必须提到一些必要的文献目录方面的工具书,主要有上海图书馆编的《中国近代期刊篇目汇编》,收录从1857年到1918年的期刊文章篇目,虽然偏重哲学与社会科学方面,但很多重要的文学、小说杂志如都收录了,像《小说月报》收录到1918年为止,并非全部。唐沅编的《中国近现代文学期刊目录汇编》是在八十年代编的,收录的期刊基本上属于"新文学"的范畴,凡是"旧派"期刊一概不收。2010年出版的吴俊等编的《中国现代文学期刊目录新编》是一个补编,收录范围大大拓展,不仅收录"通俗文学"而且全书也反映出文学史观的愈加多元化的趋势。刘永文编的《晚清小说目录》和《民国小说目录》,特点是著录了报纸副刊上的小说篇目。与此可作参照的是王继权、夏生元编的《中国近代小说目录》,这个目录是和百花洲文艺出版社的《中国近代小说大系》配套的。该大系由鲍正鹄、章培恒等主编,历时十年,出版了八十卷。特点是从选本、编辑、校勘到标点具一流水平。另外日本学者樽本照雄的《新编增补清末民初小说目录》也值得参考。[3]

由于"通俗文学"涉及无数报纸杂志,现在要看到原件很不容易。好在网络

---

① 胡晓真:《才女彻夜未眠:近代中国女性叙事文学的兴起》,北京:北京大学出版社,2008年、《新理想,旧体例与不可思议之社会:清末民初上海"传统派"文人与闺秀作家的转型现象》,台北:中央研究院中国文哲研究所,2015年。

② Carlos Rojas and Eileen Cheng-yin Chow, eds. *Rethinking Chinese Popular Culture: Cannibalizations of the Canon* (London: Routledge, 2009).

③ 上海图书馆编:《中国近代期刊篇目汇编》,上海:上海人民出版社,1979年,84页;唐沅主编:《中国近现代文学期刊目录汇编》,天津:天津人民出版社,1988年;吴俊等编:《中国现代文学期刊目录新编》,上海:上海人民出版社,2010年;刘永文编:《晚清小说目录》,上海:上海古籍出版社,2008年;《民国小说目录》,上海:上海古籍出版社,2011年;王继权、夏生元编:《中国近代小说目录》,南昌:百花洲文艺出版社,1998年;樽本照雄编:《新编增补清末民初小说目录》,济南:齐鲁书社,2002年。

时代给学术研究带来新的机遇和挑战。许多东西都已上网，如上海图书馆的《晚清期刊全文数据库（1833—1911）》《民国时期期刊全文数据库（1911—1949）》就提供了很大的便利。只是杂志封面和内页照片部分难以看到，图像的印刷质量也一般比较粗糙，甚至缺失，这对于传媒、图像的研究造成一些新的问题。

四、结语

改革开放四十年，从"鸳鸯蝴蝶—礼拜六派"的概念的成立到"通俗文学"作为研究领域与学科的发展，犹如一个有意味的窗口，从中映现了文学与文学史的观念的变迁，也可见全球汉学共同体的形成及其共享精神的发展。这里不妨与大家分享一个我个人的经验：九十年代末我在哈佛读书就开始了关于周瘦鹃的研究，可以感受到汉学界"重写文学史"的氛围。那时北美《中国现代文学与文化》杂志主编邓腾克（Kirk Denton）在为哥伦比亚大学出版社编一本东亚现代文学研究指南的书。这类书藉以大学教师与研究生为阅读对象，反映学科的研究方向。几乎同时，托马斯·莫朗（Thomas Moran）也在编中国现代作家评传，我也为它写了一篇有关徐枕亚的文章。[①] 这说明近现代通俗文学得到重视，并成为一种潮流。

我们常常把十年作为一个周期来观察文学创作或学术动向，而对于"通俗文学"研究却几乎直线似的稳步发展，已经取得了很大的成绩，成为文学史园地中必不可少的景观。这里必须提到的是，2017 年范伯群先生离开了我们，就在前几年，他还带领他的学生们完成了一项新的研究，即 2017 年出版的《中国现代通俗文学与通俗文化互文研究》[②]——一部 120 万字的煌煌巨著，展示了"通俗文学"与"通俗文化"的紧密联系，并作了深入探讨。范先生这种锲而不舍的精神值得我们学习和纪念。

由此可见"通俗文学"的广阔的研究空间，还有待继续开拓，也需要在观念上克服一些障碍。不止一次曾有人问我，周瘦鹃的作品到底有多大艺术价值？

---

① Jianhua Chen, "Zhou Shoujuan's Love Story and Mandarin Ducks and Butterflies Literature." In Joshua S. Mostow, Kirk A. Denton, et al, eds. *The Columbia Companion to Modern East Asian Literature* (New York: Columbia University Press, 2003), 355 - 363; Jianhua Chen, "Xu Zhenya." In *Chinese Fiction Writers, 1900 - 1919* (Dictionary of Literary Biography, Volume 328), ed. Thomas Moran (New York: Clark Layman Book, 2007), 257 - 263.

② 范伯群主编：《中国现代通俗文学与通俗文化互文研究》，南京：江苏教育出版社，2017 年。

这或许跟“通俗”这个概念的某些成见不无关系。但是这方面还是有所进展，如最近胡志德先生为香港中文大学的《译丛》(*Renditions*)编辑了一期中国现代通俗文学的翻译专号，邀请了各地高手翻译了朱瘦菊的《歇浦潮》个别章回、周瘦鹃的中篇《红颜知己》和几个短篇，旨在介绍和评估这些作品的美学价值，这无疑是一件有意义的工作，相信一定会后继有人。

中国现代文学的民族国家问题

张中良

西方民族国家理论的引入，给中国现代文学研究带来了新的视角，但也出现了生搬硬套、不伦不类甚至判断失误等问题，如背离中国的历史实际，以欧洲近代民族国家的历史进程来硬性框定中国数千年的多民族国家历史，以源自异域的民族国家理论任意裁剪个性鲜明的中国现代文学复杂现象，模糊政体与国家形态的界限，混淆国家与国民性的区别。中国现代文学中人们关于国家与民族的认知清晰可见，艺术表现丰富多彩，但即使在抗战期间，相关话语也未曾"一枝独秀"，而是与启蒙话语、阶级话语交织在一起。西方民族国家理论在中国现代文学研究中并非无用武之地，在某些研究方面可以借鉴。对异域学术话语，不能停留在一味接受的阶段，而是要有精心的选择，进行深层的吸收与转化，立足于中国的历史与现实，开发出具有原创性的学术话语，建立本民族充满活力的学术体系，以话语的多元性取代西方话语的一元性，以对话的平等性克服话语的霸权性，为人类文明作出独有的贡献。

一、缘起

改革开放以来，中国现代文学研究取得了十分可喜的进展，其动力之一便是海外思想文化观念与方法的启迪。但海外影响具有多重性，既有适用对象、明目强身的一面，也有生吞活剥、消化不良的一面，甚至还有用错药方，以致头晕眼花、迷失方向的情况。复杂的效应，理当加以分析，以便澄清迷惑，更好地汲取营养，推动学术健康发展。中国现代文学研究中西方民族国家理论的引用，就是一个值得审视的问题。

西方民族国家理论的引入，给中国现代文学研究带来了新的视角，以前曾被忽略的民族话语和国家话语的发生背景与演进脉络得到关注，20 世纪 30 年代的“民族主义文艺”与 40 年代初的战国策派获得贴近历史的重新评价。然而，在运用西方民族国家理论的过程中，也出现了生搬硬套、不伦不类甚至判断失误等问题，这不能不引起足够的警惕。

如一部探讨文学史写作问题的著作认为：“传统‘中国’是一个依据文化认同建立的共同体，而现代‘中国’则是一个依靠政治认同建立起来的民族国家。”“作为一个民族国家范畴，近代以后的中国认同都建立在对以文化认同为基本内核的传统中国认同的超越之上。也就是说，‘中国’是一个人造的事实，一个‘想象的共同体’，是西方全球化的产物。这意味着在民族国家的框架内出现的所有‘中国问题’必然也是西方问题，所有的中国理论都必定是西方理论。”“中华民国标志着一个民族国家的建立，体现了国家是由领土、人民、主权三要素组成的，并开始按照现代国家操作。‘中国’作为一个独立主权国家而立于世界。”“民族国家本身实际上主要是 19 世纪的产物，是欧洲帝国所缔造出来的，但是，在对民族国家的虚幻想象中，它却被描述成一种统一的、内部整合的、甚至是单一的自古就有的实体。现代中国的建构也完整地体现了这一过程。尤其在中国这样一个几千年完全靠文化立国的国家，借用传统文化认同来达至认同政治文化当然是事半功倍的捷径。这就是有关现代中国的表述常常与传统中国缠绕不清的原因。建构一个现代民族国家的努力甚至被形象地表述为‘救亡’，政治使命被表述为文化使命，这种偷梁换柱的手法一用再用，屡试不爽。”“民族国家需要被解释为有着久远历史和神圣的、不可质询的起源的共同体，只有这样，民族国家历史所构成的幻想的情节才能被认为是曾经发生过的真实的存在。”[①]

该书把中国作为民族国家的历史起点放在了中华民国，这种观点具有相当的代表性。而把中国作为现代民族国家的起点推迟到 1949 年 10 月中华人民共和国成立的论者也不止一二。有著作认为，新中国成立初期“十七年”革命历史长篇小说的指归就在于建构“民族国家想象”。[②] 中国作为一个民族国家的历史，究竟起始于何时？中国是历史悠久的国家实体，还是现代才建构起来的

① 李杨：《文学史写作中的现代性问题》，太原：山西教育出版社，2006 年，第 108、298、117、303－304、310 页。

② 杨厚均：《革命历史图景与民族国家想象——新中国革命历史长篇小说再解读》，武汉：湖北教育出版社，2005 年。

"想象的共同体"？此问题不仅关系到现代文学如何阐释，而且关乎对中国历史的基本认识，这样的问题不可视而不见。

二、外来观念与中国国情之辨

大凡以民族国家理论来阐释中国现代文学的论述，源头主要有二：一是西方民族国家理论本身，二是海外华人学者对该理论的运用。

就世界范围而言，民族与国家作为实存的社会现象，可谓古已有之。当然，概念的界定有一个因地而异的演进过程。就欧洲而言，民族主义观念以及与此相适应的民族国家实体属于近代以来的产物。它主要起源于中欧和北欧那些分崩离析的国家与诸侯国。古罗马先是经历了从城邦到共和国的原始国家时期，然后到了罗马帝国时期：前期为公元前27—公元284年，版图最大时，西起西班牙、不列颠，东达两河流域，南自非洲北部，北迄多瑙河与莱茵河一带；后期为284—476年。395年，帝国正式分为东罗马帝国与西罗马帝国。476年，西罗马帝国灭亡，东罗马帝国或拜占庭帝国则存至1453年。西罗马帝国崩溃以后，由于地缘、血缘、文化与经济利益等多重因素，新王国不断地产生、重组，部族相对集中、扩大，形成了一定区域、经济、文化上的共同体。经历文艺复兴的洗礼、资本主义市场的发育，民族体认的自觉意识逐渐加强。15世纪末，法国和西班牙建立民族国家，16世纪，瑞士与荷兰等步入民族国家行列，到1870、1871年，意大利和德意志也先后建立起民族国家。[①] 欧洲民族国家的形成大多是从分散和分裂走向统一的过程，到资产阶级革命完成，这些民族国家才有了成熟的形态。资本主义的生产与流通促进了民族的认同与新兴国家的成型，国家与民族进程同步，因而西文中常将民族—国家（nation-state）连用。正是在此背景下，产生了西方民族国家理论。不过，欧洲诸民族国家的国情不尽一致，由此民族国家理论也是歧义纷出，有的承认多民族国家，有的则只认可单一民族国家。

20世纪两次世界大战的爆发，根本起因是殖民主义势力范围的重新划分，但其最终结果却适得其反，殖民主义势力走向崩溃，被压迫民族奋起反抗，纷纷独立，导致民族运动的新一轮高涨。这无疑是历史的进步。但历史的进步总是

---

① 法国、西班牙、瑞士、荷兰、意大利、德意志建立民族国家的时间，参见王希恩：《民族过程与国家》，兰州：甘肃人民出版社，1998年，第176－177页。

要付出血的代价，这不单指被压迫民族反抗压迫和奴役的血与火的搏斗，而且也包含着民族国家要求的过分膨胀。民族国家本来包括单一民族国家与多民族国家，两种情况是不同民族历史的产物，均有其历史根据与现实合理性。民族国家问题的讨论与解决，应该尊重历史，以利于民族和谐、世界和平与社会发展为目的。但近年来，有些多民族国家的民族分离主义者为了实现褊狭的民族利益，只把民族国家理解成单一民族国家，大造声势甚至开展武装斗争，导致所在国家与地区的剧烈动荡，给经济建设与社会发展带来巨大的破坏，造成了不止一个民族的生命财产的惨重损失，也给世界和平与发展的总格局带来了威胁。一些西方学者由于西方中心主义的惯性，或者出于种种动机，竭力将民族国家理论狭隘化，以单一民族国家模式统观世界，对多民族国家的历史与现实合理性说三道四。

单一民族国家理论凭借经济、科技与文化强势，向多民族国家辐射，也波及中国，造成了一定的负面影响。如《民族主义》一书在谈到中国民族主义问题时认为："'中国'这一概念，在中国典籍中历来是一个模糊的文化概念，与现代国家意义上的'中国'没有政治上的关联。""古代的'华夏'在疆土的界限、种族的构成和政治主权上，都与现在的'中华民族'没有必然的联系。""中国的皇权完全不知道'主权'为何物。""中华人民共和国是建立'中华民族'概念的主要依据。没有这个国家，就没有关于'中华民族'的社会学意义上的神话。""'中华民族'的概念是中国共产主义革命运动锻造成型的……以其发生的根据而言，中华民族是一个政治概念。是政治大一统合法性的重要理论基石。……作为神话所创造的文化符号，它可以整合各个种族，从而达到维护价值的统一。作为一个'臆想'的共同体，它为民族身份和情感提供了完整结构和内容。……总而言之，中国的民族主义、对'中华民族'的解释、形象的塑造、民族认同，等等，都被马克思主义意识形态化了。""现代中华民族的民族意识就是在一百多年来的社会运动、政治运动和革命运动的过程中诞生的，在这个意义上说，它不仅与中国传统文化没有关联，甚至是在批判儒家文化基础上的新文化，是在吸取了帝国主义时代的先进意识形态和国家理论后所构造出来的。"[①]该书 2005 年 2 月修订再版，观点有所调整，但基本保留了这种从观念体系到表述方式都缘自西方狭隘民族国家理论的说法。在铺天盖地的民族主义论著中，这种照搬西方理

---

① 徐迅：《民族主义》，北京：中国社会科学出版社，1998 年，第 129－131、147－150 页。

论的情形并非绝无仅有的个案。这显然违背了中国多民族统一国家的历史事实以及在此基础上逐渐形成的中华一统的思想谱系。

先秦时的"华夏""中国",固然并不等同于现代意义上的华夏、中国,但谁都无法否认的历史事实是:"诸夏""诸华""华夏""中国诸华""中华"等,都曾用来指称古代中华民族及其生活的区域。正是由于"中华"与"四夷"的互动、交融,才有中华民族的发展壮大,以及中国疆域的今日格局。参照西方民族国家理论关于三种国家形态的划分——原始国家、君主帝国、民族国家,夏、商、周大概可以看做天子象征性管理的原始国家,而秦始皇则开创了实质性统治的君主帝国时代。秦朝实行郡县制,车同轨,书同文,货币与度量衡均天下一统,其统治南起岭南,西至流沙,民族构成不止于最初的华夏,也包括夏、商、周时的方国戎狄及肃慎、氐、羌、濮等远夷,可以说,秦朝牢固地奠定了中国作为多民族统一国家的基础。秦始皇不辞劳顿,不惧危险,巡视东南西北。公元前210年,其南巡"上会稽,祭大禹,望于南海,而立石刻颂秦德"。[1] 而后,天下分分合合,疆域或有变化,但多民族统一的国家形态没有根本性的改变。正如顾颉刚所说:"自从秦后,非有外患决不分裂,外患解除立即合并。"[2]在几千年的历史进程中,虽然关于中国的称谓因朝代而异,亦有一统"天下"与分治时的"国家"大小之别,但是,悠远的三皇五帝传说,尤其是秦皇汉武以降的切实历史,通过历代典籍与口耳相传,通过日常的行政管理与戍边御敌或开疆拓土,在国人心中打下了深刻的烙印。不仅中原人有明确的中华认同,而且"四夷"也以中华认同为荣。"中国",逐渐从指称京师、国都、王畿、周天子直接统治区域、诸夏国家、中原诸国发展到指称中华全域,从较单一的地域标识、精神文化意涵[3]扩展到精神文化、物质文化与政治文化三位一体,尤其是主权意味明显的国家意涵。《明史·外国传》中,"中国作为明朝的代名词,与朝鲜、安南、日本、苏禄等国并称。"[4]在东西南北的交流中,中国也得到异邦的确认。早在1615年初版的《利玛窦中国札记》中,作者向西方人解释的"中华帝国"名称的涵义,就明显包含了国家的义项。在1689年签订的《中俄尼布楚议界条约》中,"中国"作为一个主权国家的

① 《史记》卷六,北京:中华书局,1959年,第260页。

② 顾颉刚:《续论"民族"的意义和中国边疆问题》,《顾颉刚全集·宝树园文存》卷4,北京:中华书局,2010年,第127页。

③ 韩愈《原道》:"孔子之作《春秋》也,诸侯用夷礼则夷之,进于中国则中国之。"(韩愈撰、马通伯校注:《韩昌黎文集校注》,上海:古典文学出版社,1957年,第10页)

④ 胡阿祥、宋艳梅:《中国国号的故事》,济南:山东画报出版社,2008年,第258页。

术语见诸拉丁文、满文、俄文三种文本。1842年签订的《中英南京条约》里，主权国家意义上的"中国"有了明确的中文表述。中国概念确定的国家意涵，在梁启超的著述中有清晰的表现。早在1892年的《读书分月课程》中，梁启超即有"今日中国积弱，见侮小夷，皆由风气不开"的叙述。他在1896年所著的《变法通议》里称："中国立国之古等印度……""中国自古一统，环列皆小蛮夷，但虞内忧，不患外侮。"[①]在1902年所著的《论中国学术思想变迁之大势》中，他以"中华"指代中国："立于五洲中之最大洲，而为其洲中之最大国者谁乎？我中华也。人口居全地球三分之一者谁乎？我中华也。四千余年之历史未尝一中断者谁乎？我中华也。"[②]19世纪、20世纪之交，梁启超在运用近代国家意义上的"中国"概念时已驾轻就熟，毫无滞涩之感。

中国历史与欧洲历史迥然有别。法、英、意、德等欧洲国家是从帝国分裂而来的现代民族国家，国家形态、版图、主权、国民的主体较之帝国时代都发生了根本性的改变；而在中国，民族国家则与君主帝国同时开启，辛亥革命推翻了清朝统治，结束了延续两千余年的封建帝制，中华民国的建立，只是标志着君主帝国转变为现代民族国家，而并未改变多民族统一的国家形态，国家版图、主权、国民的主体一仍其旧，所不同的只是封建专制为民主制度所取代，封建帝王让位于标举民主共和旗帜的政府。民国继承了历朝的遗产，才有了今天的中国版图。从夏商周到秦汉直到明清，经中华民国再到中华人民共和国，绝非没有必然性的关联，而恰恰是一脉相承的历史演进，是合乎历史逻辑的必然发展。

安德森关于民族国家是一种想象出来的社群的观点，[③]也有被直接搬用的情况。有学者试图在中国现代文学中寻找"现代民族国家的共同体是一个想象之物"的例证。[④]《文学史写作中的现代性问题》说道："安德森把包括'中国'在内的现代民族国家称为'想象的共同体'，其实是很有道理的。""所谓一个民族休戚与共的感情，在他看来不过是印刷资本主义在特定疆域内重复营造的'想

---

① 《梁启超全集》第1册，北京：北京出版社，1999年，第4、11－12页。

② 《梁启超全集》第2册，第561页。

③ 安德森在《想象的社群》中认为：民族国家是一个想象出来的政治社群。"这样的社群是想象出来的，这是因为即便是最小的民族国家，绝大多数的成员也是彼此互不了解，他们也没有相遇的机会，甚至未曾听说过对方，但是，在每一个人的心目中却存在着彼此共处一个社群的想象。"（转引自汤林森：《文化帝国主义》，冯建三译，郭英剑校订，上海：上海人民出版社，1999年，第154页）

④ 旷新年：《第一篇　现代文学观的发生与形成》，韩毓海主编：《20世纪的中国：学术与社会·文学卷》，济南：山东人民出版社，2001年，第78页。

象'。也就是说,靠什么把这些不认识的、甚至是不同人种和血缘、语言、文化的人相互连接起来呢?安德森认为靠的就是小说和报纸。每天阅读报纸,那些报纸上讲述的都是与你有关的故事,虽然可能离你非常遥远。报纸拉近了这个距离,使你觉得这些事情就发生在你的身边,而小说却可以把你讲述到一个共同的故事里边去。所以,小说和报纸都是现代性的发明,都是为了民族国家的认同才发明出来的。"①该著显然把安德森的观点作为重要的理论支点,安德森问题意识的明敏和对研究对象的隔膜均在此留下了明显的投影。而中国的历史事实表明,无论是中华民族的自我认知,还是把中国作为国家来体认,都有赖于多民族统一历史的深厚积淀,有赖于精神文化、物质文化与政治文化的强大凝聚力,而绝非托庇于"印刷资本主义"的"恩赐"。

将西方民族国家理论用于中国现代文学研究,海外华人学者走在前面。其中,刘禾是较早的一位。她在《文本、批评与民族国家文学——〈生死场〉的启示》里提出:"'五四'以来被称之为'现代文学'的东西其实是一种民族国家文学。这一文学的产生有其复杂的历史原因。主要是因为现代文学的发展与中国进入现代民族国家的过程刚好同步,二者之间有着密切的互动关系。""严格地讲,民族国家(nation-state)是西方中世纪以后出现的现代国家形式。在中国,这一现代国家形式应该是由辛亥革命引入的。关于民国以前的国家形式,史家的说法不尽相同,如,持马克思主义历史观的中国内地学者把它叫做封建制;西方史家则通常使用帝制这个概念。我本人以为殷海光提出的'天朝型模'似乎更能说明中国传统国家观念的特点。'天朝君临四方'的思想在中国具有悠久的历史传统,它使中国与外国在1861年以前根本不曾有过近代意义上的外交,是西方列强的'船坚炮利'最先摧毁了'天朝型模的世界观',使之不得不让位于'适者生存'的现代民族国家意识。""在民族国家这样一个论述空间里,'现代文学'这一概念还必须把作家和文本以外的全部文学实践纳入视野,尤其是现代文学批评、文学理论和文学史的建设及其运作。这些实践直接或间接地控制着文本的生产、接受、监督和历史评价,支配或企图支配人们的鉴赏活动,使其服从于民族国家的意志。在这个意义上,现代文学一方面不能不是民族国家的产物,另一方面,又不能不是替民族国家生产主导意识形态的重要基地。""萧红小说的接受史可以看做是民族国家文学生产过程的某种缩影。"其实,刘

① 李杨:《文学史写作中的现代性问题》,第300-301页。

禾这篇论文对《生死场》女性视角的解读，比起西方民族国家理论的运用来要更有说服力。当她试图用西方民族国家理论来解释现代文学史时，明显地暴露出其历史知识基础的薄弱，一是对中国独特的民族国家历史模糊不清，二是对中国现代文学历史并不熟悉。如称“凡是能够进入民族国家文学网络的作家或作品，即获得进入官方文学史的资格，否则就被‘自然’地遗忘。少数幸运者如萧红，则是在特殊的历史条件下被权威的文学批评纳入了民族国家文学，才幸免于难。”[①]实际上，萧红之所以能够进入“官方文学史”，不仅仅因为被“纳入了民族国家文学”，还因其具有表现底层社会不幸的左翼色彩与国民性批判的五四传统，当然也因其特有的艺术表现力；而与萧红同时代的“民族主义文艺”与稍后的战国策派反倒很长时间在“官方文学史”中处于被排斥的地位，这恰恰是对刘禾关于现代文学是民族国家文学的界说的证伪。但是，因其海外学者的身份与不无新异的眼光，刘禾关于现代文学是民族国家文学的观点得到了中国大陆不少学人的响应，如《民族国家想象与中国现代文学》一文就在此框架内展开论述，认为：“建立一个现代的民族国家以抵抗西方帝国主义的殖民侵略成为了现代中国最根本的问题，有关现代民族国家的叙事于是居于中国现代文学的中心地位。中国现代文学所隐含的一个最基本的想象，就是对于民族国家的想象，以及对于中华民族未来历史——建立一个富强的现代化的、‘新中国’的梦想。”“在抗战文学中，由于抗日民族统一战线的建立，民族国家成为了一个集中表达的核心的、甚至唯一的主题。‘国家’成为了意义的来源，成为了几乎唯一的叙述与抒情对象。”[②]这样的论断貌似合理，实则多有与史实相悖之处。现代中国始终交织着反帝反封建的双重任务，民国初期，社会发展的主要任务是反对帝制及形形色色的封建专制复辟，文化领域的主要任务是与社会进程相互配合的新文化启蒙，倡导人性解放与个性解放；九一八事变后，民族危机日益加重，民族与国家话语权重增加，但是，从北伐战争前后到卢沟桥事变之前，由于社会矛盾激化，文坛笼罩着浓郁的社会批判色彩，同时，人性解放与个性解放主题深入展开，这一时期写作或出版的小说《故事新编》（鲁迅）、《二月》（柔石）、《啼笑因缘》（张恨水）、《家》（巴金）、《子夜》（茅盾）、《边城》（沈从文）、《死水微澜》《暴风

---

① 刘文初刊于《今天》1992年第1期，其修订稿收入唐小兵编《再解读：大众文艺与意识形态》（香港：牛津大学出版社，1993年）；此书增订版2007年由北京大学出版社推出，本文引文据后者，第1－3、5页。

② 旷新年：《民族国家想象与中国现代文学》，《文学评论》2003年第1期。

雨前》《大波》(以上三部均为李劼人作)、《骆驼祥子》(老舍),剧本《名优之死》(田汉)、《雷雨》《日出》《原野》(以上三部均为曹禺作)、《上海屋檐下》(夏衍),新诗《志摩的诗》《翡冷翠的一夜》《猛虎集》(以上三部均为徐志摩作)、《烙印》(臧克家)、《望舒草》(戴望舒)、《大堰河》(艾青),杂文《南腔北调集》《准风月谈》《且介亭杂文》(以上三部均为鲁迅作)、《打杂集》(徐懋庸)、《推背集》(唐弢),散文《缘缘堂随笔》(丰子恺)、《大荒集》(林语堂)、《泪与笑》(梁遇春)、《画梦录》(何其芳)等,主旨均非所谓"民族国家的想象"。即使到了抗战全面爆发以后,在抗日救亡主题充分展开的同时,人性解放与个性解放的启蒙主题和社会批判主题也并未消歇,且涌现出一批堪称经典的作品,如话剧《北京人》(曹禺)、小说《呼兰河传》(萧红)、《憩园》(巴金)等。

由此看来,无论是西方的民族国家理论本身,还是上述以这种理论对中国现代文学的阐释,都同中国历史与中国现代文学有着不小的距离,此中的差异甚至扞格不通之处不可不辨。

三、中国近代史上"国家""民族"概念的使用

近代以来,在列强步步进逼与西方民族主义思潮的影响下,中国人的国家意识与中华民族意识加快了自觉的进程。1837年,德国传教士、汉学家郭实腊创办的《东西洋考每月统记传》谈及"以色列民族"。此后,在中国,"民族"一词的近代意义逐渐取代了宗族之属与华夷之辨的传统意义。[①] 1902年,梁启超在《论中国学术思想变迁之大势》中提出"中华民族"概念。[②] 1903年,在阐释政治学家伯伦知理的学说时,梁启超更认同"合国内本部属部之诸族以对于国外之诸族"的"大民族主义",即"合汉,合满,合蒙,合回,合苗,合藏,组成一大民族"。[③] 1905年,梁启超在《历史上中国民族之观察》中指出:"现今之中华民族自始本非一族,实由多数混合而成"。[④] 到了辛亥革命之际,中华民族已经成为各派政治力量与各族人民所认同的统一的、整体的族名。孙中山《临时大总统宣言书》明确指出:"国家之本,在于人民。合汉、满、蒙、回、藏诸地为一国,即合

---

① 郝时远:《中文"民族"一词源流考辨》,《民族研究》2004年第6期。

② 梁启超在《论中国学术思想变迁之大势》"全盛时代"第二节"论诸家之派别"中说:"齐,海国也。上古时代,我中华民族之有海思想者厥惟齐。"(《梁启超全集》第2册,第573页。)

③ 梁启超:《政治学大家伯伦知理之学说》,《梁启超全集》第2册,第1069-1070页。

④ 转引自王柯:《民族与国家——中国多民族统一国家思想的系谱》,北京:中国社会科学出版社,2001年,第193页。

汉、满、蒙、回、藏诸族为一人。是曰民族之统一。”[①]最初的国旗设定为五色旗，即象征着汉、满、蒙、回、藏等多民族的统一共和。1912年2月12日正式公布的《清帝退位诏书》也称“仍合满、汉、蒙、回、藏五族完全领土为一大中华民国”。[②]两种文献所表述的国家统一、民族统一的主旨一致，差异只在于汉满的顺序不同。

在认同中华民族统一性的前提下，如何看待内部各民族间的关系，存在着不同的观点。民国初年，列强瓜分中国的危险有增无已，列强及国内极少数民族分裂主义者企图从“五族共和”中寻找“民族自决”乃至分裂的罅隙。因而，孙中山从1919年起重新阐释民族主义，不再提五族共和，而是主张“把我们中国所有各民族融成一个中华民族”，[③]即像美国那样的国族。20世纪30年代，日本假借“民族自决”的名目行分裂中国之实，先是在1932年炮制了伪满洲国，在1933年又策动察哈尔的德王发起内蒙自治运动。在此背景下，顾颉刚就中华民族的统一性问题发表一系列文章。1937年，《中华民族的团结》一文区别了“种族”与“民族”，认为“姑且循着一般人的观念，说中国有几个种族；但我们确实认定，在中国的版图里只有一个中华民族。在这个民族里的种族，他们的利害荣辱是一致的，离之则兼伤，合之则并茂。我们要使中国成为一个独立自由的国家，非先从团结国内各种族入手不可。”[④]1939年，他在《中华民族是一个》里更加强调中华民族的整体性：“我们只有一个中华民族，而且久已有了这个中华民族！”[⑤]虽然人们在如何看待中华民族内部各民族（或曰“种族”）的关系上一直存在着不同意见，但在以国家统合民族的基点上毫无二致。

近代以来的文献与作品中，尽管曾出现过“民族国家”的提法，但并不多见。即使有之，也往往并非合成词，而是两个词的并用，民族不是国家的定语，二者是并列的关系。而大多数场合则用“国家”与“民族”，或“国家民族”，“国家”列于“民族”前面。30年代开始，尤其如此。1935年8月1日，中国共产党驻共产

---

① 中国社会科学院近代史研究所中华民国史研究室、中山大学历史系孙中山研究室、广东省社会科学院历史研究室合编：《孙中山全集》第2卷，北京：中华书局，1982年，第2页。

② 萧一山：《清代通史》，第4卷，上海：华东师范大学出版社，2006年，第1084页。

③ 孙中山：《修改章程之说明》，转引自王柯：《民族与国家：中国多民族统一国家思想的系谱》，第205页。此文为1920年11月4日孙中山在上海中国国民党本部会议席上的演讲，演讲中将“融成”解释为把“满、蒙、回、藏，都同化于我们汉族，成一个大民族主义的国家”。

④ 顾颉刚：《中华民族的团结》，《顾颉刚全集·宝树园文存》卷4，第49页。

⑤ 顾颉刚：《中华民族是一个》，《顾颉刚全集·宝树园文存》卷4，第105页。

国际代表团以中华苏维埃临时中央政府与中共中央的名义发表的《为抗日救国告全体同胞书》指出："近年来，我国家、我民族已处在千钧一发的生死关头。抗日则生，不抗日则死，抗日救国，已成为每个同胞的神圣天职！"史称《八一宣言》的这份文献最后呼吁道："同胞们起来：为祖国生命而战！为民族生存而战！为国家独立而战！为领土完整而战！为人权自由而战！大中华民族抗日救国大团结万岁！"[①]1937年7月17日蒋介石在庐山发表的演说，也是"国家"与"民族"分列，称"我们既是一个弱国，如果临到最后关头，便只有拼全民族的生命，以求国家的生存，那时节再不容许我们中途妥协。"[②]1938年4月1日发表的《中国国民党临时全国代表大会宣言》中，用的是"国家民族"："持急功近利之见者，往往以道德之修养，视为迂谈，殊不知抗战期间所最要者，莫过于提高国民之精神，而精神之最纯洁者，莫过于牺牲……而牺牲之精神，又发源于仁爱……国民若无此仁爱之心，则必流于残忍，习于自私自利，强则穷兵黩武，弱则偷生苟活，视国家民族之存亡，曾不以动其念，个人人格已不存在，国家元气，因此丧失，何以抗战，更何以建国。"[③]1938年7月6日在汉口开幕的第一届国民参政会，确定了"抗战到底，争取国家民族之最后胜利"的国策。[④] 1939年3月12日，蒋介石通电全国，发布了《国民精神总动员纲领》。《国民精神总动员纲领》提出，国民精神总动员共同目标有三：国家至上民族至上、军事第一胜利第一、意志集中力量集中。所谓国家至上民族至上，就是"巩固民族生存应先于一切，然民族生活之最高体系为国家，无国家则民族生活不能维持与发展……国家民族之利益应高于一切，在国家民族之前，应牺牲一切私见私心私利私益乃至于牺牲个人之自由与生命亦非所恤"。所谓军事第一胜利第一，就是"在此解决国族存亡之军事期中，国家民族之最大利益为军事利益，是以国民一切之思想行动，均应绝对受国家民族军事利益之支配，为达成军事之利益，为增进军事之利益，国家民族得要求国民为一切之牺牲……"所谓意志集中力量集中，就是"全

① 据中共中央文献研究室、中央档案馆编：《建党以来重要文献选编（一九二一—一九四九）》第12册，北京：中央文献出版社，2011年，第262－263、267页。

② 蒋介石：《庐山谈话会讲辞》（1937年7月17日），军事委员会政治部编印：《第一期抗战领袖言论集》；转引自郭汝瑰、黄玉章主编《中国抗日战争正面战场作战记》，上册，南京：江苏人民出版社，2002年，第328页。

③ 《中国国民党临时全国代表大会宣言》（1938年4月1日），中国第二历史档案馆编：《中华民国史档案资料汇编》第5辑第2编"政治"（1），南京：江苏古籍出版社，1998年，第414－415页。

④ 张宪文等著：《中华民国史》第3卷，南京：南京大学出版社，2005年，第237页。

体国民的思想,绝对统一集中于国家至上民族至上与军事第一胜利第一两义之下,不容其分歧与怀疑,不容作其他的空想空论”。《国民精神总动员纲领》提出“救国之道德”,即“忠孝仁爱信义和平”八德。蒋介石认为,“中国民族昔日之绵延光大,实赖有此道德,今日之衰弱式微,实由丧此道德,故非要求吾国民一致确立此救国道德不可”。八德之中,忠孝为本,“对国家尽其至忠,对民族行其大孝”,维护国家民族独立自由。[①] 从这些文献的表述中可以看出,民族是国家的主体,国家是民族的依托,中国即为中华民族之国,这早已成为国人的共识,无须乎特别强调民族国家。

这种政治认同,在社会生活的各种场合中都能见到。1932 年淞沪抗战中,第十九路军与新组编驰援的第五军英勇抗敌。有大量文艺作品对此予以表现。大中影片公司于 1933 年 4 月推出淞沪抗战题材的影片《孤军》,广告词说:“国产电影军民合作之第一声,国府要人题字,褒奖之荣誉伟构,电影明星为艺术而牺牲之第一片。有请缨杀敌的武装同志,有投笔从戎的热血男儿,他们都能战胜环境,抵抗欲念,有牺牲的精神,更有伟大的爱,他们爱国家,爱民族!有艳若桃李的脂粉英雄,有光明磊落的巾帼翘楚,她们满充着尚武的精神,国家的观念,她们明了国民的责任,所以都来执干戈,卫社稷!”[②]1937 年 8 月,业余实验剧团排演曹禺《原野》,故事情节本来与抗战没有直接关联,但海报以“《原野》精神”动员抗敌:“以眼还眼以牙还牙!有仇不报枉为人!血账从个人的到国家的应当彻底清算!自由从个人的到民族的都是由拼死争来!”[③]

徐盈报告文学《战长沙》中记录的长沙街头一张布告,亦可见“国家民族”概念运用之一斑:“为布告事:倭寇怙恶罔悛,以六师团之众,犯长沙,企图打通粤汉路,以遂其独霸东亚之美梦,本长官遵奉委员长蒋之指示,为保卫国家独立,争取民族自由,伸张国际正义,维护人类和平,自定必死决心,必胜信念,毅然率军痛剿,大举围击,今倭寇已歼灭过半,残余败窜,我继续扩大战果,仍在猛烈围剿追击中,惟此酋未尽灭绝,余孽仍多,仰本战区党政军民,确认今日乃我国家民族存亡继续之最后关头,亦为我国家民族争取独立自由之唯一转机,戒□恐惧,勿惰勿□□骄,服从命令,尽忠职务,遵守纪律,严守机密,力遵迭次布告所示,安居乐业,淬励奋发,矢信精忠,同济艰巨,有厚望焉!切切此布　中华民国

① 张宪文等著:《中华民国史》第 3 卷,第 272－274 页。

② 转引自王晓华:《抗战海报》,开封:河南大学出版社,2005 年,第 94 页。

③ 转引自王晓华:《抗战海报》,第 120 页。

三十一年元月六日”。[1]

在现代作家的创作中，国家民族的概念比比皆是。如顾颉刚《祭阵亡将士文》写道：“维中华民国二十有七年七月七日，甘肃夏河县各界七七抗战建国纪念大会谨以清酌庶羞之奠致祭于抗战建国阵亡将士及死难同胞之灵曰：呜呼，自卢沟桥肇变以来，迄今一年矣。此一年中，倭寇肆其武力，毒痡我国至矣尽矣。夺取我土地，惨杀我人民，摧残我资产，焚炸我城市，用以达到其颠覆我国家，荡夷我民族之目的……”[2]再如闻一多在《在鲁迅追悼会上的讲话》、《给西南联大的从军回校同学讲话》和《八年的回忆与感想》等中，用的要么是“国家”，要么是“国家民族”。老舍在《努力，努力，再努力！》中说：“我们必先对得起民族与国家；有了国家，才有文艺者，才有文艺。国亡，纵有莎士比亚与歌德，依然是奴隶。”[3]他在《哀莫大于心死》一文批评“与世隔绝”的文人：“自己停止了文艺工作，对社会即停止关心，心既不动，静如止水，自然的会渐渐的讨厌社会。于是一听到‘社会’，一听到‘运动’等名词，便感到头疼，不能不发出谬论：文艺是个人坐在屋子里的事呀，要什么运动？其实他自己也许知道，因为配备（‘备’似为‘合’之误——引者注）抗战而发生的文艺运动，正是必不可少，正是文艺者爱国与爱民族的正当表现。怎奈自己已经与世隔绝，便不好不说些风凉话，既可遮丑，复足掩威，悲哉！”[4]臧克家在《给他们一条自由的路》写道：“中国的作家，属于全世界最英勇/同时也是最可怜的一群，/他们有眼睛，却并不近视自身的穷苦，/而向着一个远景，/苦，苦死了也不抱怨，/这不是抱怨的时候。/他们是铁，在一只神圣的锤子下，/锤炼，发光，炼到了国家民族的整体上/成了不可分的一个！”[5]

近年有人从西方民族国家理论出发，想当然地把“抗战建国”之“建国”理解为建立民族国家，其实并非如此。抗战期间，虽有部分国土沦陷，但国民政府没有投降，中国军民一直在顽强抵抗，中国作为多民族一体的国家没有灭亡。“抗战建国”不是要建立西方意义上的民族国家，而是指当时国家的全面建设。抗

① 徐盈：《战长沙》，碧野主编：《中国抗日战争时期大后方文学书系·报告文学》第2集，重庆：重庆出版社，1989年，第1375页。

② 顾颉刚：《祭阵亡将士文》，《顾颉刚全集·宝树园文存》卷6，第271页。

③ 老舍：《努力，努力，再努力！》，重庆《大公报》，1939年4月9日；收《老舍全集》，第14卷，北京：人民文学出版社，1999年，第208页。

④ 老舍：《哀莫大于心死》，《文风》第2期，1942年6月1日；收《老舍全集》第14卷，第299页。

⑤ 《臧克家全集》第1卷，长春：时代文艺出版社，2002年，第606页。

战时期的“建国”，可以溯源至孙中山的建国思想。早在1912年1月1日发表的《临时大总统宣言书》中，孙中山就说“建设之事，更不容缓”。[①] 1917—1920年，孙中山撰写的《建国方略》，更是从心理建设、物质建设与社会建设三个方面描绘出一幅中国现代化建设的宏伟蓝图。1924年4月12日公布孙中山起草的《国民政府建国大纲》，侧重在“社会建设”方面体现了《建国方略》。1938年4月1日中国国民党临时全国代表大会通过的《抗战建国纲领》，继承了孙中山的遗志，“建国”指的主要是：军事上加强军队与民众的政治军事训练，前方正式军队与敌后游击战共同抗敌，并做好优抚工作；政治上建立健全民主制度，整饬纲纪，严明纪律；经济上以军事为中心，同时注意改善民生，实行计划经济，扩大战时生产，发展农村经济，开发矿产，树立重工业基础，鼓励轻工业经营，发展手工业，整理交通，改进税制，安定金融，平稳物价；还有教育、科研的加强等，以保障抗战胜利。[②] 边抗战，边建国，建国为了抗战胜利，而抗战归根结底是为了建设国家。1943年5月5日《解放日报》所载《中国思想界现在的中心任务》说的是政治方面：“将来的建国，建立三民主义的新中国，而不是法西斯的中国……”[③]而朱自清的《诗与建国》，则是侧重于工厂、公路、铁路与都市建设等经济方面：“我们现在在抗战，同时也在建国；建国的主要目标是现代化，也就是工业化。”[④]从文献的界定到社会各界的理解再到具体实施及文学表现，都显而易见“抗战建国”之“建国”是建设现代国家而非建立民族国家。

四、中国现代文学中的国家与民族之表现

中国，从其悠久的历史到近代国家意义的明确，都给文学打上了深刻的烙印。近代以来，中国文学中关于国家与民族的认知清晰可见。如“痛国遗民”编《最新醒世歌谣》[⑤]所收的31种时调中，有的从标题上即可看出国家情思，如《爱国乡歌》《爱国歌》《警世歌》《叹中华》《破国谣》《国民歌》等；有的从题目上虽然无法直观，但内容有着浓郁的国家意味，如《童子调》：“正月瑞香花儿开，想起中国眼泪来。埃及印度并越南，个个做奴才。嗳兄弟吓，前船榜样后船看。”《近

---

① 中国社会科学院近代史研究所中华民国史研究室、中山大学历史系孙中山研究室、广东省社会科学院历史研究室合编：《孙中山全集》第2卷，第1页。

② 张宪文等著：《中华民国史》第3卷，第228－232页。

③ 1943年5月5日《解放日报》。

④ 《朱自清全集》第2卷，南京：江苏教育出版社，1988年，第351－354页。

⑤ 光绪三十年群益书局初版。

体紫竹调》拿亡了的七个国家做殷鉴，来警示国人。《近体四季相思》最为激越沉雄："春季里相思困人天，江山呀已被势力圈，警烽烟。我民呀，国事日已非。人人皆婢膝，个个尽奴颜。可怜吾独立国旗何日建？莫不是奴隶根性已天然？忘却当初呀，我祖羲与轩，吾的民呀，你是中国的人，怎么把心肠变。你是中国的人，怎么把丑态献？""冬季里相思雨雪飞，二十呀世纪风会移，尽披靡。我友呀，大局共支持，出洋到日本，留学往太西，可怜吾千钧一发相维系。吾不见少年做成意大利，到如今，五洲呀，处处扬国旗？吾的友呀，你是黄帝的孙，还须争点黄帝气，你是中国的人，还须做点中国的事。"[①]作品中，国民性反省与国家主权意识交织在一起，彰显出救亡图存意识得到强化的现代特征。

民国建立之后，在列强咄咄逼人的情势下，诗词、笔记、小说等体裁中多见国家话语，新兴的学堂乐歌中也出现了一批表达国家意识的作品，如1907年前后即已流行的歌曲《从军新乐府》，在辛亥革命后改为《从军乐》，国家意念得到进一步明确。其第一首为："汉旗五色飘飘扬，十万横磨剑吐光，齐唱从军新乐府，战云开处震学堂。"[②]再如《中华国土》："大地混如球，劈分五大洲，中华民国震亚洲。满蒙处北陲，回藏介西隅，东西环海形势优。南北七千里，东西八千余，物产饶富人烟稠。那怕欧非美，那怕海洋洲，中华国土冠全球。"[③]林天民1913年作独幕剧《国民捐》，剧中主人公为年约80岁的中华，从"中华第一关"走出，面黄肌瘦，长吁短叹。列强觊觎中华，各有打算。族人甲前来鼓励中华老伯："我们兄弟四万万人，从去年七月[④]以后，已从睡梦中醒了。他们难道到了这样危急之秋，还不肯把钱搭儿放松点替全族出力，要蒙羞忍耻等着做印度、朝鲜么？我不相信他们是这等冷血动物！"他提议去募国民捐，众老外讥笑甲想"螳臂当车"，甲说这是低估了"中华男子四千余岁的古族"。甲进关游说，良久复出，向中华老伯报喜："上自白头老人，下至三尺童子，都愿把自己全产报效。"关内炮声轰鸣，五色旗从万道金光中现出，中华变得身高体胖，俯取大斧拦关，众老外惊愕。关内大呼："中华族万岁！""中华民国万岁！"[⑤]作品在艺术上固然颇为幼稚，但明确表现出民国初年国人对中华民族与民国的认同。

---

① 《阿英全集》附卷，合肥：安徽教育出版社，2006年，第133－136页。

② 转引自陈一萍编《先行者之歌——辛亥革命时期歌曲200首》，武汉：武汉大学出版社，2009年，第30页。

③ 华航琛编：《新教育唱歌集》，上海：上海教育实进会，1914年；转引自陈一萍《先行者之歌——辛亥革命时期歌曲200首》，第9页。

④ 1912年7月8日，日俄订立第三次密约，再次瓜分中国内蒙古之利益。

⑤ 董健主编：《中国现代戏剧总目提要》，南京：南京大学出版社，2003年，第41页。

到了五四时期，人性解放与个性解放的歌声在文坛响彻云天，但国家话语并未沉寂，而是表现出多种形态，如直接描写五四运动的包天笑小说《谁之罪》、张春帆小说《政海》，把国家问题背景化的郁达夫小说《沉沦》、冰心小说《斯人独憔悴》，形象地表现出对五族共和国体的准确认识的闻一多诗歌《醒呀！》《七子之歌》《长城下之哀歌》，国家话语与阶级话语、社会话语交织在一起的刘梦苇诗歌《写给玛丽雅》等。

1931 年九一八事变之后，国家与民族话语呈高涨之势。张恨水《健儿词之七》吟道："背上刀锋有血痕，更衣裹剑出营门。书生顿首高声唤，此是中华大国魂。"[①]为了捍卫"中华大国魂"，他写下一系列表现国家民族话语的作品，结集为《弯弓集》出版。他在《弯弓集・自序》中写道："……今国难临头，必以语言文字，唤醒国人，必求其无空不入，更又何待引申？然则以小说之文，写国难时之事物，而供献于社会，则虽烽烟满目，山河破碎，固不嫌其为之者矣。……吾不文，然吾固以作小说为业，深知小说之不以国难而停，更于其间，略尽吾一点鼓励民气之意，则亦可稍稍自慰矣。"[②]在徐卓呆的小说《往那里逃》中，熊先生与其同事谈话时说："……牺牲虽大，我们所得到的结果也很大：第一，我们可以知道，内乱了二十年的中国，到了一朝外侮到来，几位政治家，竟会站在一条战线上对外。第二，我们可以知道：中国的军队，的确有勇猛到御外侮而有余。第三，我们可以知道：中国人的爱国心，是会达到沸点的。你们想：这三件事情，不是金钞都买不到的么？现在不过牺牲一些房屋财产，买得了这三件可贵的东西了。"[③]这番话在有的批评家眼里，似乎过于乐观，但的确表现出国人之国家意识的提高与淞沪抗战的真实。

全面抗战爆发后，国家与民族话语触目皆是。如一副春联所表征的那样，国家与民族话语已经进入黎民百姓的日常生活："万家一心保障国家独立；百折不回争取民族平等。"横批是"抗战到底"。[④] 较之卢沟桥事变前，抗战文学里的民族团结氛围更浓，国家认同意识更强。如老舍与宋之的合著的四幕话剧《国家至上》描写了回族与汉族摒弃前嫌，合作抗日、为国出力。老舍在三幕话剧歌

---

① 《上海画报》第 798 期。

② 张恨水：《弯弓集・自序》，《社会日报》1932 年 4 月 21—22 日。

③ 徐卓呆：《往那里逃》，《时报夕刊》1932 年 2 月—3 月连载；转引自钱杏邨《上海事变与鸳鸯蝴蝶派文艺》，初收《现代中国文学论》，合众书店 1933 年 6 月版，《鸳鸯蝴蝶派文学资料》下，福州：福建人民出版社，1984 年，第 873 页。

④ 转引自王晓华编著《抗战海报》，开封：河南大学出版社，2005 年，第 148 页。

舞混合剧《大地龙蛇》里,认同中华民族多元一体的特色,强调中华文化的包容性。《序》里说:"拿过去的文化说吧,哪一项是自周秦迄今,始终未变,足为文化之源的呢?哪一项是纯粹我们自己的,而未受外来的影响呢?谁都知道!就以我们的服装说吧,旗袍是旗人的袍式,可是大家今天都穿着它。"[①]第一幕第二节,描写绥西战场上,印度医生竺法救、蒙古兵巴颜图、回教兵穆沙、陕西人李汉雄、投诚的原日本兵马志远、来慰问祝福军队的西藏高僧罗桑旺赞、朝鲜义勇兵朴继周、南洋华侨日报驻绥通信员林祖荣、来绥西慰劳军队的南洋华侨代表黄永惠等携手抗战。军中才子赵兴邦在绥西前线教给战友们唱的歌是:"何处是我家?/我家在中华!/扬子江边,/大青山下,/都是我的家,/我家在中华。/为中华打仗,/不分汉满蒙回藏!/为中华复兴,/大家永远携手行。/呕,大哥;/啊!二弟;/在一处抗战,/都是英雄;/凯旋回家,/都是弟兄。/何处是中华,/何处是我家;/生在中华,/死为中华!/胜利,/光荣,/属于你,/属于我,/属于中华!"歌咏队在后台唱:"绥远,绥远,抗战的前线,/黄帝的子孙,蒙古青海新疆的战士,/手携着手,肩并着肩,/还有壮士,来自朝鲜,/在黄河两岸,在大青山前,/用热血,用正气,/在沙漠上,保卫宁夏山陕,/教正义常在人间。/雪地冰天,莲花开在佛殿,/佛的信徒,马走如飞,/荣耀着中华,荣耀着成吉思汗!/来自孔孟之乡的好汉,/仁者有勇,驰骋在紫塞雄关!/还有那英勇的伊斯兰,/向西瞻拜,向东参战!/都是中华的人民,都为中华流尽血汗!/炮声,枪声,歌声,合成一片,/我们凯旋!我们凯旋!/热汗化尽了阴山的冰雪,/红日高悬,春风吹暖,/黄河两岸,一片春花灿烂!/教这胜利之歌,/震荡到海南,/传遍了人间,/教人间觉醒,/中华为正义而争战!/弟兄们,再干,再干,/且先别放下刀枪,/去,勒紧了战马的鞍,/从今天的胜利,像北风如箭,/一口气打到最后的凯旋!/中华万岁!中华万年!"[②]在历史上,蒙古族与满族曾经以先前的边疆民族身份问鼎中原,为中国的国家统一与民族繁兴作出过巨大贡献。但是,由于传统的夷夏之辨与晚清政治腐败激起的辛亥革命的影响,民国时期人们对蒙古族与满族的历史认识尚存模糊之处。老舍作为一位满族作家,以往在作品里较少表露自己的民族身份,而到了抗战时期,中华民族同仇敌忾抗日救亡的时代大潮,使他十分乐于表现少数民族对中华民族的认同,如他的新诗《蒙古青年进行曲》:"北风

---

① 老舍:《大地龙蛇》,重庆:国民图书出版社,1941年;《老舍全集》第9卷,北京:人民文学出版社,1999年,《序》里的这段话见第377页。

② 《老舍全集》,第9卷,北京:人民文学出版社,1999年,第403-404页、第406-407页。

吼，马儿欢，/黄沙接黄草，黄草接青天；/马上的儿女，蒙古青年——/是成吉思汗的儿女，有成吉思汗的威严！/北风吹红了脸，雪地冰天，/马上如飞，越过瀚海，壮气无边！/蒙古青年是中华民族的青年！/国仇必报，不准敌人侵入汉北，也不准他犯到海南！/五旗一家，同苦同甘。/蒙古青年，是中华民族的青年，/快如风，人壮马欢！/把中华民族的仇敌，东海的日寇，赶到东海边！/蒙古青年，向前！/守住壮美的家园，成吉思汗的家园！/展开我们的旗帜，蒙古青年！/叫长城南北，都巩似阴山，/中华民族万年万万年！"[①]联想到历史认识的错综复杂与老舍的民族身份，就更能理解这些作品所表现的中华民族认同的特殊意义。

在抗日战争中，中国以弱敌强，打得惨烈悲壮。作家纷纷走上前线，以带着硝烟味的作品为抗战写实，满怀激情讴歌为国家与民族流血牺牲的抗战将士与百姓。在正面战场坚持四年有余的臧克家，在表现抗战上颇具代表性。其叙事诗《国旗飘在鸦雀尖》真实地表现了武汉会战中的一次激战，师长黄樵松预作国旗数面，在战局危急时，团长请求支援，师长"没有兵力给他增援，/给他送去的是国旗一面，/另外附了一个命令，/那是悲痛的祭文一篇：/"有阵地，有你，/阵地陷落，你要死！/锦绣的国旗一面，/这是军人最光荣的金棺。""敌兵已经冲到了山前，/特务连里十个决死队，/一个命令跑下了山。/他用完了所有的兵，/而且，把他们放在必死的当中，/头顶上悬起了同样的国旗，/他从容地在听候着电话的铃声。"[②]置诸死地而后生，敌人终不得逞。诗篇真实地再现出鸦雀山殊死搏战的紧张氛围，由衷地赞美了中国将士的爱国激情与牺牲精神。国家的危难激发起民众极大的爱国热情，舍小家保国家的国家意识由此得以确立并化为行动。《锄头与枪杆》描写农人半夜收麦，他们"从旱涝里，/从虫子和黄丹的侵害里，/从血汗和担心里"抢出来的收成，"一粒麦子，/是一颗汗珠/一颗黄金"，"可是，他们自己舍不得吃它，/一斗一斗地，/一石一石地，/往布袋里装，/他们那么辛苦地/吝啬地收进来；/这么舒心地/慷慨地/拿去做军粮。/千百万大军在火线上/手握着枪，/有更多的手把着锄头/在后方。"[③]在《送军麦》中，农人视麦子如孩子，但还是慷慨地送给国家作军麦："军麦，孩子一样，/一包一包/挤压着身

---

① 老舍：《蒙古青年进行曲》，《政论》第2卷第6期，1940年1月；《老舍全集》第13卷，第583页。

② 《臧克家全集》第1卷，北京：时代文艺出版社，2002年，第341－342页。

③ 收入《泥土的歌》时改题为《收成》，《臧克家全集》第1卷，北京：时代文艺出版社，2002年，第422－425页。

子，/和衣睡在露天的牛车上。"[1]《和驮马一起上前线》主人公川人陈海清爱驮马，以驮马为生，可是抗战爆发，上面"下了命令，征调驮马上前线/去打日本兵"，他不像有的人那样藏起驮马，待日后做自己的好买卖；他也不像有的人那样明明有三匹驮马却只是拿一匹去应征，他带着全部家当——四匹心爱的驮马，还有长工，一起投奔了军营，当上了运输连的马夫。他的"飞毛腿"与"照夜白"被敌机炸死，"他牵着他的'老来娇'、'一锭墨'，/随着大军，三个年头，/走了三个省份。/他参加过保卫大长沙，/也曾经在汉江里饮过他的驮马，/他无法计算清，从他的马背上，/卸下来的大炮弹，打死多少日本兵"。他眼看他的"老来娇"又在敌人的迫击炮底下丢了性命。最后一匹驮马，他像爱独子一样爱他。"最后，他害怕的/活现了，/他心爱的/死去了，/陈海清，他的四匹驮马/全献给了国家，/剩了一条穷身子，/他的胆子变得更大！/他和他的长工/告别了驮马队，当了战斗兵。"父亲在前方冒着生命危险，承受着接连失去爱马的巨大创痛，但他写家信说："我很好，驮马也结实。"儿子来信说："家里一切都很安好，/爸爸在前线放宽心。/有两件事他没写在纸上：/老祖母死了，家里很穷困。"[2]父子默契，为了让亲人宽心，独自忍受着艰难困苦。在此，民众的国家意识、牺牲精神与坚忍的生活态度表现得淋漓尽致和感人肺腑。

抗日战争是近代以来中国抵御外国侵略规模最大的战争，也是首次取得全局性的伟大胜利。中华民族在血火交织的抗战中经受了一次精神洗礼，增进了民族凝聚力。抗战文学真实地反映了民族的精神历程，表现出中国之凤凰涅槃似的痛苦与新生。

左翼作家长于表现底层社会的苦难与反抗，这早已成为人们的共识，其实，对于民族危机的关注，左翼作家也从来不让人后。1928年5月济南惨案发生后，冯乃超迅疾做出反应，5月8日到11日四天之内连续创作了三首表达抗日激情的诗歌。[3] 九一八事变后，李辉英参加上海学生赴南京请愿活动，呼吁政府停止内战，出兵抗日，并于1932年1月《北斗》第2卷第1期发表抗日小说《最后一课》；1933年3月出版的长篇小说《万宝山》，及时反映1931年日本挑

---

① 《臧克家全集》第1卷，北京：时代文艺出版社，2002年，第465页。

② 《臧克家全集》第4卷，北京：时代文艺出版社，2002年，第321－334页。

③ 《民众哟，民众》《诗人们》，1928年5月《文化批判》第5期；《夺回我们的武器》，1928年5月30日《流沙》第6期。参照冷川《济南"五三"惨案的文学表现及其意义》，《中国现代文学研究丛刊》2007年第3期。

起侵犯中国人权益的万宝山事件。1933 年 7 月，艾芜在《文学》第 1 卷第 1 号发表小说《咆哮的许家屯》，表现九一八之后不堪屈辱的东北人民对日本侵华的愤怒反抗。1936 年 4 月，夏衍在《文学》第 6 卷第 4 号发表的大型历史剧《赛金花》，以庚子事变前后的人物讽喻政府当局对“友邦”的软弱，表达“国境以内的国防主题”。[①] 1936 年 5 月，舒群发表于《文学》第 6 卷第 5 号的短篇小说《没有祖国的孩子》，借助朝鲜少年主人公果里咀嚼亡国之痛与奋起反抗的性格刻画，表达九一八事变后这位东北作家的失土之恨。丁玲到陕北写的第一篇小说《一颗未出膛的枪弹》（1937 年 4 月《解放》周刊创刊号），描写东北军官兵为小红军抗日情怀所感动、化敌为友的新气象。全面抗战爆发之后，左翼作家有的奔赴前线，在枪林弹雨中书写抗战，如何其芳、沙汀带领 21 名鲁艺学员随 120 师贺龙师长在晋西北、冀中敌后战场活动五个月，张天虚在 60 军 184 师政治部，贾植芳在中条山战场 3 军 7 师政治部，阿垅在淞沪会战中负伤，丘东平先是在正面战场作战，1938 年参加新四军，1941 年 7 月 28 日在苏北战场壮烈牺牲；有的留守在后方与根据地，表现前后方同仇敌忾抗日救亡。如周文在 1938 年 5 月 24 日出刊的《新民报・百花潭》第 11 期上发表的新诗《游击队之歌》中吟唱道：“我们是群众游击队，/我们是国家民族的护卫，/谁要无理来向我们欺侮，/我们便拼命将他杀退。……”[②]光未然作词、冼星海谱曲、完成于 1939 年的《黄河大合唱》，更是以悲壮的旋律和雄浑的气势表现出民族救亡的时代精神，成为跨越时代和地域的经典作品。

五、西方民族国家理论运用的误区与可行性

中国现代文学研究中民族国家理论的运用存在一些亟待澄清的误区，学术界对此已有所认识，[③]但仍需深化。在笔者看来，中国现代文学研究中民族国家理论的运用误区首先表现在前面所述及的情况——背离了中国的历史实际，以欧洲近代民族国家的历史进程来硬性框定中国数千年的多民族国家历史，以

① 夏衍：《历史与讽喻》，《文学界》创刊号，1936 年 6 月。

② 收《周文文集》第四卷，北京：作家出版社，2011 年，第 45 页。

③ 如杨剑龙、陈海英：《民族国家视角与中国现代文学研究》（《中国现代文学研究丛刊》2011 年第 2 期），秦弓承担的中国社会科学院重点课题“中国现代文学的民族国家问题”的阶段性成果《中国现代文学研究中的民族国家问题》（《中国社会科学院院报》2008 年 6 月 26 日）、《关于五四文学的“国家”话语问题》（《天津社会科学》2010 年第 4 期）、《近年来海外资源对中国现代文学研究的双重效应》（《中国社会科学院研究生院学报》2011 年第 1 期）等。

源自异域的西方民族国家理论任意裁剪个性鲜明的中国现代文学复杂现象，其荒谬结果和负面影响应引起足够的警惕。如果任其泛滥，不仅无助于准确地把握中国现代文学，而且还会造成对中国历史的错误认知，以至于增加妨碍民族团结与国家统一的不利因素。

其次是模糊了政体与国家形态的界限。在一些论述中，谈到20世纪二三十年代自由主义作家的创作时，说是为了建构现代民族国家；谈到民族主义作家的创作时，也说是为了建构现代民族国家；谈到三四十年代延安作家的创作以及“十七年”文学时，还说是为了建构现代民族国家。其实，这三类作家创作所指向的国家目标、政体性质是有所不同的：在自由主义作家心目中是英美式民主主义国家；在民族主义作家心目中是摆脱殖民地半殖民地困境、能够自立于世界民族之林的国家，而在延安与“十七年”作家心目中则是新民主主义乃至社会主义国家；只笼统地谈“现代民族国家”，恐怕难脱大而无当之嫌。

最后是混淆了国家与国民性的区别。有的论者在运用民族国家理论以及“形象学”方法时，把阿Q视为中国形象，实在是大谬不然。如果简单地把二者等同起来，岂不是说批判国民性弱点即否定国家了吗？实际情形恰恰相反，国民性批判正是为了唤醒民众，改造国民性，重构“国魂”乃至救亡图存。对国民性弱点、文化弊端与政治专制总是持批判态度，并不妨碍鲁迅始终如一地爱国。中国幅员辽阔，人口众多，国民素质参差不齐，即使在全面抗战爆发后，民众中仍能见到国家意识薄弱的现象，因而，抗战文学中不乏对国家意识欠缺的批评。有的论者从民族国家理论出发，认为民众之国家意识的缺失正是尚未进入民族国家的表征。其实，国家意识的缺失属于国民性问题，而国民性与民族国家是两个虽有关联但性质不同的范畴。在欧洲率先进入民族国家行列的法国，在世界反法西斯战争中，却出现了麻木不仁、甚至投降资敌者，这里既有人性弱点与国民性弱点的原因，也有战争的残酷与复杂情势等方面的缘故，无论如何，得不出法国不是民族国家的结论。

这些误区的出现，反映出心态与学风的问题。百余年来，西风东渐，促进了中国社会变革与文化转型，也养成了一些学者崇洋媚外的心态。表现在学术上，一些人对西方的理论与方法一味趋新，盲目敬畏，不管自己是否真正理解其要义，也不管其是否适应中国，不顾及用过之后可能会产生哪些副作用，新鲜即取，拿来即用。加之近年来学科分工越来越细，通识教育欠缺，一遇到跨学科问题，很容易暴露知识的短板，又不肯努力拓展视野，因而缺乏鉴别域外理论与方法的能力。心态浮躁,学风粗疏,强作解人,势必多有遗憾。

既然当今现代文学研究中的民族国家问题已不容回避,我们理当作出学术性的回答;这种回答不应是为西方理论寻找对应物,或为某种先验的观念拼凑例证,而是仅把西方理论作为一种参照,从中国多民族一体的悠久历史与现实境遇出发,从中国现代文学意蕴深广、千姿百态的实情出发,寻绎中国独有的生命信息,拓展文学研究的视野。

以往的中国现代文学研究关注启蒙话语(人性解放、个性解放)与社会话语(社会批判、暴力反抗)较多,而国家话语和民族话语的关注度不够。事实上,文学的脉动始终与国家的命运、民族的危机息息相关。20世纪30年代兴起的"民族主义文艺运动"与其说是为了阻挡左翼文艺,莫如说是文艺对民族危机的必然回应。以前的文学史著述几乎众口一词地称"民族主义文艺运动"在左翼的抨击下很快就销声匿迹了,其实由于时代的需求,"民族主义文艺运动"日渐高涨。最初激烈批判"民族主义文艺运动"的左翼文学阵营,到1936年前后,不仅提出了"国防文学"与"民族革命战争的大众文学"等口号,也涌现出《义勇军进行曲》等大批表现救亡图存主题的作品。有些作品的创作动机与主题意蕴同民族危机关联密切,非以国家民族视角观照则无法得到清晰而充分的阐释,如孙毓棠描写汉武帝征讨大宛国的叙事长诗《宝马》,其主旨何在?以前不少研究者强调对汉武帝"穷兵黩武"与"好大喜功"的批判,而当我们采取国家民族话语的视角将其置于1937年初夏的创作背景时,就会发现更为重要的意涵是诗人对20世纪30年代境外势力介入后动荡不安的新疆局势与日本侵华步步进逼态势的焦虑和重振民族雄风的渴求。涉及国家主权、民族尊严的历史事件,如五四运动、五卅惨案、济南惨案、中东路事件、长城抗战等在中国现代文学中均有反映,卢沟桥事变之后,国家民族话语更是在抗战文学中得到充分的表现,此脉络值得系统考察。

在20世纪二三十年代,当发生济南惨案、中东路事件等一系列外交事件之时,部分作家发生了国家认同与政治态度的矛盾,对政府的政治批判多少妨碍了对国家民族利益的认同。甚至到了抗战时期,对战国策派的批判,也染上了相当浓重的政治色彩,其实战国策派归根结底是要强化民族意志,捍卫国家独立民族尊严。时光已过去一个甲子有余,历史烟尘早已散去,今天应该从学术的角度对这种矛盾展开分析,这不仅具有认识历史的学术价值,而且对于当下文学如何处理国家意志与社会批评的微妙关系亦有现实意义。

中国作为多民族一体的国家虽然已有数千年的历史,但是,华夷之辨影响深远，在与执掌中央政权的原边疆民族争夺权柄之际，其常常被当作一种动员群众的思想武器，辛亥革命发动之初亦然。章太炎、蔡元培等革命先驱者身上，就曾有过鲜明的种族革命的烙印。鲁迅曾师从章太炎，也曾参加过光复会，早期言论中便带有种族革命色彩。到了二三十年代，鲁迅在杂文中批评有的人还存有把越南朝鲜看作中华番邦的痴想，称赞越南朝鲜的民族独立精神，这表明鲁迅的认识发生了重大变化，其中也含有对章太炎的“谢本师”之意。然而，在谈及元朝等问题时，仍流露出有悖于多民族一体谱系的汉族中心意识。鲁迅的这一矛盾，在陈独秀等人身上也有不同程度的体现。我们应正视而非回避这种矛盾，予以历史的、辩证的分析，由此才能全面而准确地认识经典作家。在老舍、沈从文等少数民族作家那里，中华民族多元一体的认同，伴随着历史的发展，也有其各自的特点。对此深入研究，有助于认识中华民族多元一体思想谱系的必然性与复杂性。

丰富多彩的现代文学，蕴含着中华民族大家庭内多民族、多地域个性鲜明的文化相互影响、交融共生的线索与风韵，这是多民族国家历史与文化的佐证，理应属于本题关注的范畴。如老舍、端木蕻良等满族作家出神入化的小说叙事、生动活泼的语言，并非无源之水、无本之木，而是有着从曹雪芹的《红楼梦》到文康的《儿女英雄传》所代表的满族文化传统渊源；又如沈从文小说粗犷与瑰奇交汇的风格，自有其荆楚原始巫风与苗族土家族风土人情的支撑；再如富于地域特色的台港澳地区文学，其旧体诗词、文言文学、各类散文与儿童文学等所表现出的民族立场与中华文化传统，所承担的向国族精神文化回归的文化功能，现代诗、戏剧等艺术形式所内含的两岸文学艺术的血脉联系，普通话的推广等，这些问题都值得深入研究。

有生命力的理论应成为人类共同的精神财富，从异域汲取学术话语本身绝非过错，相反，这是给中国学术乃至思想、文化、政治、经济增添活力的重要渠道。自汉末进入中土后，佛教对中国思想文化所起的重要作用，早已成为一种常识。清末以来，尤其是五四新文化运动开启的新时代，西方话语对中国社会产生巨大影响，这也是人所共知的事实。新时期以来，西方话语再次成为激活民族思维的动力，功不可没。[①] 但问题在于，域外理论自有其特定的背景与适用空间，我们不能毫无保留地接受，鹦鹉学舌般地附和，把中国的学术当作西方

---

① 秦弓：《学术时髦的陷阱》，《人民政协报》2000年9月15日。

话语的演习课堂;依样画葫芦地照搬西方民族国家理论,必然会造成种种可笑复可悲的荒谬。对于西方民族国家理论及其他理论,我们应该立足于中国的历史与现实,有所取舍,有所借鉴,进行深度的转化与吸收,借以寻觅学术生长点,开发出具有原创性的学术话语,建立本民族充满活力的学术体系,以话语的多元性取代西方话语的一元性,以对话的平等性克服话语的霸权性。本文对相关问题的探讨,希望有助于澄清迷惑,增进对中国现代文学的全面而深入的把握,也希冀对建构中国特色的多民族国家理论有所裨益。

比较文学视野中的诗学理论建构

——兼论朱光潜《诗论》的独创性

文学武

作为一位在20世纪中国学术史上有着重要地位的学者，朱光潜在美学、文艺理论等领域的贡献是得到普遍承认的。曹聚仁说："朱光潜用美学家克罗齐的光辉来照看文坛的园囿，他的文艺心理学和诗学，都是壁垒严谨，有以自立的。"[①]还有的学者评价说："朱光潜主要是一位美学家，他的淹博的学识修养使批评理论包括新诗的理论具有学术的视界与规范，尽管他的论著多是学院派的讨论而较少实际批评，但现代批评史也不会忘记对这位美学批评家作出应有的高度评价。"[②]针对那种认为朱光潜只是重介绍西方美学而缺乏创造的观点，香港学者司马长风特别为朱光潜辩护说："第一，他不仅介绍，同时做了批判；第二，他不仅综合，同时有所创造；第三，他不仅贩运西方的文艺观念并且能与中国传统文学观念做圆熟的融会，使中西文学意趣浑成一体。"[③]这是相当中肯的评价。就文学理论而言，朱光潜有意识地借鉴比较文学的方法，并在比较文学的视野中对中西诗学进行了深入、系统的比较，为中国的文艺理论建设提供了很好的范例，这在他的诗学理论专著《诗论》中体现得最为突出。

一、比较文学脉络下的朱光潜

比较作为一种研究手段在文学中的运用有着非常悠久的历史，但比较文学作为一种独立的文学批评方法乃至专门学科则是近代社会的事情，有着严格意义的界定："比较文学的任务是建立一个严格的文学形态学和形态发生

---

① 曹聚仁：《文坛五十年》，参见司马长风：《中国新文学史》中卷，香港：昭明出版社，1978年，第256页。

② 温儒敏：《中国现代文学批评史》，北京：北京大学出版社，1993年，第193页。

③ 司马长风：《中国新文学史》中卷，香港：昭明出版社，1978年，第255页。

学，建立一个叙述性的、戏剧的、史诗的、抒情的诗学。”“比较文学是以一国文学和其他国家文学的关系，即文学的交流和由此产生的影响作为自己的研究对象。所以，它具有把一国文学史的某一部分，和横贯各国文学运动联系起来加以研究的总体文学史的性质。”[①]进入现代社会以来，由于各国、各民族之间文化交流的日趋频繁，寻找各民族之间的文化差异和共性成为一种必然，在这样的背景下，比较文学由于自身独有的一些优势就日益受到人们的重视。

中国比较文学萌芽于晚清末年，在它的历史进程中，王国维和鲁迅可以说有开拓之功。1904 年王国维发表了长篇论文《〈红楼梦〉评论》，而这篇论文有不少地方正是运用了比较文学的方法而呈现出开阔的视野，这和中国传统文学研究中的那种始终偏执于一种文化模式从而局限于坐井观天的情景有天壤之别，由此也赋予了比较文学勃兴的生机。而几乎在同时，鲁迅发表了《文化偏至论》和《摩罗诗力说》等长文，这些文章同样把中西文化、文学进行了比较。特别值得指出的是，鲁迅有着强烈的中西比较意识，并把其上升为至为重要的地位：“意者欲扬宗邦之真大，首在审己，亦必知人，比较既周，爰生自觉。”[②]其后的吴宓、周作人、茅盾、梁实秋、朱光潜、梁宗岱、李健吾、钱钟书、冯至等人在此基础上运用比较文学的方法奉献了一批重要的学术著作，推动了中国比较文学的发展。

让人多少有些遗憾的是，在谈及对中国比较文学的贡献时，人们往往对朱光潜则提得很少。实际情况并非如此，朱光潜同样对中国比较文学的发展做出了重要的理论和实践上的贡献，他是当时极少数有意识把比较文学作为一种重要的批评原则和方法的学者之一，而他的《诗论》恰是在比较文学层面上的典范之作，其学术地位和影响在今天尚未完全被人们认识。

朱光潜虽然出身在一个深受中国传统文化影响的家庭，但后来在中国五四时代日趋开放的社会背景中，他和同时代的不少知识分子一样选择了到国外留学。从 1925 年出国到 1933 年回国，他在英、法等国学习的时间长达 8 年，广泛涉猎了文学、哲学、心理学、历史、艺术等多学科的知识，接受了严格的学术训练，这些无疑为他后来的比较文学研究打下了扎实的基础。因为在

---

① 干永昌等编选：《比较文学研究译文集》，上海：上海译文出版社，1984 年，第 423、428 页。

② 鲁迅：《摩罗诗力说》，《鲁迅全集》第 1 卷，北京：人民文学出版社，1981 年，第 65 页。

一些比较文学学者看来，跨学科的背景和渊博的学识是从事比较文学的必备条件："比较文学研究超越一国范围的文学，并研究文学跟其他知识和信仰领域，诸如艺术（如绘画、雕塑、建筑、音乐）、哲学、历史、社会科学（如政治学、经济学、社会学），其他科学、宗教等之间的关系。简而言之，它把一国文学同另一国文学或几国文学进行比较，把文学和人类所表达的其他领域相比较。"①正是基于这样的文化背景，朱光潜的研究比起传统的研究就具有了非常开阔的视野和现代方法论的自觉意识。1936 年朱光潜在开明书店出版了他的重要理论著作《文艺心理学》，在这部著作中朱光潜运用了西方的诸多美学理论如"移情说""直觉说""距离说"等来阐释文学现象，其中不少地方也涉及中国文学，收到了很好的效果。朱自清在为本书所写的序中评论说："书中虽以西方文艺为论据，但作者并未忘记中国；他不断地指点出来，关于中国文艺的新见解是可能的。所以此书并不是专写给念过西洋诗，看过西洋画的人读的。"②朱光潜并不满足于此，他进一步用这样的比较视角来审视中国文学种类中历史最悠久、最有影响的诗歌，这就是《诗论》。这部书稿 1931 年就写出了初稿，后经多次修改于 1943 年出版，1948 年又由正中书局出版了增订本。应当说，朱光潜的比较文学思想和方法在这部书稿中运用得最为纯熟和成功。

在朱光潜看来，比较不是一种可有可无的手段，而是现代学者所必须具备的素质。在人类文明的精神史上，各民族既有自己所独有的审美现象，也有着相似或共通之处。寻找出这样的共性和差异，进而总结出人类文明的经验就成为当务之急。换言之，一个人假如没有高度自觉的中西诗学比较意识，恐怕对于大量的中外文学例证也会熟视无睹。而在这样的过程中，研究者的潜在素质和独到眼光就显得特别重要，他必须透过大量的文化现象把握其精神实质，在纷繁芜杂的事实中寻求异中之同和同中之异。而比较文学的生命就在于："比较文学是人文科学中最解放的一种，所以它颇能把我们从个人的心智型式与传统的思想模式中解放出来。比较的思维习惯使我们的心智更有弹性，它伸展了我们的才能，拓宽了我们的视界，使我们能超越自己狭窄的地平线（文学及其他

① [法]雷迈克：《比较文学的定义和功能》，《比较文学研究译文集》，上海：上海译文出版社，1984 年，第 213 页。

② 朱自清：《文艺心理学·序》，《朱光潜全集》第 1 卷，合肥：安徽教育出版社，1987 年，第 524 页，以下版本同，不再一一注明。

的)看到其他的关系。"[1]朱光潜在他的《诗论》中就表现出了这样的生命和自觉。他认为,如果离开了中西诗学的比较,要想总结出文学的经验和价值无异于盲人摸象。他说:"一切价值都由比较得来,不比较无由见长短优劣。现在西方诗作品与诗理论开始流传到中国来,我们的比较材料比从前丰富得多,我们应该利用这个机会,研究我们以往在诗创作与理论两方面的长短究竟何在,西方人的成就究竟可否借鉴。"[2]方法是寻求真理的桥梁和工具,在文学研究中应该始终居于一种高度自觉的状态。在现代中国,正是越来越多的人们在研究中告别了混沌的、非自觉的状态,接受了现代的思维方式和批评方法,才带来了现代学术的繁荣,而朱光潜在《诗论》中萌生的比较文学意识充分证明了这一点。

二、朱光潜的中西诗学比较

朱光潜的中西诗学比较不是为比较而比较,其中一个很大目的在为中国新诗寻求横向的借鉴,以全面提升中国新诗的水平。朱光潜在写作《诗论》的时代,正是中国新诗发展面临十字路口的时期。虽然中国新诗在五四时代之后取得了一定的成绩,出现了诸如胡适、郭沫若、康白情、刘半农、冯至等一批诗人,但毋庸讳言,在中国新诗的发展道路上当时人们的认识产生了分歧。比如胡适提出了"做诗如说话"的主张,彻底否定诗歌的节奏和音律,进而解构了中国古典诗歌的优秀传统。他说:"直到近来的新诗发生,不但打破五言七言的诗体,并且推翻词调曲谱的种种束缚;不拘格律,不拘平仄,不拘长短;有什么题目,做什么诗;诗该怎样做,就怎样做。这是第四次的诗体大解放。"[3]"诗体的大解放就是把从前一切束缚自由的枷锁镣铐,一切打破:有什么话,说什么话;话怎么说,就怎么说。这样方才可有真正的白话诗,方才可以表现白话文学的可能性。"[4]实际上在这种新诗的理论指导下,导致了相当一批现代诗歌直白、浅显,缺乏艺术生命的现象。那么中国古典艺术尤其是诗歌是否还有值得借鉴的价值,中国新诗到底应该往什么样的方向发展,中国艺术和西方艺术又是怎样的关系?要想回答这些问题并不是一件容易的事情,只有在宏观的文化视野中对

---

① 李达三:《比较文学研究之新方向》,《文艺学方法论》,陈鸣树著,上海:复旦大学出版社,2004年,第11页。

② 朱光潜:《诗论·抗战版序》,《朱光潜全集》第1卷,第4页。

③ 胡适:《谈新诗》,《中国新文学大系·建设理论集》,上海:上海文艺出版社,2003年,第299页。

④ 胡适:《尝试集·自序》,《胡适文存》第1集,合肥:黄山书社1996年,第148页。

中西文学包括诗歌进行详尽的比较才能总结出彼此的特点和规律，把中西文学创造性地融合在一起。

朱光潜作为一个对中西哲学、文学、美学等学科具有渊博学识的学者，对此的态度是非常冷静的，他认为非常有必要对中西文学包括诗歌的发展规律和特点进行比较、归纳和总结，从而在现代文化的语境下重新诠释它们的价值。他在《诗论》的前言和后记中清除表明了自己写作这部著作的动机和方法："我们的新诗运动正在开始，这运动的成功或失败对中国文学的前途必有极大影响，我们必须郑重谨慎，不能让它流产。当前有两大问题须特别研究，一是固有的传统究竟有几分可以沿袭，一是外来影响有几分可以接收。"[①]"在我过去的写作中，自认为用功较多，比较有点独到见解的，还是这本《诗论》。我在这里试图用西方诗论来解释中国古典诗歌，用中国诗论来印证西方诗论；对中国诗的音律、为什么后来走上律诗的道路，也作了探索分析。"[②]朱光潜在《诗论》中既有宏观层面上对中西诗学发展的考察和比较研究，也有微观上对中西诗歌中的音律、节奏、情趣、意象等的比较研究，形成了非常严谨的理论框架结构。比如，朱光潜首先从宏观的历史中详尽探讨了诗歌的起源、诗与音乐、舞蹈等艺术的关系、诗的本质、诗的谐隐、诗歌与绘画的关系等，在这些方面中西诗歌具有很大的趋同性，这是艺术发展的普遍规律。朱光潜认为，在诗歌发展中，诗歌与音乐、舞蹈是同源的，是三位一体的艺术，但后来这三种形式开始分化，各自形成了独立的艺术门类。但朱光潜这样的结论并不是随心所欲得出的，而是建立在对中西大量史实基础的比较之上。他首先从古希腊的艺术进行考察，这三种艺术都源于酒神祭奠，接着又从澳洲土著的舞蹈考察，最后又以中国的《诗经》、汉魏《乐府》举例，从而总结说："我们可以得到一个极重要的结论，就是：诗歌与音乐、舞蹈是同源的，而且在最初是一种三位一体的混合艺术。"[③]在关于诗歌的表达内容上，朱光潜从人伦、自然、宗教和哲学等几大题材经过深入的比较研究发现了中西诗歌有着不少同点和异点。他认为西方关于人伦的诗大半以恋爱为中心，而中国的恋爱诗则欠发达；中国自然诗以委婉、微妙取胜，西方诗以直率、深刻胜，但在更深的层次中国诗却不如西方诗，这主要源于中国哲学、宗教意识的稀薄。朱光潜说："诗好比一株花，哲学和宗教好比土壤，土壤不肥沃，根

① 朱光潜：《诗论·抗战版序》，《朱光潜全集》第3卷，第4页。
② 朱光潜：《诗论·后记》，《朱光潜全集》第3卷，第331页。
③ 朱光潜：《诗论》，《朱光潜全集》第3卷，第14页。

就不能茂。西方诗比中国诗深广，就因为它有较深广的哲学和宗教在培养它的根干……中国诗在荒瘦的土壤中居然现出奇葩异彩，固然是一种可惊喜的成绩，但是比较西方诗，终嫌美中不足。我爱中国诗，我觉得在神韵微妙格调高雅方面往往非西诗所能及，但是说到深广伟大，我终无法为它护短。"[①]经过这样的比较，人们可以清楚地看到中国诗歌与西方诗歌的差距，从而促使人们在诗歌创作时超越现实因素的羁绊，赋予诗歌深沉而永久的生命，这在一定程度上为当时中国正在兴起的"纯诗"实践提供了有力的论据。

朱光潜不仅注意对中西诗歌内容、题材等的比较，他更为关注诗歌的诸多形式层面的因素，比如节奏、声韵等，而这是很多学者容易忽略或力有未逮的，这主要是人们知识结构的缺陷所致。而朱光潜恰恰在西方受到音律学以及现代实证科学的训练，这使他对诗歌形式的分析上显示了突出的优势。朱光潜通过比较研究发现，欧洲诗的音律节奏决定于三个因素：音长、音高与音的轻重，而汉语的"四声"主要体现在"调质"上，它"对于节奏的影响虽甚微，对于造成和谐则功用甚大。"[②]在论及韵对中国诗歌的重要性时，朱光潜把中国诗歌与英文、法文的诗歌也进行了横向的比较，他发现韵对法文和中文诗特别重要："以中文和英、法文相较，它的音轻重不甚分明，颇类似法文而不类似英文……中国诗的节奏有赖于韵，与法文诗的节奏有赖于韵，理由是相同的：轻重不分明，音节易散漫，必须借韵的回声来点明、呼应和贯穿。"[③]针对那种倡导新诗自由、散漫、完全抛弃诗歌音乐性的做法，朱光潜更是通过古今中外诗歌演变历史的比较予以批驳。他认为无论古今中外的诗歌都经历了四个阶段，即：一，有音无义，这是最原始的诗。二，以义就音，这是诗的正是成立期。三，重义轻音，诗歌作者由群体而变为个人创作的时期。四，音义合一的时期，也就是诗歌重视文字本身的音乐。从这样的比较中人们可以看出，追求诗歌的音乐性是符合诗歌的历史趋势的。

与那些完全崇拜、移植西方文学理论的学者不同，朱光潜在对中西诗歌的比较中发现了中国古典艺术的丰赡生命和巨大的优越性。朱光潜通过比较发现，谐声字在诗歌中具有极为重要的地位，尽管中外语言都有谐声字，但汉语占有天然的优势："中国字里谐声字是在世界中是最丰富的……谐声字多，音义调

① 朱光潜：《诗论》，《朱光潜全集》第3卷，第79页。
② 朱光潜：《诗论》，《朱光潜全集》第3卷，第171页。
③ 朱光潜：《诗论》，《朱光潜全集》第3卷，第188页。

谐就容易，所以对于做诗是一种大便利。西方诗人往往苦心搜索，才能找得一个暗示意义的声音，在中文里暗示意义的声音俯拾皆是。在西文诗里，评注家每遇一双声叠韵或是音义调谐的字，即特别指点出来，视为难能可贵。在中文诗里则这种实例举不胜举。”[①]由于汉语中双声、叠韵的词特别丰富，这就很容易使中文诗富有铿锵和谐的美感。不仅如此，汉语有的字音和意义虽然没有什么联系，却仍然可以通过调值来暗示出其意义，而中国古典的律诗往往选择暗示性或象征性的调值，以达到最大的艺术效果。由于朱光潜具备音律学的知识背景，这使得他的比较研究就超越了那种简单的泛泛之比，从而为中国新诗借鉴音律等要素提供了较为科学的依据。几乎就在朱光潜做了这些的思考的同时，闻一多、梁宗岱、穆木天、梁实秋等人也都在诗歌理论上提出了一些很有见地的主张，如闻一多的“三美”主张，梁宗岱的“纯诗”理论等。如穆木天就说：“诗要兼造型与音乐之美。在人们神经上振动的可见而不可见可感而不可感的旋律的波，浓雾中若听见若听不见的远远的声音，夕暮里若飘动若不动的淡淡的光线，若讲出若讲不出的情肠才是诗的世界。”[②]陈梦家同样也很重视格律在新诗中的作用：“我们不怕格律。格律是圈，它使诗更显明、更美。形式是官感赏乐的外助。格律在不影响于内容的程度上，我们要它，如象画不拒绝合式的金框。金框也有它自己的美，格律便是在形式上给与欣赏者的贡献。”[③]这些观点和朱光潜的主张一起匡正了当时中国新诗的偏差，为新诗的趋向奠定了深厚的理论基石。

三、西方美学理论与中国传统诗学的结合

比较文学不同于文学比较，它不能仅仅满足于寻找出文学中的异中之同或同中之异，而是应该把思维的触角伸向更广阔的天地，对古今中外的艺术现象进行阐发，从而做出令人信服的解释。如果把朱光潜的《诗论》以及他的其他一些理论主张放在这种背景下思考，其独特的创见和价值可以更为清晰地显现出来。

朱光潜在西方学习多年，尤其是对西方的美学、心理学等有着极为深入的研究，这使得他后来在运用这些理论阐发艺术现象时就具有了一般学者所不具

---

① 朱光潜：《诗论》，《朱光潜全集》第3卷，第169页。
② 穆木天：《谭诗》，原载1926年3月《创造月刊》1卷1期。
③ 陈梦家：《新月诗选·序》，载《新月诗选》，上海：新月书店，1931年。

有的眼光。比如他的一篇文章在分析中国传统文论中有着重要影响的范畴“气势”和“神韵”时，就比较恰当地应用了古鲁斯、闵斯特堡、浮龙·李等人的观点从生理学的角度解释。中国传统文论往往疏于实证科学的分析，过分强调直观的感受和印象式的描述，这些都不能不影响其科学、理性的精神。在涉及到类似“气势”、“神韵”等范畴时，则多半强调其只可意会不可言传的一面。朱光潜则不这样认为，他独辟蹊径地提出不同的主张：“我们做诗或读诗时，虽不必很明显意识到生理的变化，但是他们影响到全部心境，是无可疑的。”“诗所引起的生理变化不外三种，一属于节奏，二属于模仿运动，三属于适应运动。”“究竟‘气势’‘神韵’是什么一回事呢？概括地说，这种分别就是动与静……从科学观点说，这种分别即起于上文所说的三种生理变化。生理变化愈显著愈多愈速，我们愈觉得紧张亢奋激昂；生理变化愈不显著，愈少愈缓，我们愈觉得松懈静穆闲适。前者易生‘气势’感觉，后者易生‘神韵’感觉。”[①]在另一篇文章中，他用西方“距离说”的观点为中国古典文学的诗歌、散文、戏剧等进行了辩护。朱光潜认为，正是这些艺术与今天的现实生活保持了一定的距离才获得了独立的自我价值。“艺术取材于人生，却须同时于实际人生之外另辟一世界，所以要借种种方法把所写的实际人生的距离推远。”[②]但朱光潜并不满足于此，他在《诗论》中更是把自己深受影响的西方美学理论系统地加以吸收，从而在对复杂艺术对象的阐释上显示出了深厚的理论功力。

在中国，诗歌是非常发达、复杂的艺术门类，前人对它的研究成果可谓汗牛充栋。这当中不乏独到的见解，但同样也充斥着偏差乃至谬误，而朱光潜对那种始终缺少理性和逻辑分析的诗学研究不以为然，他决心把科学、谨严的研究方法引入到诗歌领域。例如，他在《诗论》中的第三章“诗的境界——情趣与意象”中综合运用了“距离说”“移情说”“直觉说”等理论对诗歌的一些重要问题发表了自己的看法。朱光潜反对把诗歌变成现实的附庸，它必须与实际的人生拉开一定的距离，他说：“诗与实际的人生世相之关系，妙处惟在不即不离。惟其‘不离’，所以有真实感；惟其‘不即’，所以新鲜有趣。”[③]从这样的角度来思考，那种认为现实主义文学传统居于一尊的观点就值得质疑，朱光潜恰恰认为只有那些彻底抛弃功利主义思想，以纯粹心态创作的作品才具有更悠长的艺术价

① 朱光潜：《从生理学观点谈诗的“气势”和“神韵”》，《朱光潜全集》第3卷，第368、373页。

② 朱光潜：《从“距离说”辩护中国艺术》，《朱光潜全集》第3卷，第385页。

③ 朱光潜：《诗论》，《朱光潜全集》第3卷，第49页。

值。"纯粹的诗的心境是凝神注视,纯粹的诗的心所观境是孤立绝缘。"[1]同样,"境界"作为中国古典诗学的范畴在很长的时间都受到了人们的格外关注,从王昌龄到皎然,从王夫子到叶燮莫不如此。特别是到了王国维那里,把其提到更为重要的地位,也做了更为系统的阐发。但应当指出,这样的阐释大多是站在中国传统文化的角度进行的,同样缺少现代美学理论的支撑。朱光潜在《诗论》中则用了相当的文字来从事这样的工作,他用"直觉说"的理论首先对"意境"进行定义。他认为,"意境"必须能在读者心目中形成一个完整而单纯的意象,在这样凝神的状态中,人们不但完全忘去欣赏对象以外的世界,而且也忘掉了自己的存在。"一个境界如果不能在直觉中成为一个独立自足的意象,那就还没有完整的形象,就还不成为诗的境界。"[2]其后他又从"移情说"的观点出发,对形成意境的种种心理活动也做了相当贴切的论证,在朱光潜的眼中,所谓意境就是情与景的契合无间,情恰能称景,景也恰能传情。

正是依据了西方的美学理论基础,朱光潜在对中国传统诗学的分析中必然会对一些经典的结论提出挑战,如他对王国维关于境界所持的观点就提出了不同的意见。王国维作为20世纪中国最出色的学者之一,在很多人看来其对文化的巨大贡献成为了一座难以逾越的高峰,他在《人间词话》中关于"境界"的美学思想无疑是对中国传统文论的巨大贡献,甚至在很长的时间中都被视为最权威、经典的结论。即使如此,朱光潜也并不轻易盲从,他首先对王国维提出的"隔"与"不隔"的观点提出商榷。王国维认为"隔"如"雾里看花",而"不隔"为"语语都在目前。"很显然,王国维的批评更多带有中国传统的直观、印象式批评的特点,他只用了几句非常模糊的语言来解释,这样的解释在朱光潜看来却明显缺乏说服力。朱光潜认为"隔"与"不隔"的实质其实就是情趣和意象融合的程度如何,而这一出发点的理论基础正是"移情说"。他说:"隔与不隔的分别就从情趣和意象的关系上面见出。情趣与意象恰相熨帖,使人见到意象,便感到情趣;便是不隔。意象模糊凌乱或空洞,情趣浅薄或粗疏,不能再读者心中现出明了深刻的境界,便是隔。"[3]同样,朱光潜也对王国维区分"有我之境"与"无我之境"的标准提出质疑,他认为王国维的区分过于模糊。朱光潜用了移情说的理论对"有我之境"与"无我之境"进行了解释,他也否认了"无我之境"一定高于

---

① 朱光潜:《诗论》,《朱光潜全集》第3卷,第49页。
② 朱光潜:《诗论》,《朱光潜全集》第3卷,第53页。
③ 朱光潜:《诗论》,《朱光潜全集》第3卷,第57页。

“有我之境”的观点。当然朱光潜的这些观点在学界一直有所争议，吴文祺、张世禄、叶嘉莹等学者曾就这一问题提出与朱光潜不同的看法。但无论如何，朱光潜尝试用西方的美学理论来阐释中国艺术的努力是应当肯定的，这毕竟是把中国诗学体系纳入世界现代艺术视野的可贵实践。

在现代中国，许多学者都曾经就中国的诗歌理论问题做过有价值的思考，出现了如梁宗岱的《诗与真》(1935 年)、《诗与真二集》(1937 年)、戴望舒的《论诗零札》(1937 年)、艾青的《诗论》(1941 年)、李广田的《诗的艺术》、冯文炳的《谈新诗》、朱自清的《新诗杂话》(1947 年)、唐湜的《意度集》(1950 年)等一批学术专著。此外，郭沫若、闻一多、穆木天、梁实秋、陈梦家、叶公超、袁可嘉等也发表文章提出了有价值的见解。但也应该看到，这里提及的一些著作和文章有不少还局限在一种狭窄的文化视野，单纯就文学论文学，更多的是单一文化模式下的审视和思考。与这些著作和文章比较起来，《诗论》的现代价值就会更加凸显，因为它始终是在比较文学的视野下来思考中国的诗歌理论问题，具有一种开放性、世界性、跨学科的眼光，从这个意义上来说，也许只有梁宗岱的《诗与真》等少数著作可以类比。另外，《诗论》严密的逻辑结构和思维的超越意识也是非常突出的，具有了现代批评的特征和属性。从这些角度来衡量，《诗论》在中国现代诗歌批评史上的开创意义是不应低估和漠视的。

中国新文学手稿研究的理论与问题

符杰祥

按照法国学者伊夫·塔迪埃(Jean Yves Tadié)的说法,现代人开始重视作家的创作劳动与手稿价值,亦即"进入艺术家的工房的意义",是"从19世纪德国浪漫主义和爱伦坡的'创作思想'"开始的。[①] 在西方学界,文学手稿研究形成一种理论意识与方法自觉,肇始于法国,也兴盛于法国。借用鲁迅的"文化偏至论"之说,手稿诗学在理论上乃是对结构主义思潮走向偏至的一种反拨。结构主义思潮在法国1960年代末达至鼎盛,其切断作者意图、遮蔽读者意志的文本中心主义倾向也因封闭固执而弊端毕现。如台湾学者易鹏所论:手稿学重启被结构主义否定与轻视的文本起源与创造过程等问题,其旨正在于寻求突破结构主义主导下无时间、悬置历史或历时性(diachronic)的一种僵化静态的文本观。[②] 与此同时,法国建立了专门的作家手稿典藏与研究机构"现代手稿与文本研究中心"。及至现在,如雨果、左拉、福楼拜、巴尔扎克、普鲁斯特等著名作家的手稿,都有系列而系统的研究成果。手稿学在西方又称为"渊源批评"、"文本发生学",已然形成了一个影响深远的学术流派。也因此,西方的现代手稿学在发展过程中已具备了一定的学术自觉,建构了一定的学术体系。相较而言,现代中国作家的新文学手稿研究尽管在文献整理方面显示出了由古典文献学、目录学、校勘学而来的优良传统,但在与现代手稿学接轨的理论方法与问题意识方面,仍有很大的发展空间。整体上看,中国新文学的手稿研究可谓整理有余,理论不足;考证有余,阐释不足。这一点,即便像国内手稿文献搜集最为

---

① 伊夫·塔迪埃:《20世纪的文学批评》,史忠义译,天津:百花文艺出版社,1998年,第306页。

② 易鹏:《文本生成学前言》,台湾《中山人文学报》2014年7月刊。

全面、文学地位最高的现代作家鲁迅也概莫能外。正因为如此，新文学手稿研究经由鲁迅的典型个案，才更加突显出一种亟需建构中国新文学手稿学的迫切性。

一、边缘的意义：现代作家与手稿诗学

法国学者热拉尔·热奈特最早从诗学意义发现并提出文本的广义性与跨越性问题。在他看来，跨文本的五大类型中存在着一种"正文"与"副文本"相互维持的关系。亦即，在阅读的正式文本之外，存在着如标题、献词、题记、序跋、前言、注释、插页、插图等副文本。热奈特不仅重视正文及其周边副文本之间的空间生态关系，而且也关注文本自身从手稿到出版的动态变迁过程。[1] 在此后不断发展完善"副文本"的概念过程中，热奈特又相继提出了"内文本"与"外文本""前文本"与"后文本""公共文本"与"私密文本"之说。[2] 如果说内外之分是根据文本位置处理正文及其周边的问题，那么前后之别则是根据创作时间处理草稿与定稿之间的问题。作为前文本，定稿之前的系列草稿同样有一种"副文本性"。就此而言，热奈特的前文本、副文本理论对手稿诗学或文本发生学来说，确乎是理论的先行者。

对"封闭派"过去所轻忽的"副文本"问题，热奈特通过《尤利西斯》等经典文本的阅读实践，以发难的形式予以高度评价："副文本性尤其是种种没有答案的问题的矿井。"[3]如果说，副文本是被既往的文本中心主义所严重忽略的一座富矿，那么手稿作为副文本的一种存在形态，则可谓富矿中的富矿。相较而言，副本文中的手稿系列是最有历史纵深与探掘价值的。热奈特早年对此虽未充分论述，亦曾明确点出："草稿、各种梗概和提纲等'前文本'形式，也可以发挥副文本的功能"。[4] 需要指出的是，手稿与前文本是手稿研究两种层面的说法。手稿指向前文本的物质材料形态，前文本则指向手稿的理论概念形态。对文学阅读来说，作为定稿的正文本自然处于显露的"中心"位置，而作为手稿的前文本则被处于被隐匿的边缘地带。不过，正像一位学者所指出的："副文本虽处于边

---

① 热拉尔·热奈特：《热奈特论文选　批评译文集》，史忠义译，开封：河南大学出版社，2009年，第56－59页。

② 金宏宇：《文本周边：中国现代文学副文本研究》，武汉：武汉大学出版社，2014年，第3页。

③ 热拉尔·热奈特：《热奈特论文选　批评译文集》，史忠义译，开封：河南大学出版社，2009年，第59页。

④ 热拉尔·热奈特：《热奈特论文选　批评译文集》，史忠义译，第59页。

缘的地位，但它们对中心的影响、制约乃至控制作用不可小觑，它们参与文本构成和阐释，助成正文本的经典化，保存了大量文学史料，具有多方面的价值。”[①]尽管其所处理的是内外文本的中心与边缘问题，但正副文本之间的动态关系考察，其实也可以运用到手稿研究的前后文本之间。

如果说手稿的意义在于从前文本的“边缘”影响与制约正文本的“中央”阐释，那么手稿研究的路径就在于挖掘作为草稿的前文本对作为定稿的后文本的影响与制约意义，以及如何影响、怎样制约的问题。如果进一步深入，我们可以发现，手稿内部研究亦存在第二个层面的边缘与中心的问题。也就是说，现代作家的手稿内文与页面边缘的修改之处同样构成一种边缘与中心相互照耀、相互阐释的动态关系。考察鲁迅、茅盾、巴金、老舍等现代著名作家的手稿文本，这样从手稿边缘修订文本中心的现象非常普遍。

当手稿边缘的动态关系与重要价值无法发现、亦无从重视时，手稿研究事实上在现实层面就会处于另一种边缘地位。换言之，当手稿的边缘价值没有得到发掘，手稿研究就会因为无法突破文本中心主义而置于废弃的边缘。也因此，即便像鲁迅这样在现代史上影响深远的“国民作家”，手稿文献在共和国时期虽几经整理与影印出版，手稿研究与其他现代作家一样，也极为单薄。目前仅有两部鲁迅手稿研究著作，皆以考证为主，分别是朱正先生的《鲁迅手稿管窥》与王得后先生的《两地书研究》。

手稿考证注重文献史料价值，这当然是开展手稿研究非常必要而且重要的前提工作。但对手稿研究来说，其重心尚不在此。借用法国学者桑德琳(Sandrine Marchand)的话来说：“手稿学重新发明一种全新的语言，反反复复，上下而求索，重视的是写作的踪迹，而非华丽的文藻、作家的亲笔字迹或价值连城的手稿；我们牢记一张纸的柔嫩，感受静默的存在。”因之，“研读手稿之目的不在于挖掘秘密隐私，找出没有人发现过的东西，揭发关于作家本人或其作品本质的真相。”[②]现代手稿学不是发掘隐私的索隐派，而是关注文本创作的生成痕迹。不过，即使不涉及隐私，手稿研究也可能会碰触一些作家不愿示人的创作隐秘。这是因为，“手稿是适宜踌躇、后悔、修改和犯错的所在，所以许多作者不愿意让别人看。”“给别人看自己的手稿就如同一个没有化妆的女人出现在公

---

① 金宏宇：《文本周边：中国现代文学副文本研究》，武汉：武汉大学出版社，2014年，第1页。

② 桑德琳：《修改的不可能性：王文兴手稿中的删除、修改和添加内容》，台湾《中山人文学报》2014年7月刊，第63页。

众场合。这比喻有双重意涵，一是指暴露自己的缺点，另一则是指缺点自然而然地浮现。将写作比拟为化妆，是否意谓写作成为隐藏缺点的美化过程？"[①]手稿学在现代中国文学研究中长期以来不占据主流地位，除了理论自觉与问题意识欠缺，也许与"美化"的误解有关。钱锺书在《人兽鬼》和《写在人生边上》的"重印本"序中曾言："考古学提倡发掘坟墓以后，好多古代死人的朽骨和遗物都暴露了；现代文学成为专科研究以后，好多未死的作家的将朽或已朽的作品都被发掘而暴露了。被发掘的喜悦使我们这些人忽视了被暴露的危险，不想到作品的埋没往往保全了作者的虚名。假如作者本人带头参加了发掘工作，那很可能得不偿失，'自掘坟墓'会变成矛盾统一的双关语；掘开自己作品的坟墓恰恰也是也是掘下了作者自己的坟墓。"学者被称为盗墓者，是作家不满研究者挖掘历史角落与创作隐秘的矛盾所在。由此来看当年《围城》的"汇校本"风波，就绝不仅仅是版权之争那样简单。钱锺书不愿暴露的心理障碍可以理解，对手稿与版本研究来说总归是一种缺憾。不过，杨绛先生在钱锺书去世后以极大的勇气与毅力整理出版工程浩大的《钱锺书手稿集》，终究是一种功德无量、造福文学的坦白与坦荡。

从支持杨霁云在编《集外集》过程中收入留日时期的文言论文可以看出，鲁迅必然属于"不悔少作"的作家，而且他也反对那些有意隐蔽自己"少作"的做法："一些作家在自定集子的时候，就将少年时代的作品尽力删除，或者简直全部烧掉"，"这大约和现在的老成的少年，看见他婴儿时代的出屁股，衔手指的照相一样，自愧其幼稚，因而觉得有损于他现在的尊严，——于是以为倘使可以隐蔽，总还是隐蔽的好。"[②]在为《中国新文学大系》编选他人的小说集时，鲁迅也这样说："有些作者，是有自编的集子的，曾在期刊上发表过的初期的文章，集子里有时却不见，恐怕是自己不满，删去了。但我间或仍收在这里面，因为我以为就是圣贤豪杰，也不必自惭他的童年；自惭，倒是一个错误。"[③]鲁迅既然是"不悔少作"，当然也是"不悔手稿"的，但也因此不够珍惜。鲁迅早年的文学手稿随写随弃，留下的很少。《呐喊》与《彷徨》这两部最著名的小说集，仅留下《阿Q

---

① 桑德琳：《修改的不可能性：王文兴手稿中的删除、修改和添加内容》，台湾《中山人文学报》2014年7月刊，第64页。

② 鲁迅：《集外集·序言》，《鲁迅全集》第7卷，北京：人民文学出版社，2010年，第3页。

③ 鲁迅：《且介亭杂文二集·〈中国新文学大系〉小说二集序》，《鲁迅全集》第6卷，北京：人民文学出版社，2015年，第264页。

正传》几页残稿，而《野草》仅存的一页亦是翻拍的影印稿。《朝花夕拾》手稿之所以能够完整保留下来，则是因为当年未名社的青年作家对鲁迅手稿极为爱惜，代为保存之故。鲁迅后期的手稿保存较多，是因为许广平的悉心珍藏，才免去了类似手稿随意扔弃而被包油条的命运。饶是如此，鲁迅手稿初步统计也仍缺失数百万字。手稿本相对于正文本虽处边缘，而边缘的缺失，却显得意义极为重大。手稿存在最基本的意义是校订异文及正误，如《从"别字"说开去》一文，"所以还可解得。"手稿、初刊与初版均作："所以还可以解得"。2005年版的《鲁迅全集》至今未修订过来。再以《野草》的文字正误为例，是否"一错九十年？"至今仍有诸多疑义：诸如《复仇》中"颈子"是否应为"脖子"，《死火》中"衣裳"是否应为"衣袋"，《失掉的好地狱》中"地上"是否应为"地土"，《颓败线的颤动》中"人与兽"是否应为"神与兽"。[①] 倘若手稿尚存，想必会以各种可能性解放许多困扰《野草》的阐释争议。《野草》以触目的缺失，再次揭示了手稿以边缘地位影响文本中心的"矿井"意义。

二、手稿边缘：涂改中的鲁迅

手稿学的一个重要价值就在于："对于渊源的了解使我们在最后解读作品的结构和定稿时不致误入歧途。"[②]如果说在现代手稿学那里，"普鲁斯特的作坊为了解一个伟大作家的创作、了解他的思想、虚构和视野的进展，提供了不同寻常的机会。"[③]那么从《野草》"文字"影响"意义"的争议，我们同样可以发现手稿作坊的重要性。或许可以这样说：涂改的鲁迅手稿文字才可能真正保障鲁迅形象不被涂改。只有鲁迅手稿边缘涂抹修改的文字真相得以保存，真实而非美化的鲁迅形象也才可能免于被阐释者们随意涂抹修改。

没有文献材料的手稿学犹如空中楼阁。手稿学重心尽管不在文献考证，但校勘考订毕竟是手稿前期研究得以展开的最基础的工作，也是保证后期研究能够深入进行的极繁难的工作。考证鲁迅手稿本的不同性质与来源，需要熟悉鲁迅的写作习惯与笔墨趣味，对文学创作手稿的笔迹、用稿、用笔、标题、流水页码、写作日期、涂改痕迹、作者署名等方面进行知识考古与全面勘察，同时与初刊本、初版本、全集本对校比勘，通过统计归纳与鉴别考证，明确稿本的不同性

---

① 龚明德：《一错九十年，鲁迅〈野草〉文本勘订四例》，《中华读书报》2015年11月14日。
② 伊夫·塔迪埃：《20世纪的文学批评》，史忠义译，天津：百花文艺出版社，1998年，第326页。
③ 伊夫·塔迪埃：《20世纪的文学批评》，史忠义译，天津：百花文艺出版社，1998年，第326页。

质与来源，为鲁迅的文学创作手稿建立清晰的分类与谱系。[1] 那么，在校勘考证之后，手稿研究需要面对鲁迅文本生成的这样一些问题：创作手稿与鲁迅文学有何渊源，手稿修订与修辞艺术是何考量？手稿边缘的涂改，折射出鲁迅时代一种何样的社会制度、文化语境，又照耀出作家的一种何样的心态与精神？无论探究哪一方面，都需要从辨读手稿边缘的修改涂抹入手。

鲁迅文学手稿的修改涂抹大致有两大类：一类是在自己所写的文本上直接修改，一类是在别人代书的文稿或剪报上修改。

鲁迅在自己所写的手稿上直接修改，是最常见的，主要有四种情形：

(1) 修改题目。后期手稿如《从帮忙到扯淡》，原题为《从帮闲到扯淡》；《"以眼还眼"》，原题为《解"杞忧"》；《不应该那么写》，原题为《不应该怎样写》。

(2) 整段删改。如《说面子》，最后一段完全删去，被涂去的文字为："为了'面子'，中国人真可以一切弄得精光，而永远只留着'面子'的。"

(3) 多处删改。如《文坛三户》，在鲁迅的手稿中长计四页，修改的地方约近四十处。改动最大的一处是将整句话涂去。原话为："那文雅是装不出来的，从破落户看来，这就是所谓'俗'。不识字人不算俗，他一掉文，又掉不好，那可就俗了。"改定为："破落户的颓唐，是掉下来的悲声，暴发户的做作的颓唐，却是'爬上去'的手段。所以那些作品，即使摹拟到和破落户的杰作几乎相同"。

(4) 标点符号。如《阿 Q 正传》中这一句："满把是银的和铜的，在柜上一扔说，"手稿涂改处原为"满把是钱"。手稿残页标点符号一处有异文的是"在柜上一扔，说"。鲁迅未做修改涂抹。但后来在《晨报副刊》发表时，逗号没有了，变成了"在柜上一扔说"。缺少逗号，阿 Q 式的暴发户人物举止之间的骄横之气也失色不少。《阿 Q 正传》后来收入《呐喊》小说集中，大概是前期唯一的小说残稿难以找到之故，鲁迅依据的是初刊本，未发现编辑、手民之误。初刊本的标点失误延续至今，2005 年人民文学出版社最新一版的《鲁迅全集》也未能根据手稿及时更正。与《阿 Q 正传》同时期发表的小说《不周山》从侧面也证实了这一点。鲁迅在 1936 年编《故事新编》一书时，将 1922 年写的《不周山》改题为《补天》。根据现存手稿，题目是后来的"补天"，且无任何修改痕迹，这显然不是原始初稿，是鲁迅重新编集出版时从初刊本中倒抄过来的清稿。

鲁迅的第二类代书手稿也有四种情况：一是别人记载或发表的鲁迅演讲记

---

① 符杰祥：《文章与文事：鲁迅辨考》，上海：三联书店，2015 年，第 3－4 页。

录。如《上海文艺之一瞥》，文本三次变动，鲁迅的文本删去关于"对于肥胖的女人有点弄不动"一类生动活泼的笑话，而改为"对于壮健的女人他有点惭愧"这样更为文雅含蓄的表述。[①] 二是所谓"鲁迅口述"的代笔稿，如以"鲁迅口述，O.V.笔录"发表的两篇文章《答托洛斯基派的信》《论现在我们的文学运动》，其实是冯雪峰在鲁迅病重期间草拟的代笔稿，鲁迅仅署名，未曾口述，也未改一字。鲁迅对此有所保留，其实不能算作鲁迅的文章。[②] 三是请许广平、杨霁云等人帮忙誊写的代抄稿，如《阿金》《从"别字"说开去》鲁迅在文字上有所修改调整，并在文末统一加注写作日期。四是失去手稿后，在剪报上用毛笔直接修改。如发表在《申报自由谈》上的大量文章，就是采取一种"剪刀加浆糊"的修改做法。

鲁迅文学手稿的修改涂抹情况不同，研究价值也各有不同。鲁迅文学手稿的修改涂抹大概也有四种：一种是为了订正错字误写，一种是为了增删修补，一种是为了文学修辞的考虑，一种是为了应对审查的删改。前两种情况比较常见，第三种情况也有一大部分，最后一种在则鲁迅晚期手稿中大量存在。这几种情况在同一个文本里或者存在一种修改情况，或者存在两种及两种以上的情况。更为复杂的是，在同一个文本的同一处也可能存在着两种及两种以上的情况。这需要结合整个文本语境与鲁迅的写作习惯来判别。比如给徐懋庸的公开信《答徐懋庸并关于抗日统一战线问题》，鲁迅对冯雪峰拟稿后半部分大量修改、几乎重写有多方面的考虑，绝不仅仅是文学修辞的问题，还有文学场背后政党所代表的政治资本与鲁迅所代表的象征资本之间争夺话语权的问题。与高尔基接受"党派给他的秘书"代笔签字不同的是，鲁迅即使在病重期间，也始终坚持独立写作的原则，挣扎着要发出"自己的声音"。[③] 鲁迅的重新书写与修改之处位于手稿边缘与末端，显示的却是其最核心、最紧要的精神立场：对于进步阵营或革命力量，鲁迅是愿意支持而不肯轻易俯就，愿意发声而不愿被人代言的。

---

① 魏建、周文：《〈上海文艺之一瞥〉的谜团及其国外版本》，《鲁迅研究月刊》2014年第8期。

② 参见周楠本：《这两篇文章不应再算作鲁迅的作品》，《博览群书》2009年第9期；田刚：《〈答托洛斯基派的信〉考辨》，《东岳论丛》2011年第8期；刘云：《左翼文学场域的运作规则——答〈徐懋庸并关于抗日统一战线问题〉手稿辨正》，《山东大学学报》2014年第2期。

③ 胡风：《鲁迅先生》，《新文学史料》1993年第1期。刘云：《左翼文学场域的运作规则——答〈徐懋庸并关于抗日统一战线问题〉手稿辨正》，《山东大学学报》2014年第2期。

三、前文本:鲁迅创作寻踪

手稿研究的目的是从边缘的涂改中摸索一条条曲折蜿蜒的小路,探寻充满种种可能性的创作踪迹。在灵感的偶然与必然、思路的连续与中断、文字的涂抹与透明之间,"追踪各种分歧和岔道,把被删除的部分视为可能的版本,在作品里漫步的同时,不断想到这些作品大可以另一种面貌出现。"[①]对于手稿研究来说,作家在手稿边缘的涂改恰恰是文本生成学中最有价值的中心部分。而且,草稿、修改稿之类的手稿本越多,手稿文字的修改与涂抹越多,越凌乱潦草,越可以深入理解文本的生成过程与动态痕迹,越可以把捉作家的创作心理与修辞艺术等问题。易言之,手稿研究是"唯恐天下不乱"的,涂抹修改越多,越富有探索价值。

在文本发生学的视野中,手稿内文与边缘修改之间不是一种净滞、僵死、单调的空间,而是以一种"活跃、变动与多产的领域"。[②] 法国学者费非(Daniel Ferrer)在乔伊斯手稿那里感受到了手稿内文与边缘涂改之间既离心又向心的一种闪现创作思维火光的动态关系。"页面边缘处的增添像是枝干长出的芽,或是延伸的触手。诚然,它们经常有光线一般的线条连接着插入之处:内文照耀边缘。"从另一方面看,"从最早的草稿到最终的修订稿,内文如黑洞般吸引巨量的边缘材料,使其句法纷杂,大大地增加文本的密度。"因此,手稿内文与边缘空间构成"延伸""过渡""连接""同化"等各种动态关系。[③] 在鲁迅大量的文学草稿中,我们同样可以藉由边缘的空白、修改、涂抹、增删与连接,感受到一种创作过程中异常活跃、灵敏多变的思维状态。如此,从手稿边缘开辟的门径中,我们不仅可以了解鲁迅反复推敲的修辞艺术,而且可以感受鲁迅内心世界的幽隐曲折,洞察文本背后时代风浪的扑面喧嚣。

其一,在文学手稿的边缘之处体察创作过程的精神动态。和公开发表的期刊本、出版本等各类"正式文本"相比,文学创作手稿是一种具有朴素美、原始美的"前文本",也是一种未完成、开放性的"前写作"。文学手稿与正式文本之间有着必然的渊源关系,手稿的涂抹钩乙、添删润色也必然留下了作家思维投射的创作痕迹。对校分析手稿边缘的修改润色,可以重塑鲁迅在手稿中取舍、调整、斟酌的

---

① 桑德琳:《修改的不可能性:王文兴手稿中的删除、修改和添加内容》,台湾《中山人文学报》2014年7月刊,第63页。

② 费非:《写在边缘:手稿》,台湾《中山人文学报》2014年7月刊,第33页。

③ 参见费非:《写在边缘:手稿》,台湾《中山人文学报》2014年7月刊,第33-39页。

文本孕育过程,触摸鲁迅创作状态中丰富跳跃的心理轨迹与思维状态。

在鲁迅晚期的杂文中,《三月的租界》是比较特殊的一篇。这篇文章的手稿完全是鲁迅手迹,不像《答徐懋庸并关于抗日统一战线问题》那样,其中因有虽非"异己"的他人文字而充满争议。不过,两篇手稿无论是自写自改还是"我中有他",所针对左联内部有害的问题却是一样的,同样出现一种微妙复杂的离合与斗争关系。倘若只看正文,也许可以想象,但绝对无法从手稿修改的边缘之处感受到文字背后的惊心动魄。在鲁迅起草与修改的这篇手稿中,通过辨读手稿内文旁边的修改痕迹,在电光火闪的稍纵即逝之间,仍然可以捕捉到理性与情感之间的紧张搏斗气息,感知在精神纠缠与扭结之处所照耀出的一种压抑与释放、悲愤与克制,体会在文字增添与删改之间所冲荡回旋着的一种恣肆与含蓄的美学平衡。手稿末尾的最后一段,被鲁迅完全涂去:"'拳头打出外,手背弯进里',这是连文盲也知道的。"鲁迅引用江浙一带的乡间俗语,是用来回击那些躲在租界背后化名谩骂萧军及其小说《八月的乡村》的"战友"。所谓小说"不够真实"、作者"不该早早地从东北回来"云云,在鲁迅看来是不懂得团结御侮、一致对外的策略,其见识低下,连乡下的文盲也不如。鲁迅的矛头是指向左联内部"专对'我们之中的他们'"来"执行自我批判"的恶声的。鲁迅的文字异常愤怒,但毕竟是"我们"而非"他们",是内部矛盾而非民族敌人,从团结御侮的策略出发,鲁迅在最后一刻还是删去了情绪昂扬的语句,也删除了自己不可遏制的愤怒。从手稿涂抹的黑色边缘,完全可以感受到一种利箭迅疾射出去又硬生生收回的策略调整与理性控制。一收一放之间,我们可以看出鲁迅的批评是遵循"辱骂和恐吓决不是战斗"的自立原则的,对左联内部问题的批评也是从维护团结的大局出发的。鲁迅在拥抱"热烈的是非"的同时,对"战友"的"暗箭"仍抱有最大程度的容忍。鲁迅的"横站"处境与主体意识闪耀在手稿边缘。不必说冯雪峰卷入极深的那篇代鲁迅起草的致徐懋庸的著名公开信,单看鲁迅在《三月的租界》这篇自拟手稿边缘之处的修改,就可以向外印证冯雪峰在《回忆鲁迅》一书中对鲁迅困境与不满心境的基本判断。

其二,从文学手稿的边缘锤炼修辞艺术。如鲁迅自己所言:"同一作品的未定稿"是学习创作的"实物教授"。[1] 对鲁迅这样写作态度极为认真的人来说,

---

① 鲁迅:《且介亭杂文二集·不应该那么写》,《鲁迅全集》第6卷,北京:人民文学出版社,2015年,第322页。

即使写作时“深思熟虑”、“一气呵成”，也要“在写完后至少看两遍”。许广平的回忆印证了这一点：“每次文章写完尽给我先看的，偶然贡献些修改的字句或意见，他也绝不孤行己意，很愿意地把它涂改的。”①鲁迅写作本身就经历了一个从初稿到定稿的不断修订过程。借助鲁迅手稿边缘之处的修改痕迹，在文字的涂抹钩乙中感受作者的推敲构思，得见鲁迅文章的修辞技巧与艺术风格。举例如下：

（1）删削简约，在鲁迅手稿中最为常见。如《什么是“讽刺”?》，手稿最后一段完全涂去。手稿涂抹之处的含蓄节制、简洁凝练，显现的是一种典型的“鲁迅风”。这也印证了其在《我怎么做起小说来》一文中总结的写作经验：“我力避行文的唠叨，只要能够将意思传给别人了，就宁肯什么陪衬也没有”。

（2）增添补充，是为了文意完整、表达充分。以《呐喊》留下的唯一一篇小说手稿为例，《阿Q正传》仅存两页残稿。《阿Q正传》手稿仅存第六章“从中兴到末路”前面几段文字。第一段中有一句：“他或者也曾告诉过管土谷祠的老头子，然而未庄老例，只有赵太爷钱太爷和秀才大爷上城才算一件事。”“赵太爷”在手稿中是添加上去的，在太爷群所代表的未庄上层权贵社会中，没有赵家人，显然不合逻辑。手稿边缘之处的补写连接、暗示、丰富了文本因脱漏而欠缺的现实寓意。

（3）语气修辞，也是鲁迅手稿经常改写之处。《答〈戏〉周刊编者信》涂改最多的是倒数第二段。“当然决没有叭儿君的尾巴的有趣”这一句中，“当然决”原文是“不过恐怕”。修改与内文相对照，映衬出一种更为决绝的语气。《再来一次》开头第一句“去年编定《热风》时，还有绅士们所谓的‘存心忠厚’之意，”涂改的原文为“世间很有些骗子，自己日夜运用阴谋，而口头上总劝人‘存心忠厚’。”从“骗子”到“绅士”，措辞由激烈直露转而含蓄文雅，也祛除了论战文章中过于飞扬的个人意气。

其三，从文学手稿边缘澄清鲁迅写作的文化语境。在手稿诗学那里，研究一个作家，手稿痕迹往往胜于传记材料：“草稿可以澄清心理环境、社会环境和文化环境，而不是后者澄清前者。”②鲁迅手稿边缘的修改痕迹并非都是出于文学修辞的考虑，同时与当时的文化环境、出版制度、思想心态等有关。如《病后

---

① 许广平：《鲁迅先生的写作生活》，《鲁迅的写作和生活》，上海：上海文化出版社，2006年，第11页。
② 伊夫·塔迪埃：《20世纪的文学批评》，史忠义译，天津：百花文艺出版社，1998年，第319－320页。

杂谈》等手稿，其中讽刺性的文字被迫大量删改，《病后杂谈之余》的小注“关于舒愤懑”也不准有。由此，可以反观鲁迅的自由气质与书报检查制度格格不入的一种紧张对抗。

除了检查制度，手稿的修改程度也可以反映和报刊编辑等不同群体的社会关系。编辑删改与审查压力，并非都是检察官干的，也有作者编者自我审查的因素。收入《伪自由书》的文章，因为和编辑黎烈文关系密切，彼此信任，鲁迅将手稿全部寄给报社，未留多少底稿。所以现在仅存四篇最原始的草稿，保留了初稿原貌。其中《天上地下》对抗战政策发议论和讽刺国民党政客的文字在草稿中尚有所保留，发表时则被完全删去。对相对陌生的报刊杂志，鲁迅基本保留了自己的底稿。同时，为避文网，并请许广平、杨霁云等身边的家人学生代抄文稿，如《阿金》手稿现存两种，一个是许广平用钢笔抄写的，一个是鲁迅用毛笔书写的。

四、结语

手稿边缘的修改犹如布迪厄所言的“文学场”，各种话语的涂抹与留白，各种文字的删改与增补，是文学修辞的推敲，也是文化政治的博弈。对一个伟大的作家来说，观照手稿涂改的边缘，可以洞幽其活跃紧张的创作中枢；观照手稿边缘的涂改，可以漫步其交锋分岔的思想密林。鲁迅，一个一生以“精神界之战士”为期许的人，无论在手稿文本之内，还是在手稿文本之外，边缘修改的反复与反抗，不就是其自我人生的微妙写照吗？

抗战语境下的文化重建构想

——比较陈铨与李长之对五四新文化运动的反思

丁晓萍

民族主义思潮是20世纪中国一个重要的社会思潮，它兴起于晚清以来内忧外患的特殊背景，伴随着中国整个现代化的进程。中国现代文学作为中国现代化进程的产物，必然对民族主义思潮有不同程度的反应，只不过在不同时期以不同的表现形式出现。正如罗志田所说："如果将晚清以来各类激进与保守、改良与革命的思潮条分缕析，都可以发现其所包含的民族主义关怀，故都可视为民族主义的不同表现形式。"[①]因为民族主义在不同时期的表现程度、形态与特征颇为不同，它对文学的辐射情形和文学对它的反应程度在不同时期也有着很大差异。在中国现代文学史上，明确地提出了民族主义的文学要求，可以称之为文学思潮，并把文学创作与民族国家建设直接联系起来的，是20世纪30年代出现的"民族主义文艺运动"及40年代"战国策派"以陈铨为代表提出的"民族主义文学"运动。然而，由于民族主义本身的复杂性以及特殊的历史背景，长期以来学界对"民族主义文艺运动"和"战国策派"都是从政治角度持批判态度，对民族主义与中国现代文学的复杂关系并未予以足够重视，直到上个世纪九十年代才开始从学理角度进行客观研究。其实任何一种文学现象、文艺思潮的产生，都有其复杂的历史文化背景，只有尽力回到历史现场、还原历史语境才有可能接近其真实而复杂的历史面貌。因此，当我们把"民族主义文艺运动"和"战国策派"的"民族主义文学"运动置于特有的历史背景中，了解其理论话语产生的语境，我们会发现它们都在一种民族危机意识背景下实现了对民族国家的想象和叙述，他们或者出于政治目的，或者基于文化价值诉求；尤其是"战国

① 罗志田：《乱世潜流：民族主义与民国政治》，上海：上海古籍出版社，2001年，第1页。

策派”，虽然有党派色彩，但更多的是基于文化诉求。由此，以陈铨和李长之在抗战语境下对五四新文化运动的反思为切入点，有助于从一个特定的角度理解民族主义思潮与中国现代文学的复杂关系。

“五四”新文化运动作为中国现代化的起点，一直是一个说不完的话题，解说各异，反思不断，而20世纪40年代的战时背景，更让这种反思形成一个热潮。自鸦片战争以来，如何救国强国一直是中国人思考的核心问题，寻求民族振兴之路，也成为近代以来中国知识分子的宿命。“五四”新文化运动（以下简称“五四”）曾经给富有历史使命感的中国知识分子带来民族振兴的希望，但民族危机扰乱了迈向希望的正常步履，更促使不同文化立场、政治倾向的知识分子将目光再次聚焦“五四”，去反思作为中国现代化起点的“五四”的得失，去探讨实现中国文化复兴、中华民族重新崛起的途径。无论是左翼阵营的胡风、冯雪峰，还是自由主义阵营的“战国策派”学人或李长之对五四的反思，都是反思潮的一部分，他们的反思都带有浓郁的40年代战时文化特点。

之所以选择“战国策派”中坚人物陈铨和李长之对“五四”的反思进行比较，一方面是因为他们有着极为相似的教育背景。他们都曾经是清华园的风云人物，一个曾与张荫麟、贺麟同为吴宓最得意的学生，以文学院“三才俊”闻名，[①]是1925年间“左右清华文坛的人物”，清华有名的校园文学作者。一个与吴组缃、林庚、季羡林同被称为清华“四剑客”，[②]在清华时期就应郑振铎先生之邀参加《文学季刊》编委会，不到二十五岁就出版了奠定其在现代文学批评史上地位的《鲁迅批判》。他们虽然未曾在清华园中相遇，但他们之间却发生着奇妙的关系，他们在校期间都主持过《清华周刊》文艺副刊，他们和张荫麟、钱钟书一起被誉为以文论闻名的清华“四才子”，[③]陈铨的同学好友贺麟是李长之的老师，他们都与德国文化和德国文学结下了深厚的渊源。更重要的原因是，他们在1940年代几乎同时对“五四”进行反思，他们的反思都是在战时民族存亡关头、在中外文化比较的视野下，以文化重建为目的，来思考“五四”以来文化建设的历史经验的，他们的反思是在那个血火交迸的年代，对中国文化命脉问题的严肃思考，而这种思考又都体现出浓厚的民族主义意识。

陈铨和李长之虽然年龄相差7岁，但都是在五四新文化熏陶下成长起来的

---

① 季进、曾一果：《陈铨异邦的借镜》，北京：北京出版社，2005年，第11页。

② 蔡德贵：《季羡林的一生》，长春：长春出版社，2010年，第64页。

③ 季进、曾一果：《陈铨异邦的借镜》，北京：北京出版社，2005年，第11页。

一代知识分子，切身享受过“五四”精神文化的成果，因此，他们对“五四”的历史功绩是肯定的。陈铨和“战国策派”的同仁们，都曾高度评价“五四”的历史价值，肯定其思想解放、个性解放的启蒙意义，认为“五四”“推翻了数千年来的传统思想”，“展开了中国文化的新局面”，具有“划时代的意义”。[①] 他们最为看重的“五四运动在国史上的意义”，主要就是“个性的解放”，认为“中国传统的文化太发展了群众的压制力，太伸张了社会制度的权威。五四运动揭起个性解放的旗子，煞是一种极有价值的反动”，[②]肯定“五四”的功绩在于“扫荡千余年道学面孔的淫威，捧出冷酷的‘事实’来打碎那鳞甲千年的‘载道’‘设教’的老偶像”。[③] “五四”先驱们对“白话文的运动，新文学的提倡”，也都“很有价值”。[④] 李长之对“五四”的思想启蒙作用同样是基本肯定的，认为“‘五四’运动是一枝鲜艳美丽的花”，[⑤]新文化运动就是一场“现代化运动”，它“尽了它的崭新的使命”，虽有不足，然“其意义却仍算伟大”。同时也承认文学革命“有着无穷的意义，因为它是巨变的一点象征”。[⑥]

可见，陈铨和李长之都是充分肯定“五四”作为中国现代化的起点的意义和价值的，但是在战火纷飞的40年代，民族生死存亡之际的危机感与紧迫感，促使他们认真思考民族精神文化的重建问题，当他们反观“五四”以来的新文化运动，总结其成败得失时，他们发现这个起点并不那么完美，对它又有诸多不满，更重要的是他们都希望通过反思“五四”，能在文化建设上有所建树，从而超越“五四”。陈铨在1940年到1944年发表的《五四运动与狂飙文学》《民族文学运动》《民族运动与民族文学》《狂飙时代的德国文学》等一系列文章中都涉及对“五四”的反思；而李长之1944年出版的《迎中国的文艺复兴》中一个主要内容也是对“五四”遗产的反思。

比较二人对“五四”的总体认识，有诸多相似之处，而且也确实击中了一些要害，但他们反思的立足点、关注的侧重点以及文化重建的构想等，又有所不同。他们的思考既带有20世纪40年代战时的时代特征，又有他们的独到之处。我们将从他们对“五四”的基本评判、反思视野以及在反思基础上提出的文

---

① 陈铨：《五四运动与狂飙运动》，《民族文学》第1期，1943年9月7日。
② 林同济：《优生与民族——一个社会科学家的观察》，《今日评论》1卷23期，1939年6月4日。
③ 林同济：《第三期的中国学术思潮——新阶段的展望》，《战国策》第14期，1940年11月1日。
④ 陈铨：《五四运动与狂飙运动》，《民族文学》第1期，1943年9月7日。
⑤ 李长之：《国防文化与文化国防》，《李长之文集》(第一卷)，石家庄：河北教育出版社，2006，第16页。
⑥ 李长之：《文化上的吸收》，《李长之文集》(第一卷)，第82页。

化重建构思三个反方面展开比较，并探讨其原因，以期对那个特殊时代的文人关于民族文化复兴的思考有一个更深入客观的认识。

一、基本评判："五四"新文化运动是启蒙运动

对于"五四"的启蒙性质，我们现在基本已成共识。但"五四"本身是一个充满矛盾的时代，"五四"的内涵也是丰富和多面的，不同的人不同的视点都可能对"五四"做出不同的解读和评说，比如从20世纪20年代到40年代，对"五四"就有"革命的""浪漫的""小资产阶级的""启蒙运动的""文艺复兴的"等众多解读。而陈铨和李长之在对"五四"性质的总体判断上是一致的，即这是一场启蒙运动，其时代精神是理智主义。

陈铨和他的同道们都认为"五四"时期学术思潮的特点是外接欧洲启蒙主义和美国经验主义，上承清代三百年考证传统，胡适的《中国哲学史大纲》和顾颉刚的《古史辨》是代表。欧洲启蒙运动强调"人类一切行动，要以理智为依据，道德、宗教、美术，一切的一切，都要建立在理智之上"，"五四的思想家，只高唱肤浅的科学口号，要想凭藉理智，解决人生一切的问题，这和十七世纪的理智主义，完全相似。"[①]他们肯定"五四"在扫荡道学淫威、打破传统载道偶像方面，都具有启蒙主义的理智精神，但"有所敝"，只"见其树不见其林，见其一不见其二"，[②]尤其到四十年代，"五四运动肤浅的理智主义，并不能担当新时代的使命"。[③]

李长之则针对胡适等人称"五四"为中国的文艺复兴的说法表示异议，认为"五四"新文化运动的本质只是一个启蒙运动而非文艺复兴，指出"启蒙运动的主要特征，是理智的，实用的，破坏的，清浅的"，而五四时代的精神，如陈独秀对传统文化的开火、胡适主张要问一个"为什么"的新生活、顾颉刚的疑古乃至鲁迅在经书中看到吃人的礼教等，都是"启蒙的色彩"[④]；新文化运动"所谓德先生，赛先生，所谓'有什么话，说什么话'，所谓'大胆的假设，小心的求证'，……这些清浅而理智的色彩，无不代表'五四'运动之为启蒙运动处。"[⑤]在李长之看

---

① 陈铨：《五四运动与狂飙运动》，《民族文学》第1期，1943年9月7日。

② 林同济：《第三期的中国学术思潮——新阶段的展望》，《战国策》第14期，1940年11月1日。

③ 陈铨：《五四运动与狂飙运动》，《民族文学》第1期，1943年9月7日。

④ 李长之：《五四运动之文化的意义及其评价》，《李长之文集》（第一卷），第20页。

⑤ 李长之：《国防文化与文化国防》，《李长之文集》（第一卷），石家庄：河北教育出版社，2006，第16页。

来，“五四”时期无论是在文化姿态、哲学思想、方法论乃至于文学艺术，都表现出“明白清楚”、理智实用的鲜明的启蒙主义特征。白话文运动明确提出“明白清楚的理智要求”；哲学流行的不是柏拉图、黑格尔、康德等“深奥的哲学”，而是杜威、赫胥黎、达尔文或者马克思；文艺则“不是讽刺，就是写实。讽刺是五四时代破坏精神的余波，写实就是理智主义的另一表现”；文化上的最大成就是自然科学。因此“五四”时期的理智主义是“缺少深度，缺少对于人性之深度的透视”的“清浅的理智主义”，[①]“没有远景，而且和民族的根本精神太漠然了”，[②]“五四”在文化上最大的成就在自然科学，哲学、文艺等思想精神方面却成就不大，因而无法达到真正的文艺复兴。

正因为“五四”是这样一场启蒙主义的新文化运动，因此它“破旧”有力而“更新”不足。自近代西方以“船坚炮利”敲开中国国门以来，深重的民族危机就促使中国的知识分子一直思考强国之路，一部分人认为中国的落后是因为中国的文化已经落后，因此必须毁掉整个中国的传统文化，完全吸收西方的文化，才能使得中国重新走上强盛之路。因此，而作为一场彻底地反传统的运动，五四新文化运动的发生，并非单纯由于自身文化发展的需要，更主要的是西方文化入侵的结果，是对近代西方文化冲击的强烈回应。在进化论影响下的五四一代知识分子，又大多是把中国传统文化作为一个单一的整体与西方近代文明对立起来，他们把中西文化的不同，视作时序上的差异，而不是种类上的区别，认为凡中国文化即为“旧”，西方近代文化即是“新”，结果笼统地将中国传统文化全部视为封建文化加以打倒。“五四”虽然彻底批判了中国旧传统，但在建设新文化方面却根基不牢，建树不大。对于这一点，陈铨和李长之都提出了自己的批判。陈铨认为，“五四”虽曾“如火如荼”，却未能为新文化建设奠定牢固的根基，他把从“五四”到四十年代中国思想文化界的变化分为三个阶段：个人主义、社会主义和民族主义，新文学也随着不同的阶段表现出不同色彩。五四时期，以提倡个性解放为特点，个人主义成为时代标签。表现在文学上，是一味摹仿西洋文学，作品表现的大多是个人问题，即使描写社会政治问题，也是站在个人主义的立场去衡量一切，感伤主义盛行。“这种文学思想，对于打破旧传统，贡献是伟大的，但是对于建设新传统，它却是不切实了”。[③] 李长之在这点上同样表

---

① 李长之：《五四运动之文化的意义及其评价》，《李长之文集》(第一卷)，第22页。

② 李长之：《迎中国的文艺复兴·自序》，《李长之文集》(第一卷)，第5页。

③ 陈铨：《民族文学运动》，《战国副刊》第24期，《大公报》1943年5月13日。

现出他的不满，认为“五四”“有破坏而无建设，有现实而无理想，有清浅的理智而无深厚的情感”，[1]作为一场启蒙运动，它“缺少深度”，不够美，难以完成文化建设的重任。

无论是陈铨还是李长之，其实都不否认批判传统文化的必要性，也承认外来文化影响的积极作用，他们自身就深受德国文化的影响，他们反对的是全然丢弃民族传统、盲目崇拜外国文化、生搬硬套、食洋不化的现象。陈铨认为“中国二十年以来的新文学，没有多大成绩，固然有其他原因，然而他们崇拜外国偶像，彻底仿效外国人，不顾时代精神，抛弃民族特性”，是更主要的原因，可见在他看来，“五四”恰恰是在继承民族文化的积极因素方面做得不够，“五四”文化先驱们“没有深刻认识西洋”，“也没有深刻认识中国”，[2]而真正的新文化运动应该是要“创造一种新文化，使中华民族独立自由，发展它特殊的性格”。[3] 李长之则指责“五四”“在精神上太贫瘠，还没有做到民族自决和自信。对于西洋文化还吸收得不够彻底，对于中国文化还把握得不够核心”，它只是“一个移植的文化运动”，“是西洋文化思想的一种匆遽的重演”。他理想的新文化运动应该是“情感与理智同样发展”，“深厚远大”，文化各方面都要进步，尤其是要“接着中国的文化讲”，只有这样才是“民族文化的自然发展”，才是“真正的中国的文艺复兴”。[4]

应该说，陈铨和李长之对于“五四”是一场启蒙运动的总体判断是准确的，他们也看到了“五四”新文化运动以及后来的文学、思想界存在的一些问题，如对极端个人主义、科学崇拜，文化的“破”与“立”等等。比如关于文化的“破”与“立”，“五四”文化先驱们在内忧外患的现实背景下去探究中国落后的原因，得出的结论是中国封建宗法社会制度造成了国民的精神奴性和社会的腐败停滞，因而全力揭露和批判传统文化的罪恶，以“引起疗救的注意”成了他们最大也是最为繁重的任务，在这种情况下，“五四”先驱者们确实来不及过多考虑推翻“偶像”打破传统后的文化建设问题，正如刘再复所说：“他们没有注意到，尽管在理论上可以和自己的文化传统实行决裂，但在实际上，新文化运动仍然必须以传统作为逻辑的出发点。在中国，完全抛开传统而构筑一座纯粹的新文化大厦是不可能的。因此，寻找传统向现代转化的机制，就成为新文化建设的一项重要

---

[1] 李长之：《五四运动之文化的意义及其评价》，《李长之文集》(第一卷)，第22页。
[2] 陈铨：《五四运动与狂飙运动》，《民族文学》第1期，1943年9月7日。
[3] 陈铨：《民族运动与文学运动》，《文学批评的新动向》，南京：正中书局，1943年5月初版，第37页。
[4] 李长之：《五四运动之文化的意义及其评价》，《李长之文集》(第一卷)，第23页。

任务，但是，'五四'的文化先驱者们并没有完成这种使命。"[①]十几年之后，当中华民族再次深陷生死存亡的危急关头，陈铨和李长之他们发现"五四"这个现代化的起点并没有让中国实现预期的现代化，其失望和不满自有他们的理由，在他们对"五四"的不满中其实是蕴藏着对外来文化与本土文化的关系、民族传统文化的现代延续等问题的严肃思考的。但是，他们毕竟不是切身经历过"五四"大潮激烈冲刷的一代，因此他们对"五四"的评价也体现出了他们与"五四"文化先驱者们的隔膜，有他们的偏颇和误解，如对个性主义、理智主义的指责、对启蒙主义的理解，都有其片面之处。

二、反思视野：中外文化比较

陈铨和李长之对"五四"的总体评判虽然基本一致，但他们反思的视点、关注问题的重点以及由此产生的对文化重建的构想，却还是有所不同，各具特点的。陈铨和李长之对"五四"的反思都是在中外文化比较的视野下展开的，其中都可明显看到德国文化影响的痕迹。但他们作为反思的坐标，或者说，他们作为中国文化重建的蓝本却是各有不同，陈铨选择了德国狂飙运动，李长之则选取欧洲文艺复兴运动，而不约而同的是，不同于作为"五四"倡导者的胡适，用"中国的文艺复兴运动"来概括"五四"，是通过肯定其"文艺复兴"性来肯定新文化运动的成就，陈铨和李长之却分别以狂飙运动和文艺复兴运动比照"五四"运动，并以此批评反思"五四"。

从某种程度上说，陈铨是以德国狂飙运动为蓝本去印证、删改和解释"五四"传统的，他之所以选择德国狂飙运动作为其反思的坐标，是因为他看重狂飙运动对于德国民族走向强盛所起到的至关重要的作用，试图从德国狂飙运动所引发的民族化和文化兴盛过程中取得借镜。在他看来，"德国狂飙运动，不但对德国文学产生了解放改造庞大的力量，对德国的思想政治社会宗教各方面，都是有深刻影响。"[②]这一运动使德国民族第一次认识了自己，摆脱了17世纪理智主义和法国古典主义的束缚，奠定了德国文化的基础。因此，狂飙运动"不仅是一个文学运动，同时也是德国思想解放的运动，和发展民族意识的运动"，[③]"是造成

---

① 刘再复：《"五四"新文化运动批评纲领》，《文人十三步》，北京：中信出版社，2010年，第168页。

② 陈铨：《狂飙时代的德国文学》，《战国策》第13期，1940年10月1日。

③ 陈铨：《狂飙时代的歌德》，《战国副刊》第31期，《大公报》1942年7月1日。

德国民族之所以成为德国民族最伟大的一个运动”。[1] 或者说，狂飙运动是促使德国近代崛起的一场民族主义运动，这样的运动才是真正的新文化运动。以此为视点去考察“五四”，陈铨认为“五四”应该成为中国的狂飙运动却未能达到狂飙运动的成就和影响，其原因在于“五四”的领袖们犯了“三个错误”，即“把战国时代认为春秋时代”；“把集体主义时代，认为个人主义时代”；“误认非理智主义时代，为理智主义时代”，[2]以至于造成人心涣散，民族意识淡化，斗争意识薄弱。归根结底，在陈铨看来，新文化运动应该是一场“民族运动”，“一个民族能否创造出一种新文学，能否对世界增加一批新成绩，先要看这一民族自己有没有民族意识”，[3]而“五四”最大的缺失，就是放弃或削弱了“民族主义”。由此可见，陈铨的反思虽然具有中外文化比较的视野，但他是站在民族主义的立场上展开的，所以他关注的是和平与战争、集体主义与个人主义、理智与情感的关系，并得出如下结论：“狂飙运动是感情的，不是理智的，是民族的，不是个人的，是战争的，不是和平的，德国民族，在政治文化力支配之下，他们要认识自我，发展自我，摆脱一切的束缚，中国的五四运动，是同样的目的，然而我们所走的道路，却刚好背道而驰，狂飙运动是合时代的，五四运动，是不合时代的。因为合时代，所以经过一番运动，德国上下，生气蓬勃努力创造，奠定新文化的基础。因为不合时代，所以五四运动之后，或者误入歧途，或者一直消沉，或者彷徨歧路，全国上下，精力涣散，意志力量，不能集中。”[4]

不同于陈铨以德国狂飙运动比照“五四”，李长之以文艺复兴运动为参照考察“五四”，得出的结论是“五四”“还不够文艺复兴”，只是一场启蒙运动。他的这种比较是建立在对文艺复兴和启蒙运动的理解上的。他认为欧洲文艺复兴的含义是“一个古代文化的再生，尤其是古代思想方式，人生方式，艺术方式的再生”，[5]欧洲的古代文化就是希腊文化，“西洋文艺复兴的意义，简截的说，只是希腊文化的觉醒，申言之，只是西洋人对于其文化传统的再认识”，[6]“他们最主要的收获，是探知了希腊古典文化之最内在，最永久的部分，这就是人性的调和，自然与理性的合而为一，精神与肉体之应当并重，善在美之中，每个人应当

[1] 陈铨：《狂飙时代的席勒》，《战国策》第14期，1940年11月1日。
[2] 陈铨：《五四运动与狂飙运动》，《民族文学》第1期，1943年9月7日。
[3] 陈铨：《民族运动与文学运动》，《文学批评的新动向》，南京正中书局，1943年5月初版，第37页。
[4] 陈铨：《五四运动与狂飙运动》，民族文学，第1期，1943年9月7日。
[5] 李长之：《五四运动之文化的意义及其评价》，《李长之文集》（第一卷），第23页。
[6] 李长之：《国防文化与文化国防》，《李长之文集》（第一卷），第16页。

是各方面的完人等。用一个概括的名词说，就是人文主义。非常健朗，和谐，完美，而充实！”而“启蒙运动乃是在一起人生问题和思想问题上要求明白清楚的一种精神运动。凡是不对的概念和看法，都要用对的概念和看法取而代之。在这种意义之下，势必第一步是消极的，对一切传统的权威，感官的欺骗，未证明的设想，都拟一抛而廓清之。因为是纯粹理智主义之故，所以这种启蒙的体系往往太看重理智的意义与目的的实践，于是实用的价值是有了，而学术的价值却失了。”[①]对照“五四”，若它是中国的文艺复兴，那么它复兴了什么？“所复兴的是西洋的呢，还是中国的（姑且不问是否彻底）？”[②]事实是，“五四”“不但对于中国自己的古典文化没有了解，对于西洋的古典文化也没有认识”。李长之认为中国的古典时代是周秦，中国传统文化的结晶是孔子，可是“五四”喊的最响的却是打倒孔家店；西洋古典文化的最高成就是柏拉图，柏拉图的价值在于“玄学”，在于建立一种“人生观”，而“‘五四’时代的人生观（假若有），也是机械的，实用的，所谓‘黑漆一团’的，这和古典精神中之求真善美的人生观”，[③]是相悖的。他进一步指出，如果说把文艺复兴的意义理解为“古代文化的再生”过于表面化简单化了，从其真意义“新世界与新人类的觉醒”角度来看，“五四”精神同样距离太远。“五四”不仅从文化姿态、文学艺术、哲学乃至方法论上，都表现出明白清楚、理智实用的特点，就是对古代文化的吸收，也表现出“清浅的理智主义”：“孔子之刚健雄伟的气魄没有被人欣取，孟子之健朗明爽的精神也没有被人欣取，被人提倡的却是荀卿，王充，章学诚，崔述一般人。这般人可说无一不是清浅的理智主义者！”即使代表哲学最高成就的冯友兰的《新理学》也不例外。所以，在李长之看来，“五四”与真正的文艺复兴距离太大，充其量不过是启蒙。基于这样的认识，他为“五四”下了如下评判：“五四”“是一个移植的文化运动”，“是一个资本主义的文化运动”，“是一个未得自然发展的民族主义运动”，“在文化上最大的成就是自然科学”，“是西洋思想演进的一种匆遽的重演”，“‘五四’精神的缺点就是没有发挥深厚的情感，少光，少热，少深度和远景，浅！在精神上太贫瘠，还没有做到民族的自觉和自信”。其原因就是“民族太受压迫了，精神上不正常，见识清浅而鄙近”，“没有民族的自信”。而“真正民族文化的发展”，应该是“接着中国的文化讲”，“从偏枯的理智变而为情感理智同样发展，从

---

① 李长之：《五四运动之文化的意义及其评价》，《李长之文集》（第一卷），第18页。
② 李长之：《国防文化与文化国防》，《李长之文集》（第一卷），第16页。
③ 李长之：《五四运动之文化的意义及其评价》，《李长之文集》（第一卷），第18页。

清浅鄙近变而为深厚远大，从移植的变而为本土的，从截取的变而为根本的，从单单是自然科学的变而为各方面的进步，尤其是思想和精神的，这应该是新的文化运动的姿态。”[①]只有这样才不是启蒙运动而是真正的文艺复兴运动。

与陈铨一样，李长之的反思同样带有浓厚的民族主义色彩，对“五四”的“清浅理智主义”和全盘反传统提出质疑和批评，把“五四”比喻为一枝从别家的花园中攀折来放在自己的花瓶中的花。“因为没有源头，因为不是由自己的土壤里培养出来的，因为不是从大地的深层，从植物的根本上开放出来的，所以很容易枯萎，而不能经久。”[②]

无论是陈铨还是李长之，他们以西方文化运动作为考察“五四”的坐标，这种中外文化比较的视野本身很有价值，但问题是，在他们指责“五四”先驱者们不了解西洋文化的同时，他们自己也犯了同样的错误，他们无论是对狂飙运动，还是对文艺复兴运动和启蒙运动的认识，都有片面之处，这也造成了他们对“五四”认识的偏颇。

首先，作为欧洲文艺复兴运动的核心——人文主义精神，其最突出的就是“人的发现”，人的解放，肯定了人的价值和创造力。而启蒙运动批判基督教对人的压抑和对尘世生活的否定，要求人的解放和个性自由，这正是文艺复兴人文主义精神的延续，并用理性的手段保证人权，维护自由民主和平等。德国狂飙运动本身就是受到启蒙思潮的影响而兴起的，是启蒙运动在德国的继续，狂飙突进时代的文学家们以“天才、精力、自由、创造”为中心口号，要求摆脱封建传统偏见的束缚，主张个性解放。可见，从欧洲文艺复兴到启蒙运动、狂飙运动，其实是有一脉相承之处的，即张扬个性自由的人文主义精神。陈铨与李长之更多的看到了他们之间的不同，却忽视了他们相互的继承和延续。陈铨以浮士德的“感情是一切”作为“狂飙时代的口号”，而将狂飙运动与启蒙运动对立：“德国的狂飙运动，主要的就是反对18世纪初年的启蒙运动，唯智主义”；[③]李长之将“五四”与文艺复兴和启蒙运动进行比较时，也是有预设的前提，即文艺复兴的成就高于启蒙运动。

其实，“五四”使中国人从以儒家思想为核心的传统文化的束缚中解脱出来，是中国历史上破天荒的“人的发现”时代，“五四”精神同样包含着张扬个性

---

① 李长之：《五四运动之文化的意义及其评价》，《李长之文集》（第一卷），第23页。

② 李长之：《国防文化与文化国防》，《李长之文集》（第一卷），第16页。

③ 陈铨：《浮士德精神》，《战国策》第1期，1940年4月1日。

自由的人文主义精神。胡适之所以把"五四"视为"中国的文艺复兴",原因之一就是它的"人的发现"与欧洲文艺复兴有着惊人的相似之处:"它是一场自觉地把个人从传统力量的束缚中解放出来的运动。它是一场理性对传统,自由对权威,张扬生命和人的价值对压制生命和人的价值的运动。"[①]但是,无论是陈铨还是李长之,似乎都忽视了这一点。陈铨是看到了"五四"新文化运动的个性解放特点,但是他从民族主义思想出发,强调的是狂飙运动促发民族意识觉醒的一面,而忽视其摆脱封建传统偏见束缚、鼓吹个性解放的一面,他把个人主义与集体主义相对立,对"五四"的个性主义做片面的理解和评价,认为"五四"领袖们提倡个人主义,造成个人主义的极端发展,但是他没有看到"五四"倡导者们提倡个性自由时,强调的是从封建传统的重压之下解放出来的自由,强调的不是个人与集体的对抗,而是个人和作为压抑性整体的传统世界之间的对立和冲突。而且,中国文人以天下为己任的传统精神,使"五四"倡导者们始终把提倡个人主义精神与社会责任联系起来,无论是胡适对"健全的个人主义"的定义:"第一,须有使个人有自由意志;第二,须使人担干系,负责任",[②]还是鲁迅的"角逐列国是务,其首在立人,人立而后凡事举",[③]都不是以个人的自由为指归,而仍然是以"民族""国家""团体"等普遍性观念所要解决的问题为目标,"立人"与"立国"从来不是矛盾的。

其次,关于理智主义,无论陈铨还是李长之都认定"五四"的特点是理智主义并加以指责。陈铨从民族主义立场出发,认为民族意识的发展,是一种感情、意志,而非理智分析,其他如战斗精神、英雄崇拜、美术欣赏、道德情操等,也是"要靠意志情感和直观来把握事实",而"五四运动肤浅的理智主义,并不能担当时代的使命"。[④] 理性主义其实是启蒙运动的价值所在,而在理性精神上,文艺复兴与后来的启蒙运动也是一脉相承的,只不过文艺复兴时期的理性光芒被淹没在情感与意志中。而"五四"很多时候确实是以理性的考虑做标准和归宿的,这种理智主义是西方科学实证与中国固有的实用理性精神整合的结果,这种理性的启蒙精神在"五四"应该是适时、必需的,陈铨一味提倡民族主义的片面眼光限制了他,使他无视这一点,而李长之将理性精神简单化为追求"清楚而明

---

① 胡适:《中国的文艺复兴(英汉对照)》,外语教学与研究出版社,2001 年,第 181 页。

② 胡适:《易卜生主义》,《新青年》第 4 卷第 6 号,1918 年 6 月 15 日。

③ 鲁迅:《文化偏至论》,《鲁迅全集》第 1 集,北京:人民文学出版社,1981 年版,第 57 页。

④ 陈铨:《五四运动与狂飙运动》,《民族文学》第 1 期,1943 年 9 月 7 日。

白"的技艺加以质疑,既是对启蒙的误解,也是对"五四"的误解。

而另一方面,也不能因为"五四"的启蒙主义色彩就认定它就是"理智主义时代",即使被李长之认定为"清楚浅显的理智主义"的代表的胡适,在提倡文学革命之初就体现出对情感与理性的双重追求,一方面强调"情感者,文学之灵魂。文学而无情感,如人之无魂,木偶而已,行尸走肉而已";另一方面强调文学要有高深的思想,"文学以有思想而益贵","文学无此二物,便如无灵魂无脑筋之美人"。[①] 事实上,在五四时期,激情色彩和理性色彩同样突出,有不少人就从另外角度读出了"五四"是情感压倒理智,早在梁实秋就从新人文主义的角度认定新文学中有许多非理性的成分,把新文学归结为一场"浪漫的混乱",而"情感的推崇"[②]就是表现之一。到 1980 年代的李泽厚也批评"五四""激情有余,理性不足"。更有一些人看到了"五四"的矛盾性:"表面上它是一个强调科学,推崇理性的时代,而实际上它却是一个热血沸腾、情绪激荡的时代,表面上五四是以西方启蒙运动主知主义为楷模,而骨子里它却带有强烈的浪漫主义的色彩。"[③]"五四既是一场理性主义的启蒙运动,也是一场浪漫主义的狂飙运动。如果说德国的狂飙运动是对法国理性主义的反弹,带有某种文化民族主义意味的话,那么中国的狂飙运动从发生学上说,却与理性主义并驾齐驱。"[④]在这里,我们暂且不去具体评价这些观点,只是想说明,"五四"虽然是在外来文化思潮影响下发生的,但它发生在中国这块土壤,也是适应了中国文化与时代的内在需求的,有其自身的特殊性和复杂性,把它同任何一个西方文化思潮做机械式的比附对照都有简单化、片面化之嫌。

三、文化重建构想:强烈的民族主义色彩

陈铨和李长之比照西方文化运动对"五四"的批判与反思,其出发点其实是思考中国文化发展之路,寻找超越"五四"的文化重建目标,虽然在战时背景下,他们的文化重建构想都带有浓厚的民族主义色彩,但是,作为文化重建的资源,陈铨与李长之的指向却是不同的,所表现的文化姿态也不同。

虽然"战国策派"的理论主张一直饱受非议,但作为一个民族主义文化团

---

① 胡适:《文学改良刍议》,《新青年》2 卷 5 号,1917 年 1 月 1 日。

② 梁实秋:《现代中国文学之浪漫的趋势》,《晨报副刊》,1926 年 2 月 15 日。

③ 张灏:《重访五四:论五四思想的两歧性》学术集林,卷八,上海:上海远东出版社,1996 年,第 268 页。

④ 许纪霖:《另一种启蒙》,广州:花城出版社,1999 年,第 140 页。

体，他们的初衷确实是战时的文化重建与民族精神的重造。不同于雷海宗、林同济的从历史文化角度展开，陈铨更偏重于对文学的思考，他对“民族文学”的构想是“战国策派”总体文化重建构想的一个部分。关于“民族文学”，陈铨其实并未能在理论上给予一个准确的定义，他的“民族文学”的核心命题是表现“民族意识”，认为“只有强烈的民族意识，才能产生真正的民族文学”“民族意识的发达，是新文学创造的根基”。认定“民族文学”既然强调民族意识，以宏扬民族精神为主导，那么它实质上是一种“盛世文学”，既肯定人生，表现人类伟大精神的文学，“壮美”的文学，如但丁、莎士比亚、歌德等人的作品。他反复援引国外文学史作为例证，说明“民族文学”诞生的“规律”，即英、法、德、意等国文学都经历过民族文学阶段，而民族文学的发达都有赖于民族意识的觉醒，他极力去论证民族与文学、民族运动与文学运动的关系，认为它们是互相关联，互相促进的，目的是为他提倡的“民族文学运动”寻找理论依据。那么，陈铨理想中的“民族文学运动”应该是什么样的呢？他从六个方面作了解释：第一“不是复古的文学运动”，第二“不是排外的文学运动”，第三“不是口号的文学运动”，第四“应当发扬中华民族固有的精神”，第五“应当培养民族意识”，第六“应当有特殊的贡献”。也就是，既不“奴隶式地仿效古人”，又要继承民族固有的精神；既不能崇洋媚外，盲目模仿外国文学，但又不能排外，要吸收其他民族文学作为养料；不是只喊抽象的口号，而是要“用有形的方式，表现高尚的思想”，“创造真正的艺术”；最重要的，民族文学运动要培养全体中国人“要为祖国生、要为祖国死”的民族意识，要为文学作出“特殊的贡献”。如何特殊贡献呢？他为作家定下三个原则：“要采中国的题材，用中国语言，给中国人看”。[①]

从陈铨对“民族文学”及“民族文学运动”的构想看，他的文化态度是开放而矛盾的，一方面，他强调“狭义的民族主义者，不但不能创造伟大的文学，更不能创造伟大的国家”，“独立自由是民族运动的目标，也是文学运动的目标。民族运动并不拒绝采取古人和外人的长处，文学运动也并不要闭关自守”[②]；另一方面，到底要吸收古人的哪些长处呢？陈铨指出应当用艺术的形式提倡固有的精神，他所提倡的民族精神包括两方面，一是“战斗精神”，即“恢复先民祖先勇敢善战的精神”，对外以保证在“战国时代”立于不败之地；二是“恢复祖先道德的

---

① 陈铨：《民族运动与文学运动》，《文学批评的新动向》，南京正中书局，1943年5月初版，第29页。

② 陈铨：《民族文学运动》，《战国副刊》，第24期，《大公报》1942年5月13日。

精神”,[1]对内以建立一个人人奉公守法诚实守信的社会。但是这样的表述未免抽象而空洞。对于到底如何创造“民族文学”,陈铨并未能从中国古代文学中获取经验,因为在他看来,中国历代君王都以大同之治为政治理想,缺乏民族意识,因此中国古代文学历来也是缺乏民族意识的。这样,他更多的是转向外国文学去“取经”,尤其是从他推崇的德国狂飙文学及以后的浪漫主义文学与哲学中取经。

在文学方面,从“民族文学”基本理论框架出发,陈铨对狂飙文学为代表的浪漫主义文学也是有选择的接受,即主要从理想主义和感情主义层面,其代表就是被他认定为狂飙精神代表的“浮士德精神”:对于世界永远不满足;不断努力奋斗;不顾一切地探索宇宙人生真理;感情激烈;无限追求的浪漫主义,即理想主义。[2] 陈铨试图将这种浪漫主义注入所预期的“民族文学”之中,以帮助国人建立“摆脱物质主义的浪漫主义精神”,因为“一个民族没有理想主义,一定会堕落、腐化、崩溃”,同时,在陈铨看来,德国浪漫主义的这种精神,也可以为数千年来受儒家传统哲学支配,惯于乐天安命知足不辱的中国人,注入活力和进取心,完善感情生活,促进理想追求。[3]

在哲学方面,陈铨主要倾心尼采的强力意志和英雄崇拜,这也是陈铨最为人诟病之处,陈铨确实有对尼采的误读,也有迎合某种现实政治、强化民族国家权力意志的成分,但应该承认,他更多地还是出于文化思考,想把尼采哲学作为一种强心剂注入中华民族,以增强民族活力,这是在四十年代国家面临外敌侵略岌岌可危的时候,他为寻找重建中国文化、使中华民族获得新生途径的一种尝试。而且,对“强力”的呼唤其实也是四十年代一种普遍要求,如曹禺《北京人》中以“北京人”象征勇敢、健康的原始力量,路翎小说中对“原始的强力”的歌颂等等,都是在寻找改造民族文化、健全全民性格的力量,包括李长之,也在提倡“强者哲学”。但是,陈铨主要从德国文学与哲学中获取创造“民族文学”的资源,确实暴露了其理论上的矛盾性,而且他所提出的建设方法虽然有其独特处,但仍然是空洞而不切实际的,他自己的创作似乎是在实践着“采中国的题材,用中国语言,给中国人看”与表现积极进取的理想主义精神、塑造“萨亚涂师贾”

---

① 陈铨:《民族文学运动》,《战国副刊》,第24期,《大公报》1942年5月13日。

② 陈铨:《浮士德精神》,《战国策》,第1期,1940年4月1日。

③ 陈铨:《青花——理想主义与浪漫主义》《中央周刊副刊》,《国风》(半月刊),第12期,1943年4月16日。

(查拉斯图拉)式的强者的结合,但是这种实践也并不成功,其创作大多是观念的传声筒,沦于说教,艺术上成就不高。

同样,李长之以欧洲文艺复兴为蓝本提出的文化建设构想是实现“中国的文艺复兴”,倾慕的则是德国古典主义者对于古希腊文化中自然与理性合而为一、精神与肉体并重的“完人”理想的再发现,于是他把中国的文艺复兴确定为“对于过去的中国文化有一种认识、觉醒与发扬”,[①]是对中国文化的“接着讲”。所以,不同于陈铨更多地向德国文学哲学取经,李长之则回到民族文化谱系中寻找文化重建的资源。那么,传统文化复兴的方向在哪里呢?李长之认定的方向是周秦,是儒家文化。自“五四”以来,儒家及儒家文化的代表人物孔子常常被作为中国走向现代化的障碍加以否定批判,而李长之却充分地肯定儒家的价值:“如果说中国有一种根本的立国精神,能够历久不变,能够浸润于全民族的生命之中,又能够表现中华民族之独特的伦理价值的话,这无疑是中国的儒家思想。”他把孔子视为中国文化的精神核心,他眼中的孔子,不是一般人心目中那个“经多见广的百科全书式的人物”,而是具有“刚强,热烈,勤奋,极端积极的性格。这种性格却又有一种极其特殊的面目,即是那强有力的生命力并不是向外侵蚀的,却是反射到自身来,变成一种刚强而无害于人,热烈而并非幻想,勤奋而仍然从容,极端积极而丝毫不计成败的伟大雄厚气魄”。[②] 从李长之描述的孔子身上,我们似乎能看到他倾慕的古希腊文化中自然与理性合而为一、精神与肉体并重的“完人”性格。李长之认为以孔孟为代表的儒家哲学的最大贡献是“审美教育”,这是“中国文化的精华”,而中国美感的最高境界是“玉”,“玉是一种德性的象征”,“是细密的,刚硬的,却又是温润的,确可以用来象征一种人格。”“在人格上能与之符合者,也恐怕只有孔子而已”,所以“玉和孔子代表了美育发达的古代中国”。[③] 不仅仅是孔子,李长之还通过传记批评在中国古代文化史上找寻“完人”人格的代表,在他看来,屈原、司马迁、陶渊明、李白、韩愈等民族先贤身上那种“知其不可为而为之”“忍而不能舍也”的精神是一种近乎宗教徒般的献身和牺牲精神,他们身上都具有“浪漫”的精神品格,可以做到理智与情感的和谐、个体与群体的折衷,而这是可以弥补“五四”“清浅的理智主义”以及由此带来的民族文化与生活“生命力”匮乏的缺憾的。

---

① 李长之:《如何谈中国文化》,《李长之文集》(第一卷),第12页。

② 李长之:《中国文化传统之认识(上):儒家之根本精神》,《李长之文集》(第一卷),第58-59页。

③ 李长之:《中国文化传统之认识(中):古代的审美教育》,《李长之文集》(第一卷),第68-72页。

与陈铨相比，李长之的文化立场表现出的是另一种开放的矛盾性。他以欧洲文艺复兴为中国文化重建的楷模，但却回到中国民族传统文化中寻找资源。他不是一个“国粹派”文化保守主义者，他强调谈中国文化要有世界眼光，“谈中国文化，必须先懂得西洋文化”，“谈文化应先把握文化世界中特殊的法则”，[①]认为要完成中国的新文化运动，首先要完成“文化吸收”，要吸收“西洋文化的神髓”，因为“凡是一个民族在文化吸收上最猛烈的时代，也往往是在创造气魄上最雄厚的时代”，[②]而我们目前的文化吸收无论从量上还是质上都远远不够。但是，他在中外文化的关系上，又表现出其保守性，甚至没有走出“中体西用”的老路。他认为“中国过去的文化特长是在人生方面，其精神是审美的”，“人本主义就是我们一切文化的根本”；而“西洋的文化特征是在物方面”，“一切都是科学化”，因此中西文化的特点决定了“以人为本位”的中学为本，“以物为本位”的西学为用。虽然他强调“中国本位，并不是以中国代替了一切”，但是他又说：“任何国家都应当以自己为本位，况且中国文化又有一些值得作为本位的优长？”也就是说，我们必须吸收西方文化，但只能整个将之为“用”：“我们并非把西学分成体和用，只取其用，又把中学分成用和体，只取其体，我们乃是采取整个西洋文化，然而要知道这种文化是只可为用的。”[③]李长之自认为对“中体西用”进行了重新解释，了解了“其中的意义”，但从深层次上，他并未比提倡中体西用者高明多少。

李长之的文化立场与其民族主义思想有关。深重的民族灾难促使他思考文化与战争、文化建设与民族国家生存的关系，他提出了“国防文化”和“文化国防”的概念，所谓“国防文化”“就是由国防观点而树立的许多文化事业。古人所谓坚甲利兵，现代人所谓飞机大炮”；所谓“文化国防”“就是由文化观点而看到文化价值”，“国防文化是从民族的生存出发的，文化国防是从民族的文化或精神出发的”，“只有国防文化，结果会造成人类的罪恶，会蔑视了文化的价值”，所以要“在抗战中建国，在建设我们的国防文化中，建设我们的文化国防”，[④]保卫中国的文化传统。他在探讨战争与文化的关系时，尤其强调战争促使了“民族意识”的觉醒，这将促使“国民文学”的出现，虽然他用的是“国

① 李长之：《如何谈中国文化》，《李长之文集》（第一卷），第10－11页。
② 李长之：《文化上的吸收》，《李长之文集》（第一卷），第82－85页。
③ 李长之：《中国文化运动的现阶段》，《李长之文集》（第一卷），第55－56页。
④ 李长之：《再论战争与文化动态》，《李长之文集》（第一卷），第100、102页。

民文学”的概念，但从他为之所下的定义中，可以读出与陈铨“民族文学”极为相似的意思：“所谓国民文学，须是用真正本国的活的语言，写本国人的真正性格，代表本国人的真正哀乐，而且放在世界典籍中，又可居第一流作品而毫无愧色的才行。”[①]而要应付“当前的国难”，还要“强化国家民族意识”，他甚至开出了强化民族国家意识的十大方案，认为民族国家意识的强化是“文艺复兴”的基础。[②]

另一方面，李长之也提倡“强者哲学”，认为“战争使人树立了道德新人格的标准。这标准就是健朗和坚忍。换言之，是一种强者的哲学。所谓强，并不是粗暴，乃是意志”，[③]与陈铨一样，李长之也对佛家、道家的出世避世的消极人生态度持否定态度，而认为强者是“肯定人生”、“求人生的充实和发扬”，因此“强就是美”。[④] 可见李长之对强者人格的呼唤，与陈铨有同样的目的，既在抗战背景下、出于民族自救自强、民族文化改造、国民人格重塑的需要。但他们又都过分强调民族国家的权威性而忽视个体生命的独立性，无论是陈铨所谓的二十世纪中国“第一的要求是民族自由，不是个人自由，是全体解放，不是个人解放”，这个时代的“时代精神”是“牺牲小我，顾全大我”的“集体主义”，[⑤]还是李长之强调的“在中国今日思想上绝对的自由不惟不可能，也不应当，因为在未取得民族的自由以前，有什么个人的思想自由支配讲呢？”[⑥]都是从国家本位出发而不是个人本位出发，“个人”在他们这里更多的是相对于“国家”的“国民”而不是“人”，他们出于救国存亡的目的强调民族国家意识当然无可厚非，但在对国家与个人的关系的认识上，相较于五四时期鲁迅等人强调个人的价值与尊严，主张个人与个人之间、个人与群体之间的平等，国家不可以成为剥夺个人自由和权力的借口，其实是一种倒退。

陈铨和李长之对“五四”新文化运动的反思都是在抗战语境下进行的，因此打上了那个时代的鲜明印迹，他们反思过程中体现出来的矛盾与盲视，很多时候也与这种时代印记有关，但是，他们毕竟是在民族危机下对民族文化重建和民族性格重塑的严肃思考，这种思考尽管有时失之偏颇，但仍有其独特的价值，

---

① 李长之：《国防文化与文化国防》，《李长之文集》（第一卷），石家庄：河北教育出版社，2006，第16页。

② 李长之：《精神建设：论国家民族意识之再强化及其方案》，《李长之文集》（第一卷），第109页。

③ 李长之：《再论战争与文化动态》，《李长之文集》（第一卷），第100页。

④ 李长之：《评〈新人生观〉》，《李长之文集》（第一卷），第49页。

⑤ 陈铨：《五四运动与狂飙运动》，《民族文学》第1期，1943年9月7日。

⑥ 李长之：《舆论建设：论思想自由及其条件》，《李长之文集》（第一卷），第111页。

而他们思考的一些问题，在全球化的今天，仍然是我们需要面对的，如现代文化与传统文化的关系、外来文化与本土文化的关系、个人与集体、个人与民族国家的关系等等，因此，他们的思考仍然是有启迪性的，即使是他们的褊狭之处也可以成为对我们的警示。

当代中国的新左翼文学[①]

何言宏

21世纪以来的中国文学出现了很多新的变化。在这些变化中，一个引人注目的重要现象，便是所谓“底层写作”的兴起。在总体上对现实疏远多年后，中国文学开始重新逼近我们的现实，相当自觉地关注和书写底层民众的精神与生存。近几年来，越来越多的作家都加入了这样的潮流。除了陈应松、曹征路、刘庆邦、鬼子、胡学文、罗伟章和王祥夫等以“底层写作”著名的作家外，韩少功、张炜、李锐、贾平凹和迟子建等在中国当代文学史上已经取得重要成就的著名作家，也以不同的方式从事着“底层写作”。他们的加入，不仅壮大了“底层写作”的队伍，丰富了“底层写作”的基本内涵，还在某种意义上加强了“底层写作”的实力。而在另一方面，这几年来的“底层写作”实际上又绝不仅限于小说门类。在诗歌和散文领域中，同样涌动着这样的潮流。杨键、雷平阳、田禾、江一郎、辰水、陈先发、柳宗宣、卢卫平、王夫刚、谢湘南、郑小琼和夏榆等人，都是其中代表性的诗人与散文作家。

相应于生动有力的文学现实，文学批评和文学研究界也对“底层写作”高度关注。很多学者和文学批评家都撰写了大量的关于“底层写作”的文字。不少刊物开设专栏，集中研究“底层写作”。关于“底层写作”的现状与问题，还是很多学术会议的重要主题。“底层写作”似乎已成为描述和把握当下中国文学现实的一种毫无疑义的强势性话语。但我注意到，在以“底层写作”为研究对象的有关文字中，也有论者曾以“新左翼文学”这样的话语来概括和讨论其中的部分作品。不过讨论的对象往往只是锁定于曹征路的《那儿》等小说。但我认为，如

① 本文刊于《南方文坛》2008年第1期，讨论的是当时为止的21世纪之初的中国文学。

果我们放大自己的文学视野，将我们的目光扩展和深入到对文学现实的广泛关注，并将我们的关注联系于更加广阔的社会现实和思想背景，当代中国的“新左翼文学”不仅体现于曹征路这里，还很突出地体现在更多包括“底层写作”在内的其他作家的文学创作中，已经形成了一股相当强劲的文学思潮。更为重要的是，我们甚至可以说，“新左翼文学”已经构成了新世纪中国的文学主潮。

我所说的“新左翼文学”，实际上就是体现了“新左翼精神”的文学思潮。或者说，“新左翼精神”，构成了“新左翼文学”的精神核心，是其最为本质的精神方面。它的题材取向，绝不仅仅是面向现实的“底层”题材，它还可以和应该面向历史，在其丰富和深厚的历史书写中努力弘扬“新左翼精神”。在此意义上，“新左翼文学”不仅包括了一些直面现实的“底层写作”，还应该包括那些充分体现着“新左翼精神”的面向历史的文学创作，张广天的戏剧《切·格瓦拉》、《鲁迅先生》和《红星美女》，韩少功的长篇小说《暗示》和中篇小说《兄弟》及张承志的很多散文，便是其中的代表性作品。因此，我们通过对文学写作精神内核的关注和把握，发现了大量的“底层写作”和在表面上与其毫无关系的上述作品之间，实际上存在着非常隐秘但却相当本质的精神联系。正是因为这样的联系，它们才在实际上共同属于“新左翼文学”。而一旦将这两种题材选择和精神取向均有差异的写作纳入“新左翼文学”的层面同时思考，二者的特点、意义、问题和它们的可能，便会得到新的阐发。

之所以说“新左翼文学”形成了一股文学思潮，自然有着充分的理由。文学史家所说的文学思潮，往往是指“在历史发展的某一特定时期具有广泛影响、形成倾向和潮流的创作意识和批评意识。它有一定的社会思潮、哲学思潮作基础，有一定的文学理论批评思想作指导，有一批创作方法、艺术风格相近的文学作品来具体体现。这三个方面缺一不可。”[①]毫无疑问，这样的限定相当严格。但即使按照这样的限定，“新左翼文学”之作为思潮，也足可成立。一方面，“底层写作”和韩少功、张承志、张广天等人的文学实践在新世纪以来的广泛影响应该是毋庸置疑的。具体在创作方法和艺术风格的层面上，“底层写作”的相近性则更是毫无疑问，实际上在近一段时期对于“底层写作”的批评性意见很多都集中在它们之间的相近性方面（比如情节的雷同和对“苦难”的大量书写等）。至于韩少功、张承志和张广天等人，他们的风格或有差异，但他们在创作理念、精

---

① 张大明等：《中国现代文学思潮史》，北京：十月文艺出版社，1995年，第6页。

神内核特别是在对革命记忆的精神回访方面，却又相当一致；另一方面，近几年来王晓明、蔡翔、孟繁华、韩毓海、旷新年、邵燕君、李云雷等批评家和作家曹征路、刘继明等人的具有“新左翼精神”的文学批评已经产生了很大的影响；第三个方面，这些文学创作和理论批评实际上也相当紧密地联系于近些年来思想文化界的“新左派”思潮。“新左派”对中国的种种论述，还曾是有关作家比如曹征路和刘继明所明确承认的思想资源。实际上，韩少功、张承志、张广天、王晓明、蔡翔、韩毓海和旷新年等人，还往往被认为是“新左派”的重要成员。在上面的意义上，“新左翼文学”之作为思潮，实际上相当典型。在新世纪中国的文学背景中，还没有哪一个文学现象或文学潮流具有如此典型的思潮性特征和如此宏大的文学阵营，更没有哪一个现象或潮流具有如此广泛和深入的社会影响。所以我说，“新左翼文学”不仅是一种相当强劲的文学思潮，它还是新世纪中国的文学主潮。通过对此思潮的精神特征即“新左翼精神”的寻绎与发掘，正可揭示出当代中国很大一部分文学知识分子的精神核心，揭示出我们这个时代知识分子精神的重要侧面。

一、社会现实的见证与批判

20世纪90年代以来，中国社会的市场化转型取得了举世瞩目的经济成就。但在同时，这一转型也导致了相当严重的贫富分化和社会不公，出现了社会学家孙立平所说的社会结构的“断裂”和这种断裂了的社会结构在新世纪以来的进一步“固化”。[①] 面对这样的现实，思想理论界的中国知识分子已经展开了广泛深入的讨论和论争，也因此产生了相当激烈的思想冲突。如何把握新的现实并在这样的基础上提出相应的解决方案，成了这些冲突中的焦点问题。当下中国的“新左翼文学”，正可视为文学知识分子把握现实的特殊努力。也正是在这样的努力中，“新左翼文学”焕发出相当强烈的对于社会现实的见证意识和批判精神。

“新左翼文学”中的一个相当重要的现象，是很多作家都将对社会现实和底层民众的精神与生存的“见证”与“记录”作为自己的追求。在我们这个特殊的时代，“见证”的罕有、困难与珍贵使他们不无谦卑地将这样的追求看成一种并不那么容易实现的文学境界，也很清醒地将此视为自己的使命。曹征路在谈到

① 孙立平：《化解贫富冲突要在调整社会结构》，《南方周末》2007年9月27日。

他的《那儿》时就说过，他其实“对自己有一个定位，就是真实地记录下我能感受到的时代变迁。我是个拙人，能做到这一点就不错了。”[①]贾平凹在谈到他的长篇小说《高兴》时也这样说过：“这个年代的写作普遍缺乏大精神和大技巧，文学作品不可能经典，那么，就不妨把自己的作品写成一份份社会记录而留给历史。我要写刘高兴和刘高兴一样的乡下进城群体，他们是如何走进城市的，他们如何在城市里安身生活，他们又是如何感受认知城市，他们有他们的命运，这个时代又赋予他们如何的命运感，能写出来让更多的人了解，我觉得我就满足了”。[②] 出身矿工而主要以北方矿区和贫苦乡村的底层生活作为自己题材内容的散文作家夏榆，在他的《杨家营纪事》中有着这样的“引言”：“在那个黄河岸边历史悠久的村庄，我看到与城市不同的图景。看到与拥有资本与自由的中产阶级不同的另一个阶层，那是中国社会更为广大更为辽阔的另一个阶层。我看到生存在那里的现实境况。也许还有内心和精神的境况……记录它们的意义可能只是在为一个资本主义的时代提供一个荒凉的心灵标本，为一个全球化的自由时代提供一份不自由的证据”。在夏榆这里，对于底层民间的“见证”和“记录”承担着击穿全球化或资本主义时代繁荣假象的“证据”功能。仍在东莞打工的诗人郑小琼也曾这样来理解自己的诗歌写作。她说：“我在五金厂打工五年时光，每个月我都会碰到机器轧掉半截手指或者指甲盖的事情。我的内心充满了疼痛。当我从报纸上看到在珠三角每年有超过4万根的断指之痛时，我一直在计算着，这些断指如果摆成一条直线，它们将会有多长，而这条线还在不断地、快速地加长之中。此刻，我想得更多的是这些瘦弱的文字有什么用？它们不能接起任何一根手指。但是，我仍不断地告诉自己，我必须写下来，把自己的感受写下来，这些感受不仅仅是我的，也是我的工友们的。我们既然对现实不能改变什么，但是我们已经见证了什么，我想，我必须把它们记录下来”。[③] 正是在对严酷现实触目惊心的“见证”与“记录”中，“新左翼文学”相当有力地书写了当下中国的社会现实并对这样的现实做出了自己的批判。

我以为在“新左翼文学”对于我们这个时代的“见证”之中，最有新意的方面，还在于对资本强权和戕害着民众的某些基层权力的批判，实际上，这已是对底层苦难的内在真相与社会原因的诘究与追问。尤为重要的是，“新左翼文学”

---

① 李云雷：《曹征路先生访谈》，《文艺理论研究》2005年第2期。
② 贾平凹：《高兴》“后记一”《我和刘高兴》，《当代》2007年第5期。
③ 郑廷鑫等：《郑小琼：记录流水线上的屈辱与呻吟》，《南方人物周刊》2007年6月11日。

还书写了以资本强权为主的权力压迫所导致的底层民众的个体反抗或群体斗争，而这正是“新左翼精神”的一个相当重要的方面。

“新左翼文学”中的很多作品都揭示和批判了资本强权的肆虐与罪恶所造成的底层苦难，控诉了资本强权的凶蛮、残暴与虚伪，这在鬼子的《被雨淋湿的河》、陈应松的《太平狗》、刘庆邦的《卧底》和曹征路的《那儿》等作品中，表现得都很突出。《太平狗》这样从太平狗的视角书写过进城民工程大种的险恶处境：“它屏息在一个灯光模糊的大房子里，终于看见了许多人——有它的主人程大种！那刺鼻的气味就是从那里面出来的，里面热气蒸腾，毒气一团团一阵阵向屋外涌出来，里面劳动的人在大池子周围活动着，行走着，一个个像一张张薄纸。两个人看管着这些劳动的人。那两个人戴着一种突出的面罩，就像两只嘴腮突出的野兽。太平看着它的主人，主人好像病了，脚踩着浮云，在梦游一样。当他蹲下去的时候，那两个‘野兽’突然在他的头上给了狠狠一棒，主人程大种发出尖锐的惨叫。捂着头站起来的程大种，只好又开始拿起一根沉重的棒子在池子里搅拌起来，那腥黄的厚重的热气一下子吞没了他”。资本强权就是这样野兽般地对待着陷于其手的底层民工。但它的罪恶远不止此。刘庆邦的《卧底》、鬼子的《被雨淋湿的河》和罗伟章的《我们的路》中，都有大发淫威的老板逼迫民工下跪的情节。在资本强权的压迫下，民工所承受的不仅是肉体生命的摧残或剥夺，还有人格的被侮与屈辱。“新左翼文学”相当有力地揭示出我们这个时代被侮辱与被迫害的人们令人震惊的命运与生存，揭示出资本强权令人发指的罪恶。但就是这样的强权，实际上又相当虚伪。在郑小琼的曾获《人民文学》“新浪潮散文奖”的作品《铁·塑料厂》中，有一段这样的文字：“穿过公司的荣誉室，会看到有面红色的锦旗上写着四个金黄的大字——菩萨心肠。这面锦旗是某个慈善机构赠送给这家公司老板的，他给这个慈善机构捐款若干。每次看到这些，我都会想到那些出了工伤的同事，他们得不到赔偿，被保安赶出厂门。他们眼神无助，委琐的身子在厂门外抖瑟。塑料厂老板不需要知道我们生命的感受与疼痛，他需要我们像机器一样不停地运转，像那些塑料制品一样能够给他带来利润和钞票。他用虚假的塑料植物，满足对自然绿色植物的虚拟臆想；他热衷公益，换取声名，却对他工厂里一个个活生生的员工，视而不见，铁石心肠”。我们在这里发现，“新左翼文学”不仅“见证”和“记录”了资本强权的残暴与罪恶，还很有力地戳穿和撕扯着它的伪善，它的欺世盗名的道德假面。

在我们这个时代，资本强权的嚣张已经是个不争的事实。戕害着底层民众并给他们带来苦难的，实际上还有权力体系中的败类和那些委身于资本强权的帮凶。我在北村的《愤怒》、鬼子的《被雨淋湿的河》《瓦城上空的麦田》、迟子建的《世界上所有的夜晚》、胡学文的《命案高悬》、李锐的《袴镰》、《樵斧》、张炜的《刺猬歌》、韩少功的《山南水北》和田禾的《乡长》等作品中多次读到对于基层警察等“执法者”形象之“正义性”的质疑，读到作家对有关“执法者”和基层官员草菅人命的愤怒指控。这里，我们不妨再读一首诗人田禾的一首关于一位“卖烤红薯的老人”的诗：“一整天。我站在对面的窗户/看这个人/他穿着一件褪了色的旧棉袄/把一个又笨又重的大烤炉/推在解放路临街的角落/满脸的皱纹写尽了他的沧桑/也许这就是他几十年风雨/与苦难的总和//风吹亮烤炉里的火苗/吹亮他的影子/老远向他走过来的人/把手揣在衣袋里取暖/他递上去一个烫手的烤红薯/向每一个人/轻轻地点头，微微地鞠躬//他那么老了。一个人站在墙角里/眼睛一直看着/那些来来往往的过路人/他哪里知道，突然开过来一辆/清障车。城管员摔烂了/他的红薯，砸了他的炉子/谁也不容他多说一句话/他痛苦的表情，我看得很清楚/他是猫着腰走出去的/步履缓慢/大北风一直追着他吹”（《卖烤红薯的老人》）。田禾所“看”到的，实际上正是生活于都市的人们所经常“看”到的场景，也是谋生于都市的底层民众所经常承受的命运。这些来自乡村的民工、商贩或手艺人，经常会遭到对他们的肉身与尊严构成了双重伤害的“野蛮执法”。他们虫豸一样卑微地活着，随时都会遭到来自强权的灭顶之灾。

强权的侵害必然会导致相应的反抗。实际上早在1997年，鬼子的小说《被雨淋湿的河》就率先书写了底层民众对于资本强权的个体反抗，这也决定了它在当下中国“新左翼文学”中的先驱地位。小说中的晓雷不愿意顺从父亲陈村为其安排的做一个代课教师的命运而从师范学校中途逃学，不辞而别地踏上了打工的道路。在打工生活中，他目睹和震惊于采石场的民工所受到的残酷压榨和人格羞辱。他的为了人格尊严而绝不下跪的精神姿态，他的为了捍卫自己的经济权利而对老板的最后杀戮，以及他的为了包括其父亲在内的全县教师的利益而组织发动的集体抗争，都很突出地显示出他反抗者的精神性格。小说多次写到晓雷的眼睛。正如他的父亲所看到的，那“是一种随时都会出事的眼睛。这种眼睛看上去虽然空空洞洞的，好像什么都不在乎，可一旦碰着什么异物，就会立即电闪雷鸣，烈火熊熊”。这是一双反抗者的眼睛。它源自底层，不容异物，既可击退老板们的淫威，亦可洞穿官员们的欺罔，而面对着那些同样处于底层的人们,却又是“异常地纯净而感人”。2001年,作家曾这样来谈论这一篇作品:“四年后,我重读这篇小说的时候,心中的某种东西依然被小说中的某种现实精神和叙述方法所点燃,时间流动的意义只是使它变得更加坚硬,变得更加有力。……我为此长长舒了一口气。一个作者如果仅仅只能点燃自己,那是一种自焚,自焚的结果可能只是留下一堆灰烬,而灰烬的结果是可想而知的;如果一个作品既点燃了作者,又点燃了读者,而且不因时光的流逝而熄灭,其意义也就产生了。作者与读者之间的关系是不是就应该是这样的一层关系?应该是点燃和被点燃的关系?”①

确实如鬼子所言,他的《被雨淋湿的河》至今仍能点燃我们,让我们像晓雷一样燃起激愤的怒火。引人注目的是,新世纪以来,这样一种能够点燃我们怒火的作品不断出现。晓雷一样的怒火及其所意味着的反抗与斗争在近年来的小说中已经越来越多,很多作品中像他一样的人物形象已经组成了一个反抗者的形象谱系。在这个谱系中,除了人们经常谈论的曹征路的小说《那儿》中的“小舅”外,还有北村《愤怒》中的李百义、李锐《袴镰》中的陈有来、刘庆邦《卧底》中的周水明、胡学文《命案高悬》中的吴响、《淋湿的翅膀》中的马新、曹征路《豆选事件》中的继武子和张炜《刺猬歌》中的廖麦及那个转业军人“兔子”。这些作品中的一个值得重视的动向,就是其中的底层民众和反抗者们已经越来越多地表现出他们的集体认同。在两极分化已很明显并且已经固定化为稳定的社会结构的今天,阶级话语却被我们相当刻意地谨慎回避,所以在这样的意义上,我并不敢说这些认同就是底层民众阶级意识的觉醒。但是《被雨淋湿的河》中晓雷父子关于“你们”(晓雷一样的打工者)和“我们”(父亲一样的教师)的争论已经强烈彰显出相当明确的阶级意识。至于《卧底》中的周水明、《淋湿的翅膀》中的马新、《刺猬歌》中的“兔子”和曹征路《豆选事件》中的继武子、《霓虹》中的刘师傅等人出于共同的苦难处境及政治经济诉求而分别以“互助会”(《霓虹》)等形式带领群众集体抗争,分明已是相当典型的阶级实践。这些小说中群众之间的鼓动、串联、集会及其与资本强权的正面冲突,都是1930年代左翼文学中的经典情节。

实际上,底层民众的集体认同和精神反抗在很多诗歌中同样有着相当突出的体现。“打工诗人”郑小琼的诗歌经常表现出她对打工者的集体认同:“我记

① 鬼子:《艰难的行走》,北京:昆仑出版社,2002年,第48页。

得他们的脸,浑浊的目光,细微的颤栗/他们起茧的手指,简单而粗陋的生活/我低声说:他们是我,我是他们/我们的忧伤,疼痛,希望都是缄默而隐忍的/我们的倾诉,内心,爱情都流泪/都有着铁一样的沉默与孤苦,或者疼痛//我说着,在广阔的人群中,我们都是一致的/有着爱,恨,有着呼吸,有着高贵的心灵/有着坚硬的孤独与怜悯!"(《他们》)在这样的认同基础上,郑小琼的诗歌与散文进一步表现了打工者群体的"愤怒与怨恨"和他们的反抗冲动。在她的《胃》中,"进入城市"并且"忍受着爱与恨的疼痛"的打工者们被比喻为"饥饿"的胃。这样的胃,承受着时代性的巨大痛苦——"它把时代的镜子吞进了胃/惹上不断疼痛的疾病"。诗人知道,即使"它的内心有着软弱的羞愧",但正是在这样的胃中,毕竟又"藏"着"对现实的不悦",醒着"一个活着的灵魂",所以她才向它们发出了反抗的吁求:"起身吧,我们的愤怒与怨恨"。"起身吧,我们的愤怒与怨恨",这样一种反抗的情绪,同样是雷平阳的《贫穷记》、《采访纸厂》、《暴力倾向》、王夫刚的《暴动之诗》和田禾的《路过民工食堂》等诗作所表现出的愤激与冲动。"新左翼文学"中的"底层写作"就是这样以各自不同的方式"见证"和"记录"着以资本强权为主体的权力压迫下底层民众的精神与生存,书写着他们权利意识的初步觉醒和他们的勇敢反抗。

二、革命记忆的精神重访

正如我们前面所指出的,当代中国的"新左翼文学"还应该包括那些充分体现着"新左翼精神"的面向历史的文学创作。在对革命记忆的精神重访中竭力弘扬"新左翼精神",构成了当代中国"新左翼文学"的另外一种精神取向。

新世纪以来,令人痛切的现实使一些作家转而从对革命记忆的精神重访中寻求资源从而进行现实批判。在这些精神重访中,张广天的先锋戏剧《切·格瓦拉》和他的"民谣清唱史诗剧"《鲁迅先生》及《红星美女》广为人知。《切·格瓦拉》以观念戏剧的方式通过对世界性的革命偶像切·格瓦拉革命事迹的追叙与歌颂,加以几位代表着不同思想观念的符号性人物的对话与辩论,紧密联系和批判着当下中国两极分化的生活现实和部分精英"告别革命"的精神现实,表现出相当强烈的"呼唤革命"的精神主题。慷慨激越的革命悲情和它相当明确的现实针对性与精神指向,使其产生了广泛的影响。张广天在谈到这部作品时曾经指出:"我们搞《切·格瓦拉》,主要在意于他的精神,这种不断革命不断否定的不朽精神。我们希望在保守思潮统领人们头脑二十年后，重提革命”。[①]《鲁迅先生》所突出与“重提”的，主要也是鲁迅先生的革命精神，明显针对着知识界对革命的背弃与忘却。而他的《红星美女》则又以一位红军战士的红星作为革命记忆的象征，通过剧中人周萱对红星的丢失与寻找表现出对革命的向往和对现代都市与矿区现实的精神批判。

如果说，张广天对革命记忆的精神重访由于其特殊的戏剧形式和它的观念性特点而显得过分的浮泛与喧哗，张承志的《东埔无人踪》《鲁迅路口》《谁曾经宣言》《一页的翻过》《斯诺的预旺堡》《秋华与冬雪》和《红军渡》等散文，则要表现得更加深切。张承志在《斯诺的预旺堡》中曾经说过：“可能是因为见惯了腐败奸狡官僚的缘故吧，这两年，有时突然对真正的革命觉得感兴趣。南至瑞金，北到预旺，到了一处处的红色遗址。我在那儿徘徊寻味，想试着捕捉点湮没的什么”。正如他在《谁曾经宣言》中所说的：“革命确实已经退潮了，但对革命的追究才开始”。在我们这样的时代，除了要追究发布了《共产党宣言》的真正的原初主体(《谁曾经宣言》)，更应该通过对革命记忆的精神重访检讨当世。于是在他的《秋华与冬雪》中，我们在读到他对当今时代包括知识分子在内的精神堕落进行一贯的激烈批判的同时，更能领略到他对作为革命烈士的瞿秋白和杨靖宇将军的敬仰和对革命的令人动容的向往——夜深人静，他在读罢瞿秋白的著作后，“复杂的心里，升起着对革命的怀念。”“秋之白华，如一帧画。我为这样的美感所吸引，久久不能释怀。由于那么多的背弃，由于那么多的揭露和丑化，渐渐很少有人再把共产主义与美相提并论。开口诉说革命，简直就是为历史的罪责出头自首；诉说革命，已经需要历史重压之下的勇气。但即便如此，即便批判和揭露建立了雄辩的强权，我仍不能——那清高的美，纠缠得我不能摆脱”，“甚至，我总是清晰地从中捕捉到了古代中国的烈士之风。那种布衣之士的、那种弱冠轻死的痕迹，从少年时代就留在心里，不肯磨灭。百年以来，除此我们还有什么遗产！愈是在他们合唱最热之际，我愈是沉湎于共产主义理想的美感”。这样一段相当优美和充满激情的文字，不仅表现了对革命记忆的精神重访，更是突显着作家相当明确的批判指向和深刻思考。而神往于“革命的美”的，在另外一位“新左翼”作家韩少功的小说《暗示》中，同样也有突出的强调。

应该承认，张承志和张广天的精神重访都有着激情有余的特点，而且他们

① 张广天：《我的无产阶级生活》，广州：花城出版社，2003年，第138页。

所重访的革命记忆，或者是在遥远的异国，或者都是远逝的过去，而韩少功的写作，则更多地也更切近地集中于对"文化大革命"这一中国革命中的极端时代的深入反思和精神重省。在20世纪90年代中后期以来的中国思想文化界和文学界，韩少功往往被归入所谓的"新左派"阵营。其所曾任主编的《天涯》杂志就是在他的手里被定位为"新左派"的重要阵地，并且产生了广泛的影响。在具体的文学写作中，韩少功的"新左翼精神"最为突出地表现为他对"文革记忆"的精神重访以及他在这样的重访中对于"文化大革命"之历史复杂性的深刻揭示。

"文革"后，人们对"文革"往往只是简单化地进行政治的或道德上的批判，而对其历史复杂性却有着相当严重的忽视。但韩少功则以小说的方式深刻地揭示了"文革"时期广泛的迫害运动中的一种复杂情状。

韩少功长篇小说《暗示》的描写与分析紧密联系着对当下中国社会大众和知识分子的精神批判，他通过对"革命记忆"的精神重访进而为当世寻求资源的意图相当明显。在《很久以前》和《兄弟》这两部中篇小说中，韩少功都很突出地书写了"文革"之中青少年们的"革命活动"。《很久以前》在以一种充满追怀的笔调书写了红卫兵们对于革命的诗意向往的同时，还很具体地书写了"我"与孟海的"革命活动"，以及孟海的身上所延续着的"革命精神"与"文革"后社会的时生龃龉。韩少功对这些方面的书写虽然突出了其中"革命的罗曼蒂克"的一面，尤其是孟海与"我"的"革命活动"对于俄式革命的刻意模仿，显示出十足的幼稚可笑，笔调之中不无揶揄。但在另一方面，亲切与自赏亦在其中。而其《兄弟》关于"文革"的"革命记忆"，主要表现在两个方面：一方面，其与《很久以前》一样记述了当时的青少年们对于革命的诗意向往，特别是汉军与汉民兄弟的尚武精神和对军事生活的模仿；另一方面，却以痛惜与崇敬的笔调书写了民间思想者罗汉民的"革命活动"。汉民因为主要参加了当时的一个叫做"马克思主义劳动社"的"反动组织"，并且在不同的城市散发和张贴"反动传单"，"攻击文化大革命，攻击毛主席和党中央。还提出要为彭德怀和刘少奇翻案……"，因此被作为主犯杀害。但这个组织无疑是相信马克思主义和相信革命的。小说曾以自我独白的方式拟写了临刑前的汉民：

> 我们全家和亲戚那一天没有一个人去刑场，倒是在劳模父亲的带领下，关起门来学习了一天的毛主席语录。他们在高声诵读的时候，我挂着"反革命组织主犯"的牌子，在五花大绑之下度过了最后的时光，正在从看

> 守所通往刑场的路上东张西望，一直在围观的人群中寻找熟悉的面孔，对亲人抱有最后一丝微不足道的希望。……我只是想看一眼，让我的目光触摸一下母亲和亲人的面容，让目光在这一片人海里还有最后的接纳和停靠，让自己离开得不至于过于孤单。
>
> 我眼中的世界模糊了，可耻的眼泪流了下来，于是我用高喊口号的办法来镇定自己："真正的马克思主义万岁！""打倒……"不过第二句口号没有喊出来，早已套在我脖子上的一条毛巾已经突然勒紧，勒得我两眼发黑，发不出任何声音。

韩少功对作为一种特殊的"革命记忆"的"文革记忆"的精神重访，成了揭破遮蔽、反抗遗忘的抗议和呐喊。如果对复杂的历史不作有效的精神重省，我们的精神无疑将仍不健全。特别是在当前巨大的社会转型及其所导致的激烈的社会冲突中，我们的精神选择也会因此陷入重重迷雾，从而在根本上难以建立真正有效的精神立场。所以说，韩少功对"文革"之中"革命记忆"的精神重访，具有相当独特的重要意义。

三、意义、问题与可能

革命记忆的精神重访和对社会现实的见证与批判是当下中国"新左翼文学"的两种不同的精神姿态，它意味着当代中国文学知识分子现实战斗精神群体性的再度复活。[①] 自"伤痕""反思"文学以来，"文革"后中国文学的现实战斗精神日趋涣散、不断衰颓。还是在"寻根文学"兴起的时候，李泽厚先生就曾指出其"战斗性"的丧失，[②]经过后来的"先锋文学""新写实小说""个人化写作""第三代诗歌""文化散文""晚生代小说"和"70后""80后"等潮流的不断冲击，中国当代文学的现实战斗精神元气大伤，一直没有构成文学界的精神主流。其间虽有"现实主义冲击波"的一度中兴，但由于其"分享艰难"的精神立场消解了其本应具有的直面现实的精神勇气，所以令人失望地并没有能够真正恢复知识分子的战斗精神。正是在这样的意义上，"新左翼文学"中知识分子现实战斗精神的再度复活，意味着中国知识分子又一次以新的姿态直面现实。在这样的精

① 陈思和：《中国新文学整体观》，上海：上海文艺出版社，2001年，第264-282页。
② 李泽厚：《两点祝愿》，《文艺报》1985年7月27日。

神姿态中，对于社会现实的见证与批判自然是其相当重要的方面，即使是对革命记忆的精神重访，其实也与现实保持着足够的批判性张力，有着明确的现实指归，比如韩少功的《暗示》和张承志的《秋华与冬雪》等作品对革命记忆的精神重访，时常对现实予以智慧或猛烈的出击，实际上就是对我们这个时代精神现实的批判。“新左翼精神”，实际上就是知识分子直面现实、直面时代的战斗精神。“新左翼文学”，也就是继承和秉持着中国知识分子现实战斗精神这一精神传统直面现实的文学。所以我以为，我们应该充分珍视这样一种相当难得的精神复活，不断通过艰苦深入的反思和勇敢的精神实践，使这种精神牢固确立并走向成熟。

实际上，从“新左翼文学”的现有实践来看，它并不是那么幼稚。它的创作方法、主题话语、叙事模式和人物修辞，固然存在着种种问题，但却不再像20世纪30年代的左翼文学那样呈现出过于简单化的倾向。“新左翼文学”总体上取现实主义的创作方法，但像韩少功的《暗示》、张炜的《刺猬歌》和张广天的《切·格瓦拉》等作品，却已经远远超出了现实主义的范畴。在主题话语方面，“新左翼文学”在对资本强权的批判之外，还包含着城市文明批判、国民性批判和知识分子批判的丰富主题。像陈应松的《太平狗》、鬼子的《被雨淋湿的河》、《瓦城上空的麦田》、贾平凹的《高兴》、夏榆的《失踪的生活》《我目睹了美感从一个村庄消失》及郑小琼等的很多诗歌，城市批判的主题相当突出。而在罗伟章的《我们的路》、陈应松的《归来》、刘庆邦的《卧底》、胡学文的《命案高悬》、《淋湿的翅膀》、曹征路的《豆选事件》、王祥夫的《愤怒的苹果》、迟子建的《世界上所有的夜晚》和夏榆的很多散文中，底层民众的自私、麻木、冷漠和不争，则更是令人震惊。这样一种对于底层民众的精神批判，不仅是对五四传统的自觉继承，更是规避了左翼文学所极易出现的简单化的民粹倾向。一个值得注意的现象是，“新左翼文学”还对知识分子的精神性格进行了有力的批判和反省。韩少功和张承志在对革命记忆进行精神重访的同时，对于知识分子的精神病相时有反省，而《那儿》中的叙事人“我”、《霓虹》中的那位嫖客“教授”、《卧底》中的记者周水明和《被雨淋湿的河》中时常“像烂鱼网似地蹲缩在地上”的父亲陈村，都曾被作家予以不同程度的批判。这都意味着，“新左翼文学”对当代中国社会现实和精神现实的复杂性实际上有着一定的自觉。正是因为这样的自觉，我们才有足够的理由对它的尽快成熟充满信心。

如果要说当下中国的“新左翼文学”还存在着什么问题，我以为最根本的，并不是很多人所通常认为的现实主义深化等"文学性"方面的问题。因为在世界范围内比如像马尔克斯和格拉斯等左翼作家的创作,实际上远远超越了现实主义的基本原则。在我看来,"新左翼文学"的根本问题,还是其所初步彰显的"新左翼精神"如何才能在广泛汲取包括人道主义和正义原则等人类历史上优秀的思想传统和精神资源的基础上,走向进一步的丰富与深刻。但在其中,我以为最关键的,应该是目前的"新左翼文学"最为匮乏的历史意识问题。"新左翼文学"特别是其中属于"底层写作"的大部分作品,要么缺乏深刻和充分的历史感,要么过于匆忙、不加反思和简单化地"征用"早已失魅的意识形态。不管是对社会现实的见证与批判,还是对革命记忆的精神重访,目前的"新左翼文学"很多都未表现出充分明确和足够深刻的新的历史意识。而在实际上,独特的历史意识正是左翼精神最为核心的方面。在据说"历史已经终结",革命早已退潮,人类历史上的左翼实践饱受重创的"后革命时代",是否需要和应该以怎样的新的历史意识在历史发展中深刻书写当下中国异常复杂的社会现实与精神现实,并将这种书写紧密联系于现代以来包括中国在内的人类历史上波澜壮阔充满悲怆的左翼实践(包括左翼文学实践),将是"新左翼文学"所要面临的最为重要、最为艰巨的课题。只有很好地解决这样的问题,"新左翼文学"的现实战斗精神,才会具有相当坚实的思想基础。当下中国的"新左翼文学",也才会拥有更加广阔的未来。

“文学革命论”与陈独秀的旧诗创作实践

朱兴和

1917年2月，陈独秀在《新青年》第二卷第六号上发表《文学革命论》，对“贵族文学”、“古典文学”和“山林文学”展开猛烈攻击。胡明先生将该文和胡适的《文学改良刍议》视为“新文学运动的号角与战旗”。① 这也基本上是学界的共识。甚至有学者认为，《文学革命论》的发表是有“时代文化政治高度的重大事件”。② “反讽”的是，陈独秀在此前和此后都创作了大量的旧体诗歌。依据安庆陈独秀研究会编辑的《陈独秀诗存》(2006)，去除可能误收的诗作，③陈一生至少创作了158首旧诗。其中，作于1915年10月之前的有27题77首(包括译诗2题8首)，作于1932年之后的有22题80首。从数量分布来看，基本集中在青年(23～36岁)和晚年(53～63岁)时期，恰呈平分秋色之势，而中间除了1927年的有1首打油诗，没有留下任何作品。那么问题来了：倘若“文学革命论”革了旧诗之命，为什么将近20年之后旧诗创作又“死灰复燃”？夏中义先生认为二者之间蕴含着“价值紧张”，并提出“否定之否定”说予以解释，即，先是“文学革命论”否定了早期《诗存》的正当性，后是晚期《诗存》又否定了“文学革命论”的正当性，从而推导出陈独秀“无力彻底走出生于斯、长于斯的传统，宛如

---

① 胡明：《试论陈独秀的旧诗》，《文学评论》，2001年第6期。

② 邓伟：《“文学革命”时期陈独秀的现代白话文倡导》，《青海社会科学》，2014年第5期。

③ 即《水浒吟》6首(发表于1917年7月20日的《中华新报》“谐著”栏内，署名“仲子”)和《杂感》4首(发表于1917年7月22日的《中华新报》“文艺”栏内，署名“陈仲子”)。据沈寂考证，此“仲子”并非陈独秀，乃是江西赣县人陈蒙，系北京大学音乐研究会导师。详参沈寂：《杂谈陈独秀的诗》(杜宏本主编：《陈独秀诗歌研究》，国际炎黄文化出版社，2005，第97页)及沈寂：《陈独秀早期历史研究中的若干问题》(沈寂：《陈独秀传论》，合肥：安徽大学出版社，2007，第130页)。但这两组诗的作者归属问题比较复杂，尚待详考。

人走不出自己的肌肤。”的结论，并委婉申言：“‘文学革命论’在学术上的是非，也就不言而喻了。”[①]此说揭示了新文化巨匠与旧传统之间的历史粘连，颇富启发意义。然而，反复研味陈独秀所作诗文及其平生行迹，又觉得“文学革命论”与其旧诗创作实践的关系似较复杂，存在着另一种解读的可能。

一、“文学革命论”的“暧昧空间”

一般印象中，陈独秀是要革旧诗之“命”的，因为《文学革命论》高张“文学革命军”的大旗，旗上大书特书“革命军三大主义”，即，“推倒雕琢的阿谀的贵族文学，建设平易的抒情的国民文学”，“推倒陈腐的铺张的古典文学，建设新鲜的立诚的写实文学”，“推倒迂晦的艰涩的山林文学，建设明了的通俗的社会文学”。[②] 既然旧体诗是旧文学的主体，那么，理当是“革命”的对象。然而，这里存在一个微妙的逻辑“陷阱”——旧诗革命未必等于废弃旧诗。事实上，陈独秀本人从未明确表示必须废弃旧诗。旧诗究竟当不当废，1917 年的陈独秀也未必有清晰的认识。他知道这是一个重大的问题，在未想明白之前，勿宁采取存而不论的悬置态度。[③] 十余年后，他才比较坦率地对濮清泉表露对旧诗的看法。濮的记载大略如下：

> 自“五四”运动以来，他（即陈独秀）主张用白话文代替文言文，这是众所周知的，但对诗歌应采白话还是文言，他没有肯定。在狱中谈到这个问题，他谈开了。他说以前之所以不谈，是要看看白话是不是可以写出好诗来。现在看起来，白话诗还不能证明它已建立起来，可以取古体诗而代之。我（即陈独秀）看了许多新诗，还没有看到优秀的作品，能使人诵吟不厌的。我认为诗歌是一种美的语言和文字，恐不能用普通语言来表达。

---

① 夏中义：《〈陈独秀诗存〉与“文学革命论”》，《文艺研究》，2014 年第 7 期。

② 陈独秀：《文学革命论》，《陈独秀著作选编》第一卷，上海人民出版社，2009，第 289 页。本文凡涉及《文学革命论》的引文均出自《陈独秀著作选编》第一卷第 289－291 页，恕不一一列出具体页码，下文同样处理。

③ 1930 年代，他曾在狱中与濮清泉谈及刘半农时说：“一个人应本着知之为知之，不知为不知的精神去做学问，不知并不羞耻，强不知以为知，必然在大丢其脸，弄到无地自容。”此种知认态度承自孔子，贯穿陈独秀生命的始终。详参濮清泉：《我所知道的陈独秀》，《文史资料选辑》第 71 辑，中华书局，1980，第 69 页。

在对话中,陈独秀"不提倡也不赞成"青年学作古诗,"因为古诗讲究音韵格律,青年搞这一套太浪费时日"。面对濮清泉"诗歌一道岂不要绝子绝孙"的追问,陈独秀"考虑了一下说,这确是一个难答的问题。"接着说,"我想可以美的语言美的文字结合起来写诗,但主要的还是美的意境,青年人想写诗,最好先读读《诗经》、楚辞、唐诗、宋词,了解一些诗味,然后动笔,想来会有进益的。"[①]在陈的表述中,仍然可以看到一种审慎犹疑的态度,但有一点很明确:他没有否定旧诗的语言、音韵和格律。此次谈话显然不是对"文学革命论"的否定,虽然与《文学革命论》的发表至少相隔15年之久。可以感觉到,他对旧诗的认识虽有微调,却始终保持着内在的一贯性。回头细读《文学革命论》,可以发现,陈独秀早已为旧诗留下一个"暧昧"的生存空间。在该文的最后部分,他如此陈述反对旧文学的理由:

> 贵族文学,藻饰依他,失独立自尊之气象也;古典文学,铺张堆砌,失抒情写实之旨也;山林文学,深晦艰涩,自以为名山著述,于其群之大多数无所裨益也。其形体则陈陈相因,有肉无骨,有形无神,乃装饰品而非实用品;其内容则目光不越帝王权贵,神仙鬼怪,及其个人之穷通利达。所谓宇宙,所谓人生,所谓社会,举非其构思所及,此三种文学公同之缺点也。此种文学,盖与吾阿谀夸张虚伪迂阔之国民性,互为因果。今欲革新政治,势不得不革新盘踞于运用此政治者精神界之文学。

仔细玩味,可以发现陈独秀在批判旧文学时运用了几组相对的概念,即,"形"与"神","肉"与"骨","形体"与"内容"。对于旧文学的"骨"、"神"和"内容",他的批判毫不留情,但对其"肉"与"形",则无一概打倒之意。魏义友曾说:"(陈独秀)'文学革命'所要革的是落后的思想观念,陈旧的时代内容,而不是体裁形式。"[②]可谓一语中的。看来,"文学革命论"的意蕴比学界的普泛印象或想象式解读更加复杂。重读《文学革命论》,有两点需要特别注意:

其一,"革命"一词在陈独秀那里有特别的内涵。《文学革命论》开篇就说:"今日庄严灿烂之欧洲,何自而来乎?曰,革命之赐也。欧语所谓革命者,为革

---

① 以上狱中对话全部引自濮清泉:《我所知道的陈独秀》,《文史资料选辑》第71辑,第59、60页。
② 魏义友:《文学革命的旗手与诗词改革的先行者》,杜宏本主编:《陈独秀诗歌研究》,第164页。

故更新之义,与中土所谓朝代鼎革,绝不相类。故自文艺复兴以来,政治界有革命,宗教界亦有革命,伦理道德亦有革命,文学艺术,亦莫不有革命,莫不因革命而新兴而进化。近代欧洲文明史,直可谓之革命史。"这段文字至少包含着两层意味:首先,"革命"是系统工程,既包括政治层面的革命,也包括宗教、伦理、文艺等精神层面的革命。多层次多领域的革命构成相互依存相互促进的关系,而精神层面的革命尤为重要。中国"政治界虽经三次革命,而黑暗未尝稍减。"这正是陈独秀发动文学和思想革命的根本原因。[①] 其次,革命不是断崖式的"朝代鼎革",而是一个在众多领域不断新陈代谢的复杂过程。将此逻辑移诸于"文学革命论",不难体会陈独秀虽未明言却深蕴其中的暧昧意味:"文学革命"当然也不同于断崖式的"朝代鼎革"。陈独秀从未明言必须废除旧诗的语言、音韵和格律,或许与此有关。

其二,"文学革命论"的根本着眼点不在形式的变革,而在于内容与思想的更新,更准确地说,在于创作主体的精神新生。陈独秀明言,之所以鼓吹"文学革命",乃是因为"盘踞吾人精神界根深柢固之伦理道德文学艺术诸端,莫不黑幕层张,垢污深积",之所以必须推倒旧文学,是因为它"有肉无骨,有形无神","与吾阿谀夸张虚伪迂阔之国民性,互为因果。"换言之,陈独秀发动文学革命的动机,与其再造国民性和现代中国的宏愿密切相关。在他看来,没有独立、自主、理性、自由的现代人格,只能不断复制旧文学,从而与世界潮流和社会现实产生严重的精神疏离,这是现代中国无法建立的根源之一。所以,"文学革命论"的首要任务是在文学领域发生复杂而深阔的思想变革,而非形式和语言的革命。

基于这样的阐释,也许可以对陈独秀的旧诗做另一番解读。《文学革命论》有言:"文学革命之气运,酝酿已非一日。"意即"文学革命"的思想因子早已有之,而陈独秀思想的根本变革始自庚辛之间(1900—1901),其存世诗作则作于1902年暑期之后,在时间上完全合拍。但二者的关系究竟如何,还有赖于"诗"与"思"的相互阐发。从根本上说,陈独秀倡导的思想革命涉及"自我与社会"、"自我与他者"和"自我与灵魂"三个层次。本文认为,陈的思想在三个层次上都发生了深刻复杂的变革,发诸歌诗,不得不与旧文学大异其趣。

---

① 胡适早在《陈独秀与文学革命》的演讲中就说,陈独秀是因为政治革命失败而参加伦理革命、宗教革命和道德革命。胡适:《陈独秀与文学革命》,欧阳哲生编:《胡适文集》第12册,北京:北京大学出版社,1998,第35页。

二、陈独秀诗歌中的“自我与社会”

“自我与社会”是每位诗人必须面对的核心问题之一。“自我”是个体认知世界和自身本质的出发点，[①]也是具有理性意识的个体本身。社会则是由个体结合而成的群体或组织，表现为国家、民族、政权、政党或其他组织。在中国文化传统中，儒家以利群为主，道家以利己为主，构成对立而互补的深层结构。晚清以来，西方思想传入中国，精英人物开始重新厘定“自我与社会”的关系。严复译介《群己权界论》（即密尔《论自由》），用意即在于此。陈独秀则将问题带入更为幽深之境。

陈独秀很早就接受了自由主义，但与此同时，又反对极端自由主义，曾在不同时期反复申明爱国利群的人生哲学。1903 年，他就在《安徽爱国社会拟章》中力戒“主张各人自由，放弃国家公益。”[②]1918 年，他在《人生真义》中，否定宗教、孔孟、老庄的人生观，强调应尊重个体的欲望和价值，同时也要尊重社会，将个人的价值与社会的延续联系起来。[③] 1919 年，他在《我们应该怎样？》中，认为人性有黑暗、有本能，但也有相爱互助的一面，更有道德意识，应该提倡“爱世努力的改造主义”。[④] 可见，在群与己的天平上，陈独秀与严复一样做了“己轻群重”的抉择。[⑤] 陈独秀由“选学妖孽”一变而为“康党”，再变而为“乱党”，三变而为新文化运动领袖，四变而为共产党创始人，五变而为托派领袖，六变而为超越党派的自由人士，内在动机都是为了拯救国族的危亡，其爱国热忱不可谓不深切。但是，这是建立在个人自由基础之上并经过自由理性反复考量过的利群主义，并非儒家观念的简单复制。

陈独秀对“社会”（主要表现为国家）的本质有非常深刻的认识。根据 1904 年的自述，陈独秀在少年时代根本不知“国家”为何物，后来因甲午战争和庚子事变的刺激而萌生国家的观念，再后来又接触了西方的“国家学”，才知道国家是由土地、人民和主权构成的团体，政府代表全体国民行使主权，“主权居于至

① 张世英对“自我”概念的中西思想源流以及“自我”与“社会”和“他人”的关系有比较系统的梳理。详参张世英：《中西文化与自我》，北京：人民出版社 2011 年版，第 37－71 页。

② 陈独秀：《安徽爱国社拟章》，《陈独秀著作选编》第一卷，第 13 页。

③ 陈独秀：《人生真义》，《陈独秀著作选编》第一卷，第 385－387 页。

④ 陈独秀：《我们应该怎样？》，《陈独秀著作选编》第二卷，上海：上海人民出版社，2009，第 79 页。

⑤ 严复临终前留下“相害相权：己轻，群重。”的遗嘱。参见王栻主编：《严复集》，北京：中华书局，1986，第 1552 页。

高极尊的地位”,“上至君主,下至走卒,有一个侵犯这主权的,都算是大逆不道。”[1]此种观念一经确立,虽有微调,终生未变。在1914年的《爱国心与自觉心》中,他有更明晰的阐述。在他看来,“爱国心”是个体对群体的热烈情感,是立国的要素,“自觉心”则是个体的理性思考能力,二者不可或缺。有“爱国心”而无“自觉心”,则“其爱之也愈殷,其愚也益甚。”爱国必须借助自由理性明察国家的目的与形势。国家的目的是为国人“保障权利,共谋幸福”,如果不能“保障人民之权利,谋益人民之幸福”,则“存之无所荣,亡之无所惜”,维护恶政府甚至比沦为强国之附庸还要可悲,因为“残民之祸,恶国家甚于无国家。”[2]这篇文章一度招致爱国青年的愤怒,足见其国家观念的先锋性。显然,陈独秀的国家学说深受社会契约论和自由主义的影响,带有强烈的个人主义和自由理性的色彩。

陈独秀对“自我”(即组成现代国家的现代公民)也有独特的认识。早在思想发生“聚变”的庚辛之际,他就已对国人的劣根性有了深刻的反省,认为这是现代中国无法建立的根由。1903年,在安庆藏书楼演说中,他曾厉声批判中国人“只争生死,不争荣辱”、“偷生苟活”、“贪生畏死”的国民性质。[3] 在以后的系列文章中一再表露出类似的思想。在他看来,塑造人格独立的现代公民与建设民主的现代国家同等重要。这种思想在新文化运动时期大放异彩。1916年,他在《新青年》第二卷第二号上发表《我之爱国主义》,认为爱国主义之急务不是为国捐躯,而是国民的人格自铸,这才是持续而治本的爱国主义。[4] 有学者认为,陈独秀试图重塑的新青年是基于现代法律和人格意义上的平等主体,也是在科学理性指导下的意志自由的主体,[5]这一说法比较接近于陈独秀对现代公民的认识。可以说,基于契约论和自由主义的现代国家学说以及对现代人格主体的理想预设,乃是陈独秀一生从事思想启蒙和政治活动的基础,也是他处理“自我与社会”关系的理论基点。

以此视角来阅读陈独秀的诗歌,可以发现,陈诗中的“自我与社会”在近现代诗史上相当特别。从现存的系列诗作中可以看到,陈独秀最迟在1902年就

---

① 陈独秀:《说国家》,《陈独秀著作选编》第一卷,第44-45页。

② 陈独秀:《爱国心与自觉心》,《陈独秀著作选编》第一卷,第146-150页。

③ 陈独秀:《安徽爱国会演说》,《陈独秀著作选编》第一卷,第10页。

④ 陈独秀:《我之爱国主义》,《陈独秀著作选编》第一卷,第231-237页。

⑤ 刘长林:《论陈独秀“新青年”人格说的现代性特征》,《安徽史学》,2014年第3期。

已经开始用自由理性来审视中国的政治和社会问题。在最早的《哭汪希颜君》(1903年8月9日发表于《国民日日报》)中，他发出"历史三千年黑暗，同胞四百兆颠连。"的惊人之语，已对中国古代政治做出基本负面的宏大判断。陈独秀痛惜挚友英年早逝的原因，在于他已不可能为铸造现代中国而贡献自己的力量。诗中还流露出对西方政制的艳羡("说起联邦新制度，又将遗恨到君身。")以及对现代国家的期待("英雄第一伤心事，不赴沙场为国亡。"[1])。创作此诗之前，陈独秀已由康梁派转变为革命党，已有一系列鼓吹革命的言行。[2] 因此，这组诗作表明陈独秀对"自我与社会"的关系已有非常现代的认识。

顺此理路，可以对《题西乡南洲游猎图》(1903年8月17日发表于《国民日日报》)做进一步的解读。陈独秀在诗中倡言"革命"和"自由"，并掷下豪言："驰驱甘入棘荆地，顾盼莫非羊豕群。男子立身唯一剑，不知事败与功成。"[3]胡明先生曾一语道破他的英雄抱负和人格自期，即，无疑也想当"中国的西乡隆盛，以'一世之雄'的姿态进入史册。"[4]但本人宁可继续阐释：所谓"羊豕群"乃是"贪生畏死""偷生苟活"的奴性国民，所谓"棘荆地"乃是铸造现代中国的重重困难，所谓"立身唯一剑"乃是他赖以改造中国、启蒙民众的思想武器。可以说，新文化运动的思想因子在此诗中早已深深埋下。陈独秀早期的其他诗作，如"千年绝学从今起，愿罄全功利有情……众生茧缚乌难白，人性泥涂马不鸣。"[5]也在不经意之间流露出他对中国国民性的负面判断以及启蒙民众的心愿，亦可与此诗相互印证。

经过长时期的蛰伏，自1915年开始，陈独秀全身心地投入到了铸造现代中国的文化和政治运动之中，并长期活跃于历史舞台的中心。面对重大政治和文化问题，他是终生的反对派。关于这一点，后期诗作有比较充分的表现。比如，1927年，他以打油诗的形式对国民党展开了辛辣的抨击：

党外无党，帝王思想；党内无派，千奇百怪。以党治国，放屁胡说。党化教育，专制余毒。三民主义，胡说道地；五权宪法，夹七夹八。建国大纲，

---

① 安庆市陈独秀学术研究会编：《陈独秀诗存》，合肥：安徽教育出版社，2006，第1－2页。
② 任建树：《陈独秀大传》，上海人民出版社，2012，第36页。
③《陈独秀诗存》，合肥：安徽教育出版社，2006，第11页。
④ 胡明：《试论陈独秀的旧诗》，《文学评论》，2001年第6期。
⑤《陈独秀诗存》，合肥：安徽教育出版社，2006，第39页。

官样文章；清党反共，革命送终。军政时期，军阀得意；训政时期，官僚运气；宪政时期，遥遥无期。忠实党员，只要洋钱；恭读遗嘱，阿弥陀佛。(《国民党四字经》[①])

此诗在艺术上本不足称道，但鲜明地表达出陈独秀对国民党及其意识形态的批判态度，并折射出他对现代政党政治的认识。与此相印证的是他在南京狱中所作的大型组诗《金粉泪》(约作于1934年)。比如，第5首指出，国民党统治的实质与纳粹无异("世事从来似弈棋，黄龙青白耍斯梯[Swastiks]")。第14首抨击国民党以愚民手段来维护统治，与秦始皇如出一辙("民智民权是祸胎，防微只有倒车开。嬴家万世为皇帝，全仗愚民二字来。")第16、17、18首批评国民党提倡复古正心学说和反对民主科学的实质是为巩固专制、奴役人民寻求理论基础("国削民奴皆细事，首宜复古正人心。""中国圣人长训政，紫金山色万年青。""德赛自来同命运，圣功王道怎分开。")第33首批评国民党的文化统制政策("民国也兴文字狱，共和一命早呜呼。")第42首批评国民党将党权凌驾于国权之上("党权为重国权轻，破碎山河万众惊。")。第46首痛斥国民党的秘密军警统治("法外有法党中党，继美沙俄黑百人。")。第51首批判国民党的言论管制("闭户闭心兼闭口，莫伤亡国且偷生。")。[②] 此外，大量诗作都在批评国民党政府的贪腐与卖国行为。

出狱之后，陈独秀完成了思想的第六次嬗变，即超越托派乃至一切政治组织，彻底独立地运用自由理性审视一切政治和社会问题。他将批判的锋芒对准一切凌辱百姓、侵略他国的专制政府和政治组织。由《和斠玄兄赠诗原韵》一诗可知，他眼中的中国大地，"豺狼"横行，斯民憔悴，[③]一片惨象。根据同期诗文可知，"豺狼"是指一切暴虐的政治势力，包括国民党、日本侵略者，甚至斯大林和苏联政府。稍后(1939年八九月间，即《苏德互不侵犯条约》签订之后不久)所作的五古《告少年》则集中呈现了晚年陈独秀对极权政治的批判。此诗大气磅礴，开篇将地球和人类置于茫茫宇宙之中，接着描画了一幅人相争、国相侵、

---

① 原文详参《陈独秀诗存》，合肥：安徽教育出版社，2006，第81页。此诗发表于1927年12月26日的《上海工人》第43期夹缝里，未署名。经郑超麟鉴定，出自陈独秀之手。其时，大革命失败，陈独秀被解职，蛰居上海。关于此诗的发现经过，参见《陈独秀大传》，第344页。

② 关于《金粉泪》的引文全部出自《陈独秀诗存》，合肥：安徽教育出版社，2006，第83－108页。

③《陈独秀诗存》，合肥：安徽教育出版社，2006，第111页。

极权肆虐的世界图景。最引人注目的是将斯大林比喻成疫鬼"伯强",对其杀戮异己、残暴百姓、侵凌他国和翻云覆雨的政治手段展开了猛烈的抨击。据陈独秀自述,此诗是"给所有独夫画像,尤着重斯大林。"[1]所以,诗中蕴含着晚年陈独秀最重要的政治理念:所有社会组织存在的合法性都是为人民谋福利,而民主则是确保人民福祉、反对极权的必要手段。陈独秀最后几年的系列书信和文章(如《致郑学稼信》、《给西流等的信》、《我的根本意见》、《战后世界大势之轮廓》、《再论世界大势》、《被压迫民族之前途》等)主张用科学理性重估一切理论和人物(甚至包括托派领袖托洛茨基),对现代政治做了最彻底的反思,乃是《告少年》一诗的最佳注脚。《告少年》还透露出陈独秀关于个体与极权关系的复杂认识:一方面,极权利用物质和暴力手段控制人民,凌驾于人民之上(所谓"黄金握在手,利剑腰间鸣。二者唯君择,逆死顺则生。高踞万民上,万民齐屏营。有口不得言,伏地传其声。");另一方面,极权又以美好的意识形态蛊惑人民,使其丧失思想能力进而膜拜极权,而人民的忍耐正是极权持续存在的基础(所谓"为恶恐不足,惑众美其名。举世附和者,人头而畜鸣。忍此以终古,人世昼且冥。")。更有意味的是,《告少年》还透露出晚年陈独秀关于"自我与社会"关系的痛切体认:在极权横行、万众迷惘的世界,致力于启蒙大众的思想先行者必然触犯众怒,不得不承受苦难的命运,但是,人心的亮光不会磨灭,先行者的思想终将产生广泛的社会影响(所谓"人中有鸾凤,众愚顽不灵。哲人间世出,吐辞律以诚。忤众非所忌,坷坎终其生。千金市骏骨,遗言觉斯民。善非恶之敌,事倍功半成。毋轻涓涓水,积之江河盈。亦有星星火,燎原势竟成。作歌告少年,努力与天争。"[2]显然,诗中的"人中鸾凤"和"哲人"及其悲剧命运,都是夫子自道。他清醒地意识到,自己是现代中国孤独的启蒙者和先行者。二十世纪的中国历史证明,陈独秀的思想与命运的确富有悲剧的意味。

因此,从"自我与社会"的角度来看,陈独秀的诗歌完全超越了古典诗人的认知框架,完成了最前卫的思想转型。难能可贵的是,他在坚持利群主义人生哲学的同时,能以彻底的独立人格和自由理性面对国家、政党和权力等公共问

---

① 据濮清泉《我所知道的陈独秀》一文,濮氏所见此诗原稿后有批语:"伯强,古传说中之大疠疫鬼也,以此喻斯大林。近日悲愤作此歌,知己者,可予一观。"濮清泉还说,"我曾写信问陈,《告少年》是对一般独裁者而言,还是专指斯大林。他回信说,我给所有独夫画像,尤着重斯大林。另一封来信说道,如果能叫马克思、列宁复生,如果他俩肯定今日苏联所行的一切,就是他俩的主张,那我也就要说一声,你们的学说,我不赞成,我宁要民主不要专政。"详见《文史资料选辑》第71辑,第77-78页。

② 以上关于《告少年》的诗句均引自《陈独秀诗存》,合肥:安徽教育出版社,2006,第108-109页。

题,始终保持着引领思潮而又自外于思潮的能力,彻底摆脱了困扰二十世纪的"意谛牢结"迷惘,从而散发出"情""智"兼备的独特魅力。

三、陈独秀诗歌中的"自我与他者"

早在战国时代,孟子就提出五伦之说,即,"父子有亲,君臣有义,夫妇有别,长幼有序,朋友有信。"[①]汉代《白虎通义》又提出三纲六纪之说:"三纲者,何谓也?谓君臣、父子、夫妇也。六纪者,谓诸父、兄弟、族人、诸舅、师长、朋友也。"[②]陈寅恪认为:"吾中国文化之定义,具于白虎通三纲六纪之说。"[③]五伦和三纲六纪的实质基本相同,乃是要界定五种最基本的人伦关系,即,个人与国家(表现为"君"或政府),个人与父母以及由此而衍生的代际亲族关系(即所谓的"诸父""诸舅"),个人与配偶,个人与兄弟姐妹,个人与师友。在近代中国的政治和文化革新浪潮中,系列精英人物都对传统人伦产生了新的认识,陈独秀也有独特的思考。五伦之中,君臣一伦的实质就是个人与国家(亦即"自我与社会")的关系,陈独秀的看法前文中已有充分的展示。父子、夫妇、兄弟、师友四伦的实质是"自我与他者"的关系。这四伦陈独秀有守有破,但基点仍恒定不变:一方面坚决捍卫个体的权利与自由,反对压抑自我以利亲族的伦理关系,另一方面仍坚持利他主义的人生哲学,努力在"自我与他者"之间构建新型的权利平衡。陈独秀心中埋藏着深沉复杂的现代人伦体验,公共写作无法表达,而诗歌则是最好的书写通道。

《述哀》和《挽大姊》两首五古比较集中地表达了陈独秀内心深处的天伦感受。《述哀》作于1909年。是年秋,胞兄陈庆元在沈阳病逝,陈独秀被迫回国,远赴东北奔丧,并亲护棺木回乡安葬。最后一次见到兄长,还在十年前万里奔母丧之时(1899年)。因此,此次抚棺归葬,在其内心深处激起了刻骨铭心的伦常痛楚。诗中回忆起少年时代在慈母的泪光中由兄长课读的情景,以及丧母之后兄弟执手相看、四顾凄惶、继而生离死别的情形,表达出对母兄的深挚情感以及伦常断裂之后的孤零感受。可谓声声沥血,字字椎心,如同灵魂深处绝望的呐喊。《挽大姊》作于1941年。其时,陈独秀的风云人生基本落幕,大部分血缘至亲,如父亲、母亲、长兄、二姊,都已分别于60年、42年、32年、20年前去世。

---

① 《孟子》滕文公上,朱熹:《四书章句集注》,上海:上海古籍出版社,2001,第304页。
② 班固:《白虎通义》卷上,陈立:《白虎通义疏证》,北京:中华书局,1994,第373-374页。
③ 陈寅恪:《王观堂先生挽词》序,《陈寅恪集·诗集》,北京:三联书店,2001,第12页。

唯一存世的血亲只有长姊一人，两人30年未曾谋面，晚年因避寇西迁而在江津有过短暂的相聚。因此，长姊的去世再次激起他的伦常痛楚。其时距陈独秀去世不到一年。在这两首长诗中，用以表达血族亲情的"骨肉"一词频繁出现(《述哀》诗中凡三见，即，"死丧人之戚，况为骨肉亲。""南奔历艰险，意图骨肉全。""依依僮仆辈，今作骨肉看。"此外，还有"同根复相爱，怎不双来还?"《挽大姊》则有"骨肉生死别，即此俄顷时。"[①])，折射出他对血脉伦常的深挚体验。钱钟书曾借阐释《谷风》、《常棣》之机，将中国人置"天伦"(兄弟)于"人伦"(妻子)之上的观念归结于"初民重'血族'(kin)之遗意"，[②]一语道破中国文化传统关于血族伦常的"集体无意识"。显然，陈独秀不仅没有背离这一传统，而且与之契合甚深。不少学者都曾被陈独秀诗中的手足深情所感动，并由此而将其诗学渊源追溯到古代的某朝或某家。比如，胡明说《述哀》是陈独秀"少有的用血和泪凝结而成的诗篇"，认为此诗"凄怆感怀，古色斑斓，大有杜甫《北征》、《自京赴奉先县述怀五百字》的悲壮风格。"[③]刘梦芙认为，"这类哀挽诗出自至情，泣血椎心，写法上脱胎于汉魏古诗，诗论所谓'感天地，泣鬼神，厚风俗，美人伦'，是诗中第一流作品。"[④]胡适则以《述哀》诗为例，说明陈诗学宋而有"大胆的变化"，"可说是完全白话的，是一种新的创造。"[⑤]他们都注意到陈独秀诗中的血胤亲情及其与古典诗学传统的某种关联，但是，认同血胤亲情并不意味着陈独秀的家庭伦常体验与古人完全一致。有意味的地方在于，陈独秀之所以对母亲和兄姊表现出如此强烈的血胤深情，恰恰折射出他生命深处非同寻常的伦常缺憾。

在陈独秀仅有的两首亲情诗中，血缘最亲的家庭成员，如母亲、长兄、长姊、二姊，甚至祖父，[⑥]都一一出现，唯独父亲缺席。也许，生父的早逝和嗣父的乏善可陈是父亲缺席的原因，但问题并非如此简单。

与父母的关系是对陈独秀人格成长影响最深刻的人伦关系。《实庵自传》开篇即以"没有父亲的孩子"为第一章的标题，接着声称关于童年最深刻的记忆

---

① 本文所引《述哀》和《挽大姊》诗句出自《陈独秀诗存》，合肥：安徽教育出版社，2006，第74－80页。

② 钱钟书：《管锥编》，北京：三联书店，2008，第143页。

③ 胡明：《正误交织陈独秀》，北京：人民文学出版社，2004，第58页。

④ 刘梦芙：《近百年名家旧体诗词及其流变研究》，北京：学苑出版社，2013，第38页。

⑤ 胡适：《陈独秀与文学革命》，欧阳哲生编：《胡适文集》第12册，第34页。其实《述哀》诗是完全的文言诗，也许是因为诗中关于手足深情的白描给胡适留下深刻印象，以至于产生"完全白话"的语言错觉。

⑥ 陈独秀对祖父的感情比较复杂，既有负面记忆，也不乏温情。《挽大姊》诗云："大姊幼勤谨，祖父所爱怜。"情意宛在。《实庵自传》中关于"白胡爹爹"的描述，虽然痛切，细味起来不无深情。

是“我自幼便是一个没有父亲的孩子。”接下来的一段中又说，“我出世几个月，我的父亲便死了，真的，我自幼便是一个没有父亲的孩子。”[①]然而，准确地说，生父病逝时，陈独秀实际上将近三周岁（还差两天而已）。任建树已注意到，陈独秀关于父亲去世时间的说法并不确切。[②] 可见，关于生父，他的记忆存在着严重的偏差。这也在情理之中，因为事隔56年之久，而且生父去世之前长年在外坐馆，并未在幼儿心中形成有效记忆。但是，《自传》中的三次重复，如同阿毛被狼叼去之后祥林嫂的叹息一样，乃是严重精神创伤的表现。更值得玩味的是，陈独秀在五岁时即已过继给叔父陈衍庶为嗣子，从而建立了法理上的父子关系。直到第一次赴日留学（22岁）之前，他成长所必须的物质和教育资源以及婚配大事，无疑都离不开嗣父的支持。可是，《实庵自传》竟然对其只字未提。只能说，这里存在着一种有意为之的心理规避。相对于印象中可怕的“祖父的板子”，陈独秀对嗣父的情感更加负面、灰暗，以至于在一切诗文之中都付诸阙如。从零星的旁证信息（如，陈独秀不屑去拜访嗣父所开的铺面[③]），可以推知陈独秀对嗣父的情感何其灰暗。陈独秀很早就倡导并践行以父权为首要目标的家庭伦理革命，或许与此有关。[④] 在他的成长过程中，母爱整全而温暖，这奠定了他人格中光明仁厚的一面，而父权则处于复杂和分裂的状态。生父完全缺席，取而代之的祖父、嗣父和长兄分别扮演着不同的角色：祖父是严厉的“板子”，从而在陈心中激起“压抑↔反抗”的心理模式，对其形成暴戾、倔强、刚烈的个性不无影响；嗣父则完全是灰色而负面的形象，负面到形成有意的心理过滤机制（据学者研究，陈衍庶其实是“习汉隶、攻书画”的博雅文人，但同时也是一位贪官，[⑤]或许，《文学革命论》中未曾明言的“假想敌”便是他这样的人）；“阿弥陀佛的大哥”[⑥]在母亲的泪光中担起课读幼弟的责任，某种程度上也扮演了父亲的角色，他的温厚适当弥补了陈独秀对传统父权的负面印象。总体而言，“自幼无父”的记忆偏差、“祖父的板子”，以及对嗣父的有意规避，无不折射出慈父

---

① 陈独秀：《实庵自传》，《陈独秀著作选编》第五卷，上海：上海人民出版社，2009，第202页。

② 1881年10月7日，陈独秀生父陈衍中因瘟疫流行而死于苏州怀宁会馆。任建树说：“‘几个月’的说法不准确。”详参任建树：《陈独秀大传》，第14页。

③ 胡适在《陈独秀与文学革命》中说，在大家只谈文学，不谈革命时，陈独秀已率先参加政治革命，实行家庭革命，有一次陈独秀到了北京，他家开的一所铺子的掌柜听说小东人来了，请他到铺子去一趟，赏个面子，他却说，“铺子不是我的”。详参欧阳哲生编：《胡适文集》第12册，第35页。

④ 关于父权与五四之关系问题，请参李宗刚：《父权缺失与五四文学的发生》，《文史哲》，2014年第6期。

⑤ 任建树《陈独秀大传》，第16页。

⑥ 陈独秀：《实庵自传》，《陈独秀著作选编》第五卷，第202页。

的缺位在幼年陈独秀的心里所造成的精神创伤。

在陈独秀的成长经历中，完全正面的母权与负面而复杂的父权在其心里造成反向加强的效果。祖父和嗣父的行为与他对父爱的强烈期待完全背反，而母亲的柔弱、仁厚、慈爱，如同一面"照妖镜"，无形中将陈独秀对祖父和嗣父的负面情绪加倍放大，甚至转化为一种强烈的叛逆心理。父亲的缺席或负面父权导致他对母亲和兄姊的情感依赖（这就可以解释为什么陈独秀在《述哀》诗中对母兄表现出那么强烈的血族深情，以及亲人离世后表现出那么强烈的存在孤零感），而他对母亲和兄姊的强烈情感又折射出对父爱的强烈渴慕。这是深埋在陈独秀亲情诗作中的独特伦常体验。一切都源于家庭结构的悲剧性失衡。从根本上说，陈独秀并未颠覆"重血胤"的民族集体伦常意识。他甚至并不反对旧习俗（比如过继）所构建的法理伦常（晚年独秀对嗣母谢氏极尽孝道，每饭必喂，谢氏死后则"着麻衣，匍匐痛哭。"[1]），他反对的只是空洞的礼仪、无视个体人格尊严的威权，甚至是假伦常之名而肆虐的家庭暴力。有理由推测，陈独秀对爷爷和叔父的强烈反弹，源于病态父权对其幼小心灵的压抑与伤害。这是他发动家庭伦常革命的心理动机。[2] 由于母爱种下的仁厚根基，使得陈独秀具备翻转负面伦常体验的能力，并将其升华为对中国伦常传统的革命性认识。总之，陈独秀处理自我与亲族关系的方式，已与古典诗人明显不同：一方面，他认为家庭伦理的基础是纯正的爱，反对以空心化的伦常威权压抑个体的天性、自由和尊严；另一方面，在确认对方真正关爱自己的前提下，又会报以同等的亲爱，甚至不惜牺牲自身的利益、自由与尊严（比如，谢氏去世时，大姐要他披麻戴孝，陈独秀竟然顺从了[3]）。这仍然是以自由个性、独立人格为基础的"自我与他者"的爱力均衡。

由于没有血缘伦常的精神包袱，陈独秀在处理夫妻和朋友关系时比较轻松自由，但基本出发点仍是个性自由、人格独立和爱力均衡。

在陈独秀的三次婚姻中，第一次是父母媒妁之命，情感纽带比较脆弱。据说，陈独秀第一次留日前拟向发妻借"十两金镯为游资"，被一口回绝，二人情感

---

① 任建树：《陈独秀大传》，第504页。

② 李宗刚先生从文化发生学的角度，论证早年父权的缺失与新文化变革存在着一定的因果关系，极富洞见。详参李宗刚：《父权缺失与陈独秀现代思想的形成》，《理论学刊》，2015年第7期。

③ 沈寂：《再访陈松年谈话记录》，沈寂：《陈独秀传论》，合肥：安徽大学出版社，2007，第30页。

急剧恶化。[①] 1901 年之后，两人的婚姻关系名存实亡。第三次婚姻缔结于艰难的地下革命年代（约在 1930 年），虽落魄而低调，仍不失人格的平等与人性的温情。在陈独秀的文字中，没有只言片字提及第一和第三次婚姻。第二次婚姻是与妻妹高君曼的自由结合，比较浪漫高华，虽然他也很少提及，却仍然留下一些蛛丝马迹（比如，他曾写信给苏曼殊谈及新婚生活，又如，1915 年《远游》诗有句云："佳人进美酒，痛饮莫踟蹰。"[②]"佳人"应是高君曼）。1909 到 1917 年之间的诗作虽然不曾直接提及高君曼，但大量诗作背后都有陈独秀对这段婚姻的感受，这是研究陈氏情感生活和婚恋观念的最佳文本。

人格独立、恋爱自由、结婚自由和离婚自由是陈独秀最重要的婚恋观念。1904 年，他在《安徽俗话报》上发表的系列文章（如《恶俗篇》）中，对旧婚俗进行了严厉的鞭挞。有理由揣测，这里蕴含着陈独秀关于第一次婚姻的糟糕体验。陈独秀理想的恋爱对象无疑是具有独立人格和自由思想的现代女性，发妻显然与此相距甚远。从陈独秀对何梅士和苏曼殊情感经历的深度介入（1903—1909）中，依稀可以感觉到他对自由恋爱的强烈渴求（相关诗作有《哭何梅士》、《夜梦亡友何梅士觉而赋此》、和苏曼殊《本事诗》等十余首）。1909 年冬，他之所以能冲破旧家庭的重重阻拦，断然与妻妹高君曼离家出走，正是自由恋爱理念、长期的情爱渴求和机缘巧合等因素综合发生作用的结果。高君曼无疑是合符陈独秀对现代婚姻的期待的。从他与苏曼殊的通信中（信中引用李商隐诗句"侵晨不报当关客，新得佳人字莫愁"描述近况[③]）可以明显感受到他与高君曼结缡的快意甚至得意。杭州系列诗作，如《杭州酒家》、《灵隐寺前》、《游韬光》、《游虎跑二首》、《感怀二十首》，虽未直接提及婚姻生活的细节，但字里行间流露出欢愉畅达的情绪，与爱情的滋润应该不无关系。如《杭州酒家》诗云："武林席上酒家垆，自别江城又一秋。若问狂郎生活意，醉归每见月沉楼。"[④]诗中有一种突破旧家庭围堵的快感和生命力被激活之后的张狂。令"狂郎"陈独秀"沉

---

① 由此可知，发妻高晓岚非陈独秀理想中的贤妻。但高晓岚幼年丧母，又受到继母虐待，继母生了高君曼之后，更将其当丫头使唤。详参孙其明：《陈独秀：身世·婚恋·后代》，济南：济南出版社，1995，第 32 页。特殊的成长环境使其缺乏安全感和对人缺乏信任感，其实她也是不幸家庭的受害者。另外，有人认为，陈独秀发妻并不叫高大众或高晓岚，陈松年也认为母亲没有名字，参见张湘炳：《史海抔浪集》，北京：社会科学出版社，1993，第 17 页。

② 《陈独秀诗存》，合肥：安徽教育出版社，2006，第 64 页。

③ 陈独秀：《与苏曼殊书》，柳亚子编：《苏曼殊全集》第 3 卷，北京：当代中国出版社，2007，第 79 页。

④ 《陈独秀诗存》，合肥：安徽教育出版社，2006，第 49 页。

醉"的不仅是美酒，更是美好的爱情，因为他深知，醉归之后，家中一定有"佳人"的守候。《灵隐寺前》云："垂柳飞花村路香，酒旗风暖少年狂。桥头日系青骢马，惆怅当年萧九娘。"[1]诗语活色生香，甚至流露出一种"少年风流之游冶情绪。"[2]令人惋惜的是，由于陈独秀既主张结婚自由，又主张离婚自由，且对身体欲望的看法太过前卫，加上1919年之后政治运动严重影响了家庭生活，他们的婚姻最后以分居的方式宣告终结。但是，晚年流落江津时，陈独秀曾将"酒旗风暖少年狂"等杭州诗作书赠台静农，其中蕴含着不便明言的意味。从飘洒错落的手迹中仍能感受到他内心的波澜。[3] 他似乎在怀念一生中最幸福的时光，怀念那位人格平等、知性相当、足以激发生命潜能的爱人。这是一位思想巨人的情感秘密。

陈独秀有大量怀念友人或与友人赠答的诗作。诗可以"群"本是中国诗学的一大传统，但陈独秀诗作在朋友一伦上仍然别具新意。其一，陈氏所"友"之人，基本上都是现代主体，在前期诗作中尤其如此。也就是说，他所交往赠答之朋友大多与他一样，在政治、文化、伦理等观念上完成了思想的现代转型。他与汪希颜、何梅士、苏曼殊、刘三、王徽伯、邓以蛰、邓仲纯、沈尹默、章士钊、胡适等人的结识，无不因为理念的投缘与契合。此类作品表达出一种基于现代理念和存在感受的深挚情谊，正如苍耳在阐释《存殁六绝句》时所说的那样："呈示了晚清志士作为存在者凌厉奋发、敢于探入深渊的大勇气，响彻着那个时代的噬心主题和声振云霄的气格精神。"[4]其二，人格独立、思想自由、道德自足是陈独秀交友的根本原则，足以击穿物质、权力、地位、阶层和政治立场的差异，具有先在的特性。典型的例证是1932年入狱之后他对友人的态度。他曾理直气壮地责怪胡适没有及时来探监，又曾在法庭上当场反驳章士钊为其所做的迂曲辩护，这些举动都饶有深味。出狱之后，陈独秀与友人"论交老更肫"，[5]唱和密切，全然不以政治立场之龃龉为意。在二十世纪的中国，政治立场的冲突曾对世道人心产生过巨大的伤害，在此背景下考察陈独秀与朋友的情谊，不仅令人动容，甚至还有思想史的意味。

---

① 《陈独秀诗存》，合肥：安徽教育出版社，2006，第46页。

② 胡明：《试论陈独秀的旧诗》，《文学评论》，2001年第6期。

③ 台静农先生遗稿及珍藏书札编辑小组编：《台静农先生珍藏书札》一，（台北）"中研院"文哲所1996年第284－295页。

④ 苍耳：《存殁之间》，载《安庆日报》2009年7月23日。

⑤ 《陈独秀诗存》，合肥：安徽教育出版社，2006，第119页。

四、陈独秀诗歌中的“自我与灵魂”

陈独秀既是一个理性强大的思想者，又是一个情感细腻、极易冲动的诗性心灵。如何以清明的意识直面幽微复杂的灵魂，乃是其诗歌创作中的核心命题。相对于逻辑严整、激愤暴烈、犀利果敢的公共写作，陈独秀存世诗歌中大量保存着原初状态的生命信息和复杂的存在感受，无异于他的心灵自传，①也是他所有诗作中最深邃、最具思想和艺术魅力的部分。

由于人生境遇和生命体验不同，陈独秀诗歌在前期和后期呈现出不同的风味。

在面向大众发言的公共写作中，陈独秀是勇往直前的思想斗士。但在直面灵魂的诗性写作中，则经常流露出抑郁、惆怅、伤悼、孤寂、漂泊、迷惘等负面情绪。此类情绪在前期诗作中在在皆是，比如，“诸天终古美人愁”“南国依然困楚囚”“我心恻恻没来由”“掩面色凄恻”“置笔泪沾臆”“誓忍悲酸争万劫，青衫不见有啼痕。”“才如江海命如丝”“孤愤酸情欲语谁？”“收拾闲情沉逝水，恼人新月故湾湾。”②等等。相对而言，伤悼亲友的诗作携带着更深的生存体验。比如，《哭何梅士》云：“海上一为别，沧桑已万重。落花浮世劫，流水故人踪。星界微尘里，吾生弹指中。棋卿今尚在，能否此心同？”③诗中显见的主题是对亡友的追悼及其恋爱悲剧的叹惋，细味之，则不无漂泊劳顿之感，甚至还有对生命本质的悒郁沉思。黑暗现实已吞没何梅士鲜活的生命，也正在一点点地啃噬着陈独秀的灵魂。“落花浮世”和“星界微尘”透露出无力把握命运的幻灭感。在《夜梦亡友何梅士觉而赋此》中，陈独秀也表达出生命沦转的迷惘飘泊感（所谓“众生九道相轮移，动植沙石流转何离奇。与尔有缘得再随，不知尔为何物，我为何物在何时。”④）。亲友生命的陨落强化了他的孤零感受，触目惊心的死亡则迫使他沉思存在的意义。在追悼兄长的《述哀》中，同样可以感受到，陈独秀在直面兄长棺木的瞬间几乎无法确证存在的意义。该诗以“中夜不成寐，披衣抚孤棺。孤棺万古闭，非梦无疑团。侧身览天地，抚胸一永叹。”作结，⑤与青年王国维

---

① 胡明先生也说：“陈独秀的旧诗记录了他生活斗争的最真实的心灵图像与行藏轨迹，大抵可以看作为他的‘诗史’。”胡明：《试论陈独秀的旧诗》，《文学评论》，2001 年第 6 期。

② 以上诗句引自《陈独秀诗存》，合肥：安徽教育出版社，2006，第 8－38 页。

③《陈独秀诗存》，合肥：安徽教育出版社，2006，第 4 页。

④《陈独秀诗存》，合肥：安徽教育出版社，2006，第 6 页。

⑤《陈独秀诗存》，合肥：安徽教育出版社，2006，第 76 页。

“厚地高天，侧身颇觉平生左。”[①]中的迷惘感受颇为相似。同样，著名的《存殁六绝句》从表面看是对好友的追悼或思念，但字里行间却透露出陈独秀“生存的艰难状态和昏暗境域”。[②] “存”（存在）与“殁”（死亡）的对位折磨着他的灵魂，透露出他对生命意义的强烈追问。

孤寂是陈独秀诗作中大量出现的存在感受，尤其在杭州诗作中有比较集中的展现。怀念友人的诗句，比如，《寄士远长安》中的“自君别湖水，天地失清秋。……转蓬俱异域，诗酒各拘囚。”《杭州酷暑寄怀刘三沈二》中的“有天留巨眚，无地着孤身。……清凉诗思苦，相忆两三人。”[③]都明显地表达出寂寞感受和对知交的渴求。按理说，杭州的几年是他一生中相对安逸的时期，既有浪漫情爱的滋润，又有湖山之间的快意神游，也不乏友人的相互切蹉，但细检此期诗作，仍可感受到深深掩藏却又无处不在的寂寞。比如，“寒影背人瘦，孤云共往还。”（《咏鹤》）“月明远别碧天去，尘向丹台寂寞生。”（《游韬光》）“山绕钟声外，人行松涧中。……莫就枯禅饮，阶前水不穷。”（《游虎跑》）“骋心穷俯仰，万象眼中寂。……感尔饥寒心，四顾天地窄。”（《雪中偕友人登吴山》）[④]此种寂寞甚至无法向挚友（如刘三、沈尹默等人）表露，只能以诗自遣。

抑郁、惆怅、漂泊、伤悼、孤寂、迷惘等负面情绪，无不折射出青年陈独秀的存在困境。从表层上看，可能是源于经济的困难、生活的困顿甚至是肉身的飘零（比如，在《国民日日报》社彻夜工作，头面不洗，身上长满虱子，[⑤]又如典衣买食的故事[⑥]），从根本上说，则源于自我实现的冲动与现实境遇的巨大反差。其间隐曲不便明言亦无法明言（这就可以解释为什么他在杭州时期不乏知己而诗作却流露出无处不在的寂寞），于是，诗歌成为他与自己灵魂对话的最佳途径。《华严瀑布》组诗和《感怀二十首》便是陈独秀版的“苏鲁支语录”。面对美丽的华严瀑布，陈独秀的灵魂介入甚深。他视瀑布为遗世独立的绝色美人，三次以“君”相称（八首诗作中“君”字凡三见：“自惜倾城姿，不及君颜色。”“日拥千人观，不解与君语。”“我欲图君归，虚室生颜色。”[⑦]）与其相知相赏、相怜相惜，展

---

① 王国维：《点绛唇》，王国维著、谭汝为校注：《人间词话·人间词》，北京：群言出版社，1995，第139页。

② 苍耳：《存殁之间》，《安庆日报》，2009年7月23日。

③ 《陈独秀诗存》，合肥：安徽教育出版社，2006，第23－24页。

④ 《陈独秀诗存》，合肥：安徽教育出版社，2006，第41－47页。

⑤ 任建树：《陈独秀大传》，第42页。

⑥ 濮清泉：《我所知道的陈独秀》，《文史资料选辑》第71辑，第28－29页。

⑦ 《陈独秀诗存》，合肥：安徽教育出版社，2006，第14页。

开一轮又一轮的精神对话。与其说，这是陈独秀在与“美人”对话，毋宁说他是在透过美人之眼“自惜倾城”之姿。无独有偶，《感怀二十首》中也大量提及美人意象，比如，“晓镜览朱颜，忧伤自此始。”（其二）“奇计竟不成，美人空弃捐。”（其四）“美人怀远思，中夜起彷徨。”（其十二）等等。最典型的是第一和第十首：

> 委巷有佳人，颜色艳桃李。珠翠不增妍，所佩兰与芷。相遇非深恩，羞为发皓齿。闭户弄朱弦，江湖万余里。（其一）
>
> 东邻有处子，文采何翩翩。高情薄尘俗，入海求神仙。归来夸邻里，朱楼列绮筵。今日横波目，昔时流泪泉。（其十）[①]

有人说“佳人”是指陈独秀的新婚妻子高君曼，《感怀二十首》“堪称献给‘新得佳人’高君曼之情歌”，[②]此说似对香草美人的诗学传统缺乏了解，本人不敢附和。陈诗中的“美人”有两种特征：其一，秉有绝代之幽姿，象征诗人具有非凡的才德；其二，处于不被知赏的境地，象征诗人不得其用的存在困境。因此，“美人”乃是陈独秀为进行自我对话而设置的人格主体，亦即孤独思想者的心灵幻象。在《感怀二十首》中，与“美人”意象相互印证的还有“鹤”“凤”“马”“龙”“虎”“精卫”“夸父”等意象，无一不是陈独秀的自我指称。可见，《华严瀑布》和《感怀二十首》以古典意象和抒情方式表达了陈独秀内心深处的隐曲：他深知自己已敏锐洞悉帝国衰疲破败的症结，并已掌握拯救中华的密钥（诗中以“东邻处子”自居，典出宋玉《登徒子好色赋》，便有艳冠群芳之意味），然而一身绝学无人赏识，只好屈身陋巷，以伺良机。这些诗作展示出一个极度自信而又渴求自我实现的陈独秀，无异于新文化运动前夕的精神自传。

陈独秀不便明言的自我期许非同寻常：乃是要在中国人的灵魂深处掀起一场脱胎换骨的思想革命，从而锻造一个由现代主体构成的现代中国。很多学者都曾注意到陈独秀有强烈的“英雄自期”，其实质就是潜藏在他内心深处的自我实现的冲动。于是，他要应对的不仅是物质的贫乏和生活的困顿，更是积重难返的社会现实和悠长的文化传统。陈诗中之所以呈现出种种困顿感受，根源在此。

---

① 《陈独秀诗存》，合肥：安徽教育出版社，2006，第 51－62 页。

② 石钟扬：《幸有艰难能炼骨——陈独秀与中国旧体诗》，杜宏本主编：《陈独秀诗歌研究》，第 22 页。

在直面灵魂的诗性写作中，除了负面情绪，也处处呈现出超拔、豪健、雄奇、高古甚至狂放的面相。比如，在最早的《哭汪希颜》组诗中，固然充满伤悼抑郁之情（具体由"忍泪""伤心""黑暗""遗恨"等语词予以表达），也有一股豪健之气（主要由"燕丹""英雄""沙场""男子"等语词予以呈现）。[①]《题西乡南洲游猎图》也表露出仗剑长驱、顾盼自雄的英雄气概。《本事诗》组诗以"黄鹤孤飞千里志，不须悲愤托秦筝。"[②]作结，彰显出转悲为健、积健为雄、提振生命的强大能量。《感怀二十首》一方面无限低徊，另一方面则不断展露英雄本色。其十四云："猛虎长百兽，梧斗轻重围。群鸟侍凤凰，摩天能高飞。人王御万众，勇武世所稀。蛟鼍与弥龙，乌足养其威。"[③]尤为典型地表达出作者努力突破重围的刚健精神。杭州系列诗作中，也有"酒旗风暖少年狂""壮心殊未已"等表达。特别要注意的是，在表达寂寞的同时，这些诗作中又在显示出对天空的向往。比如，《咏鹤》诗将自己想象为暂憩人间的飞鹤，相信自己总有一天会冲天而去（所谓"本有冲天志，飘摇湖海间。偶然憩城郭，犹自绝追攀……道逢王子晋，早晚向三山。"）。《游韬光》中，诗人的意念全在"钟声""暮云""明月""碧天"之上。[④]《雪中偕友人登吴山》中则已采取俯瞰的视角。诗人的意念或化为飞鹤，或栖居深山，或鸟瞰城垣，唯独不在日常生活之中，因为他的灵魂"生活在别处"。[⑤]在创办《青年杂志》前夜所作的《远游》和《夜雨狂歌答沈二》中，更是明显的俯瞰视角。特别是在《夜雨狂歌答沈二》中，陈独秀幻想自己高居云端，"喝日退避"，"踏破九州"，扫清"群丑"，[⑥]毫不掩饰地表露出渺视众类、横扫一切的英锐气概。自我实现的生命冲动在此诗中喷薄而出，达到了极点。台静农说此诗透露出陈独秀即将发动新文化运动的信号，[⑦]不无道理。

由此可见，在陈独秀的诗歌作品和精神世界中，存在着一种独特的张力结

---

① 《陈独秀诗存》，合肥：安徽教育出版社，2006，第1－2页。

② 《陈独秀诗存》，合肥：安徽教育出版社，2006，第33页。

③ 《陈独秀诗存》，合肥：安徽教育出版社，2006，第59页。

④ 以上杭州诗作均引自《陈独秀诗存》，合肥：安徽教育出版社，2006，第41－47页。

⑤ 必须指出，陈独秀向往天空的诗歌虽然在形式上与古典游仙诗比较接近，但精神实质则有天壤之别。游仙诗实际上属于《文学革命论》中着力批判的以"神仙鬼怪"为内容的"山林文学"，其精神实质是陈独秀在多篇文章中反复批判的"退隐"的人生哲学。陈独秀此类诗歌恰恰相反，在在呈现出努力将自我从困顿和俗世中拔离出来从而献身于伟大事业的强烈意愿。

⑥ 《陈独秀诗存》，合肥：安徽教育出版社，2006，第25页。

⑦ 台静农：《酒旗风暖少年狂——忆陈独秀先生》，台静农：《龙坡杂文》，北京：三联书店，2002，第222页。

构：一方面是重重压力带来的抑郁侘傺，另一方面则是反抗重压、冲破困顿的刚健精神。两种力量如影随形，贯穿始终。从现存的第一组诗歌《哭汪希颜君》（1902）到的新文化运动前夜的《夜雨狂歌答沈二》（1915），二者的表现和强弱虽不尽相同，但无时无刻不在阴阳相搏、对位互转的过程之中，表明陈独秀正在灵魂深处发生复杂深刻的自我嬗变。

在中国古典诗学传统中，"芳菲悱恻"的诗性心灵如有魔力一般可以不断自我复制，因为当敏感的诗性心灵遭遇冷酷现实时，大多会流露出悒郁低沉的情调。然而，在两种力量的缠斗中，陈独秀没有沉坠于凄伤悒郁之中不可自拔，也没有遵循传统的套路而逃遁为隐士（这正是《文学革命论》所反对的）。在《远游》和《夜雨狂歌答沈二》中，可以看到，在新文化运动的前夜，雄奇之声终于压倒了抑郁之音，一如《命运交响曲》，最后在无比辉宏的乐章中达到了高潮。这源自于陈独秀冲决阻力和永不屈服的生命冲动。

从陈独秀幼年时忍受祖父毒打而"一声不哭"以致于祖父"气得怒目切齿几乎发狂"的自传细节，[1]足见其天性的倔强。在"母亲的眼泪"和"祖父的板子"两种相反力量的反复锤锻之下，敏感、同情弱者却又异常倔强的心灵被锻造得无比坚韧。这是陈独秀一生思想和事业的根基，也是其诗学的"胎息"之气。早在1911年，王钟麒在《民立报》刊发陈独秀《华严瀑布》组诗时，即有"思想绝高、胎息亦厚"的评语。后来，徐晋如又以"抒写生命、善葆元胎"为论诗第一要素，并对陈独秀诗评价颇高。[2] "胎息"说精准把握了陈诗的特质，但过于强调先天和非理性的生命冲动。依鄙见，陈独秀的刚健精神不仅仅是生命冲动，还是一种经过自主理性涵养而成的精神强力，与他对中西文化精神的吸纳有很大的关系。

仔细研读陈独秀的文字，可以发现，精神强力是其试图改造民性、重铸国魂的核心理念，贯穿思想表述的始终，也是他提振自身生命的关键。早在1903年安庆藏书楼的演说中，陈独秀就认为"偷生苟活""贪生畏死"的国民性是中国孱弱的根源，而拯救中国必须发扬"独立尚任之精神"，[3]这一说法已经蕴含着精神强力的胚胎。1904年，他在《东海兵魂录》和《中国兵魂录》中，大力鼓吹"轻

---

① 陈独秀：《实庵自传》，《陈独秀著作选编》第五卷，第203页。

② 刘梦芙：《"五四"以来诗坛点将录》，杜宏本主编：《陈独秀诗歌研究》，第83页。

③ 陈独秀：《安徽爱国会演说》，《陈独秀著作选编》第一卷，第10页。

死好战"、"尚武轻文""死义尚武"的勇武精神。[1] 1905年,他在《亡国篇》中强烈批判听天由命的王朝政治理论和人生哲学,认为"天地间无论什么事,能尽人力振作自强的,就要兴旺,不尽人力振作自强的,就要衰败,大而一国,小而一家,都逃不过这个道理。"[2]在新文化运动时期,他对精神强力的鼓吹更加动人心魄。1915—1916年,他在《敬告青年》《抵抗力》《一九一六》《吾人最后之觉悟》等雄文大作中,标举"独立自主""自由自尊"之人格,大力鼓吹"自主的而非奴隶的""进取的而非退隐的"人生哲学,指出"排万难而前行,乃人生之天职。"值得注意的是,他引征了尼采关于"贵族道德"与"奴隶道德"的论述,认为"贵族道德"的特征是"有独立心而勇敢者",而"奴隶道德"的特征则是"谦逊而服从者"。[3] 在《道德之概念及其学说之派别》(1917)和《偶像破坏论》(1918)中,他都提及尼采。1934年,他在狱中细读《查拉斯图特拉如是说》,并在书上批注说:"此声何声也,汹涌澎湃,荡尽人间污浊……"[4]可见,尼采是其精神强力的重要渊源。此外,他也曾吸纳过柏格森、阿斯特瓦尔特(Friedrich W. Ostwald, 1853—1932,1909年诺贝尔化学奖得主)等众多西方学者的思想。比如,他曾征引Ostwald的"幸福公式"鼓吹"英雄的幸福",主张"奋斗主义之生活",指出"英雄的幸福与田舍的幸福,虽各有其满足之点,而谓为同等之幸福,则不可也。"[5]同样,为论证进取而非退避的人生哲学,他也曾是"孔墨"而非"巢由"。[6] 在众多思想资源(包括天演论)的基础之上,他曾提出颇富原创性的"抵抗力"说。所谓"抵抗力"即"万物各执着其避害御侮自我生存之意志,以与天道自然相战之谓也"。[7] 他曾从文化渊源、君主专制和政治一统等角度分析"卑劣无耻退葸苟安诡易圆滑之国民性"的根源,并呼吁以"抵抗力"来改造国民精神,最后发出"世界一战场,人生一恶斗。一息尚存,决无逃遁苟安之余地。"的豪迈宣言。[8] 可见,以"抵抗力"为核心的精神强力是中西文化在陈独秀灵魂深处碰撞融洽之后而铸成的新型人格,贯穿于一切著述和人生行迹之中,是他改造国

---

① 陈独秀:《东海兵魂录》、《中国兵魂录》,《陈独秀著作选编》第一卷,第68、96页。
② 陈独秀:《亡国篇》,《陈独秀著作选编》第一卷,第66页。
③ 以上引文出自《陈独秀著作选编》第一卷,第198、159、160页。
④ 濮清泉:《我所知道的陈独秀》,《文史资料选辑》第71辑,第66页。
⑤ 陈独秀:《当代二大科学家之思想》,《陈独秀著作选编》第1卷,第217页。
⑥ 陈独秀:《敬告青年》,《陈独秀著作选编》第1卷,第161页。
⑦ 陈独秀:《抵抗力》,《陈独秀著作选编》第1卷,第178页。
⑧ 陈独秀:《抵抗力》,《陈独秀著作选编》第1卷,第181页。

民、重铸国魂的精神驱动，也是他提振自家生命的关键。所谓“胎息”，所谓“龙性”，[①]意味在此。

五、陈独秀后期诗作的“灵魂深度”

精神强力在陈独秀后半生仍大放异彩。狱中所书诸联，如“气概居贫颇招逸，文章垂老溢纵横。”“行无愧怍心常坦，身处艰难气若虹。”“海底飞尘终有日，山头化石岂无时。”[②]“奔蛇走虺势入座，聚雨旋风声满堂。”“此骨非饥寒所困，一身为人类之桥。”[③]等等，无不透露出硬朗刚健之气。而他在被捕、审判及服刑过程的种种表现，则是这些诗句的完美释证。[④] 1937 年出狱之初，面对各派政治力量的拉拢，陈独秀的态度是：“沧溟何辽阔，龙性岂易驯？”[⑤]令人敬佩。

随着抗战局势的恶化，陈独秀被迫西迁，饱受流离之苦，一度因寄人篱下而遭受冷眼（比如，受到老友邓仲纯妻子的辱骂[⑥]），最后栖身于深山之中的石墙院，贫病以终。故其晚年诗作有时不免流露出惊诧、乱离、沉郁、错落之感。比如，《简孤桐》诗云：“竟夜惊秋雨，山居忆故人。干戈今满地，何处着孤身？久病心初静，论交老更肫。与君共日月，起坐待朝暾。”又有诗云：“何处渔歌惊梦醒，一江凉月载孤身。”[⑦]他还曾以“起坐忽惊诗在眼，醉归每见月沉楼。”书赠台静农。[⑧] “惊”字凡数见，暗示出陈独秀内心的宕荡。有时他会沉缅于往事之中，不免产生落寞苍凉之感，如，“寂寞胭脂坪上月，不堪回忆武昌城。”“除却文章无嗜好，世无朋友更凄凉。”[⑨]等等。他甚至偶尔也会流露出衰疲之态，曾感慨说，

---

① 《陈独秀诗存》，合肥：安徽教育出版社，2006，第 111 页。

② 此联出自白居易的词作《浪淘沙》，本非陈独秀所撰，详参朱兴和：《陈独秀存诗考辨》。

③ 《陈独秀诗存》，合肥：安徽教育出版社，2006，第 177－181 页。

④ 1919 年，陈独秀在随感录《研究室与监狱》一文中认为研究室与监狱是文明的发源地，主张“我们青年要立志出了研究室就入监狱，出了监狱就入研究室，这才是人生最高尚优美的生活。”（陈独秀：《随感录・研究室与监狱》，《陈独秀著作选编》第二卷，第 112 页。）1930 年代，他在狱中践行了这一主张。他在狱中的生活甚至引起了胡适的羡慕。1933 年 6 月 13 日，胡适在段锡朋的陪同下看望狱中的陈独秀，后在日记说：“室中书籍满架，此种生活颇使我生羡。”（胡适：《胡适全集》第 32 卷，合肥：安徽教育出版社，2003，第 198 页）

⑤ 《陈独秀诗存》，合肥：安徽教育出版社，2006，第 111 页。

⑥ 陈独秀被骂之后，一句话也没说，就出去找房子。详见刘敬坤：《陈独秀流寓江津的前前后后》，《档案与史学》，2001 年第 2 期。

⑦ 《陈独秀诗存》，合肥：安徽教育出版社，2006，第 119、118 页。

⑧ 台静农：《酒旗风暖少年狂——忆陈独秀先生》，台静农：《龙坡杂文》，第 219 页。

⑨ 《陈独秀诗存》，合肥：安徽教育出版社，2006，第 127、133 页。

"垂老文章气益卑","无那心情属晚唐"。[1] 这是生命力衰残的表现。[2] 晚年陈独秀如病虎归山,遭受着严酷的物质贫乏和身体疾病,[3]尽管如此,总体而言,后期诗作中的困顿感受与前期的自怨自怜、凄恻迷惘不可同日而语。前期的困顿感受主要来源于自我实现冲动与现实境况的强烈反差。晚年的困顿感受则主要来自艰难的历史时世。在抗战最艰难的时刻,陈诗中的乱离困顿带有诗史的意味。

由于精神强力仍然在支撑着陈独秀的灵魂,后期诗作大多呈现出苍凉劲健、沉郁顿挫的艺术风味。在生命的最后几年,他自知来日无多,却仍"斩爱力穷翻入梦,炼诗心豁猛通禅。"(《病中口占》[4])虽然身体几乎无法支撑,常感不适,有时"血压高涨,两耳日夜轰鸣,几于半聋",[5]却仍申言"绝学未随明社屋,不辞选懦事丹铅。"(《寄沈尹默绝句四首》[6])直到最后时刻,他还在坚持撰写思考中国前途的政论雄文和旨在培植启蒙根基的《小学识字课本》。最后时期的诗作《寒夜醉成》宛如一幅"暗夜骑士"的自画像:

> 孤桑好勇独撑风,乱叶颠狂舞太空。
> 寒幸万家蚕缩茧,暖偷一室雀趋丛。
> 纵横谈以忘形健,衰飒心因得句雄。
> 自得酒兵鏖百战,醉乡老子是元戎。

此诗约作于1942年年初。在世界历史最黑暗、中国抗战最艰难的时刻(其时,珍珠港事件爆发不久,德日势焰最炽),在荒山野岭的一豆灯光之下,历经沧桑的老英雄如唐吉诃德一般,仍在与贫困、酷寒、疾病和死神殊死搏斗。或许,

---

① 《陈独秀诗存》,合肥:安徽教育出版社,2006,第28页。

② 陈独秀临死前,老友潘赞化曾见过陈的一首诗,因"辞句感伤,精神萎靡"而预感陈独秀来日无多,其实他本人也心知肚明。详参沈寂:《再访陈松年谈话记录》,沈寂:《陈独秀传论》,第31页。

③ 某日,老友潘赞化来鹤山坪看望陈独秀。陈独秀夫妇一再挽留他吃顿午饭再走。结果,吃了一顿马铃薯宴。下酒的菜是干辣椒炒马铃薯丝,吃饭的菜是马铃薯片、马铃薯条,主食还是马铃薯。潘赞化鼻子一酸,差点儿流下眼泪。潘走时,陈独秀依依不舍,送了许多路。回校之后,潘对陈松年说,陈独秀不行了,英雄气短,过不了两三年了。详参朱洪:《陈独秀的最后岁月》,上海:东方出版中心,2011,第172页。

④ 《陈独秀诗存》,合肥:安徽教育出版社,2006,第115页。

⑤ 任建树:《陈独秀大传》,第498页。

⑥ 《陈独秀诗存》,合肥:安徽教育出版社,2006,第27页。

借助酒精的麻醉，他仍在幻想自己是思想和政治场域的领袖人物（所谓“醉乡老子是元戎”）。后文将会论证，这种幻想决非“精神胜利法”，而是陈独秀站在独立人格和自由理性的基点上，对中国历史和自我命运的清醒体认。

除了上述充满张力结构的诗作，另一类作品更能呈现晚年陈独秀灵魂的深度：

嫩秧被地如茵绿，落日衔天似火红。
闲倚柴门贪晚眺，不知辛苦乱离中。（《赠胡子穆先生》）
何处乡关感乱离，蜀山如几好栖迟。
相逢须发垂垂老，且喜疏狂性未移。（《与孝远兄同寓江津出纸索书辄赋一绝》）
蹑屐郊行信步迟，冻桐天气雨如丝。
淡香何似江南路，拂面春风杨柳枝。（《郊行》）
峰峦出没成奇趣，胜境多门曲折开。
蹊径不劳轻指点，好山识自漫游回。（《漫游》）[①]

这些诗作不事雕饰，风华褪尽，意味深醇。乱离感几近于无，困顿与反抗困顿的张力结构完全消失。他甚至入乡随俗，“人到白头转厚颜”（《闹新房》[②]），嘻嘻哈哈地跟着年轻人闹起了洞房。须知，这是近四十年前他在《恶俗篇》中猛烈地抨击过的“可耻”婚俗。[③] 如今的行为不是对早期思想的反拨，而是心境融和之后的与世谐和，一如孔子所说的“六十而耳顺”。其他诗作，如，“曾记盈盈春水阔，好花开满荔枝湾。”（《春日忆广州》）“岁暮家家足豚鸭，老馋独羡武荣碑。”（《致欧阳竟无》）都有类似的意味。[④] 这些诗作如此从容、舒展、淡定、温暖，表明诗人的精神境界已达到全所未有的高度。

张恨水曾生动地描画出晚年陈独秀的面目：

先生已六旬，慈祥照人，火候尽除。面青癯，微有髭，发斑白。身衣一

---

① 《陈独秀诗存》，合肥：安徽教育出版社，2006，第122、120、131、134页。
② 《陈独秀诗存》，合肥：安徽教育出版社，2006，第128页。
③ 陈独秀：《恶俗篇》，《陈独秀著作选编》第一卷，第34页。
④ 《陈独秀诗存》，合肥：安徽教育出版社，2006，第113、129页。

旧袍。萧然步行。后往往随一少妇,丰润白晰,衣蓝衫,着革履。年可二十许。或称之陈夫人,则赧然红晕于颊,而先生微笑,意殆至乐。与之言,操吴语。宴会间,先生议论纵横,畅谈文艺,夫人则惟倾听,不插一语。[1]

这段文字可视为陈氏晚年生命境界的旁证,足见他的生命已达到化刚为柔、圆融温厚之境。虽然处境困穷,然而,自我与灵魂的长期对抗已基本消解。灵魂既已稳妥安顿,没有理由不与这个世界握手言和。从系列诗作中可以感受到,诗人观照万物的目光温厚而柔和,心灵与巴山蜀水融为一体,由此也获得了"大地"丰富的馈赠,即静观自得的诗意、喜悦与澄明。海德格尔曾说:"欢乐的源始本质是对本源之切近的亲熟。"[2]又说,"喜悦"是与"故乡的本质"(即"本源",亦即"祖国的本质")合而为一,而"故乡的本质"乃是"一种天命遣送的命运",或者说,"就是历史"。[3] 陈独秀晚年诗文中透露出一种类似的对生命本源和国族命运的"亲熟"关系:他深知自己的思想主张虽然暂时未被悦纳,祖国的道路虽然暂时与自己的设想背道而驰,但自己毕竟已尽才尽气地绽放了生命的光彩;他坚信,倘若中国有光辉的未来,必将与自己的学说若合一契,他的生命也将由此而获得永恒的意味。也就是说,在清明理性的观照之中,他的灵魂已与国族乃至世界的命运合而为一(陈独秀晚期文章有许多对世界前途的宏大判断,后来很多都得到了印证),从而获得阔大、圆融、澹泊、澄明的存在感受。从某种程度上说,晚年陈独秀的某些诗作与杜甫漂泊西南时期的某些作品有几分神似。或许,这是他在潜意识层面对古典诗学传统的精神回归(传说中,他早年能背诵杜诗全文)。当然,必须强调,陈独秀诗作的生命境界虽然与古典传统中的"国身通一"有几分相似,但其中挺立的仍然是彻头彻底的现代人格。

六、"文学革命论"与旧诗的新生

由上文陈述可知,陈独秀的旧诗创作不仅与"文学革命论"无实质冲突,反而是其文学理念的最佳释证。原因有二:其一,《文学革命论》是逻辑自洽的,它审慎地为旧诗的形式和语言留下"暧昧的空间",这就意味着他的旧诗在形式和

---

① 张恨水:《陈独秀之新夫人》,徐永龄主编:《张恨水散文》第二卷,合肥:安徽文艺出版社,1995,第359页。

② 海德格尔:《荷尔德林诗的阐释》,孙周兴译,北京:商务印书馆,2000,第26页。

③ 海德格尔:《荷尔德林诗的阐释》,第24、11页。

语言上与"文学革命论"并无龃龉。早在2001年，胡明先生就注意到，关于"文学革命"，陈独秀只在五四时期"敲了两下边鼓"，在激烈抨击"选学妖孽"、"桐城谬种"、"十八妖魔"的同时，"却对旧诗网开一面"，"过后则旧诗照写"，由此而发现陈独秀骨子里"对旧诗的灵魂吸附很难剥离"，[①]言辞中似惊诧之意味。其实，与其说陈对旧诗有"灵魂的吸附"，不如说他对旧诗的形体及语言保持了开放和包容的态度。其二，"文学革命论"的根本着眼点在于创作主体的精神新生，而陈独秀诗中挺立的正是焕然一新的现代主体。《文学革命论》中，推倒"贵族文学"的根由在于文学对权力的趋附（即所谓"阿谀的"、"失独立自尊之气象"），而陈独秀诗作的独立人格与此完全相反；推倒"古典文学"的根由在于文学与现实的背离（即所谓的"失抒情写实之旨"），而陈独秀诗作则饱含着富于现代性的生命体验，无异于现代心灵之"史诗"；推倒"山林文学"的根由在于文学逃离于社会之外而没有发挥改造社会的功能（即所谓的"于其群之大多数无所裨益"），而陈独秀诗作展示出为现代中国而奋斗不止的精神强力，无疑比"山林文学"更为动人心魄。总之，他已在灵魂深处完成最深刻最超前的精神革命。陈独秀一生是"德""赛"二先生的忠实信徒，[②]其真谛在于彻底的独立人格与自由理性。这是他在灵魂深处不断自我新生的结果，具有核辐射般的精神能量，倘被充分吸纳，足以改变中国的文化和社会生态。正如梁漱溟所言，陈独秀"每发一论，辟易千人。实在只有他才能掀起思想界的大波澜。"[③]难得的是，陈独秀又有敏感的诗性心灵和美好的人格特质（蔡元培先生曾说，近代学者人格之美，莫如陈独秀）。因此，陈独秀的诗作乃是一流"情""思"的完美结合。当代旧体诗诗坛新锐徐晋如曾说，陈独秀"集中充盈的生命力足可激荡千古，堪称纸上风雷，实代表着二十世纪'旧瓶装新酒'的最高成就。"[④]如果"最高成就"是复数，则本人完全赞同这一论断。平心而论，陈独秀创作旧诗只是技痒难耐、偶尔为之，他无意专力于此，故其诗学功力或许与光宣诗坛名宿及此后的王国维、陈寅恪、马一浮等人不可同日而语。但是，诗以境界为上，有境界自成高格。陈独秀的某些诗作或许在技艺层面略显粗率，甚至还有瑕疵，但其思想独立、自由而

① 胡明：《试论陈独秀的旧诗》，《文学评论》，2001年第6期。

② 陈的认识虽有变化，毕竟能一以贯之，且晚期的归附更加耐人寻味。陈独秀在狱中曾对濮清泉说，德赛二先生"不是信手拈来的，而是深思熟虑，针对中国的情况才提出来的。"濮清泉：《我所知道的陈独秀》，《文史资料选辑》第71辑，第61页。

③ 梁漱溟：《纪念蔡元培先生》，《梁漱溟全集》第6卷，济南：山东人民出版社，2005，第332页。

④ 徐晋如：《陈独秀：二十世纪旧瓶装新酒的最高成就者》，杜宏本主编：《陈独秀诗歌研究》，第154页。

清明，其性情仁厚、勇武而整全，故其境界恐非常人所能及(在潜意识里，陈独秀对其诗作其实也是高度自信、风流自赏的)。与偏向保守的王国维、陈寅恪和马一浮等人相比，他的思想更加开放、现代，性情更加热烈、奔放。与新文化阵营中的鲁迅、周作人、郁达夫等人相比，他的灵魂更加整全、自洽(而鲁迅等人则有不同程度的撕裂感)，性情更加光明、磊落(而鲁迅等人则较为幽暗)。可以说，在二十世纪中国，具有独立人格与自由思想的一流诗人并非陈独秀一人而已，但他的独特光芒无人能够遮掩。

至于陈独秀在生命中期为什么没有创作旧诗(1927年的打油诗《国民党四字经》除外)，本人宁可认同李大钊的解释。李大钊曾说："仲甫生平为诗，意境本高，今乃大匠旁观，缩手袖间，窥其用意，盖欲专心致志于革命实践，遂不免蚁视雕虫小技耳。"从"仲甫闻此言，亦不置辩"的反应来看，[①]他本人也是默认这一说法的。陈独秀原名"乾生"，又曾自言"龙性岂易驯？"他的人生和诗歌创作似乎与"乾卦"存在着某种神秘的关联。前期"潜龙勿用"，处于"德而隐""不成名"的状态，但做不到"遁世无闷"，不得不借助诗歌来表达灵魂的苦痛。中期(即从1915年创办《青年杂志》到1932年身陷囹圄之间的十余年)则如"飞龙在天"，在文化、教育和政治领域大放异彩。尤其在北大时期，"云从龙，风从虎"，与朋辈"同声相应，同气相求"，何其精彩！借助思想启蒙和政治运动等直接通道，抑郁已久的生命能量喷薄而出，灵魂的压力一经解除，诗歌自然退避三舍。况且，此间他撰写了无数的启蒙和政论文章，参与了无数的政治和政党活动，何暇顾及诗歌？入狱之后直至去世，他又转到"见龙在田"的"九二"卦位。由于远离文化和政治运动的中心，他反而有充分的时间阅读和思考，由此而潜气内转，不仅在思想上渐入佳境，而且诗性心灵再次被激活，由于存在境况的逆转和时局的巨变所造成的复杂感受重新郁积于心，不得不发之于诗，这是"发乎自然而更近乎生命的本质"[②]之表达冲动，并不意味着是对"文学革命论"的否定。最后几年，部分诗作中展现出大喜与大悲同在的澄明感受，表明他已达到"善世而不伐，德博而化"的生命境界。[③]

---

① 罗章龙：《亢斋汗漫游诗话》，《新湘评论》第11—12期，1979年。转引自任建树《陈独秀大传》，第73页。

② 胡明：《试论陈独秀的旧诗》，《文学评论》，2001年第6期。

③ 以上关于《周易》的引文均自出《十三经注疏·周易正义》，北京：北京大学出版社，2000，第17－20页。

当然，陈独秀对新诗也曾有过尝试，[①]这折射出他在《新青年》时期对旧诗的态度确实比较暧昧。但客观地说，关于究竟应否革新诗歌的形式和语言，他一开始就与胡适存在着明显的分歧。1915—1916 年，围绕《青年杂志》发表旧诗的“谢无量事件”，[②]两人有过激烈的论争。[③] 胡适的批评在某种程度上催生了《文学革命论》，陈独秀也确实对过分揄扬谢诗的做法有些愧怍，但他的回应仍然坚持了精神革命先于形式改良的理论底线。从某种意义上说，胡适虽然号称“文学改良”，却主张并早已在尝试对旧诗的形式和语言进行“革命”；陈独秀虽然号称“文学革命”，却为旧诗的形式和语言留下了暧昧空间。在精神层面上，两人的言行又刚好相反：陈独秀鼓吹激进的“革命”，胡适则奉行温和的“改良”。结果完全不同：胡适在白话诗上的尝试未必成功，而陈独秀对旧诗的灵魂改造却非常彻底，可以说，其诗作是古典诗歌（旧诗）现代嬗变的重要成果。有意思的是，反对新文化运动的吴宓曾经主张“用新材料熔入旧格律”，又说，“诗意与理贵新，而格律韵藻则不可不旧。”[④]陈独秀的诗歌似乎正好符合这一标准，当然，二人对“意与理”的理解存在巨大差异。旧体诗不是在吴宓而是在其敌人陈独秀那里获得了全新的生命，不能不说是历史的吊诡。

其实，旧诗创作与“文学革命”的“悖谬”，非独陈独秀一人而已。关于新文学家旧体诗的研究已经成为当代学术研究的热点之一。这些讨论涉及一些宏大的理论问题，比如，旧体诗与新文学的关系，二十世纪文学史的重建，等等。所谓旧体诗与新文学水火不容的观念，其实是被经典的现代文学史著述所构建的结果，还未摆脱新旧二元对立的思维模式。新生代学人的看法则有所不同。比如，檀作文说：“新文学和旧体诗词之间未必有什么不共戴天之仇……新文化不妨是对旧体诗词的一大精神馈赠，因为新文化丰富和深化了旧体诗词的精神

---

① 1917 年，陈独秀在《新青年》上发表《丁巳除夕歌》。同期《新青年》除《丁巳除夕歌》，还刊登了胡适、刘半农、沈尹默的三首同题新诗《除夕》。1919 年，又发表《答半农的〈D—！〉诗》。这是陈独秀出狱之后，对李辛白《怀陈独秀》、刘半农《D—！》、胡适《威权》、李大钊《欢迎独秀出狱》、沈尹默《小妹》等诗的应和。可见，这两首新诗的创作受到《新青年》白话诗磁场的影响，且有被动应和的特点。

② 胡明先生很早就发现，“谢无量事件”乃是“至关重要的历史细节”，要“探寻陈独秀对旧诗的心理态度与文化立场恐怕也正是要从这里切入。”详参胡明：《试论陈独秀的旧诗》，《文学评论》，2001 年第 6 期。

③ 关于二人分歧，陈国恩先生有详细的研究。请参陈国恩：《〈青年杂志〉刊发旧体诗现象新论》，《长江学术》，2015 年第 1 期。

④ 吴宓：《吴宓诗话》，北京：商务印书馆，2005，第 254、33 页。

内涵。"[1]徐晋如也认为,新文化运动为旧体诗提供了自由精神与民主意识,提供了全新的评判标准和价值参照系,为旧体诗注入了全新的生命。[2] 张器友在研究陈独秀与桐城派的关系时申言:"传统是生动的,处在不断的自我否定的过程之中,它在为自己培育掘墓人的过程中走向消亡,同时又走向新生。"[3]苍耳认为,陈独秀"是中国少数能用古典形式写出现代性诗歌的诗人。""现代诗歌的骨子里应该响彻着一种精神气质,它与中国古典哲学的'气学'精神不应该是隔断的,而是相互幽通和渗透的。"[4]这种看法不仅不认为陈独秀的旧诗创作与"文学革命论"存在价值冲突,甚至认为其独特的精神气质乃是古典与现代互通互渗的结果。当然,这是问题的另一分支,本文暂不深究。

自《文学革命论》发表以来的百余年间,古典诗歌的创作不仅没有消亡,反而一直与白话诗形成并驾齐驱之势。其成就不可低估,其前景不可限量。重新审视新文化运动"总司令"的旧诗创作实践与"文学革命论"的复杂关系,或许可从源头上体认新文学与旧体诗之间相激相成的复杂关联。在陈独秀激进表象的背后,何尝没有融通新旧的博大胸襟?看来,锐意革新与多元共存,原本并不矛盾。或许,中国文学、文化和社会的前景亦可从此中窥得一点端倪。

① 檀作文:《新文化运动与旧体诗》,《中国文化报》,2010年05月05日。

② 徐晋如:《为旧体诗词注入全新的生命——论新文化运动对于诗词发展的作用》,《社科纵横》,2010年第8期。

③ 张器友:《陈独秀的近代"文界革命"实践——以桐城派末流创办〈安徽俗话报〉为中心》,《人文杂志》2013年第7期。

④ 苍耳:《存殁之间》,《安庆日报》,2009年7月23日。

“道德叙事关怀”:从利维斯到夏志清

——论《中国现代小说史》的西学渊源

夏　伟

1979年,《中国现代小说史》(下简称《小说史》)中文繁体版的问世,令夏志清成为对中国现代文学学科最有影响力的汉学家。《小说史》以“道德叙事关怀”为批评准则,打捞起了张爱玲、钱锺书、沈从文等“现代新四家”;其迥异于“80前”学科[1]的审美意识,成为大陆学界1988年“重写文学史”新潮的一大诱因。《小说史》深受西学影响,是不争的事实,然而:一,究竟是何种西学影响了夏志清?二,此西学又被夏以何种方式移植到中国现代文学研究中,从而确立起批评规则?却仍未被充分讨论。

大陆学界较早关注此案复杂性的学者是徐敏。她说,尽管夏著被公认是受惠于新批评,但“如果我们就此以为他是个纯文学、唯形式主义论者,那就不免误会了他。与其认为他反对文学家关心政治、社会、文化,不如说,他力倡文学家以自己的方式介入社会,对政治、文化、习俗以及在此框架内的道德与人性作出‘文学家’式的观察与反应;”“如同他反对艺术成为别物的‘附庸’,他同样强烈反对‘为艺术而艺术’”。[2] 于是,《小说史》究竟受何种西学之影响这问题,在此被转述为:除新批评外,真正影响夏的批评观核心的西学渊源又是什么?惜徐敏未能续述。对此,王德威倒给了一个宽泛的答案。他认为《小说史》其实拥有“新批评”(文本细读)、“利维斯”(道德意涵)、“阿诺德”(现实教化)三大西学渊源,但仍未说清上述三重影响究竟如何被夏拧成一股绳,以编织出《小说史》

① “80前”学科指以王瑶著《中国新文学史稿》上下册为奠基,以唐弢主编《中国现代文学史》三卷本为小结的,呈现出左翼“一体化”态势的中国现代文学学科前三十年(1949—1979)。

② 徐敏:《中国现代小说史书写研究——以夏志清、陈平原、杨联芬为个案》,南京:江苏教育出版社,2011年,第23页。

的。具体地说,就是布鲁克斯关于"文学的目的不必是传道或说教"之教诲,与利维斯对"生命好奇"与"道德意涵"的强调,以及阿诺德对文学教化功能的提倡,这三者的细微抵牾是如何被《小说史》吸纳且消融的。[1] 这是考辨《小说史》的西学渊源时最值得聚焦的症结。

其实,夏在学脉上虽师承新批评,但写《小说史》时却最受利维斯著《伟大的传统》(下简称《大传统》)的影响。夏以其"道德细查""非功利化""主题处理"所合成的"道德叙事关怀",与利维斯提出的"道德关怀""非个人化""有致融合"三个批评准则确呈环环相扣之势,甚至可说,《小说史》堪称《大传统》的中国化文本。看表面,考辨夏著与利维斯间的学思传承,只是比较文学论域的影响比较,属常规性研究。但它又很"反常":汉译夏著煌煌30万言,找不到一处对利维斯的引文,这令本文无法通过"现场证据"——如带引号或不带引号的引文、嵌在注释中的书名出处等——来侦测两者的亲缘关系;而只能从书本的字里行间中,提取两位大师"遥看草色近却无"的灵光与共鸣。并选以下三个角度,来讨论《小说史》对《大传统》的学脉师承:(一)利维斯的"道德叙事关怀"是什么?(二)夏从利维斯那儿汲取的"道德"眼光,与利维斯相比差异何在?(三)夏依此眼光,又如何在中国现代小说身上看出了"80前"学科所看不到的史学景观?

一、从"道德关怀"到"道德问题"

"道德叙事关怀"无疑是利维斯从近代英国小说提炼出的"大传统",同时也是利维斯用以评析英国小说质量的"思想-艺术"标尺。此标尺由"道德关怀""非个人化""有致融合"三截相衔而成。"道德"一词在当下语境常与"审判"共生,令人不免想起《圣经》中将石块砸向妓女的乌合之众,或欧美清教徒那"僵硬、黑白分明"的是非观。利维斯所珍重的"道德关怀",不是这种简单的惩恶扬善之说教,而是对作为文艺复兴启蒙运动之内核的,广受推崇的"人的理性",及其伴生的"利己主义"之间关系的严肃讨论。他欣赏艾略特对笔下人物利己之心的批评与同情;他青睐康拉德捕捉"理性"被"利己"挟持的慧眼独具;他更对狄更斯的《艰难时事》赞不绝口,因为这部"道德寓言"勾勒出整条"功利主义—

[1] 参看王德威:《重读夏志清教授〈中国现代小说史〉》,见夏志清《中国现代小说史》,上海:复旦大学出版社,2005年,第35页。

工具理性—利己膨胀"的意识链，从而将"理性"与"人性"之冲突的来龙去脉呈现得淋漓尽致。葛擂硬本性公正而具善意，但受"功利主义"控制，以纯"工具理性"和"科学"眼光看世界，期待把一切人际关系转换为可以量化的公正交换，以算计与化约替代一切生动与钟情，最终葬送了自己一家的幸福。利维斯说葛擂硬是维多利亚时代"功利主义"的代表，而其命运则演示了"维多利亚时代文明的残酷无情"。[①] 有识者认为，利维斯的上述反思与西方的现代化进程、更与"英文系和英国文学批评强烈的社会使命感"有关：

> 19 世纪中叶，一些质疑圣经历史真实性的著作出版，进化论也渐渐流行，宗教在英国精神生活中的地位大大下降，阿诺德说："没有哪一种信条不发生动摇，没有哪一种信奉已久的教义没被证明为值得怀疑，没有哪一种大家接受的传统不受解体的威胁。"宗教的颓势一目了然，但是诗歌或文学的前途更为远大。阿诺德预言"我们必须求助于诗来为我们解释生活，安慰我们，支持我们。"瑞恰兹发展了此观点，认为文化传统的崩溃会造成精神上的混乱，而"诗可以克服混乱从而拯救我们"。[②]

宗教对人性中利己主义的制抑，这在艾略特等人的作品中就可窥端倪。比如布尔斯特罗德固然不算圣徒，但他心中尚能敬畏上帝，所以他尽管自欺欺人地将权欲装扮为宗教热情，但他对米德尔马契居民的帮助却也实在。又如从小对世间失去信心与幻想的黑斯特本是一个失去宗教支柱的小百姓，即便如此，康拉德还是借他的命运告诫读者，人不能仅靠理性活着："人要是在年轻时没有学会去希望，去爱——对生活充满信心，那他就倒霉去吧"。诚然，若一个人既无信仰、又被功利主义与工具理性淹没良知，那他就成为狄更斯笔下那群的冷血动物了。阿诺德坚信文学能替代宗教给人以精神支撑，利维斯与他一脉相承，并借阿诺德名作《文化与无政府状态》的一段话，作为自己首篇要文《大众文明与少数人的文化》(1930)的篇首引语：

> 文化为人类负担这重要的职责；在现代世界，这种职责有其特殊的重

---

① [英]F. R. 利维斯：《伟大的传统》，袁伟译，北京：三联书店，2009 年，第 298 页。

② 陆建德：《弗·雷·利维斯和〈伟大的传统〉》，见 F. R. 利维斯：《伟大的传统》，北京：三联书店，2009 年，第 5 页。

要性。与希腊罗马文明相比,整个现代文明在很大的程度上是机器文明,是外在文明,而这种趋势还在愈演愈烈。[①]

利维斯还认为,文学实现其特殊职责的方式是提供"真正的知识""饱含着理解领悟的知识",[②]即"道德问题上的卓识和对人性心理的洞见"。[③] 这并非说利维斯完全否定与人性、与同情等情感无关的科学知识;而是说他警惕现代化过程中,对"科学"的过度推崇会导致人类对功利主义与工具理性的盲信,从而使利己主义被放纵——这或许会带来一时痛快,但绝不是一条能真正使人安魂的路。故他希望作家能用其创作,使读者"理解领悟"人有利己的本能,也有利己的权利,但更有警惕、克制利己主义的责任与义务;而作为批评家,则更需承担挑选、解说这些作品的任务。

很难说夏志清当年留美读博士学位时已有与利维斯一样强烈且自觉的、由文化落差造成的痛感,[④]但他确实接受了利维斯对"道德叙事关怀"的强调,并把"道德细查"作为自己小说批评的第一要素。故当他一旦真正涉足中国现代小说,便觉察到对象所蕴涵的"道德叙事"元素,其质量与利维斯所推崇的西方经典皆不在同一水平,包括五四时期的小说在内,"大半写得太浅露了。那些小说家技巧幼稚不说,看人看事也不够深入,没有对人心作深一层的发掘。这不仅是心理描写细致不细致的问题,更重要的问题是小说家在描绘一个人间现象时,没有提供比较深刻的、具有道德意味的了解"。[⑤] 同时,或是受到了《艰难时世》启发,夏志清与英国知识界一样,亦从"宗教背景来分析"该现象:"现代中国人已摒弃了传统的宗教信仰,成了西方实证主义的信徒,因此心灵渐趋理性化、粗俗化了。……现代中国文学之肤浅,归根究底说来,实由于对原罪之说或者阐释罪恶的其他宗教论说,不感兴趣,无意认识。当罪恶被视为可完全依赖人类的努力与决心来克服的时候,我们就无法体验到悲剧的境界了。"[⑥]不用说,

---

① 陆建德:《弗·雷·利维斯和〈伟大的传统〉》,见 F. R. 利维斯:《伟大的传统》,北京:三联书店,2009年,第6页。

② [英]F. R. 利维斯:《伟大的传统》,袁伟译,北京:三联书店,2009年,第82页。

③ [英]F. R. 利维斯:《伟大的传统》,袁伟译,北京:三联书店,2009年,第147页。

④ 但他对此当有所了解,比如讨论茅盾时就提到英美作家们注意到的"第一次大战后和同时脱离了维多利亚时代精神价值后所产生的道德瓦解"。见夏志清《中国现代小说史》,上海:复旦大学出版社,2005年,第103页。

⑤ [美]夏志清:《中国现代小说史》,刘绍铭等译,上海:复旦大学出版社,2005年,第11页。

⑥ [美]夏志清:《中国现代小说史》,第322页。

这一"悲剧的境界"绝不只是纯粹的阅读审美体验，更是使人领悟灵魂的归宿。如果说，阿诺德、利维斯是想用文学来重建因宗教失势而式微的西方人的精神支柱的话，那么在夏眼里，此种精神支柱在中国文化史上本就鲜见。故《小说史》真正能做的，就是选择能帮助中国人更了解人性与自身的作品，启迪读者"大无畏地自加检讨，以求重申人道、重建荣誉"。[①] 或曰只有先体悟"利己主义"的"不可克服性"，才能进一步讨论，如何在生活中避免盲目自卑与放纵。而夏的最终期待，是在他与宋明炜对话时所表白的："Restore the humanity of China"（修复中国的人性）(13)。[②] 以此角度观照《小说史》，就会发现夏虽全书几未直接提及"利己主义"，但大凡他所欣赏的诸小说中的"道德问题"，其实皆可谓是利维斯关注的"利己主义"在中国现代小说中的并发症。

在夏所看好的"现代新四家"中，予"利己主义"以最赤裸刻画的当属张天翼。张笔下的黄宜庵表面上道貌岸然，其实是风月场的老手，黄在女儿面前装腔作势，只是为了维系她的纯洁或"无知"，以迎合达官贵人的口味，以期在婚恋市场有所斩获，最终改善黄自己的人生境况。钱钟书《围城》被夏誉为"中国近代文学中最有趣和最用心经营的小说，可能亦是最伟大的一部"。[③]《围城》主人公"鸿渐是一个永远在找寻精神依附的人，但每次找到新归宿后，他总发现到这其实不过是一种旧束缚而已"，[④]其原因是人奢望从他处摄取理解与认可，但永远不可能被满足，反之亦然，这便让夏有底气立论："《围城》是一部探讨人的孤立和彼此间无法沟通的小说"。[⑤] 此主旨不禁令人想起康拉德的《胜利》，康拉德讲了一个极端理性之人黑斯特的孤独，感慨现代人"虽然彼此需要，但却互不相知"。[⑥] 至于张爱玲"所写的是一个变动的社会，生活在变，思想在变，行动在变，所不变者只是每个人的自私，和偶然表现出来足以补救自私的同情心而已"。[⑦] 夏的这段点评，若借利维斯的话来转述，则是张爱玲的苍凉笔调实是"惟有被同情之光照亮的智识才能达至的状态"，[⑧]因为"对于普通人的错误弱

---

① [美]夏志清：《中国现代小说史》，第 435 页。

②《夏志清先生访谈录》，见宋明炜：《德尔莫的礼物　纽约笔记本》，上海：上海书店出版社，2007 年，第 77 页。

③ [美]夏志清：《中国现代小说史》，第 281 页。

④ [美]夏志清：《中国现代小说史》，刘绍铭等译，上海：复旦大学出版社，2005 年，第 284 页。

⑤ [美]夏志清：《中国现代小说史》，刘绍铭等译，上海：复旦大学出版社，2005 年，第 285 - 286 页。

⑥ [英]F. R. 利维斯：《伟大的传统》，袁伟译，北京：三联书店，2009 年，第 290 页。

⑦ [美]夏志清：《中国现代小说史》，刘绍铭等译，上海：复旦大学出版社，2005 年，第 259 页。

⑧ [英]F. R. 利维斯：《伟大的传统》，袁伟译，北京：三联书店，2009 年，第 94 页。

点,张爱玲有极大的容忍。她从不拉起清教徒的长脸来责人伪善,她的同情心是无所不包的"。[1] 这又与艾略特那"道德平庸的悲剧"异曲同工。或许真是在此意义上,夏称张爱玲无愧为"今日中国最优秀最重要的作家"。[2] 相对而言,沈从文的小说虽不直接涉及利己,但就其借助象征式的人物塑造来批评现实人性这一点来说,沈从文便与狄更斯的《艰难时世》十分接近。狄更斯说过《艰难时世》的马戏团成员"异常地厚道,像孩子一般的纯真,对于欺骗人或占便宜的事,都显得特别无能",这会使人想起沈从文《边城》里的祖父。祖父是摆渡的……

> 渡头为公家所有,故过渡人不必出钱。有人心中不安,抓了一把钱掷到船板上时,管渡船的必为一一拾起,依然塞到那人手心里去,俨然吵嘴时的认真神气:"我有了口量,三斗米,七百钱,够了。谁要这个!"[3]

显然,狄更斯说马戏团员"纯真,对占便宜无能"这些评语,简直像是为沈从文笔下人物的量身定制。且夏与利维斯也确对这两位作家给出了相近的评价。利维斯说狄更斯是在借马戏团的象征意义,来隐喻其"对于工业主义的看法,其深刻性已超出了人们对他可能所抱有的期待";[4]而夏则认为"沈从文对人类纯真的情感与对完整人格的肯定,无疑是对自满自大、轻率浮躁的中国社会的一种极有价值的批评"。[5]《小说史》与《大传统》关系之亲近,可见一斑。

二、从"非个人化"到"非功利化"

利维斯不认同以"功利主义"与"利己主义"作为人生哲学的西方流行,但他也同样戒备作家利用虚构为其任何偏好乃至信仰背书。于是,乔治·艾略特著《丹尼尔·狄隆达》就成为了《伟大的传统》中的反面典型:

> 他狄隆达乃是美德、慷慨、智慧和公正无私的化身,他没有什么要他寻

---

① [美]夏志清:《中国现代小说史》,刘绍铭等译,上海:复旦大学出版社,2005年,第272页。
② [美]夏志清:《中国现代小说史》,刘绍铭等译,上海:复旦大学出版社,2005年,第254页。
③ 沈从文:《边城》,《沈从文全集》第八卷,太原:北岳文艺出版社,2002年,第63页。
④ [英]F. R. 利维斯:《伟大的传统》,袁伟译,北京:三联书店,2009年,第304页。
⑤ [美]夏志清:《中国现代小说史》,刘绍铭等译,上海:复旦大学出版社,2005年,第145页。

> 求躲避的"烦恼";他感觉他需要,也是他渴求的,乃是一种"热情"——一种同时也是"责任"的热情。……我们注意到,狄隆达的种族使命不知不觉间已与他同米拉的爱等同了——那"美好而不可抗拒的憧憬——希望人类可有的最好的东西会降临他的头上——完全的个人的爱与一个更大的责任融汇合流……"①

乔治·艾略特是犹太复国主义的崇拜者,她期待人能依靠追寻如此宏伟的目标来克服世俗的烦恼,并以此虚构出了英雄"狄隆达",利维斯却认为"没有烦恼"的狄隆达堪称败笔。因为作为人因各种欲望缠绕而无法解脱时的心灵焦虑,烦恼既是生活的诅咒,亦是悲剧(文学)的根源。正如格温德琳②的"诅咒"源自尊严与利益的冲突,整日算计如何嫁给那个养情妇与私生子的富豪,却仍不失妇道的体面;而康拉德笔下的黑斯特,原以为了无牵挂就能获得灵魂的安宁,却想不到人注定会遭遇邂逅与爱情,而他独善其身的习惯与决心,反而令其人际关系比常人更苦涩。在利维斯的批评视野里,小说只有把人物置于人生冲突情境去考验其理智与情感,读者才能从中获益而豁然开窍——原来世人与己有一样的烦恼;以及学会宽容——了解脆弱与利己是人之常情;懂得取舍——明白生活中没有可打开两把锁的钥匙。这才是利维斯最珍视的"对生活的批评"③的文学价值。

艾略特想借塑造纯洁无私的人物,尝试在虚构中解决现实中无法解决的问题。但鉴于现实中不可能出现这种人物,故此解决方案也就无效,进而,它所营构的对生活的批评也就无力。又鉴于其人物是完美的,则似暗示其他人物的不完美是可被避免的,这在无形中又削弱了小说中其他人物命运的悲剧性,亦降低了作品道德细查的影响力。在此意义上,利维斯强调小说叙事"非个人化",即作家对自身的偏好与信仰须有克制,这是对文学"有限性"的尊重。文学虽可细查人性、批评生活,却不宜妄想按自己的偏好便能改善现实。

综上所述,与夏志清撰《小说史》有何关系?关系大矣。因为在夏看来,中

---

① [英]F. R. 利维斯:《伟大的传统》,袁伟译,北京:三联书店,2009年,第113页。

② 系《丹尼尔·狄隆达》中的一个主要角色,被利维斯称为本书里"出色的那一部分"。见《伟大的传统》,北京:三联书店,2009年,第115页。

③ "有一个响亮的论断——文学的最终目的乃是'一种对生活的批评'。利维斯整个生涯都在证明这个论断的正确性"。陆建德:《弗·雷·利维斯和〈伟大的传统〉》,见F. R. 利维斯:《伟大的传统》,北京:三联书店,2009年,第8页。

国现代文学在"道德细查"层面成就不足,其根源就在知识界的"功利需求"妨碍了作家对文学"有限性"的体认。

中国现代文学伴随五四启蒙应运而生,而五四启蒙的初衷则在推动中国社会的进步,文学也就顺理成章地负起责任,仿佛"非等到社会正义得到伸张,科学技术有所成就,以及国家巩固起来之时,中国的作家,实在别无选择,唯有服务于自己的理想",[①]这意味着中国现代文学自其诞生之始,就有"舍小家为大家"的气质。此气质后来很对左翼激进主义的胃口。夏觉得激进主义在当年确有这本事:即它在激励文学左翼把组织"视为理想的化身"之同时,又把个人化约为革命的螺丝钉,文学也就顺势成了"宣传和改造社会"[②]的工具。无须说,当人被螺丝钉化,道德也就被狭隘化,它不再眷顾人性的复杂,而只考虑是否"有用"。

夏认为左翼文坛对文学"有限性"的背离,不仅在整体上降低了文学创作的门槛,也阻碍了真正有才华的左翼作家可能达到的艺术高度。茅盾在《虹》中表现出的衰变堪称典型。《虹》是围绕女主人公梅而展开的"近代中国知识分子的寓言故事",[③]由三部分构成。第一部主要写"新文化运动初期","知识女性"梅在包办婚姻中的微妙心理,即梅对盲婚的丈夫的态度变化,大致可被分四个阶段。阶段一,"梅是《新青年》的忠实读者,对《傀儡家庭》一剧耳熟能详。当她想到自己迫在眉睫的终身大事时,觉得自己仿佛成了林敦夫人的化身。照梅的看法,林敦夫人比娜拉勇敢多了。对于新的处境,她并无所惧,并深信自己绝不会被婚姻所束缚"。阶段二,"当她发觉自己在丈夫的怀抱中变得如此出奇的软弱和柔顺时,只好归咎于本身意志的脆弱。由于这种深受耻辱的感觉,她想多找理由去憎恨她的丈夫,藉以挽回自尊"。[④] 阶段三,丈夫的忍让和表白令梅开始同情他,而性生活的和谐也让她暂时安定。阶段四,丈夫过度的性需求令梅厌烦,且她最终意识到自己根本不爱丈夫,故婚姻无法维持。夏对这一连串心理波动的呈现评价极高,认为"相形之下,随后所有采用同样题材的小说,便显得有些多余的了",且就算是茅盾自己,"在他以后的小说里,再也见不到同样长度

---

① [美]夏志清:《中国现代小说史》,刘绍铭等译,上海:复旦大学出版社,2005年,第319页。

② 引文同上第427页。

③ 引文同上第107页。

④ 引文同上第105页。

的绝妙文字”。[1] 如《虹》的第三部分，描写梅女士急遽左倾的心路历程，就再没有“像在这小说的前半部中用写实的和细腻的心理手法”来呈现的剧情波动。梁刚夫几乎只用一个眼神就迷住了梅女士，她爱他“带着神秘色彩，独往独来，对社会不满”，想象他“具有铁一般的意志，绝不滥用感情，不受美色所诱，不为敌人的威吓所屈”，[2]并相信他所说的一切，否定他否定的一切。夏志清认为，这缺乏解释的突如其来的爱“已不复见先前那种真诚的语调了”，而作为显而易见的左翼教条代言人，梁刚夫的形象设计则更像“宣传的调子”。[3]

不难发现夏对《虹》第一部的欣赏，依旧遵循利维斯“心理细查”与“利己主义”的《大传统》路子。他之所以不喜欢第三部中的梅和梁刚夫，也缘于这对左翼男女恰似艾略特叙事“个人化”的产物：梅像麦琪一样对完美与崇高始终抱有憧憬，梁刚夫则像狄隆达一样将“隐忍克己”做到极致。与利维斯批评艾略特相仿，夏也将之解读为是茅盾被“激情”牵着走了：“共产作家对读者的一贯战略是‘诉诸情感’，……情感一动，他们就很难冷静地去探求真理了。”[4]

然若无偏见地说，《虹》实际上与夏的批评不尽吻合。[5] 尽管茅盾确实未能在第三部中，如第一部反思“无抵抗”、第二部反思“新浪潮”那般，反思梁刚夫及其代表的革命力量。但若俯视文本，会发现梅的人生呈现出“热爱—反思—热爱”的轨迹，而小说故事恰巧戛然而止在她迷恋梁刚夫的高潮。也就是说，茅盾并未预言梅对梁及其革命的热爱将成正果，也可说并未提前宣布革命的胜利。但对梅的盲目，他却有过提示：“虽然不十分理解梁刚夫的议论，梅女士却也下意识地尊奉”。[6] 至于梁，他与《虹》这部作品类似，也是戛然而止的角色。虽确如夏志清所言，他有某种“神秘感”：传说“大半个上海在他的手里”，[7]表情是“那样不可捉摸的冷静”，[8]对国情的了解远比梅来得深入与自信；但另方面，他又不像夏描述的那样无懈可击。比如当他向梅介绍，“我们先要揭露外国人，本

---

① [美]夏志清：《中国现代小说史》，刘绍铭等译，上海：复旦大学出版社，2005年，第107页。

② 引文同上第108页。

③ 引文同上第108页。

④ 引文同上第108页。

⑤ 梁刚夫并不是一个“绝不滥用感情，不受美色所诱”的铁血英雄。他曾是个“冲动主义者”，与已婚女子秋敏有过纠葛，在遇到梅女士前还与另位女革命者黄因明同居。

⑥ 茅盾：《虹》，《茅盾文集》，北京：中华工商出版社，2015年，第二卷，第154页。

⑦ 引文同上第125页。

⑧ 引文同上第122页。

国政府,军阀,官僚,资本家,是一条链子上的连环,使得大家觉悟;人民觉悟了,就会成为力量"时,总不免"有些吞吞吐吐,好像是有所顾忌,不便明言似的"[1];而谈到自己与其他女性的关系时,他又难免"稍稍变色"[2]或不安。这些顾虑当然也可被解读为革命者对机密的过敏。但假如真的仅仅旨在"宣传",恐怕茅盾也不必在开始时把他写成这么一个人:"不是什么圣贤,什么超人,他不能抵抗一个女子的诱惑"。[3]

茅盾这一预设或许流露了他的内在纠结:一方面,他认为人的欲望是合理的;另方面,他又认为革命者必须无私,所以一旦写起革命者的七情六欲,其笔触也就变拙,连自己也吃不准梁是否应有正常人的七情六欲。很可能最初茅盾确想塑造一个如夏所言的钢铁般的英雄,但艺术家的直觉又使他无法相信世上真有毫无私欲的人,所以,小说也就有意无意在梁密密麻麻的"冷静"中,埋下了那些支吾、顾虑或变色。这当然得讲分寸。若梁私欲过甚,那他就和之前梅的其他追求者一样庸俗猥琐,而无法被寄予厚望了。从结果看,相比那拨被写坏的猥琐的梅女士的追求者,梁反倒成了较丰满的角色。他或可被解读为这样一个人:为了理想他能努力克己,但其实并不如看上去那般自信,故有时也难免会漏出些"人味儿"(令人想起了《毁灭》)。虽然这决非茅盾本意。茅盾想写欲望,因为欲望在人性中不可磨灭;但他又不敢写欲望,因为教义要求人能磨灭自己的欲望,否则就会被暗示革命也不免堕落。他不愿通过写梁的私欲来隐喻革命有阴暗面,但又不愿违背自己的直觉去写一个毫无私欲的人。于是只能搁笔,"或者屋后山上再现虹之彩影时,将续成此稿"。[4] 然非但《虹》里没有"虹";"虹"同样未出现在茅盾的下一部长篇《子夜》里。

故可谓《虹》有两重"失败":一方面,寻找"虹"、寻找"希望"的努力失败了,因为茅盾写不出一个完美的"梁刚夫",这是功利需求面对艺术直觉时的失败;但另一方面,茅盾最初对完美的梁的文学憧憬,也使他在有意无意间矮化了其他角色,使他们对梅的爱意仅剩下滑稽与无耻。这在无形中是应验了夏的箴言:"当罪恶被视为可完全依赖人类的努力与决心来克服的时候,我们就无法体

---

① 茅盾:《虹》,《茅盾文集》,北京:中华工商出版社,2015年,第二卷,第145页。
② 引文同上第140页。
③ 引文同上第141页。
④ 引文同上第175页。

验到悲剧的境界了。”[①]

三、从“有致融合”到“主题处理”

夏志清曾说:“一本小说之优劣,当然不能以主题的深浅来评价,最要紧的关键是这个主题是否得到适当的处理”。[②] 他对“主题处理”这一解释,很接近利维斯对小说艺术的要求。利维斯曾提及英国文学批评有一恶习,“它以表面外在丰富性来衡量作品的活力,并期待看到大量而松散的枝节插曲和情节场面,但对判断艺术的要义和作用有什么成熟的标准却全然不知”。[③] 言下之意,小说技巧只有被艺术地用来表现主题,才有意义。作品的每一细节设计,若都能做到“精确而简练”地为表现主题服务,此即“有致”。夏所以认为《围城》在这方面不愧为中国小说之翘楚(尤其是最后一章),是因为钱锺书“简洁有力”的笔法能让读者领会“主题怎样和心理状态牢不可分,而这种心理状况又怎样和方鸿渐的怯懦脱不了关系”。[④]

《小说史》说《围城》是一部探讨人的孤立及彼此间无法沟通的小说,这实在是对《围城》主题的一锤定音。具体到方鸿渐身上,这孤立感则来自一对情感需求:“需要—被需要”,“卑微—尊严”。这就是说,鸿渐希望通过“被需要”来赢得尊严,但实际上因他怯懦导致的无能,却往往处于“不被需要”,反而“需要”别人帮助,这就令他自觉“卑微”,但怯懦本性又使他无力改变这一点,只能掩饰。明明需要别人,却不愿承认,这是鸿渐失败的原因,也是他孤立的源头。

钱锺书在小说的最后一幕,几乎每一镜头都渗透了“需要—尊严”的象征,甚为“简洁有力”:鸿渐是不愿与说自己坏话的姑母有正面冲突,才上了街(怯懦)。在街上,他看到摆摊老头篮子里款式古旧的玩具却无人问津,便触景生情,想到好似自己一般“没人过问”,即不被需要。在路上,他决定不回去吃饭,这是对妻子嘉柔的“不需要”,却偏偏发现钱包丢了,于是“不需要”的预案又破产了。他不甘心,想把丢钱一事迁怒于嘉柔,因为钱包是她送的,要不是妻子多事,钱不至于全被偷走;于是回家后与嘉柔吵。嘉柔说“家里的开销,我负担一半的,我有权利请客”,仿佛再次暗示已失业的鸿渐是“不被需要”的。当嘉柔欲

① [美]夏志清:《中国现代小说史》,刘绍铭等译,上海:复旦大学出版社,2005年,第322页。
② 引文同上第286页。
③ [英]F. R. 利维斯:《伟大的传统》,袁伟译,北京:三联书店,2009年,第183页。
④ [美]夏志清:《中国现代小说史》,刘绍铭等译,上海:复旦大学出版社,2005年,第385页。

说服鸿渐接受姑母介绍的工作,这更令鸿渐陷入"需要他人"的卑微位置。鸿渐为了挽回面子,强调谁也不靠,要投奔朋友,嘉柔却兜底说他依然在靠他人而未自立。这便彻底挫败了鸿渐的自尊。可以发现,钱选取的每一细节,几乎都能衍生"需要—尊严"间的张力,不论是街头小贩或丢失钱包或夫妻斗嘴,都合情合理,皆由鸿渐的怯懦性格所生发,又烘托了他的怯懦,从而艺术地演绎了"人彼此间为何难以沟通"这一主题。这很契合利维斯对小说艺术的"有致"要求。

然具备意义并有支撑主题的细节并非利维斯对小说艺术的唯一要求,他认为真正优秀的作品还需能将细节如糖融于水一般化入情境。比如上文提到的格温德琳的命运始终围绕着一串钻石项链:在婚前,她期待未婚夫能为自己送上美丽钻石,它不仅代表荣华富贵,更代表任性操纵丈夫的权力;但最终伴随着钻石出现的,还有富翁情妇的纸条,这意味着如果她必须选择,为了尊严放弃财富,还是为了财富嫁给一个明知有情妇的富豪,于是钻石就由荣耀权杖沦为屈辱之柱;最终格温德琳戴着项链完成了婚礼,仿佛在众目睽睽之下被耻辱掐住咽喉。相比之下,亨利・詹姆斯的小说《一位女士的画像》中的那只著名的咖啡杯,则是"脱离情节构思出来,然后再拿给我们的":

> 梅尔夫人视之为"珍宝",但它却已经"掉了价";在与梅尔夫人摊牌的那一场(第四十九章),奥斯蒙德拿起杯子,"冷冰冰地"说它就要开裂了。很显然,杯子以其特有的方式,象征着两人间的关系,那裂缝意味的便是奥斯蒙德对梅尔夫人"帮忙"让他娶到伊莎贝尔所感到的怨恨之情。[1]

利维斯认为,詹姆斯的"咖啡杯"作为象征符号固然"被派上了如许众多的用场,虽然一时也享尽风光,但却总是自外而来的精心设计,给人以牵强之感。乔治・艾略特引钻石入小说,则是从社会生活的戏剧性情境中自然生发而来,而且它们在故事情节中的作用也很自然。"[2]按利维斯的意思,其所谓牵强,是指该细节("道具")的象征性只具局部作用而不具整体剧情意义,而"自然"细节则两者兼备。仿佛前者是作家刻意做给读者看的,后者却是读者可以自己从小说整体中读出的。于是,评判某象征符号是"牵强"还是"自然"的界限也就变得

---

① [英]F. R. 利维斯:《伟大的传统》,袁伟译,北京:三联书店,2009年,第152页。
② [英]F. R. 利维斯:《伟大的传统》,袁伟译,北京:三联书店,2009年,第152页。

简明，只要看删除该细节，整体情节还能否成立与发展就行了。显然，格温德琳的“钻石”对剧情来说极其关键，而马尔夫人的“咖啡杯”则近似摆设。而若将此标准落到《小说史》，会发现夏志清所激赏的《金锁记》七巧腕上的那只翡翠镯子，竟更接近“咖啡杯”，而不是“钻石”。

《小说史》认为七巧的玉镯代表着“上流阶层”，而玉镯与其手腕的对比，则象征了一个人被上流社会“腐化”的过程[①]：“套过滚圆胳膊的翠玉镯子，现在顺着骨瘦如柴的手臂往上推——这正表示她的生命的浪费，……翠玉镯子一直推到腋下——读者读到这里，不免有毛发竦然之感；诗和小说里最紧张最伟大的一霎那，常常会使人引起这种恐怖之感”。[②] 从张爱玲的叙事中读出如是颤栗的美感，固然见证了一个大批评家的感受力与表达力，但按利维斯的尺度，七巧的玉镯却充其量是詹姆斯式的“精心设计”，仍不免“牵强”“刻意”之感。因为即使让玉镯贯穿剧情，贯穿七巧的人生，它依旧是个象征性道具，因为无此玉镯，《金锁记》的整体剧情及人物命运并未根本改变。

从张爱玲的角度看，这么写是可理解的，因为其小说往往刊登在鸳鸯蝴蝶派杂志，或许是照顾读者需求，于是偏爱用些能“点题”的象征，比如《茉莉香片》借屏风上的鸟隐喻主人公对失去自由的自怜，以及对终究逃不出内心囚笼的暗示。又比如《红玫瑰和白玫瑰》那著名的旁白：“也许每一个男子全都有过这样的两个女人，至少两个。娶了红玫瑰，久而久之，红的变了墙上的一抹蚊子血，白的还是‘床前明月光’；娶了白玫瑰，白的便是衣服上沾的一粒饭黏子，红的却是心口上一颗朱砂痣。”但问题是，夏既然已从利维斯身上获益良多，为何却不能恪守“自然融合”的尺度，对张爱玲的这种写法有所针砭呢？是不是利维斯的这条标准太高，以致在中国现代小说中找不到相应范例呢？非也。

鲁迅《药》那个著名的“人血馒头”，其对剧情的“融合”性整体象征显而易见——因为若将馒头从中删除，故事就不存在了。同时，馒头的象征又被处理得十分“有致”。其作为关键道具，委实如钻石般反射光芒，每道光都指向一个人格定位，而这些定位综合在一起，便凝聚出一个悲剧性的主题。

小说序幕是从取钱开始：“华大妈在枕头底下掏了半天，掏出一包洋钱，交

---

① 当然夏志清也提到，张爱玲写七巧人性的逐渐泯灭，“兼顾了性格和社会”，从而“更经得起我们道德性的玩味”。不过这在此节不是重点。见夏志清《中国现代小说史》，上海：复旦大学出版社，2005年，第266－267页。

② [美]夏志清：《中国现代小说史》，刘绍铭等译，上海：复旦大学出版社，2005年，第348－349页。

给老栓,老栓接了,抖抖的装入衣袋”。“抖抖”一词,不仅象征洋钱沉甸甸的,如同小栓的命在老夫妻心里的分量;更暗示了华老栓对死者尚有敬畏心,而这敬畏心是良知的未泯。所以当老栓遇到刽子手,看到他“一只手却撮着一个鲜红的馒,那红的还是一点一点的往下滴”,老栓“慌忙摸出洋钱,抖抖的想交给他,却又不敢去接他的东西。”这是鲁迅第一次描写人血馒头,却没用“血”字,因为这是华老栓的视角,出于敬畏与良知,他当不敢正视眼前的东西是人血,仿佛只看到了“鲜红”,可那“鲜红”却“一点一点的往下滴”,那么刺眼,老栓再次“抖抖”地取钱,却不敢接馒头,因为他明白这馒头代表着另一条沉重的生命。值得一提的是,“人血馒头”四字本就触目惊心,但鲁迅并没一开始就借此吸引读者的眼球,小说标题只是《药》,直到交易完成,“人血”二字依然未被亮出。这令他的“人血馒头”始终融合于剧情和主题,而不喧宾夺主。在接下去的故事时间内,“人血”依旧被隐藏。老栓“用荷叶重新包了那红的馒头”塞进灶里,到老伴手里时,已是“一碟乌黑的圆东西”,小栓“十分小心的拗开了,焦皮里面窜出一道白气,白气散了,是两半个白面的馒头。”

如果说读者透过馒头观察小栓一家,看到的是软弱又良知未泯的光;那么他们的邻居,则呈现出全然麻木的面目

> “这是包好!这是与众不同的。你想,趁热的拿来,趁热的吃下。”横肉的人只是嚷。
>
> ……
>
> “包好,包好!这样的趁热吃下。这样的人血馒头,什么痨病都包好!”[①]

馒头上的血属于第三种人即革命者。革命者为理想献出生命,但他们的悲壮献身并未换来草根的醒悟,却最终异化为巫医传统的一部分,只为无知者带去飘渺的求生希望,或无聊者的无耻谈资。

鲁迅用一个馒头写出了三类人,这三类人聚合出一个主题,该主题可分两部分:第一主题李欧梵概括得相当好,是“烈士被庸众所疏远和虐待,成为孤独者;但这孤独者却只能从拯救庸众,甚至为他们牺牲中,才能获得自己生存的意

① 鲁迅:《药》,《鲁迅全集》第一卷,北京:人民文学出版社,1981年,第444页。

义，而他得到的回报，又只能是被他想拯救的那些人们关进监狱、剥夺权利、殴打甚至杀戮"；[1]至于第二主题，则体现在鲁迅作为明知自己命运的孤独者，依然对不作恶者保有爱、同情和力不能逮的悲伤（这在老栓一家，或《祝福》或《在酒楼上》都能看到）。

可见《药》中"人血馒头"的整体性象征，能全方位契合利维斯的"有致融合"尺度，遗憾的是，夏志清忽视了这一点。

四、结语

现在终于可就《小说史》与《大传统》之间的学思源流关系作一概述了：第一，《小说史》确实师承了利维斯的《大传统》；第二，《小说史》师承《大传统》既全面，然欠均衡。具体而论，则是利维斯的"道德叙事关怀"作为批评尺度，本是由"道德关怀"、"非个人化"、"有致融合"这三截合成，然夏显然对"道德关怀"最具心得，感悟深厚，对"非个人化"似次之，对与整体象征相系的"有致融合"（属叙事形式范畴），不无隔阂。其原因或是《小说史》希望将史述聚焦在"主题"层面，而有意无意地放松了对"形式"的要求。夏志清期待小说能通过卓越的心理细查与道德敏感，帮助读者更了解自己与他人，从而更懂如何善待人性弱点并珍惜人性光辉，以至在复杂生活和激进风潮前，也能保持冷静和安宁，得到自我拯救。相比之下，左翼文学观的核心则是"规范人"的"革命叙事伦理"，它要求作家按教义来塑造正邪分明的人物，以期把读者都熏染成战斗的"螺丝钉"。这便与夏期待的"个人拯救"相悖。

有个问题：为何即便在特殊语境下，"道德叙事关怀"依旧不宜向"革命叙事伦理"让步呢？夏没有回答，但利维斯回答了。利维斯认为要求文学向革命让步，其实源自一种"经济决定论的假定"：似乎"一旦外部环境改善了，即社会和经济的各种安排更加合理了，文化的价值就自动光临人间，仿佛人身上美好的本性不可变更"，但这假定并没能经受住历史考验，故"文化传承需要人们积极参与，不能想当然地托付给虚构的历史潮流去照顾"。[2] 所以在任何时候，文学皆不能放弃"道德叙事关怀"。

《小说史》撰于1960年代，此时中国走出战乱已十余年，从某种程度上也可

---

① [美]李欧梵：《铁屋中的呐喊》，尹慧珉译，长沙：岳麓书社1999年，第68页。

② 陆建德：《弗·雷·利维斯和〈伟大的传统〉》，见F. R. 利维斯：《伟大的传统》，北京：三联书店，2009年，第10页。

谓"外部环境"已然"改善"，但作为"80 前"学科奠基作的《中国新文学史稿》，仍然以"规范人"来要求文学批评与写作，这无形中是再次印证了利维斯的艺术观点并未因政治地缘因素而过时。故夏认为他有责任如利维斯一般"积极参与文化的传承"，这也是为何他批评当时的左翼文论"已抛弃了文学传统这个观念，否定了文学史的应有意义。"[①]夏同时亦十分清楚"革命叙事伦理"虽是左翼文论的创造，但其根基却来自伴五四而生的强烈的功利主义。故在践履自己的批评标准时，他对功利主义十分敏感，故特别警示作家要超然其外，"孤独地致力于写作"。[②]

利维斯对小说形式之精致的审美期盼，来自他个人独特的"语言情结"。利维斯认为"对文学艺术敏感而又有鉴别力的人是文化圣所的看护，……高品质的生活取决于这少数人不成文的标准，文化的精粹就是这些人辨别优劣的语言。假如这语言的水准能够保持，文化传承庶几可望。"[③]然对夏来说，其当务之急绝非是对高水准的语言艺术之辨析，而是借《小说史》撰写来拯救"道德叙事关怀"这一批评文脉，因此对张爱玲小说中象征的使用失之局部而不够"有致融合"，也就不敏感、不计较了。这似乎也解释了为何夏出身于"新批评"，却选择《大传统》作《小说史》撰写的榜样之缘由。

---

① [美]夏志清：《中国现代小说史》，刘绍铭等译，上海：复旦大学出版社，2005 年，第 427 页。

② [美]夏志清：《中国现代小说史》，刘绍铭等译，上海：复旦大学出版社，2005 年，第 434 页。

③ 陆建德：《弗·雷·利维斯和〈伟大的传统〉》，见 F. R. 利维斯：《伟大的传统》，北京：三联书店，2009 年，第 7 页。

为文学的学术

——宇文所安《追忆》的启示

姚旭峰

在中国古典文学研究领域，宇文所安当入最有影响力的汉学家之列。这位声称自己不知是“汉化的胡人”、还是“胡化的汉人”的美国学者，以其一系列极富个人风格的研究著述，对唐诗、中国文论、中国文学史持续发言，其独特的视角、充满感受力与想象力的阐述，以及轻灵优美的文笔不仅在研究界别开生面，而且俘获了许多文学爱好者的心。一个有趣的现象是：在国内，对宇文所安产生兴趣或表达关注的多为中青年学人；而有关的研究论文中，学位论文占了相当高比例。凡此似能说明宇文所安的“新”，也似乎说明宇文所安弥补了我们的某种“不足”与“期待”。

这种“新”是什么呢？是宇文所安作为“胡人”天然拥有的不同位置和视角？抑或其作为“耶鲁人”和“哈佛人”所携带的后现代理论背景？还是他自言的对研究惯例和陈套的警觉和脱离？而我们自身的“不足”又是什么？是限于惯例和陈套而失去了对研究对象的敏感与好奇？是在权威话语体系面前的茫然失语？抑或也只是——一种恒常的“追新”的期待？

在我看来，宇文所安最重要的风格和魅力在于：他将文学感带入了学术，他的学术始终体现着对文学自身的关照与热情。正当我们竭力向西方靠拢，将各种“规范”和“体系”引入学术研究，建立起重重框架和壁垒之际，一个西方人，却在中国文学中找到了他的所爱，他所做的，是尽力打破疆界、伸展感受力的触须，作尽情的探索与遨游。在文学批评日渐沦为套路和习语之际，任何使文学走出标本室而恢复生机的努力都足以让人耳目一新。

基于此，本文将围绕宇文所安颇受欢迎和极具文体风格的《追忆》这本书，谈谈个人的体会和理解。

一、意象捕获:举隅法及能力

创作者以他的作品说话,研究者以他选择的作品说话。宇文所安与中国古典文学的相遇似乎蕴藏着某种必然。据说那是一次美丽的邂逅——十四岁的斯蒂芬·欧文在巴尔的摩公立图书馆读到了这样一首诗:"幽兰露,如涕眼,无物结同心,烟花不堪待。"诗是翻译成英文的,然而,用他自己的话说:他迅速决定和其发生恋爱,至今犹然。

后来,宇文所安在谈到中唐诗时曾说:中唐诗从翻译的角度是最理想的,因为意象凸显而易于捕获,反观盛唐诗尤其如李白的诗,因其自然,译文反较难传达出原作意趣。这当是相当诚实的表述,道出了域外读者的某种遗憾,也道出了另一方面的敏感度和可能性。宇文所安的唐诗研究也正从中唐开始,他在二十七岁出版的博士论文即为《韩愈与孟郊的诗》。当然,其后他的研究逐渐覆盖了整个唐诗历程,那当中自有经验的累积、视野的开拓和方法的增进。

宇文所安对意象的兴趣和敏感,不难使我们联想到他的同胞前辈、意象派诗人庞德。当年庞德号称在中国文学中发现了"新希腊",他的意象派诗歌理论,很大程度上来自于中国古典诗歌和日本俳句的启示,所译《神州集》,堪称是对陶渊明、李白、李清照等中国诗人作品的再创作,是对"浸润在意象之中"的汉诗魔力的体悟与膜拜。庞德的感觉及理论,提供了西方人观察中国诗歌的经典视角。而宇文所安少年时代的经历,则证明他本人对文字和意象美感的直觉能力。

《追忆》是对中国古典诗文的印象式批评。它不采取常规的学术著作体例,而代之以英语"散文"(或译"随笔",essay)文体,并将"中国式感兴"融入其中,换而言之,乃是"在一种英语文学形式里对中式文学价值的再创造"(序页1)。书名"追忆",既是统领的主题,也为核心意象,它代表的正是宇文所安对中国文学的一种印象——回忆的诱惑生成文学;回忆呈现为文学世界中一种永恒的行为与姿态。以意象来表达命题似乎是宇文所安的偏好,在另外一本书中,他用隋炀帝的"迷楼"来指涉诗歌中的欲望。在《追忆》全书的八个章节中,我们看到一系列具有相近感觉色彩的散点式意象:黍稷和石碑、骨骸、芜城、断片、聚散无定的藏品、被破坏的微观世界、一扇雕花的门、一颗佛舍利——它们闪现于我们熟悉的文本中,被本书作者召唤出来,汇聚于"追忆"这一主题之下。

片断的意象构成印象,是一种小中见大、局部引向整体。宇文所安力图表明:他的方法来自中国古典文学本身。在导论中他比较了中西文学的两种认知形态,认为:西方文学中普遍用到象征,而在中国古典文学中,举隅法占有更重要的地位——"以部分使你想到整体,用残存的碎片使你设法重新构想失去的整体。"[①]或许是为了追求和所论述对象的某种对应性,他将举隅法引入这部围绕着记忆文学的论著,所以,本书章节"不按年代排列,也不求分类阐述……它们不是写给非专业读者看的、四平八稳的引论",[②]"我所以要写它们,唯一希望的是,当我们回味某些值得留恋的诗文时,就像我们自己在同往事重逢一样,它们能够帮助我们从中得到快感……"[③]同宇文所安的其他著作譬如系列唐诗史相比,《追忆》更像是对中国古典文学一次适时的漫溯和兴之所至的重温,那些诗文恰如捧于手中的断片,在细细的端详中重现光色,召回往昔。

被召回的还有躲在那些意象背后的灵魂——它们在岁月一去无返的悲哀中诉说着对"不朽"的渴求,在繁盛与衰落间体味着自然的机械运转,为冰冷的骨骸建立起与这活着的世界的联系,让往事从不断的流失中一再复现……这些灵魂引导我们去探察它们由之诞生的传统文化和文学的整体。

"追忆"的命题说到底是一个文学和时间的命题。中国古典文学中的时间意识向来备受关注。论者或从社会形态和生产方式进行分析:"农业生活经验使人们历来就对时间异常敏感。"[④]或从宗教和哲学层面给出解释:"在古老的东方,在一个上帝缺席的东方古代世界,对于一切做出最后裁决的则是历史。"[⑤]总之,无论是基由农业社会赋予的自然节律,还是基由儒家文化提出的"不朽"概念——后者相当于对前者的反应和抗衡——都造就了"时间是中国诗人最普遍的动机和主题"[⑥]在《追忆》中,宇文所安更关注的是后者,他声称:中国文学里有一种"朝后回顾的目光","渗透了对不朽的期望。"在书的导论和前四章,作者思维在不同文本与时空中腾挪穿越,力图探讨围绕"不朽"而产生的时间和生命焦虑,到了后四个章节,则依次据某个固定文本而打开一份古代写作者的个人记忆,呈现了记忆与往事、记忆与写作之间的复杂关系——这同样是对"不朽"的呼应。

---

① 宇文所安:《追忆》,郑学勤译,北京:三联书店,2004年,第2页。

② 《追忆》,第9页。

③ 《追忆》,第9页。

④ 肖驰:《中国诗歌美学》,第235页,北京:北京大学出版社,1986年。

⑤ 刘晓峰:《千岁忧》,《读书》2011年第11期,第125页。

⑥ 肖驰:《中国诗歌美学》,第236页,北京:北京大学出版社,1986年。

尽管与历来的认知系统都有着基本对话,《追忆》的写作却是高度个性化与文学化的。宇文所安为自己找到这样的自由:他是一个不失读者身份的学者,同时,他还可以是一位诗人,简而言之,是一位热情的文学探索者。他将研究对象放置于广阔视野中,也放置于自己的对面——在诗人的世界里,对话可以穿越今古中西。他试图走近他们——从上古无名诗人到明清之际的张岱。诱惑、快感与欲望是宇文所安关于文学的关键词,或许也是我们读懂宇文所安的关键词,在潜入记忆的诱惑、文字的快感、对话的欲望这一类情感和心理推动下,他已然打开了一条特殊的通向中国古典文学的途径。如同宇文所安在中国古典文学中发现了种种令他惊讶和着迷的东西,他的文字也时时唤起我们的惊讶与着迷。

二、互文联想:漫游与对话之趣

随笔这种文体,为《追忆》带来某种书写上的"随心所欲",体现之一就是其中对文本的联想与勾连。这样的勾连看似出人意表,但又自有其玄机。

在惯常体验中,做一个读者是自由的,你尽可以在文本内外和文本之间发挥想象,思维活动也不必固守常规,然而,一旦进入批评领域,你似乎就变得谨慎小心起来,生怕乱了规矩。"按年代排列"和"分类阐述"是处理文本的常规方法,如果不同的作品并非出自同一作家、同一年代、同一流派或群体、同一题材或类型,它们甚至很难有机会聚在一起,更不用说进行饶富意趣的对话了。然而,《追忆》实现了这样的对话,用的是想象力这样的助推器,靠的是对传统的内部联系的敏锐洞察。

在全书首章《黍稷和石碑:回忆者与被回忆者》中,依次出现的文本有:孟郊《秋怀诗》第十四首、《诗经》中的《黍离》一诗、《晋书·羊祜传》、孟浩然诗《与诸子登岘山》、欧阳修散文《岘山亭记》。这些诗文当中,后三种的关系倒不难发现:它们都围绕着一座山——岘山,围绕着一块石碑——"堕泪碑"。

《晋书·羊祜传》讲述了羊祜的德政和他那次著名的回忆先贤的行动,岘山"堕泪碑"的故事从此流传下来,后人每次登临岘山,都一无例外地想起羊祜和"堕泪碑",从而一再演绎着追忆古人、行礼如仪的典礼,他们的身影和名字也一再叠化进了这个场景。从孟浩然到欧阳修,这两位著名文人及其更多人都先后通过诗文和这座山及这处场景建立起了联系。宇文所安说:"回忆的这种衔接构成了一部贯穿古今的文明史。"[①]由是，在本章的起首，孟郊的《秋怀诗》被用来开启"传递"这一命题："忍古不失古，失古志易摧。""古"在此意味着人类在时间长流中守护的关于生命和世界的恒定价值。《黍离》这一名篇紧承其后，进一步阐释"人类的失落与大自然的周而复始之间的对比在世人胸中引起的不安和激情"。[②] 最终，当上古的"黍离"与中古的"堕泪碑"相互联结，意义由之呈现：黍稷和石碑是对立的两种物，分别意味着遮盖与显示，然而同样指向湮没的历史，同样凸显了"世人胸中的不安和激情"，也同样成为后人凭吊的景观——

> 大自然变成了百衲衣，联缀在一起的每一块碎片，都是古人为了让后人回忆自己而划去的地盘。[③]
>
> 自然场景同典籍书本一样，对于回忆来说是必不可少的：时间是不会倒流的，只有依靠它们，才有可能重温往事、重游旧地、重睹故人。场景和典籍是回忆得以藏身和施展身手的地方，它们是有一定疆界的空间，人的历史充仞其间，人性在其中错综交织，构成一个复杂的混合体，人的阅历由此得到集中体现。它们是看得见的表面，是青葱的黍田，在它们下面，我们找得到盘错纠缠的根节。[④]

可以说，出现在这一章节中的那些著名文本，是宇文所安寻找"盘错纠缠的根节"的依据，正是在这个意义上，它们由一个牵出另一个，联缀出一个奇妙的语义系统，探索着历史与人心的复杂旅程。

在全书的不同章节，勾连文本的方式并不完全一致。有时候，命题是反向提出的，如《骨骸》一章，《庄子・至乐》篇端然出现在全章篇首，髑髅以夸张的造型、诡谲的辩论出场，宣称它享受着无君无臣、较"南面而王"有过之无不及的欢乐。庄子的寓言之所以引起重视，盖因它们力图消解的正是世间存在的根本性问题，故而一无例外在文明世界激起广泛反响。在这里，宇文所安先后引出张衡的《髑髅赋》、谢惠莲的《祭古冢文》，让文本彼此进行交谈，让后来者一遍遍对庄子发问：死者的欢乐和毫无缺憾是真的吗？然后，让祭礼和葬仪以强烈的形

---

① 《追忆》，第 21 页。
② 《追忆》，第 25 页。
③ 《追忆》，第 32 页。
④ 《追忆》，第 32 页。

式昭显："我们面对死者会感到不自在，这种不自在提醒我们毋忘终必有死，提醒我们不要忘了我们自身生存的有限性……死者已经完全脱离了我们，我们却仍然把他们当作仿佛生活在我们之中来对待。他们既是物又是人，是一种有强大作用力的记忆变形，是湮没的人铭刻给现在人看的志文。"[①]随后，为了加强这样一种印象及论证，被引入进行重点解读的是王阳明的《瘗旅文》。宇文所安用了本章二分之一的笔墨，层层探入《瘗旅文》文本中心，剥析出其作者——明代最著名思想家，著此文时为贬谪官员——在贵州荒野埋葬无名死者时那种复杂而奇异的心理历程：对死者的同情与死亡带来的震怖纠缠在一起，对死亡及随之而至的孤独的恐惧使得活者迫切和死者建立关系。宇文所安写道："王守仁不只是用死者交谈和为他们唱歌来抵御摧残人的痛苦和恐惧，他还把对死者所谈的和向他们所唱的内容写下来。出于孤独，他写下了同死去的人的关系，为死者构想了一个欢乐的社会。……文章所写的就是它所要表达的，我们从字面上完全可以看出髑髅所讥讽的那种对生活以及对同其他人关系的热烈的依恋之情。"[②]就这样，通过上述文本的串联，宇文所安打开了在传统链条上围绕"生死"的一场跨时空对话，最后结束于王守仁对庄子的回应，那也是儒对道的回应，活生生的现实经验对超验哲学的回应。

不可否认，宇文所安对诸多文本的认知和联想都离不开他作为异域观察者的身份，中国文学与文化以天然的不同呈现于他的视野中，那些独特的意象、独特的哲学和历史观召唤他去探究、去寻找它们在历史情境中的彼此关系。此外，比较思维几乎不可避免，这意味着西式文本在必要时会参加进来成为参照：在《繁盛与衰落》中，他比较了中国文学与西方文学不同的悲剧观；在《断片》中，则比较了中西文学不同的结构形态。虽然，上述比较带有很强的印象主义特征，在呈现上并非无懈可击——比如，很难说中国文学的结构都是"断片"，这忽略了那些结构完整的长篇叙事诗，更不要说后期的叙事文学。但我们或许仍应当理解宇文所安以随笔这一文体召唤来的联想和言说"快感"，也仍可以认同和欣赏这样的发现："中国文学作为一门艺术，它最为独特的属性之一就是断片形态：作品是可渗透的，同做诗以前和做诗以后的活的世界联结在一起。"[③]"断片的美学同一种独一无二的感受力是密不可分的：一种通过诗歌展现在公众面前

① 《追忆》，第 47 页。
② 《追忆》，第 57 页。
③ 《追忆》，第 88－89 页。

的、最为优秀的个人的能力。在这样的诗歌里，诗人植入了他自己的形象，他希望别人能看得见他。”①

行文至此，不妨作一猜度：在对感受力的迷恋和信任方面，宇文所安和他谈到的中国诗人是有几分相似的，也因此，他们都喜欢“断片”——记忆与文学的“断片”，在某些瞬间，他们情愿注视着它，暂时忘却整体。

三、细读：点燃心灵之光

宇文所安最为人称道的，是其“文本细读”(close reading)。这一方法被系于新批评学派名下，不过，作为一个文学研究者，即使不懂何为“新批评”，也仍然应当懂得“文本细读”。

中国的研究者孜孜不倦地在宇文所安的著作中寻找着现代后现代理论话语，有趣的是，他自己倒宁肯撇清那些话语。在一次访谈中，宇文所安提到他对理论的态度：“理论不是一个让你摇着小旗子显摆‘看我多聪明’的工具，而是帮助你在学习研究中得到新的启发，你得把这些想法完全消化，然后让它成为你思考的一部分。”②在《迷楼》中，他谈到学术界存在的西方概念霸权，认为它们影响了读诗(也许尤其是读中国诗)的乐趣与惊喜。另一方面，他曾经这样表白：“偏爱文本细读，是我对选择的这一特殊的人文学科的职业毫不羞愧地表示敬意，也就是说，做一个研究文学的学者，而不假装做一个哲学家而又不受哲学学科严格规则的约束。”③照此看起来，“文本细读”在宇文所安那儿至少是已经消化了的理论，更可视为发自内心的自觉，里面体现了一种对文学天性与文学趣味的坚守——那也为他本人投身这一学科的热情所系。

事实上，在《初唐诗》、《盛唐诗》等唐诗史研究中，这位汉学家已向我们展示了其出色的文本解读能力，即便是针对李白、孟浩然、王维等长期置身于研究视野中的一流诗人，他照样能提供新鲜又令人信服的见解。《追忆》一书的吸引力更是很大程度由文本细读而生，如果说该书的前四个章节是以思想串联文本，后四个章节则为文本自身提供了更为纯粹和充分的言说空间，即，宇文所安引领我们去探访由每一单个文本构建的私人记忆史，其精心挑选的李清照、沈复、吴文英、张岱等人的记忆名篇，从历史的阴影中被再次照亮，呈现出所有的细部

---

① 《追忆》，第92页。

② 盛韵：《宇文所安谈文学史的写法》，载《东方早报》2009年3月8日。

③ 宇文所安：《微尘》，转引自《读书》2005年第4期，第67页。

与微妙之处。你不能不再度惊叹宇文所安"挑战"名篇的能力，老眼光和既有的阐释似乎丝毫束缚不了他，他独辟蹊径、洞微察隐，在熟悉的视域却近乎轻而易举地唤起了我们重新发现的兴奋之情。

《回忆的引诱》或许是其中最引人瞩目的一章，因为它"细读"的乃是李清照的《金石录后序》。作为中国文学史上最富盛名的女性，李清照存留作品量少而质精，俨然已被读遍读透了。除了评说她的词作，她的私生活也是人们窥探和猜谜的对象。不过，当文学研究偶尔沦为窥探与猜谜时，人们常常试图去揭示那永无可能揭示的秘密，却对置之面前的对象习焉未察。这面前的对象，即是有待深入的文本。《金石录后序》是一篇关于收藏的记录，也是女作家在天命之年完成的一份人生小传，将生命与情爱的历史写进收藏的历史，这使得收藏具有了格外丰富的含蕴，也使得生命具有了殊为不同的质地。然而，在宇文所安之前，很少有人把《金石录后序》读得那么仔细——不仅止于通常人们着眼的生平线索、婚姻生活、时代变故、社会背景，更抽丝剥茧般呈现潜伏于记忆与文字深处的那些情感执着、文化自省与心灵独语。宇文所安的读法确实颇得"新批评"精髓，或许也得益于西方叙事文学传统赋予的情境还原和心理分析的能力，他追随着原作的逐字逐句，紧贴着作品的情感与意识脉流，推敲着每一个典故和特殊语汇的涵义，不断地用聚光灯照亮某些细节和场景，包括那些潜藏的细小的悲欢起伏。在李清照和赵明诚为人盛称的知音伴侣生涯中，宇文所安读到了得与失、欢乐与怅恨的微妙转化，看到收藏和博古的激情如何在夫妻关系中扮演着双面的角色：既带去最初的欢愉，也如一个侵略者般介入和谐自在的生活，造成羁绊与间离。当藏品日渐丰富并被编排成秩序，人反倒失去"坦夷"，"余不耐"——宇文所安注意到李清照行文至此人称的变换，从复数而变成单数第一人称，这意味着夫妻二人出现了界限，意味着赵明诚对藏品日益加剧的激情对李清照构成了压抑。他进一步读到了爱者的怨诽："她对赵德父的爱也发生了变化，变得复杂起来，出现了不易察觉的怨恨和非难的潜流，同由衷的骄傲和恋情掺杂在一起……"[①]近似的心理分析还出现在其后有关赵、李乱中分别的段落："李清照带着爱，带着赞赏，也带着一线女性的欲望，描写出她丈夫英姿勃发的形象。突然之间一切都变了：藏品给场景投下了阴影。"[②]如是，李清照

---

① 《追忆》，第103页。
② 《追忆》，第105页。

个人生活和文化行为的复杂性被剥示出来，那是不曾为向来读者所会意的。宇文所安用的不是猜谜，而是敏锐的语义捕捉和细致的心理分析。另一方面，面对这样一篇充满着记忆、感喟、反省与告诫的文字，他也从来没忘在情感与语词的湍流中辨识方向和真正的动机。当李清照感慨收藏的癖与痴，带着爱怜与嘲讽交织的心情，忆起她丈夫生前对收藏的溺爱，反省那种或许终将归于幻灭的热情，宇文所安看到，“李清照同这种热情的火焰一直离得很近”，[①]甚至，促成这篇追忆文字的也是相近的热情：

> 这篇文字中的告诫的力量来自一种认识，认识到她自己的爱而不舍为她留下的伤疤，认识到推动那些狂热的爱而不舍的人们去做他们非做不可的事的那种共有的冲动，在她身上也发挥过作用。她也被回忆的引诱力所攫取，被缠卷在回忆的快感和她无法忘怀的伤痛之中。[②]

记忆其实也就像一种收藏，言说本身也即是一种执迷，个人的历史和文明的历史一样每时每刻处于流变和流变的对抗中。通过细致的文本诠释，宇文所安实际上提醒了我们《金石录后序》具有的文化深度与精神向度，一别于以往多作“身世考”或单纯视为“女性”烙印的私生活记录。

“细读”为总体路经，宇文所安在《追忆》中实则常常变换视点与方法。面对沈复的《浮生六记》，他便采用了另一种读法：只从这部长文中攫取关键意象，来论证“复现”与记忆这一命题。宇文所安从来敏于发现记忆者的情结和记忆的焦点，在李清照，那系一种文化爱好与激情，在沈复，乃是一个抵拒现实的微观世界——《浮生六记》似乎一直在呈现某种微观世界和它的变形，它或是沈复幼年时在床帐和花园中以想象放大的昆虫世界：夏蚊如群鹤；丛草为林，虫蚁为兽，土砾凸者为丘，凹者为壑，或是成年后与妻子陈芸精心制作的仿倪瓒山水画的假山盆景，或是游冶中与年轻妓女月夜相拥的精美的船中之寮——总之，都是不大真实的神游世界，是合于想象与理想的幻美空间。宇文所安看到：“沈复的一生都想方设法要脱离这个世界而钻进某个纯真美妙的小空间中。”[③]不过，这些小空间在记忆中的一再出现是由于它们一无例外遭遇了破坏与残缺。“所

---

① 《追忆》，第 112 页。
② 《追忆》，第 112 页。
③ 《追忆》，第 118 页。

有能持续较长一点时间的记忆都是为某种令人痛苦的不完善所支持的。"[1]这里在探讨记忆的规律，同时也从一个角度接触到明清文人和文学的特质——《浮生六记》之流行，缘于一种以人造花园、记忆和梦幻为逃避天地的时代背景。

值得一说的还有宇文所安对文体的敏感——它意味着对语词、结构、修辞的特出感受力，于一位外国研究者尤其难能可贵。在《绣户》一章，宇文所安借着吴文英《莺啼序》的组织技巧而谈到词与诗的不同："中国的古典诗把它自己直接同生活的外在世界连结在一起。但是，这是一首词，词是在内部世界中，在一间屋子里或者在人的心里，才感到最为自在。当他的主题是回忆时，词作者会感到特别舒服，因为回忆提供了取自生活世界的形象和景象的断片，这些形象同人的感情是不可分割的，它们根据感情的内在世界的规律，又重新被组织起来。[2]"这种后起的、精巧的词的艺术，细心地把情感重新加以编织；情感越是炽烈，要主宰它们就越离不开控制。"[3]"在词里，作者的结构的力居于主导地位：植物、动物、季节、天气和时间，都被搬离生活世界重新加以组织，不是根据经验世界的规则，而是根据内在情感世界的法则。"[4]吴文英的词向来被称作"七宝楼台"，以其眩目的技巧而引发历代学者褒贬不一的评价，而在宇文所安看来，这种编织的技巧正是词体文学的基本风格与重要特色，他并且从吴氏作品中选择了一个更优美的意象以涵括之："绣户"——一扇雕花的门，它挡在外面的世界和内在的世界之间，"词的鉴赏者们立刻辨认出了其中的图像，这图像能够唤起某一种类型的经验。"[5]通过解构最富组织技巧的词中长篇《莺啼序》，宇文所安不仅丰富了对"七宝楼台"吴文英词的读解欣赏，而且将修辞与文体之间的内在关系做了一次清晰呈现。

综上，《追忆》中的文本细读提供了许多可资借鉴的方法，必须强调的是：宇文所安首先是一个运用自身感受力的人。他用感受力将读者与作者的距离拉近，再用思想建立起联系。每一单章，他起笔处总在探讨记忆的规律，而行文中喜以"我们"自代——记忆的规律与奥秘于人类共通，而"我们"皆为人类的一分子，这就多少消解了中与西、古与今的界限，为他进入中国古代的文本打开了通

---

① 《追忆》，第114页。
② 《追忆》，第135页。
③ 《追忆》，第146页。
④ 《追忆》，第149页。
⑤ 《追忆》，第137页。

道。这样的定位与视野，或许才是对文学研究者更重要的启示？

四、小结

在中国古代，批评家和创作者离得很近，作者与读者及评论者的身份往往是重叠的，最好的作者可能是最权威的读者和评论家，反之亦然。像唐朝这样公认的中国诗歌黄金年代，人们评论诗，用的也是诗的语言："笔落惊风雨，诗成泣鬼神"，或如"采采流水，蓬蓬远山"——盖因彼时诗原本系无所不在的交流介质，融于最普遍的情感和思想表达中。也因此，中国古典文学批评多表现为品评，具有感性直觉和模糊审美的特点，点到即止，重在会意。自上世纪初"现代化"研究方法引入后，文学批评和文学研究出现转型，表现为重视理论阐发和系统建立，以概念和逻辑的语言代替写意和形象的语言。一个世纪以来，社会思潮的变换和外来概念的输入，既为文学研究和批评不断打开新路，也造成一些干扰与制约，比如，过分意识形态化或形式主义，束缚着研究者对作品的感性把握和诗意直觉，强化了所谓学术和文学的分立，其结果，是令今天的大部分学术文章类乎"八股"，味同嚼蜡，即上世纪如闻一多、宗白华那样的诗性论文亦难得一见了。

所以，宇文所安的《追忆》不啻为一份来自海外的惊喜，堪视为当今这个时代一种打破壁垒的努力，它让人愉悦的文体很大程度上源于对文学的那份亲近。它昭示了文学跨越时空和邦族的魅力与价值。让我们还是引用作者自己的话："每一篇 essay 都是一次尝试，把那些被历史分隔开了的领域重新融为一体。这一简单而也许不可能达到的理想值得我们记在心里，因为文学创作、学术和思想，是可以也是应该结合在一起的。"①

① 《追忆》，"前言"，第2页。

认知、证成与呈现：论人类学“四重证据法”

唐启翠

20世纪以来，考古学与人类学在中国的兴起和发展，对学界的知识结构与治学方法都产生了革命性更新。在古史与古代典籍研究领域，更是打破传统文本文献考据学一家独秀的研究范式，渐次引入出土文献（主要为甲金文字）、实地调查的口传文献和考古发现的实物遗存与图像等，形成人类学的“四重证据法”，带来研究方法论的范式革命。

一、“四重证据”的浮现

人类学四重证据的出现是一个渐进的过程。基于20世纪初疑古思潮、西学东渐和考古发现三大背景，1913年王国维首次提倡“二重证明法”，1925年明确提出应对中国“上古之事传说与史实混而不分”的办法，即利用地下之新材料以补正纸上之材料的“二重证据法”：

> 所谓纸上之史料兹从时代先后述之，（一）尚书，（二）诗，（三）易，（四）五帝德及帝系姓，（五）春秋，（六）左氏传、国语，（七）世本，（八）竹书纪年，（九）战国策及周秦诸子，（十）史记。地下材料仅有二种：（一）甲骨文字，（二）金文。[①]

这成为足以转移一时风气的治学之法，为古史（包括文学）研究打开了新局面。王国维弟子徐中舒在运用“二重”外引进民族学材料和器物研究，[②]卫聚贤

---

① 王国维：《古史新证》，北京：清华大学出版社，1994年，第1－4页。

② 《徐中舒历史论文选辑·前言》（北京：中华书局，1998年）：“我研究古文字学和先秦史，常以考古资料与文献资料相结合，再参以边地后进民族的历史和现况进行互证。”

网罗一切可用之历史、考古、民俗、神话之材料进行古史研究。[①] "古史辨"主将顾颉刚以实地考察"多见所闻"之歌谣、故事、民间信仰和古物"以证古史"。[②] 傅斯年号召学人"上穷碧落下黄泉,动手动脚找东西",寻找更多的能够扩充的新材料与直接材料,以推动学术进步。[③] 李济弟子张光直提出通向商文明的五道门径:传统历史文献、青铜器、甲骨、考古学和理论模式。[④] 可见,史学、文学、人类学诸研究领域学人,在传统经史文献之外纷纷探索种种文史证据的热闹景象。但如王国维一般,自觉地从人文学一般方法论层面予以理论归纳、实践和提升,一直到80年代方才在后学中进行。

顾颉刚、傅斯年的弟子杨向奎在宗周社会研究中提出补足王国维文献与考古材料二重证的三重证:民族学材料。[⑤] 上古文学典籍研究领域,深受闻学影响的萧兵将此类治学法命名为"新考释学",[⑥]叶舒宪则将此总结为人类学的"三重证据法"。其理由即:

> 考古学、民族学、民俗学、神话学和比较宗教学等,就其严格的学科划分而言,均可视为文化人类学的系属和分支。借人类学之名与传统考据学结缘,不用标新而新意自现,又能统合包容多重求证的各种途径于一身。[⑦]

这一总结获得古史学家杨向奎的回应和认同。[⑧] "三重证据法"在实践中被认同和使用。以微观考释见长的国学考据学,亦向着人文科学的阐释方向靠拢、转化,成为人文科学国际性对话的切入点和生长点。

20世纪90年代,国内外学人的眼光开始关注那些长期被忽视的无文字器物,李学勤对此曾有详评:

---

① 散木:《一位传奇的史学家》,《文史月刊》2004年第2期。

② 顾颉刚编著:《古史辨》(一),上海:上海古籍出版社,1982年,第214页。

③ 傅斯年:《历史语言研究所工作之旨趣》,载《史料论略及其他》,沈阳:辽宁教育出版社,1997年,第47-48。

④ 张光直:《商代文明》,毛小雨译,北京:北京工艺美术出版社,1999年,第1-52页。

⑤ 详见杨向奎1987年为《宗周社会与礼乐文明》所写的序言,北京:人民出版社,1997年,第1页。

⑥ 萧兵:《新考释学:传统考据学发展之尝试》,《活页文史丛刊·前言》,郑州:中州古籍出版社,1990年。

⑦ 叶舒宪:《"三重证据"与人类学——读萧兵〈楚辞的文化破译〉》,《中国出版》1994年第8期。

⑧ 杨向奎:《历史考据学的三重证》,《中国社会科学院研究生院学报》,1994年第5期。

> 考古学的发现基本上可以分为两种，一种是有字的，一种是没有字的。有字的这一类，它所负载的信息当然就更丰富。……没有字的东西，在我看来，对于精神文化的某些方面，甚至于对古书的研究也很有用。[①]

李先生对无文字的器物所具有的文化研究意义的提示，预示着古史研究新动向。作为自觉回应此人类学式“物质文化”与美术考古研究新潮流，叶舒宪2004年又提出“比较图像学”，[②]试图查源知流，培育一种整体性的系统观照的文化眼光。进而明确地将此命名为“第四重证据”：

> 我将比较文化视野中“物质文化”（material culture）及其图像资料作为人文学研究中的第四重证据，提示其所拥有的证明优势。希望能够说明，即使是那些来自时空差距巨大的不同语境中的图像，为什么对我们研究本土的文学和古文化真相也还会有很大的帮助作用。在某种意义上，这种作用类似于现象学所主张的那种‘直面事物本身’的现象学还原方法之认识效果。[③]

人类学四重证据百年浮现历程，依据其浮现时序用下图示可一目了然：

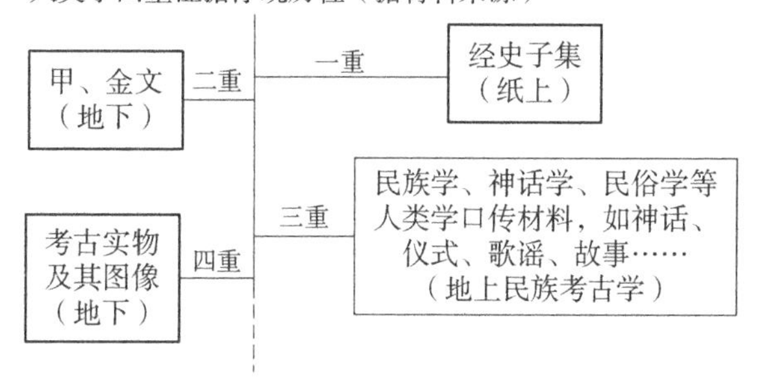

① 李学勤：《走出疑古时代》，沈阳：辽宁大学出版社，1994年，第3－4页。
② 叶舒宪：《千面女神》，上海：上海社会科学院出版社，2004年，第1页。
③ 叶舒宪：《第四重证据：比较图像学的视觉说服力》，《文学评论》2006年第5期。

可见，人类学四重证据的发现与实践历程即是一个由文字文献而口传而实物的被发现、凸显的认知过程。

二、认知概率：证据等级及其分类依据

“四重证据”与其说是一个分类概念，毋庸说是一个关于证据的认知过程与认知概率的呈现。作为“过去”留下的痕迹，不管人们能否发现，它们无疑都是存在的。某些证据在某些时候被特别提出和强调，其实就是被论证主体认知、承认和符号意义生成的过程。王国维《最近二三十年中中国所发现之学问》说：“古来新学问起，大都由于新发现。有孔子壁中书出，而后有汉以来古文家之学；有赵宋古器出，而后有宋以来古器物古文字之学。”①

新材料的发现，得源于机缘，充满盖然性，而新材料的使用则源于特定时代人们关于知识的信念等级和赞同程度。在文字信仰时代，经史是最值得信赖的证据符号，编纂学中的经史子集即证据可信性的等级认同排列。观堂笔下的纸上材料仅限于子史经籍，地下材料仅限于甲金文字，尽管当时罗雪堂已经倡导古器物学，以避免彝器款识治学的狭隘。② 然而至今，仍然不脱书写中心主义色彩。在现代学术建构中，传世文献遭到质疑，甲金、简帛等文字形态的出土物因与“过去”在时空上的强关联性后来居上，成为最可靠的证据符号。自19世纪民俗学、人类学“向下”“向后”与“向外”的研究视界革命，提供了正统书写之外的活态资料，为无法直接观察到的古史研究提供了可资观察、参与和对话的“活镜像”。而考古学的深入发展，使得过去的直接证据——“物”，亦获得了“近似于文字、象征、叙事乃至历史的性质”，③成为当代人认知古代世界的最为重要的媒介符号。“无文字之物”对于文献不足徵时代的认知意义，亦逐渐为人所重视，从而从考古资料中被抽调出来予以特别凸显和认知。

但是，若从人类文明发展史来看，这显然并非证据本身存在的自然时序和样态，如上图所示，在进入文字时代之前，有一个更为漫长的无文字时代，

---

① 王国维：《王国维遗书》（五），上海：上海古籍出版社，1965，第65页。

② 罗振玉在《与友人论古器物学书》中，谈了宋代以来古器物的研究境况“考宋人作《博古图》，收辑古器物虽以三代礼器为多，而范围至广。逮后世变为彝器款识之学，其器限于古吉金，其学则专力于古文字，其造诣精于前人，而范围则转隘。”罗振玉：《罗雪堂先生全集·初编》1，台北：文华出版公司，1968年，第75－85页。

③ 孟悦等主编：《物质文化读本》，北京：北京大学出版社，2008年，前言第3页。

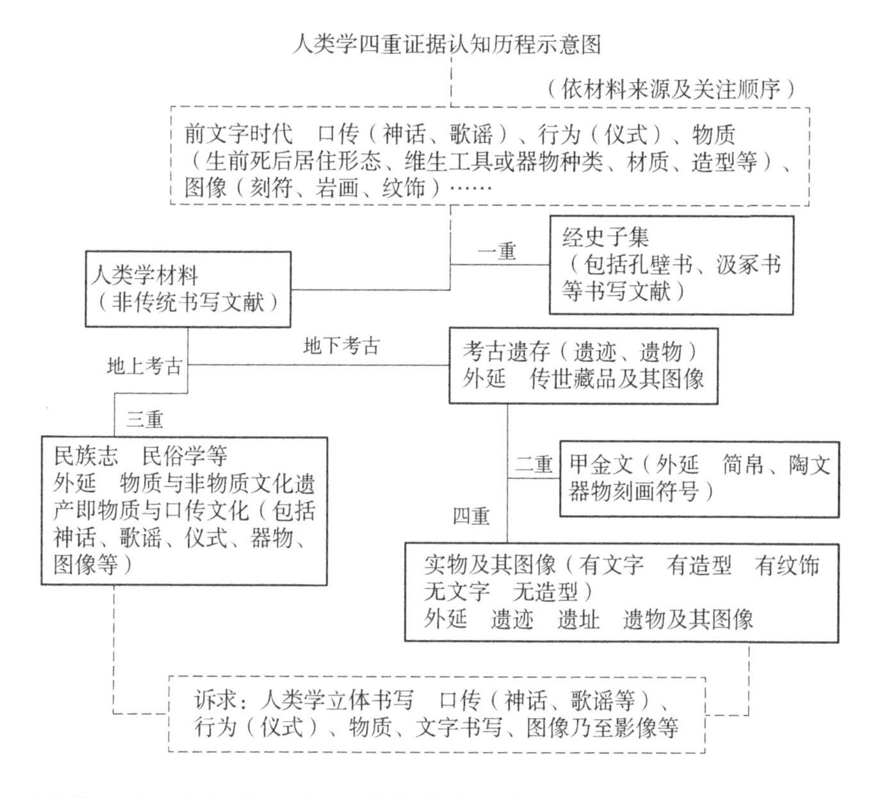

此时代的历史记忆与传承,恰是依赖代代相传的语言与物象:神话、歌谣、仪式、物质与图像等。研究表明,大约10万年前比较复杂的口头交际行为已经产生,3万年前有比较丰富的仪式行为遗留物和图像,而最早的文字不过几千年。[①] 但文字与书写的出现,深刻地改变了人类记忆的方式,作为语言的书面形式,不仅以其物质铭刻性首次为口语提供了留存的机会,极大地扩展了文化内涵的外传空间,而且用自己的在场替代了缺席的语言,成为权力话语:“书写的词常跟它所表现的口说的词紧密地混在一起,结果篡夺了主要的作用;人们终于把声音符号的代表看得和这符号本身一样重要或比它更加重要。”[②]

口述、文字与实物及图像叙事本来只是历史演化过程中前后相续而又并存的交际媒介和知识形态,由于人为的知识等级信念,赋予文字符号和

① 朝戈金《民俗学视角下的口头传统》,《广西民族学院学报》(哲社版)2003年第5期。
② 索绪尔:《普通语言学教程》,高明凯译,北京:商务印书馆,1980年,第47-48页。

书写文献在特定社会权力场域的知识角力中，获得优先等级，而使得许多"知识"在既定规则的区分和排斥中被遮蔽和改写，以便更符合当时的权力认同。

但人类文化传承与记忆符号并非简单的线性替代，而是在多元并置中消长。从现今出土的文字文献以及具有高度象征性的器物几乎均来自大中型墓葬来看，文字书写与器物无疑为某种特权的表征。对众生而言，口传的神话、仪式与物质、图像依旧是主要的承传与记忆方式。即使对于特权阶层，言与物、象也是重要的统驭之术，如传说中的圣王夏禹"铸鼎象物"使民知神奸以协上下，建"五方旗"以区分五方之民，《周易·系辞》所言圣人"立象尽意""鼓舞尽神"的图像叙事等。现代人类学对口传、仪式与遗存、遗物的发掘与再认识，多角度多层面的综合运用迄今可被认知的四重证据，正是解蔽与重构权力支配下文字书写文献所遮蔽的文化多样性的有效有段。

四重证据的内在分类依据何在呢？依据下图的不完全分类描述表明，不同的分类标准，对证据的描述不同。无论依据何种标准进行证据分类，都很难准确地描述证据，也很难穷尽证据存在的形式。各类证据符号的认知与证明力亦呈现出某种不平衡性。因而，在论证实践中，各种形式的证据一方面与赞同程度、证据资质的确认密切相关，另一方面异质证据符号并非截然可分，往往是以各种混合的形式出现。如一重、二重证据，其区分在于文字符号所依附之物质载体和浮现时序，与言、象区别开来；就信息内容而言，文字符号作为语言符号的记录，是将具有丰富信息含量的声音形态、肢体形态、实物布局等直接交流的符号屏蔽之后的间接交流形式；实质上，"文"就内容而言是言词性证据，就媒介物而言，又是实物性证据。二重之"文"与四重之"物"亦有重叠交合处，均属广义出土实物，但在书写中心史观下，有字的优先被认知和赞成，成为补充和匡正历史书写文本的第一手材料。同样，言证与实物均以非书写性特征与文字符号相区别，但从某种意义上说，四重之实物正是"三重"所见仪式展演中口说、体态及其物质载体的遗留与见证，因而，口述与仪式展演及其器物等，可以为考古实物的释读提供重要的参照。

可见，证据的分类是按照某种标准，将表面分立的事实聚合在一起将一物置于某一类别中与它物其别开来的方式。但分类不是目的，而是为了在利用证

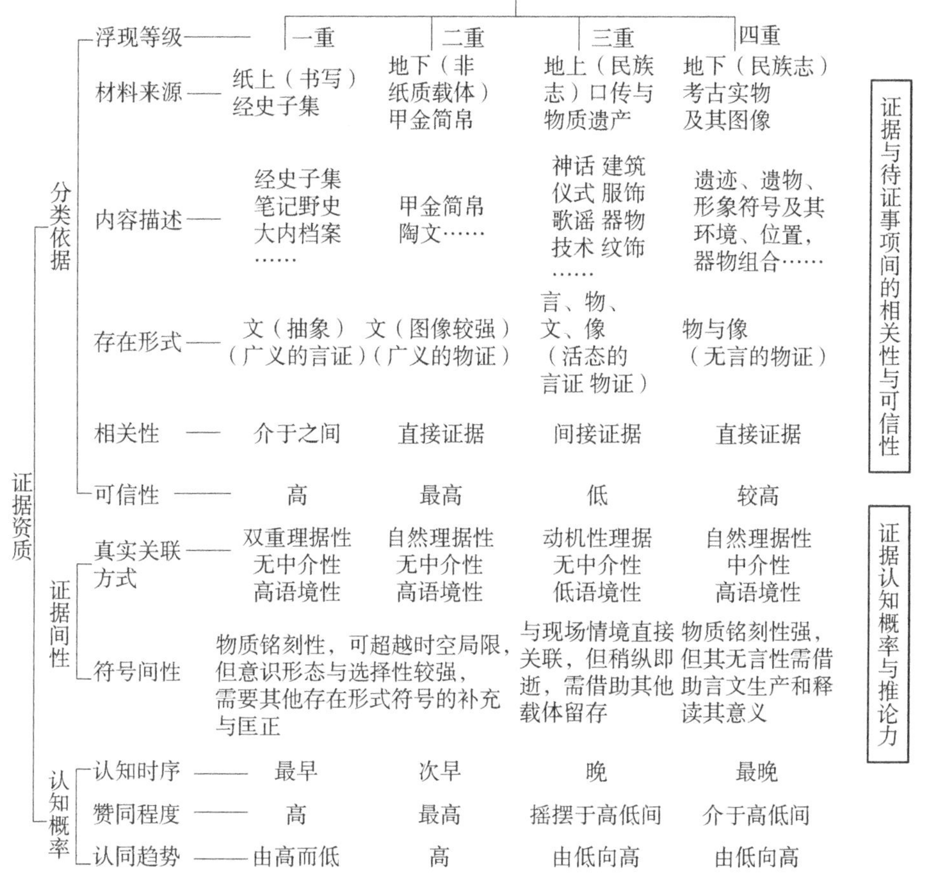

据证成"过去"之前,便于对各类形式证据来源、资质等进行评估与选择,以达成证成与呈现的目标。

三、证据间性:证成与呈现

作为不在场的"过去"只能通由显见之证据的凑集与证成,方得以呈现。然而在关于证据的认知与证成过程中,人们一直重点关注的事情是:理解在真正知道某个东西与仅仅相信某个碰巧是真的东西之间的区别——是什么使得一个信念被证成?是什么东西构成了好的或者适当的根据、理由或者证据?[①]

从古至今,不同领域的学人有不同的回答,但概括而言,主体的赞同程度与

① 苏珊·哈克:《证据与探究》,陈波等译,北京:中国人民大学出版社,2004年,序言第1页。

证据资质总是不可或缺的要素。赞同程度即指证据的浮现具有盖然性与主体选择性：

> 所有的概率推理都不过是一种感觉。不但在诗歌和音乐中，就是在哲学中，我们也得遵循我们的爱好和情趣。当我相信任何原则时，那只是以较强力量刺激我的一个观念。当我舍弃一套论证而接受另外一套时，我只不过是由于我感觉到后者的优势影响而作出决定罢了。①

这说明，我们关于"过去"或待证事项的证据总是不完全的，因而证成过程往往是开放的、动态的和非结论性的；同时由于证据的浮现、认知与人的主体性相关，因而证成的过程必须伴随着对证据资质的评估与拣择。传统考据学中，往往以人们所认定的知识等级作为证据采信和证明力的根据。马端临可谓道尽传统证据择选准的：

> 凡叙事则本之经史，而参之以历代会要，以及百家传记之书，信而有证者从之。乖异传疑者不录，所谓文也。凡论事则先取臣僚之奏疏，次及诸儒之评论，以至名流之燕谈，稗官之记录，凡一言一语，可以订典故之得失，证史传是非者，则所谓献也。②

当20世纪古史辨派以实证科学的立场将曾经被奉为圭臬的古代经典和历史文本，证成为"层累造成的古史"系统的时候，经史在证据认知中的赞成程度受到极大的挑战。此时非传统书写文献纷纷作为新的证据相继进入人们论证的视线。为了确保证据可靠及其推论力，论者对证据的采信大多遵循严格的考证与比勘法则。如古史辨派"辨伪"所遵循的就是胡适从美国带回来的源自达尔文的科学实验方法：

> 我们对"证据"的态度是：一切史料都是证据，但史家要问：①这种证据是在什么地方寻出的？②什么时候寻出的？③什么人寻出的？④依地方

---

① 休谟：《人性论》，关文运译，北京：商务印书馆，1980年，第123页。

② 马端临：《文献通考》，北京：中华书局，1986年影印版，第3页。

和时间上看起来,这个人有做证人的资格吗?⑤这个人虽有证人资格,而他说这句话时有作伪(无心的或有意的)的可能吗?[1]

①②追问证据来源的可靠性,以及潜隐的与待证事项的相关性,③④⑤追问证人适格性和可信性,与当今的证据科学对证据资质的认定,具有高度的内在一致性。从实践操作的意义上而言,这其实也代表着一个世纪以来各领域学人对证据材料择选与采信的标准方法:“以可靠的材料为理论依据,材料必须是经过考证及鉴定的文献史料,和以科学方法发掘及报道的考古资料。”[2]

这是由研究对象不可经验的“过去性”所决定的。由于“过去”距离现在的时空远近不同,对“过去”记忆符号方式的不同,在证成过程中,不同类型和来源的证据证明力也不均衡。对于上古中国研究而言,作为口述的“言”证早已不复存在,存在的是已转换为考古遗存与文字记载的物证和书证,而书证的舛误、物证的大量缺失,决定了先秦研究尤其需要“多重证据法”的使用,以实现研究视界和方法的突破性变革。但四重证据符号本身各有局限,证明效力并不平衡:传世文献及其研究文献的人为痕迹最显著,但其物质铭刻性保留了历代人们最为关注的东西;地下出土的甲金简帛文献是直接的第一手资料,但往往残简断篇、释读困难,需要借助历史文献、民族志材料和实物、图像建立释读背景;民族志考察记录的活态文化可以提供宽阔的视野,是考古资料类比推理与解释最普遍、最具成效的材料,但民族志的整体质量参差不齐,必须考虑族群的连续性、环境的可比性和文化结构的相似性与待证事项间的联系程度;考古实物、图像与仪式虽因其无言性以及可能的片面性会带来解读的极大歧义性,但却可以提供最直观最形象的证据,甚或文字记载所忽略的信息。

可见,每一种证据符号都有自己的“剩余”与“局限”,必须借助其他符号来补足自己或者帮助其他符号才能发挥其叙事功能:“物品、图像、动作可以表达意义,并且它们实际在大量表达意义,但是,这种表达从来不是以自主的方式进行的,所有的符号系统都与语言纠缠不清。”[3]“只有通过让符号和指代者填满自身才能填充自身和完成自身。”[4]每一种证据符号只有彼此关联对比、互证、

① 胡适:《介绍我自己的思想》,载《胡适论学近著》,北京:商务印书馆,1935年,第643页。

② 张光直:《考古人类学随笔》,北京:三联书店,1999年,第173页。

③ 罗兰·巴尔特:《符号学原理》,王东亮译,北京:三联书店,1999年,第2-3页。

④ 雅克·德里达:《论文字学》,汪家堂译,上海:上海译文出版社,1999年,第209页。

替代和补充，即立足于证据间性互补原则，使四重证据形成一个立体阐释的“场”，才能更真实地逼近和呈现符号背后的“所指”，重构失落的文化记忆。

人类学四重证就是要立足于证据间性互补原则，使四重证据形成一个“场”，在相互关联、对比和补足中，立体阐释和重构失落的文化记忆。目前国内用力最勤且卓有成效的案例是叶舒宪先生的四重证据立体释古的批评实践，如对夏禹“熊旗”的释读，正是在传世文献《周礼》所记“熊虎为旗”（一重）、新出先秦竹简《容成氏》所记夏禹建中央熊旗（二重）、整个欧亚大陆所传熊神神话（三重）和二里头文化遗址里多达10件的熊形神徽实物（四重）等立体文献的对照、比较中，为至今找不到文字证据而争论不下的夏文化探索找到突破口。[1] 再如对夏禹“建鼓”的神话通释，也是在四重证据的相互关联中，释读上博简《容成氏》禹建鼓于廷的叙事，并将之还原到自仰韶文化陶鼓到二里头木鼓之数千年的发生学谱系及其同神话、仪式和巫术法器系统的内在联系中，揭示鼓乐制度发生的神秘意蕴。[2] 这种以知识考古式的追溯重构和立体阐释方式，切入中华文明探源研究，不仅以个案研究证实四重证据法的阐释效力，而且透过诸多个案对四重证据法进行理论阐释，从而以人类学立体写作的范式转型诉求，赋予四重证据法以人文科学一般方法论的意义。

可见，在当今反思“书写文化”霸权潮流中，如何在文字书写之外发掘可听的口传资料和可见的物质资料，重新创造语境，达到对上古文化的形式、功能、过程和意义的认知与重构，为重要疑难问题提供释读的可能，利用证据间性以四重证据立体释古的方法，在人文科学研究中应是一个非常值得期待的研究趋势。

---

① 详论叶舒宪：《大禹熊旗解谜》（《民族艺术》2008年第1期）、《二里头铜牌饰与夏代神话研究》（《民族艺术》2008年第4期）等文。

② 叶舒宪：《〈容成氏〉夏禹建鼓神话通释》，《民族艺术》2009年第1期。

史学、文学与人类学:跨学科的叙事与写作

安　琪

探讨史学、文学和人类学三大阵营的融合,就无法回避三者之间的内在关联:历史、叙事与族群建构。自2006年《民族文学研究》杂志开辟"多民族文学史观",展开对文学与历史的广泛讨论以来,及至2008年《广西民族大学学报》上的专栏文章"文学·历史·叙事",学界均以开拓性的手法和角度,为这一问题提供了来自中国本土的答案。前者关注文学史书写的理论问题,后者则将"叙事"视作统摄文学、史学与人类学的一个包容性的框架,从文学人类学的视角展开,分别论述华夏诸族群的族源及其演变的故事——蚩尤与黄帝、轩辕与有熊、三皇与五帝、始皇与刺客,直至明末清初的忠臣与烈士,分析这些受制于历代阐述者编排与构造的文本表述,阐释有关祖先传说的表述如何影响了族群记忆,甚至形塑了现代民众的国族认同。

那么,这仅仅只是中国社会由古至今的独有现象么?历史叙事何以成为史学、文学和人类学三方的交接点?如果要回答这一问题,就必须在更为普遍的话语框架之下,追溯到史学与人类学的彼此差异和论争,以及文学介入双方之后所起到的弥合作用。史学与人类学之间的论辩由来已久,在前者看来,人类学的反历史性特征集中体现为过分关注当下和平面的人类生活,因此比较缺乏时间的纵深向度;而秉承实证精神、注重获取第一手材料的人类学也对史学的传统范式构成了挑战和威胁——史学是否有意拉长了片断化的人类生活,在寻求解释模式的同时掩盖了真相本身,从而善意地欺骗了我们?在人类学看来,史学所选取的横截面都因为缺乏完整和深入的具象研究而显得不真实和不确信。尽管如此,学科差异也为史学与人类学之间的互相阐释和互为补充借鉴提供了很大的空间和余地。因此,史学和人类学长久以来一直试图通过联合的方

式达到和平共处，而文学正好为此提供了来自第三方的视角，文学“叙事”则成为了二者沟通的绝佳契合点。如果从“叙事”的全新角度进入，史学和人类学的共性就能得到最大程度上的彰显——二者在本质上都是“叙事”，都通过文本来展现生活，并且都身处于广义的文学之中。

“叙事”作为人文社会学科所分享的共同特征，本质上是超越学科边界的。为了在此进行更充分更具体的论述，我们不妨把“叙事”的范围缩小到史学框架之内。本文试图通过接引西方叙事史学[1]的一个传统，在较小的学科体系内，探讨叙事写作如何成为沟通史学、文学和人类学的桥梁，并希望经由此途，为中国本土叙事传统的重构提供可资照鉴之镜。

一、叙事史的复兴？

“叙事”（narrative）的含义既是故事本身，即通常被称为“元叙事”（metahistory）的故事（story），也指代一种对故事和事件的阐释方法，也就是“叙述”和“讲述”。绕过故事本身，以何种方式来讲述，这就是作为写作方法和写作技巧的历史叙事。需要注意的是，在讨论史学与人类学和文学结盟的话题上，问题更多地集中于作为写作手段的叙事，而不是元叙事本身。

从劳伦·斯通提出的分类体系来看，当今的“叙事史学复兴”是相对于传统叙事史学的式微而言的。西方历史编撰学在过去二三十年之间经历了巨大变化，在历史表述的类型上，以“复归”来指代叙事式史学的现状，其实是将它放置在一个明显的三段论之末位。这种观点虽然在逻辑上显得清晰可辨，实则有待商榷。如果以纯粹的循环模式来看待历史写作，第一阶段主宰历史书写的是“传统叙事史”——帝国的兴衰、战争和英雄人物的业绩、改变人类进程的事件；新文化史（New Culture History）的解构潮流成为第二阶段的特点，堂皇的叙事式史学衰微，叙事的正当性受到来自后现代历史哲学的质疑：史学家并非如同他们所宣称的那样拥有“高贵梦想”，[2]历史编撰的目的也并非发现历史真实

---

[1] 如果要从类型上确定叙事史的位置，劳伦·斯通将目前的史学家分为四类：传统的叙述史家——基本上是政治史家和传记作者；量化史家——以计量方式对历史事件作科学化的梳理和归类；社会史家——分析不掺杂个人因素的历史整体结构；心态史家——用叙述的技巧去捕捉理念、价值、心态以及私人的行为模式。参见劳伦斯·斯通：《历史叙述的复兴：对一种新的老历史的反省》，载陈恒、耿相新编《新史学·新文化史》（第四辑），郑州：大象出版社，2005 年，第 25 页。

[2] Peter Novick, *That Noble Dream: The "Objectivity Question" and the American Historical Profession*, Cambridge: Cambridge University Press, 1988.

(historical reality)，恰恰相反，历史书写者通过有选择地记录过去，制造了一种有关往事的话语。在怀疑主义者的经典疑问"谁说历史是在讲述事实真相?"当中，科学和历史都被视作是用文字精心编造出来的人工制品，都必定携带着制造者的印记。因此，不论目的如何，历史撰写者都是在创造传说，粉碎并重构历史的各种形象。[①] 极端的后现代主义历史哲学甚至走得更远，认为叙事本身只是一种纯粹形式意义上的文本手段。[②]

但是，不能认为因为"事实"和"对事实的描述"之间有差距，就声称叙事是根本上无效的，也不能认为叙事产自人造，就将它等同于虚构和神话。否则，我们宣称历史叙事终结，这本身也是一种十分霸道的历史叙事。[③] 出于对尼采式的后现代历史哲学的反拨，新文化史旗帜下的史学经历了"叙事转向"(narrative turn)，也就是通常被放置在第三阶段的"叙事的回归"。海登·怀特的《元史学：19世纪欧洲的历史想象》将历史的核心拉回到"叙事"的轨道上，在他看来，历史著作在形式上与文学叙述并无实质区别，只不过"历史"与"小说"之间的差别在于：史学家"发现"故事，而小说家"创造"故事。[④] 他将历史作品视为叙事性散文话语形式中的一种言辞结构，认为"史学家表现出一种本质上是诗性的行为(poetic act)"。[⑤] 因此，"叙事"赐给研究者以方便的渠道，使其能够走进产生意义的文化场景中，也就是说，讲述各式各样的故事是人类尽力理解自身及其社会环境的主要方式之一。

然而不可否认的是，记录本身也是一种叙事，即便是标榜客观书写历史的"传统史学"也无法摆脱它。由此我们就不能排除这样的可能性：主张"回归叙事"的史学家人为地夸大了科学主义历史哲学与后现代叙事式历史哲学之间的距离。故而我们最好放弃刻板的三段论，而暂且将"叙事的回归"视作传统史学书写方式受文学与人类学双重渗透的产物。

由于历史是一门寻求意义的解释学科而非寻求定律和公理的实验学科，

---

① Eric Hobsbawm and Terence Ranger (ed.), *The Invention of Tradition*, Cambridge University Press, 2003, pp. 1 - 13.

② Paul Ricoeur, *Time and Narrative*, University of Chicago Press, 1990.

③ William Reddy, "Postmodern and Public Sphere: Implications for an Historical Ethnography", in Cultural Anthropology, Vol. 7. 1992, p. 137.

④ [美]海登·怀特：《元史学：19世纪欧洲的历史想象》(Hayden White, *Metahistory: The Historical Imagination in Nineteenth-century Europe*, JHU Press, 1975，陈新译，北京：译林出版社，2004年，第8页。

⑤ 同上，第1-2页。

“解释的类型”就显得尤其重要。新文化史强调人类行动背后的文化逻辑或文化符码的重要性和支配性，而在此背景下重放光芒的叙事式历史正是意图凭借其带有个人强烈主体因素的历史叙述来为这些逻辑和符码寻求一套解释体系。虽然同是采用“讲故事”的历史叙述模式，新文化史潮流中的叙事史家却与其前辈有所不同。他们关注的对象不再是大人物，而是默默无闻者；不再是政治和经济上的重大事件，而是日常生活的琐碎细节，是被传统主流书写覆盖和屏蔽了的“被忽略的历史”；在方法论上往往同时并用叙事与分析的模式，在对史料的使用上也突破了以往单一来源。由此可见，作为历史书写方案之一的叙事式写作在史学的基点上吸纳文学和人类学的元素，力图发掘史学的文学意味，同时借鉴了人类学的诸多方法论。因此，叙事史学“归复”的原动力来源于新问题，而新问题开创了新的追问角度，最终在延展史学轮廓的过程中完成了史学、文学和人类学的交融与共生。

二、史学与人类学的聚合

当代叙事史学重新受到重视的首要原因是人类学取代了社会学以及经济学，成为社会科学领域里最具影响力的学科。[①] 那么，人类学以何种方式替换了作为理论和方法论来源的社会-经济模式，它又如何成为年鉴派计量史学向后现代的叙事式史学转向的关键催化因素？下文将以当代新文化史中的几部代表作品为例，在对具体问题的回答中，试图阐明人类学对史学的渗透以及双向聚合的发生。

我们面对的第一个问题是，为什么新文化史旗帜下的叙事史家大都偏爱中世纪研究？吸纳人类学灵感的最积极的实践者很多都是欧洲中世纪专家，这并非是一个巧合。对于现代人而言，中世纪的生活与当下的历史经验之间，相隔的岂止是一片汪洋。丹顿(Robert Darnton)在《屠猫记》中以18世纪的一场闹剧为例，解释了这一点：为什么1730年巴黎的一帮作坊学徒要虐待师母的宠物猫？一个少年上演屠杀动物的仪式，围观的男人们咩咩学羊叫，拿他们的工具又敲又打，大伙儿闹成一团并且大笑——对现代的读者而言，这有什么好笑的？“我们笑不出来，这正说明了阻隔我们和前工业化时代的欧洲工人之间的距

① [英]劳伦斯·斯通：《历史叙述的复兴：对一种新的老历史的反省》，载陈恒、耿相新编《新史学·新文化史》(第四辑)，郑州：大象出版社，2005年，第18页。

离。"[①]基于同样的道理，中世纪童话书《鹅妈妈的故事》为什么值得今天的史学家重新审视？丹顿的回答是："近代法国初期的农民生活在一个举目皆是后母与孤儿，天地不仁，劳动无穷尽、感情生活粗糙压抑的世界里。从那以后，人类的处境迄今已经经历大幅度的变化，我们现在几乎无法想象那个世界在那些生活脏乱又粗野而且生命短暂的人们看来是什么样子。这就是我们为什么需要重读鹅妈妈（的故事）。"[②]

人类学家已经发现，最不透光的地方似乎就是穿透异文化最理想的入口处。[③] 古今诸人对于屠猫事件的"笑点"和"鹅妈妈的故事"存在着理解上的偏差，而这种偏差和错位正好就是探究工作的起点。正如斯通所言：一边是往事的记录，一边是对这些记录的解释，两者之间的差距就是问题的根源。在某种意义上，人类学和史学面对的问题实际上并无二致，只不过前者更擅长处理空间上的异己，而后者处理时间上的异己更为优长。人类学"转熟为生"的视角将历史研究者从自己身处的现实场景中拉出来，把自己的历史视作"他者"，从时间上而不是从空间上将自己"异化"，因此，人类学成为史学家如何处理自己历史中的陌生感和距离感的灵感源泉。

第二个问题在于，为什么史家会选择审判案件，或是突发事件？对历史著作的阅读者而言，一个普遍存在的疑问是：史学家为什么要选择某些故事？他们如何确定这个被选定的故事对某种文化或者文化内的群体具有代表性？新史学以选取传统史学著述忽略不计的碎片为其特征之一，这其中固然包含了后现代史家"猎奇"的研究取向，但这种选择倾向上体现出来的来自人类学的影响也是毋庸置疑的。对于如何处理陌生的、多样的、奇怪的、新鲜的、隔膜的信息，人类学有着天然的优势。一旦人类学对异文化的关注经验被史学加以借鉴，西方历史书写的主流模式——体现为高度的一致性，将时间和事实统一为不变的存在实体，以至于工人、奴隶和第三世界国家的历史，都可以被收纳到这些具备同一性的帝国史学模式当中——就会被碎片式的史学模式所取代。多元的声音开始主宰历史写作，被遗忘的"角落里的历史"开始成为新的关注焦点，为当

---

① 罗伯特·丹顿：《屠猫记：法国文化史钩沉》（Robert Darnton, *The Great Cat Massacre and Other Episodes in French Cultural History*, Vintage Books, 1985），吕健忠译，北京：新星出版社，2006年，第79页。

② 同上，第27页。

③ [美]林·亨特等：《历史的真相》（Lynn Hunt, Toyce Appleby, Margaret Jacob: *Telling the Truth of History*, Norton, 1995），刘北成、薛绚译，北京：中央编译出版社，1999年，第232页。

代史学书写拓展开了历史客体的范围。

长于研究非连续性和不一致性的新文化史使得历史作为一门学科面临日益碎片化的状态，那么，研究这些碎片有什么意义？由于史学是一门不承认"范式"的学科，从来就没有一个强有力的统摄性的模式能够为历史写作设定一个框架和边界。因此，一些看似无意义的主题——比如某个16世纪的异端人物的世界观——就能够以其研究成果补充那些由"有意义的主题"构成的现有研究模式和潜藏的历史等级制度，这种等级制度最明显地表现在由政治史和外交史构成的以"大事件"为核心的研究模式中。兴起于意大利博洛尼亚的"微观史学"（Microhistory）[①]即以善于处理"碎片"著称，它将地方性文化做为切入点，同时也关注长时段的传统和思想结构。因此，微观史学的写作者并非旨在研究"无数雷同的水滴当中的一滴水"，[②]而是同时具备了对细节的关注和写作"总体史"（totale historie）的雄心。[③] 如果以"史学进化论"的眼光来看待当代历史研究，就很容易得出这样的论断：由于新兴的历史人类学重视细节和微观之处，因此构成了对之前盛行的年鉴学派的颠覆。然而学科的演化从来不是呈现为"取代-被取代"、"颠覆-被颠覆"的对称关系。被今人施以滥用的"历史人类学"这一概念其实正是年鉴学派"总体史学"理想的最高峰，其第三代掌门人雅克·勒高夫曾经说："或许是史学、人类学和社会学这三门最接近的社会科学合并成一个新学科。关于这一学科，保罗·韦纳称其为'社会学史学'，而我则更倾向于用'历史人类学'这一名称。"[④]换言之，新史学希望用"历史人类学"囊括所有扩大了的历史领域，也就是说，"历史人类学"在理论上是一种与社会科学融合了的学科概念，从这个意义上来讲，它最接近年鉴学派的总体史构想，因而作为历史人类学代表的"微观史学"也就绝不仅仅是力图讲述一个人或一个地方的故事，而是要在个案之外揭示出它与其他进程和事件的关联，这就是微观史学

---

① 有关微观史学的研究，可参见 Edward Muir, Guido Ruggiero, *Microhistory and the Lost Peoples of Europe: Selections from Quaderni Storici*, Johns Hopkins University Press, 1991。汉语世界有关微观史学的论述，可参见周兵"微观史学与新文化史"，载《学术研究》，2006年第六期。

② [法]勒华拉杜里：《蒙塔尤》（Emmanuel Le Roy Laduire, *Montaillou: Cathars and Catholics in a French Village 1294－1324*, Scolar Press, 1978），许明龙等译，北京：商务印书馆，2003年，第1页。

③ [美]帕拉蕾丝-伯克编：《新史学·自白与对话》（Maria Lúcia Pallares-Burke, *The New History: Confessions and Conversations*, Blackwell Publishing, 2002），彭刚译，北京：北京大学出版社，2006年，第76页。

④ [法]雅克·勒高夫编：《新史学》（Jacques Le Goff, La Nouvelle Historie, Complexe Press, 1973），姚蒙译，上海：上海译文出版社，1989年，第40页。

在选择问题上的启示之一。

对于某些读者而言,他们面临的问题却不是微观史学的理论意义,而是更加具体而微的、源自阅读的困惑:为什么新文化史学家都对历史档案中出现的审判案件、悬疑之谜和突发事件如此痴迷? 固然,自从年鉴学派放弃了政治史和外交史作为其关注的核心以来,新史学形成了自己"小的就是美的"的风格,但为什么他们对社会生活中的"危机时刻"(time of crisis)情有独钟? 是什么让"危机"成为他们研究的起点?

让我们先从具体的文本分析入手。在运用小型的危机事件作为研究核心的例子当中,纳塔丽·泽蒙·戴维斯(Natalie Zemon Davis)的作品具有很强的代表性。作为一个研究16世纪法国工人宗教暴力事件和20世纪德占时期法国学术史的学者,她惯于从各个角度——空间、贸易、移民、宗教斗争、性别关系——审视处于"非常态"状态下的城市。在《马丁·盖尔归来》(*The Return of Martin Guerre*, 1983)这部日后被视为微观史学经典作品的历史著作中,戴维斯选取了一个极具戏剧性的事件:失踪了十二年的农民马丁·盖尔突然返乡,出现在法庭上。叙事围绕着三个主要人物(真马丁、马丁妻子和假马丁)展开,作者在分析法国乡村中的真假身份的案例的过程中,成功地提出具有普遍性的问题:近代法国乡村居民的身份形成和阶级关系、嫁妆处分权、新教运动对婚姻伦理的渗透、罗马法和市民法的衔接与交叠等。[1] 类似的叙事实验还有詹姆斯·古德曼(James Goodman)的《斯科茨伯勒的故事》(*Stories of Scottsboro*, 1994),后者研究一个发生在1931年美国阿拉巴马的强奸案。Goodman在书中提供了法庭诉讼的叙述历史,以及其后长达十年的论证,其中原告(受侵犯的两名白人妇女)、被告(九名黑人少年)以及自由派的南方白人、中产阶级的南方黑人一再述说斯科茨伯勒的故事,这些叙事的版本互相重叠,几个文本被写在历史的同一页上。[2]

需要指出的是,这里的"危机"一词并不具有消极的意义指向,而是泛指社会生活中一切失范场景——战争、暴乱、集体抗争、狂欢节、自然灾害、司法事件等等。从社会意义上来讲,危机的功能在于,它中断了日常生活的行进,而呈现为一种与固定的、稳定的"常态"社会程序相反的态势,因而为人类学家和史学

---

① Natalie Zemon Davis, *The Return of Martin Guerre*, Cambridge Mass, 1983.

② James Goodman, *Stories of Scottsboro: The Rape Case that Shocked 1930s American and Revived the Struggle for Equality*, Random House, 1994.

家揭示出了难得一见的文化非常态。正是在危机事件中，社会重申或改变其价值，通过特定的仪式与司法程序，社会代表者的陈述和一整套理解系统创造了新的叙事。这一过程可以用特纳（Victor Turner）的"社会戏剧"理论（Social Drama）加以阐释。"社会戏剧"的灵感来源于凡·吉内浦（Arnold van Gennep）关于"过渡仪式"的著名研究，后者关于"阈限阶段"（liminal phase）的概念被特纳所借用，用于研究恩登布人（Ndembu）。在《一个非洲社会的分裂与延续》一书中，特纳第一次提出"社会戏剧"的概念，用以说明社会的变化和延续。[①] 在他看来，"社会戏剧"表现为张力激增的公共事件（public episodes）。这套理论包括四个阶段：破裂（breach）、危机（crisis）、矫正行为（redressive action）、重新整合或承认分裂（reintegration）。这四个阶段在时间上是递进的关系，而"矫正行为"（redress）就指代特定的仪式与司法程序，其中包含"过渡"（liminal）的发生。Liminal 在拉丁文中意为"开始"，暗示了一种调整和重建的积极倾向，这一阶段处于过渡和解决之间，是一个包容性极强的危机-矫正阶段（crisis-redress），文化的意义正是在这一阶段中被制造出来的。在此阶段的尾声部分，即定的社会等级关系和矛盾结构得到了螺旋式的回归，因此，这一过程所产生的法律或仪式的文化叙事——也就是故事——能够起到调节常态与非常态、固定和未定事物之间关系的作用。这就是为什么微观史学或是整个新文化史学作品中的中心人物大多是一些过渡性的角色——罪犯、欺诈者、反对派、娼妓、仆役、犹太人、女巫，以及其他边缘类型的角色——的原因。[②] 这些边缘性人物的声音在危机矫正阶段以"讲故事"的方式呈现出一套理解系统，最终催生的就是后来我们定义为"口头文学"和"文学叙事"的产物。[③]

三、史学与文学的结盟

在意大利语中，storia 同时兼有"历史"和"故事"的意思。那么，兴起于意大利的微观历史（microstoria）该如何"讲述小故事"？如果说叙事和讲故事在传统上是文学的阵营和标志，史学是否能进入这个阵营？它又该如何化用文学

---

① ［英］维克多·特纳：《象征之林——恩登布人仪式散论》（Victor Turner, *The Forest of Symbols: Aspects of Ndembu Ritual*, Cornell University Press, 1970），赵玉燕等译，北京：商务印书馆，2006，第7页。

② Mary Douglas, *Purity and Danger: An Analysis of Concepts of Pollution and Taboo*, London, 1966

③ Victor Turner, "Social Dramas and Stories about Them", in W. J. T. Mitchell, ed, *On Narrative*, Chicago, 1981, p. 154.

理论和实践?

实际上,史学的形式与它在文学上的对应部分的共同之处大于它在科学上的对应部分。[1] 这一观点对近代史学所赖以成立的假设本身提出了挑战,因此,以"叙事"为标志的新史学与标榜"科学"的结构主义史学(也称作社会学史或是制度史)之间的对立是虚假的——有哪一种写作不牵涉叙事呢?然而在史学写作领域,这个问题被人为地狭隘化,而科学主义的余波加重了这个伪问题的严重性。运用社会物理学方式呈现史学的真实性、意图性和时间序列,这正是从希罗多德(Herodotus)到兰克(Leopold von Ranke)、再从兰克到二十世纪中叶的历史著作的基本结构和原则,在其框架下的史学呈现为一种可以用量化的理论模型进行研究并加以复制的"社会科学"。出于对科学主义历史书写的反拨,极端的后现代主义者坚守另一个理论极端,声称要用客观的描写和呈现让各种声音为他们自己说话,而摒弃作为写作手段的叙事。

但是,由于文献和史料本身始终无法发声,如果没有史学家那只聪明的,引导的手,读者只会在文献和史料的森林里迷失方向,换言之,过去不确定又不连续的事实只有交织成为故事时才能被理解。[2] 况且,历史书写中的绝对客观是一种理想化的状态,一旦书写者对其所用的材料进行取舍,叙事和构建就已经开始了。换言之,虽然叙事本身就具备解释功能,即便历史书写者采用传统的"科学式写作"方法,作者的观点依然或隐或显地体现在情节的安排和材料的选择上。更重要的是,在微观史学中,史学家不仅是传达了自己的发现,同时也传达了自己的操作程序,研究者的观点变成了叙事的一个内在部分。[3] 将叙事当作一种写作手段来运用,这实际上只涉及到作为一种文体的叙事本身。比这个表面问题更深的问题是元叙事——也就是安排历史诠释与写作的总纲(例如马克思主义、自由主义、后结构主义)。不过,在讨论史学与文学结盟的话题上,问题更多地集中于作为写作手段的叙事,而不是元叙事本身。以之为名的"叙事

---

① [美]海登·怀特:《作为文学制品的历史文本》,见《话语的隐喻》(Hayden White, "Historical Texts as Literary Artifact" in *Tropes of Discourse*, Baltimore, 1978), p.82,转引自伊格尔斯:《二十世纪的史学》(Georg G. Iggers, *Historiography in the Twentieth Century: From Scientific Objectivity to the Postmodern Challenge*, Wesleyan University Press, 2005)杨豫译,台北:昭明出版社,2003,第137页。

② David Lowenthal, *The Past is a Foreign Country*, Cambridge 1985, p.218

③ Carlo Ginzburg, "Microhistory: Two or Three Things That I Know about It", in *Critical Inquiry*, Vol.20, No.1 (Autumn, 1993), pp.10-53

式史学”在这方面表现得更为明显,对“叙事”的强调甚至超越了方法论意义,成为叙事史学区别于其他史学流派的标志。

首先,史学家在书写历史的时候不可避免的要遇到“怎样运用史料”和“怎样讲述故事”这两个问题。在史料的运用上,近来对“历史中的故事”(stories in history)产生兴趣,是与文化史的发展密切相关的。在西方历史传统中,朗哥多瓦(Charles Langlois, 1863—1929)和塞诺伯斯(Charles Seignobos, 1854—1942)的实证史学方法论一直占据主流位置。档案文献被认为是从事历史研究的唯一依据。而新史学旗号下的历史研究则将以往被摒弃的故事化的材料(the storied materials)也兼收并蓄进来。事实上,提出“发掘新史料”的首功并不是法国年鉴学派。早在年鉴学派形成之前,一群名为“新史家”(New Historians)的美国史学者就已经敦促同行避开以前加诸历史研究的限制,在分析历史时要尽可能拓广资料来源的范围。[①] 美国新史学的领军人物罗滨逊(James Harvey Robinson)认为这种新史学包括“自从有了人之后人们所做所想的一切事情的痕迹……它的资料无所不包,从谢勒的粗糙燧石斧头到今天早晨的报纸。”[②]史料的来源出现了一个横截面上的扩大,“档案”的内涵跳出了原来的局限,不再只是“档案馆中布满灰尘的资料”,各类不同性质的资料,例如民间宗教经书、绘画作品、碑铭、照片、海报、电影、钱币、物价曲线,甚至纪念品、建筑物、景观都可以是蕴含着意义的史料。它们加入讲述故事的过程之中,造就了新的生产历史的方式,并且将历史理解与更广阔的知识网络连接起来,从而拓展了历史实体的范围。

在史料广开来路的趋势中,最具有创新性意义的事件之一是作为邻近学科的文学目前也成为了史学的养料来源。Keith Thomas 爵士在《人与自然世界》(*Man and the Natural World*, 1983)中研究了 16—18 世纪人类对待动物和自然界态度的变迁,率先将文学材料当作历史材料来使用。史景迁承其余脉,在《妇人王氏之死》一书中详述了 17 世纪的盛清时代发生在山东郯城的一起离奇命案。除了运用编纂于 1673 年的《郯城县志》作为主要史料来源,作者还援引了地方官的私人笔记和回忆录,甚至将《聊斋志异》用作背景来烘托他描写的故事,为这桩案件寻找到同一时段和同一地域的文学旁证。然而叙事史学者——史景迁就是一个很好的代表——始终对这样的定论持不同程度上的怀疑和保

---

① [美]林恩·亨特等:《历史的真相》,刘北城等译,北京:中央编译出版社,1999 年,第 69 页。

② Fritz Stern, *The Varieties of History: From Voltaire to the Present*, Cleveland and New York, 1956, pp.265,158

留,那就是:史实的积累最终可以孕育出一个相对于过去而言是真实的故事。因此,《妇人王氏之死》的写作目的远非仅仅是揭示出大历史背后小人物的命运轨迹,而是要运用蒙太奇的方式将文学材料和史学材料串接起来,呈现出令人难以看到的郯城的悲哀历史,以及个人的孤独与幻想,换言之,就是王氏"去世之前在睡梦中可能想到的东西。"①

人类的生活体验与心灵状态,乃至整个精神文化是史学与文学融会之所。正如海洋中冷暖水流交汇的地方鱼群最为丰富一样,文学与史学的合流之处也从来都不缺乏科际碰撞和不断迸生的学术热点。从人类的心灵、经验和情感层面研究社会生活,这很早以来就是西洋史学界的传统之一,②到了20世纪30年代,"心态史"(Historic des mentalites)成为了历史之进入文学领域的一个桥梁,而这一桥梁的基础架构就是叙事。由于人类的心态领域和经验世界无法用一种可量化的理论模型加以研究,因此"叙事"成为把握心态的最佳途径之一,它为"非分析性的历史写作"的重振雄风做出了重大贡献。③

在此之外,一类比较特殊的史学写作方式——传记史学——以一种尖锐和复杂的方式向那些惯于书写"事件"而非"个人"的史学家们提出了挑战。以传记方式书写历史,这向来被认为是历史研究最困难的途径之一。④ 20世纪中期,年鉴学派为了拓宽史学的领地,将其塑造成一门无所不包的"超学科"以便创造全面理解社会现象的条件,因而大量借用经济学、人口学和人类学的概念与方法,使得史学呈现出强烈的社会科学化特征。传统史学遵循的叙事逻辑被自然科学语言所挤压,标榜"科学"的史学话语与文学话语之间存在着严格的划分。为了与通俗历史读物的创作者相区别,史学家有意回避历史写作中的文学特性以及对"个人题材"的过分关注。矫枉则难免过正,由此带来的后果之一便

① [美]史景迁:《妇人王氏之死》(Jonathan Spencer, *The Death of Woman Wang*, Viking Press, 1978),李璧玉译,上海:上海远东出版社,2005年,第6页。

② 法国史学传统中,伏尔泰(Voltaire, 1694—1778)、米什莱(Jules Michelet, 1798—1874)、古郎士(Fustel de Coulanges, 1830—1889)都比较重视心态研究。除法国以外的欧陆国家也有一批心态史学的研究者,例如布克哈特(Jacob Burckhardt, 1818—1897)、霍布瓦赫(Maurice Halbwachs, 1877—1945)等。对于国外心态史研究的汉语综述可参见梁其姿《心态历史》,载《史学评论》第七期(1984),第97页。

③ [英]劳伦斯·斯通:《历史叙述的复兴:对一种新的老历史的反省》,载陈恒、耿相新编《新史学·新文化史》(第四辑),郑州:大象出版社,2005年,第21页。

④ [法]雅克·勒高夫:《圣路易》(Jacques, Le Goff, Saint Louis, Gallimard, 1996),许明龙译,北京:商务印书馆,2002年,第11页。

是“个人在历史中所占的比重小得过头了。”[①]而以叙事为标志的传记史学也因此出现了长时段的空白。

新社会史家在破除让史学“科学化”的社会-经济-文化的结构式排列，开辟新材料来源的同时，也大胆尝试新的创作手法，其中对“传记”的运用就是一例。同其他史学手段相比，传记的目的更在于产生“真实效果”，与小说家采用的手段比较接近，因此写历史传记的史家难免会因其漶漫了学科边界而受到质疑。由于其写作对象是具体的人，传记文学的写作者很难避免在情感上深度卷入传主的生活世界，作者的自我认知往往在塑造人物的过程中投射到传主身上；而史学家在写作以特定人物为中心的著作时，往往与其写作对象保持了一种刻意的疏离。[②] 这正是传记史学之区别于传记文学的重要标志。为了彰显这一区别，史学家惯常采用的方法是设立“审判官”或“质疑者”的角色——戴维斯的《马丁·盖尔归来》中的法官让·德·科拉、塞门·沙马《绝对的确定事实》中的布里格斯长官、史景迁《胡若望的困惑之旅》中的葛维叶神父、《妇人王氏之死》中的地方官黄六鸿——来向主人公提问。与传记作者的“投射式”嵌入不同，采用传记性叙事的史学家把自己的判断和倾向隐藏在“发问者”的面具之下，甚至是以发问人的形象进入自己的作品，因此，我们如果仔细察看，就会在声称是“历史著述”的作品中发现历史写作者的影子，正如同拉斐尔的头像被画家自己悄悄放置在《雅典学派》的角落里一样。

与其他题材相比，围绕传主展开的历史研究更需要尊重因材料匮乏而留下的缺损，避免设法重建因传主的沉默和无声而被掩盖起来的东西，或是以虚构和想象为代价，填补那些中断和不连贯之处。但是，如何在虚构与真实之间保持微妙的平衡？如何用“讲故事”的方法进行一种试探性而不完美的记述？这成为史家——特别是以微观方式写作心态史的研究者们——必须面对的问题。对他们而言，虚构的技巧不是一定要使得对事件的记述违反真实的情况；相反，虚构的技巧可能会带来很好的逼真效果或是确实的真实感。[③]

---

① [法]雅克·勒高夫：《圣路易》(Jacques, Le Goff, Saint Louis, Gallimard, 1996)，许明龙译，北京：商务印书馆，2002年，第12页。

② Jill Lepore, "Historians Who Love Too Much: Reflections on Microhistory and Biography", in The Journal of American History, Vol.88, No.1(June, 2001), pp.129－144

③ Natalie Zemon Davis, Fiction in the Archives: Pardon Tales in Sixteenth-Century France, Stanford, 1987, p.4

四、结语

历史叙事并不单纯是现实的“镜像”,而是同时具备两套指向的符号系统:一个系统朝向它指涉的我们通常称之为“史实”或是“故事”的部分,另一个系统则朝向表述史实和故事的形式和手段。有鉴于此,如果从“叙事”的这两个角度进入中国历史,收获也会是双向的:一方面,中国传统中的故事、素材,以及事实数据能够以相对真实的面貌呈现,摆脱历代加诸其上的种种阐释造成的巨大压力;另一方面,一旦以叙事的眼光来看待或重组中国历史材料,我们以往熟悉的组成历史的众多碎片就会突然被归并到新的位置。魏斐德(F. Wakeman)在撰写《上海的管制》一书时就曾经发现,一种新的叙事组合突然令作者看到被忽略的另一种解释,而后者毫无疑问更有说服力、更正确、更真实。[①] 因此,叙事作为一种处理历史实践的方法,具备一种选择解释模式的强制力,能够把诸如序列、关联、因果和特点等因素整合为一种新的结构,由此产生的叙事史学既援引了文学与人类学的成果,又超越了这些成果,在叙事式写作的模式下,中国历史被重新定义为一种建构和重组知识的手段,而不是通过科学的法则或者假设得出令人确信的事实。它被置于一个文本之中,而文本就是叙事,是一个被人们讲述的历史。[②]

---

① [美]魏斐德:“讲述中国史”,载黄宗智主编《中国研究的范式问题讨论》,北京:社科文献出版社,2003年,第93页。

② Michel de Certeau, The Writing of History, Tom Conley, trans, New York: Columbia University Press, 1988, p.364

编后记

改革开放以来，学术思想与研究方法逐渐摆脱了单一化、扁平化的桎梏，走向日趋多元化的格局，这一转变，带来了生机勃勃的学术新气象，也为学术界注入了新鲜的养分。然而不容忽视的是，中国在社会转型期面临的行进的匆迫、选择的困惑，在学术界也有所折射，古典的朴学传统未能很好地继承下来，海外的观念方法在汲取时也有食洋不化的弊端，学术的创新与表达多有不尽人意之处。为了引导学生养成敏锐而深邃的学术眼光、开放而扎实的知识结构，上海交通大学中文系同仁长期为本专业的硕士生与博士生开设专业必修课"学术思想与研究方法"，本书即在课程讲义的基础之上，集众家所长而成。收录的二十余篇论文论域有别，视角不同，或解读经典，或剖析个案，各有所见，其中也融入了教师个人的学术经验。我们希望对年轻的学子有所帮助，若能引起学术界同仁的关注与交流，更会让我们有意外之喜。

此书的出版得到人文学院领导与上海交通大学出版社的宝贵支持，在此一并表示衷心的感谢！

上海交通大学中文系
2021 年 8 月 7 日